인터네트워콜로지 2.0

이 훈 지음

홍릉과학출판사

저자소개

(네팔 안나푸르나 마차푸차레봉을 배경으로)

고3때 앞으로 전자공학의 시대가 열릴 것이라는 고교 은사님의 말씀을 듣고 경북대학교 전자공학과에 진학하였다. 외국의 기술잡지를 통해 알게 된 무선통신의 매력에 빠져서 석사과정에서는 무선통신공학을 전공하였다. 석사학위 취득 후 KT연구개발본부에 근무하면서 머지 않아 인터넷 시대가 올 것으로 생각하고 일본 미야기현 센다이(仙台)에 있는 도호쿠대(東北大)로 유학가서 '인터넷의 서비스품질 보장에 관한 연구'로 박사학위를 받았다. 2001년 15년간의 연구원 생활을 마치고 창원대학교 공과대학 정보통신공학과로 옮겨서 연구와 교육에 전념하고 있다. 주된 연구분야는 인터넷 설계, 트래픽 엔지니어링, 네트워크 성능분석, 서비스품질 보장 등이며 2018년 말 현재 120여 편의 논문을 국내외 저널과 학회에 발표하였다. 저술한 책으로 확률강의 2.0, 대기행렬의 기초, 정보통신공학개론 등이 있다.

서문

2011년 봄, 근무하는 학교로부터 1년간의 연구교수 자격을 얻은 나는 같이 연구를 수행할만한 교수에 대해서 웹사이트를 검색하여서 알아 보고 그중 한 명에게 나의 이력서를 이메일로 송부하여 그 다음날 나를 초청하는 이메일을 받았다. 그후 나는 구글맵에서 내가 1년동안 머물게 될 위스콘신주 밀워키 근교의 지리 정보와 한국에서 미국까지의 여정을 검색하여 여행사 및 항공권을 판매하는 웹 사이트에서 약간의 정보를 얻은 뒤 여행사에 메일을 보내서 비행기표를 문의한 후 적당한 가격에 예약하였다. 그리고 미국에서 딸과 아들이 다닐 학교의 위치와 정보에 대해서도 검색해두고 우리가 살 집의 위치도 대충 알아보았다.

2011년 7월 말, 미국 위스콘신(Wisconsin)주의 동쪽 끝에 위치한 밀워키(Milwaukee) 근교의 와키쇼(Waukesha)라는 인구 약6만5천명의 조용한 소도시의 호텔에 짐을 풀었다. 그 뒤 가장 먼저한 일은 인터넷에 접속해서 우리가 머물고 있는 호텔에서 가장 가까운 곳에 있는 렌터카 회사를 찾는 것이었다. 차를 빌린 후에는그 지역의 부동산 관련 홈 페이지에 들어가서 우리가 살 만한 집을 찾는 일이었고, 우리가 살 집을 정한 후에는 인터넷에 가입하는 일이었고, 인터넷에 가입한 후에는 미국생활을 위한 여러 가지 정보를 검색하였다.

한편, 스티브 잡스(Steve Jobs)는 그가 개발한 상품 iBook, iMac, iPod, iPad등에 붙인 “i”의 의미에 대해서 “i”는 자기가 개발한 제품이 인터넷(Internet)과 무봉 결합(seamless integration)될 것임을 강조하고자 하는 의미(The “i” was to emphasize that the devices would be seamlessly integrated with the Internet - Walter Isaacson저 Steve Jobs, 제25장 338페이지 15~16행)라고 말했다. 여기서 “i”의 의미를 Internet에 둘 것인가 Integration에 둘 것인가를 고민하기 보다 더욱 중요한 것은 앞으로 컴퓨터, 휴대폰, 전등, 밥솥, 냉장고, 자동차, 센서 등 모든 단말은 결국은 인터넷과 연결(integrate)된다는 것이다.

이와 같이 인터넷은 요즘 우리의 일상 생활에 있어서 없어서는 안될 필수불가결한 요소가 되었다. 그리고 나의 일은 이와 같은 인터넷에 대해서 가르치고 연구하는 것이다. 나는 특히 지난 30여 년간 인터넷의 서비스 품질을 보장하고 개선하는 방법에 대해서 연구하고 있는데 이번 연구교수의 기회를 이용하여 최근에 특히 발전 속도가 빠른 무선 인터넷의 성능과 서비스 품질의 보장에 관한 연구에 몰두하고 있었다. 필자가 미국에 있으면서 학교의 도서관에 가서 유무선 인터넷 기술과 관련된 최근에 출간된 책과 논문을 읽으면서 자연스럽게 인터네트워크의 과거와 현재의 기술에 대한 전반적인 리뷰를 하게 되었고 그동안 인터넷과 관련된 기술의 생로병사(기술이 생겨나서 사라지는 과정)에 대해서 많은 생각을 할 기회를 가졌는데, 이제 인터넷 기술이 어느 정도 성숙 단계에 접어들었다는 판단을 내렸다. 그래서 모처럼 얻은 재충전의 기회를 이용하여 인터넷 기술을 종합적으로 정리를 하는 차원에서 인터네트워크에 관한 이론적 흐름을 정리하는 책을 써야겠다는 생각을 하게 되었다.

이 책은 2001년부터 저자가 학부 3학년 학생을 대상으로 컴퓨터 네트워크라는 과목을 가르쳐 오면서 쌓인 경험과 지난 30여년간 인터넷의 설계 및 성능 평가와 관련된 연구를 수행하면서 축적한 지식을 기반으로 인터넷에 대해서 계속 변해가는 기술의 트렌드를 반영하여 정보통신공학 전공자가 꼭 알아야 할 내용을 알기 쉽게 간결하게 써야 하겠다는 생각에서 쓰게 되었다. 책의 제목은 지난 30여년간 사용되어온 '컴퓨터 네트워크'라는 이름으로부터 벗어나서 바야흐로 21세기 본격적인 인터넷의 시대에 맞춰서 '인터넷'을 뜻하는' Internetwork'와 '학문'을 뜻하는 'ology'를 합성하여 '인터네트워콜로지(Internetworkology)'로 정하였다. 그리고 내용은 가능하면 인터네트워크의 동작 원리에 집중하기로 하였다.

이책의 구성은 다음과 같다: 제1부는 네트워크의 개요에 대하여 소개한다. 제2부는 우리주변의 네트워크 즉 홈네트워크와 근거리 네트워크에 대해서 소개한다. 제3부는 광역네트워크에 대해서 소개하고 제4부는 인터네트워크에 대하여 기술하였다. 마지막으로 제5부에서는 인터넷이 제공하는 네트워크 서비스 및 응용 서비스에 대해서 다루었다.

이책을 구성함에 있어서 특히 신경을 쓴 것은 이책을 대학교의 교재로 사용할 때 하나의 주제로 한 시간을 강의할 수 있는 분량으로 장(chapter)을 나누었다. 또한 네트워크에 관심있는 사람이 자습서로 사용할 수 있도록 하기 위하여 책의 구성을 기술의 분류에 따라서 제1부에서 제5부까지 나누되 전체의 내용을 하나의 흐름을 가지고 21개의 소제목으로 분류하여 이책을 읽으면서 자연히 네트워크의 개념, 우리주변의 네트워크의 동작 원리, 그리고 국가 규모의 광역 네트워크의 동작 원리를 익힐 수 있게 하고 또 전지구적 규모의 인터넷에 대해서 동작 원리를 알 수 있게 하고 마지막으로 인터넷에서 제공되는 서비스에 대해서 알아보는 순서로 구성하였다. 그리고 각 장의 마지막에는 그장에서 중요한 의미를 지니는 기술에 대해서 각자 다시 한 번 고찰해보는 기회를 제공하기 위해서 고찰 문제를 제시하였다.

비록 이책이 인터넷 기술에 관한 모든 문제를 다루지는 못하였지만 이책을 통하여 IT를 전공하는 학생 또는 네트워크와 관련된 일을 하는 분들이 인터네트워크의 동작 원리에 대하여 조금이나마 이해하는 계기가 되었으면 하는 것이 필자의 바람이다.

2018년 겨울 저자 씀

읽어두기

아래의 수를 읽어 보자.

5,521,338,335,321

아마도 위의 수를 바로 읽을 수 있는 사람은 거의 없을 것이다.

대부분의 사람은 속으로 일의 자리부터 앞으로 헤아린 후에야 읽을 수 있을 것이다. 왜 그럴까?

그 이유는 우리나라와 서양(특히 미국)의 단위 읽기 방법이 다르기 때문이다.

먼저 미국은 숫자를 읽을 때 thousand, million, billion, trillion 등 10^3의 단위를 기준으로 그 안에서 다시 일, 십, 백의 세부단위로 읽는다. 즉 위의 숫자를 미국인은 “5trillion 521billion 338million 335thousand, and 321”로 읽는다.

한편 우리나라는 만, 억, 조 등 10^4의 단위로 읽되 각 단위 안에서 다시 일, 십, 백, 천의 세부단위가 있다. 즉, 위의 숫자를 우리나라 사람은 5조5213억3833만5321로 읽는다.

이와 같은 이유로 우리나라 사람들은 서양식으로 구획된 숫자를 잘 읽지 못하는 것이다.

그래서 나는 제안하고자 한다.

위의 수를 아래와 같이 네 자리로 끊어서 나타내면 어떨까?

5,5213,3833,5321

아마도 굳이 일의 자리부터 역으로 헤아리지 않고도 금새 읽을 수 있을 것이다.

나는 이 책에서 숫자를 5,5213,3833,5321처럼 표시하고 싶은데 우리나라의 어디에서도 이처럼 나타내지 않기에 하는 수 없이 5조5213억3833만5321의 방식을 따라서 숫자 사이에 만, 억 등의 글자를 추가하되 5,321과 같은 숫자는 그냥 5321로 표시하기로 하였다.

독자 여러분의 넓은 이해를 바라며 언젠가는 우리의 숫자개념에 맞게 표현될 날이 오기를 기대한다.

차 례

제2부 근거리 네트워크

제3부 광역네트워크

제4부 인터네트워크

제5부 인터넷 서비스

제1부

네트워크의 기초

제1장 네트워크의 개요

먼저 네트워크가 무엇인지에 대해서 정의하고 여러 가지 유형의 네트워크에 대해서 소개한다.

1.1 네트워크의 정의

네트워크는 Net+Work의 합성어로서 컴퓨터 또는 통신 장비를 '그물처럼 엮는 작업'을 나타낸다. 여기서 그물처럼 엮는 대상이 컴퓨터이면 컴퓨터 네트워크(computer network)가 되고 통신 장비이면 통신 네트워크(communication network)가 된다. 19세기 말(1880년대)에서 20세기 말(1990년대)까지의 100여 년간은 전화 네트워크(telephone network)로 불리는 통신 네트워크가 네트워크의 중심을 이루었고 컴퓨터 네트워크는 일부 연구자 및 학자들만이 컴퓨터를 상호 연결하여 데이터를 공유(data sharing)하거나 협업작업(cooperative work)을 수행하기 위하여 네트워크를 구축하였다.

1995년 빌 게이츠의 마이크로소프트 윈도우즈(Microsoft Windows) 95의 출시 이후 1997년 국내에서 초고속 인터넷 서비스(ADSL)의 등장으로 말미암아 그때부터는 일반인들도 컴퓨터를 쉽게 사용할 수 있게 됨에 따라서 네트워크의 규모가 지구 전역(global)으로 확장된 인터넷(internet)이 컴퓨터 네트워크의 중심역할을 하기 시작하였다.

인터넷이 등장한 초기에는 유선 인터넷(wired internet)을 중심으로 보급되었으나 2000년대 초 스마트폰이 등장함에 따라 무선기술을 이용한 인터넷이 급속도로 발전하였고 지금은 거의 모든 사람이 스마트폰으로 인터넷에 접속하는 시대가 되었다. 그래서 먼저 이동통신 기술에 대해서 세대별로 특징을 간략한다.

- 1984년에 시작된 제1세대(1G, first generation) 이동통신 서비스는 오직 음성통화만 제공하였다.
- 2000년에 도입된 제2세대(2G, second generation)부터 음성과 데이터(문자)를 제공하는 DPS(double play service)로 진화하였다.
- 2006년에 도입된 제3세대(3G, third generation)에서는 음성, 데이터(멀티미디어 메시지), 비디오 전화(화상통화)의 TPS(triple play service)로 진화하였다.

– 2011년에는 제4세대(4G, fourth generation) 무선통신 기술인 LTE(long term evolution) 네트워크의 등장으로 무선 네트워크의 속도가 제3세대보다 10배 이상 더 빨라지게 되고 특히 4세대 스마트폰의 보급과 함께 스마트폰과 LTE 네트워크, WiFi(wireless fidelity) 네트워크, 그리고 IP 네트워크를 아우르는 유무선 융합 네트워크(convergence network)상에서 음성 통화, 문자 전송, 웹 브라우징, 비디오 송수신이 가능함에 따라 지금에 이르러서는 컴퓨터 네트워크와 통신 네트워크의 역할이 모호해지고 또 통신 장비와 컴퓨터 간의 경계가 모호해지면서 굳이 컴퓨터 네트워크라고 하지 않아도 모든 네트워크가 컴퓨터 네트워크의 역할을 하게 되었다.

– 제5세대(5G, fifth generation) 이동통신서비스는 그동안 진화해온 이동통신서비스의 세대와는 전혀 다른 개념으로 설계될 예정이다. 특히, 사물인터넷, 자율주행자동차, 가상현실 등 제4차산업혁명(4th Industry revolution)의 실현을 위한 기반기술로서 제5세대 이동통신서비스를 개발하고 있다. 제5세대이동통신서비스는 2019년 4월 3일 밤 11시에 상용화가 시작되었으며 그에 앞서서 2018년 2월 평창동계올림픽에서는 제5세대(5G, fifth generation) 이동통신서비스의 시범 서비스가 세계 최초로 시행되었다.

아래의 표는 이상 논의된 제1세대~제5세대 이동통신의 특징을 간략하게 비교한 것이다.

[표 1.1] 세대별 이동통신의 특징 비교

세대	도입년도	제공속도	서비스 기능
1G	1984	14.4kbps	음성전화
2G	2000	144kbps	음성과 문자 메시지
3G	2006	14Mbps	화상통화, 멀티미디어메시지
4G	2011	75M~1Gbps	데이터전송과 실시간 비디오
5G	2019	20Gbps	위의 모든 것과 IoT

위에서 언급한 장거리 무선통신 기술과는 별도로 근거리 무선통신 기술로는 와이파이(WiFi), 대도시 무선통신 기술로는 와이맥스(WiMAX) 등이 등장하여 사람들은 언제 어디서든지 네트워크에 접속하여 음성, 데이터, 비디오 등 멀티미디어 서비스(multimedia service)를 즐길 수 있게 되었다.

사실 네트워크는 이미 오래전부터 존재해왔다. 여러분이 이탈리아의 로마에 있는 콜롯세움의 앞에서 폴로 로마노를 향하여 서 본 사람은 알겠지만 1000년 전에 지어진 길이 사방으로 뻗어져 있는 모습을 여러 군데에서 볼 수 있다. 이것도 하나의 도로를 연결한 네트워크(network of road)이다. 그리고 나폴리에서 기차를 타고 30분 정도 가면 베수비오스 화산 아래에 지어진 옛 도시 폼페이가 있는데 이미 오래전부터 도시가 상당히 계획적으로 지어졌음을 알 수 있다. 폼페이는 넓은 광장을 중심으로 사방으로 바둑판처럼 길이 나 있는데 그 길을 마차가 달렸던 흔적을 푹 파인 돌에서 볼 수 있고 건물 사이에는 물이 공급된 수로가 건설된 흔적이 남아있다. 즉, 그 당시에 폼페이에는 수도 네트워크(water supply network)가 있었다.

일반적으로 네트워크는 도로 교통망이나 수도, 전기, 가스 등과 같이 사회 간접 자본이라고 할 수 있는데 이들을 통틀어서 유틸리티(utility)라고 부른다. 아래의 표는 대표적인 유틸리티의 비교이다.

[**표** 1.2] 세 가지 유틸리티의 비유

유틸리티의 종류	콘텐츠	전송로	교차점	연결점
수도	물	수도관	밸브/커넥터	나사
도로교통	자동차	도로	신호등	건널목
네트워크	데이터, 정보	케이블	스위치/라우터	네트워크 인터페이스

한편 인터네트워크는 Inter+Network의 합성어로서 같은 종류 혹은 다른 종류의 여러 개의 네트워크를 상호 연결한 것을 말한다. 인터네트워크를 줄여서 인터넷(internet)이라고 부르는데 인터넷의 시초는 1970년대로 거슬러 올라가서 1971년에 하와이에 산재해 있는 섬들 간에 서로 통신을 하기 위하여 만든 알로하(Aloha) 네트워크를 시작으로 개념이 정립되기 시작하였다. 당시 하와이대학교는 4개의 섬으로 구성되어있는 하와이 군도에 산재해 있는 컴퓨터를 상호 연결하기 위해서 무선 기술을 이용해서 네트워크를 구축하였는데 송신과 수신용으로 각각 407MHz와 413MHz의 주파수를 사용하여 9600bps의 속도로 데이터를 전송하였다.

그리고 1970년대에 미국의 국방성에 근무하는 연구원들이 서로 멀리 떨어져 있는 컴퓨터를 상호 연결한 것을 계기로 등장한 인터넷은 처음에는 컴퓨터를 전문으로 다루는 소수의 전문가들의 전유물로 여겨져 왔는데 1995년 빌 게이츠의 Windows 95의 출시와 함께 일반인들도 컴퓨터를 쉽게 사용할 수 있게 됨에 따라서 인터넷이 급속히 확산되었고 이제는 일반인에게 마치 수도나 도로와 같은 존재로 현재의 우리 생활에 없어서는 안될 필수품이 되었다.

1.2 네트워크의 종류

네트워크를 분류하는 방법은 규모를 기준으로 하는 경우와 모양을 기준으로 하는 경우로 나눌 수 있다. 먼저 네트워크는 규모에 따라서 크게 세 종류로 나눌 수 있는데 개인영역 네트워크, 근거리 네트워크, 광역 네트워크이다. 그리고 이들을 상호 연결한 것이 인터네트워크이다.

한편 모양을 기준으로 분류하면 점대점 연결, 버스, 스타, 링, 그물, 트리 등으로 나눌 수 있다. 아래에 이들에 대하여 간단히 소개한다.

1.2.1 규모에 따른 네트워크의 분류

네트워크는 규모에 따라 개인영역네트워크(PAN, personal area network), 근거리네트워크(LAN, local area network), 광역네트워크(WAN, wide area network), 그리고 글로벌 인터네트워크(global internetwork)로 나눌 수 있다. PAN의 예로서는 홈네트워크가 있으며 LAN으로는 학교 캠퍼스 내에 구축된 네트워크가 있다. 광역네트워크는 세분하면 대도시네트워크(MAN, metropolitan area network)와 하나의 국가를 관장하는 광역네트워크로 나눌 수 있다. 대도시네트워크는 대도시 규모에서 네트워크를 구축하는 기술이고 광역네트워크는 국가적 규모에서 네트워크를 구축하는 기술로서 말 그대로 WAN이다. 그리고 마지막으로 글로벌인터네트워크는 지구 전체를 연결하는 네트워크의 네트워크 즉 인터넷(internet)으로 부를 수 있다.

이 책에서는 대도시네트워크와 광역네트워크를 하나의 네트워크로 묶어서 광역네트워크라고 부르기로 한다. 그리고 홈네트워크는 최근에 들어와서 그 중요도가 더욱 커진 면이 있기 때문에 근거리네트워크와 분리해서 따로 다루기로 한다. 마지막으로 글로벌네트워크는 인터넷이라는 제목으로 나중에 다룰 예정이다.

아래의 표는 이와 같은 유형의 네트워크의 특징을 비교한 것이다.

[표 1.3] 네트워크의 유형별 특징

네트워크의 종류	PAN	LAN	MAN	WAN	Global Internet
규모(직경)	10m 이내	5km 이내	5~50km	50km 이상	지구 전체
대역폭[1](bps)	~ 수 메가	~ 수 기가	~ 수 십기가	~ 수 테라	~ 수 기가(테라)
응용(규모)	홈, 실내	회사, 관공서, 산업단지, 캠퍼스	대도시 전역, 랜 간 연결	도시 간~ 국가 규모	전 지구적 규모
구현 기술	전화선, 전력선, 블루투스	이더넷, 전력선, 와이파이	메트로 이더넷, FDDI	TCP/IP	TCP/IP
소유특성	개인	개인망	개인/공중망	공중망	공중망

1.2.2 모양에 따른 분류

네트워크를 물리적인 모양(topology)에 따라 분류하면 직접연결(direct connection)과 간접연결(indirect connection)이 있다. 직접연결은 대개 일대일연결(point-to-point, 이하 p2p)로 되어있는데 일대일연결은 단 2개의 노드를 하나의 회선으로 연결한 가장 간단한 네트워크이다. 아래 그림 1이 일대일연결 네트워크이다.

[그림 1.1] 일대일연결 네트워크

위의 그림에서 보는 바와 같이 일대일연결 네트워크는 그야말로 두 대의 컴퓨터가 직접 연결되어 있는 가장 원시적인 네트워크이다. 그림에서는 노트북 컴퓨터(혹은 데스크톱 컴퓨터) 두 대가 상호 연결되어있지만 노트북과 프린터, 노트북과 카메라, 노트북과 저장 장치 등 모든 종류의 통신 장비가 이처럼 연결될 수 있다.

그런데 이와 같이 단 두 대의 장비만 연결되어서는 사용에 한계가 있을 뿐만 아니라 여러 가지로 불편할 것이다. 여러분의 집에 데스크톱 컴퓨터, 노트북, 프린터, 스캐너, CCTV 카메라 등 5대의 장비가 있는데 이것을 모두 연결하려면 어떻게 해야 할까? 아래의 그림은 5대의 단말이 직접연결된 네트워크이다.

1) 사실 전송기술이 충분히 성숙한 지금 네트워크의 종류별로 대역폭을 정의한다는 것은 더 이상 의미가 없지만, 굳이 나타낸다면 그 정도가 적당하다는 의미임.

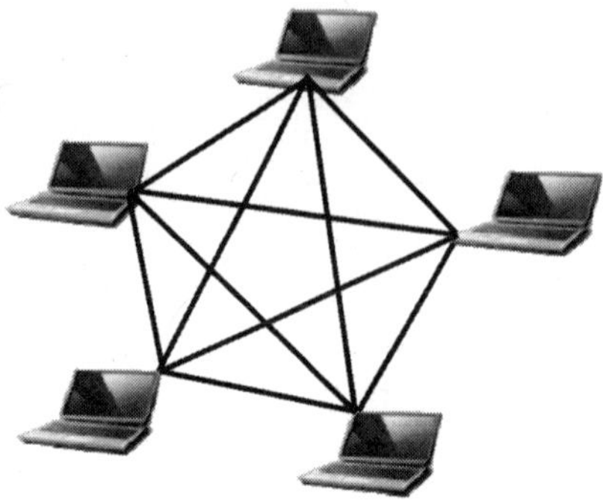

[그림 1.2] 노드의 직접연결

위와 같은 네트워크를 그물 네트워크라고 부르는데 그물 네트워크는 모든 노드가 서로 직통으로 연결되어 있어서 마치 그물처럼 연결된 구조이다. 어떤 사람들은 그물 네트워크를 간접연결 네트워크로 분류하기도 하는데 엄밀히 말하면 직접연결 네트워크이다.

그런데 위의 그림에서 보듯이 단 5대의 단말을 직통으로 연결하기 위해서 필요한 링크의 수가 10개나 된다. 만약 단말의 수가 100대이면 링크의 수는 4950개가 되는데 이때 모든 노드를 직접연결하기 위해서 필요한 링크비용이 만만치 않음은 쉽게 알 수 있을 것이다.

그물 네트워크는 다른 말로 점대점(point-to-point) 연결 네트워크 또는 메시(mesh) 네트워크라고도 하는데 모든 노드를 직통으로 연결한 결과 이 네트워크는 점대 다중점(point-to-multipoint) 네트워크가 된다.

한편, 대부분의 경우 컴퓨터는 네트워크를 구성하는 노드를 통해서 여러 대가 연결된다. 이처럼 여러 대의 컴퓨터나 통신장비가 네트워크를 통해서 연결된 것을 간접연결이라고 부른다. 간접연결에는 다양한 방식이 있는데 연결되는 모양에 따라서 버스(bus), 링(ring), 스타(star), 트리(tree), 그리고 이들을 조합한 혼성(hybrid)으로 분류할 수 있다.

버스 네트워크

버스 네트워크는 우리가 타고 다니는 버스와 같이 중앙에 복도가 있고 좌우 양쪽에 좌석이 있어서 사람이 앉아있는 모양을 하고 있다. 이것을 도로를 예를 들어서 비유한다면 넓은 도로가 하나 있고 그 도로의 좌우 양쪽에 건물이 나열해 있어서 그 도로를 통해서 사람이 드나드는 것과 같다. 그리고 버스 네트워크는 긴 케이블(수백 미터 정도)이 어느 지역에 하나 깔려있고 그 케이블의 피복을 벗겨서 컴퓨터를 케이블의 좌우에 설치해놓은 것과 같은 모양이다. 물론 네트워크에는 반드시 컴퓨터만 연결하는 것이 아니라 노트북과 프린터, 저장 장치, 서버 등 다양한 장비가 연결될 수 있다.

그런데 컴퓨터를 케이블의 좌우에 배치하건 상하에 배치하건 사실 논리적(logically)으로는 같은 모양이기에 버스 네트워크를 일반적으로 아래와 같이 표시한다.

[그림 1.3] 버스 네트워크

버스 네트워크를 사용하는 네트워크의 예를 들면 아래의 그림과 같다.

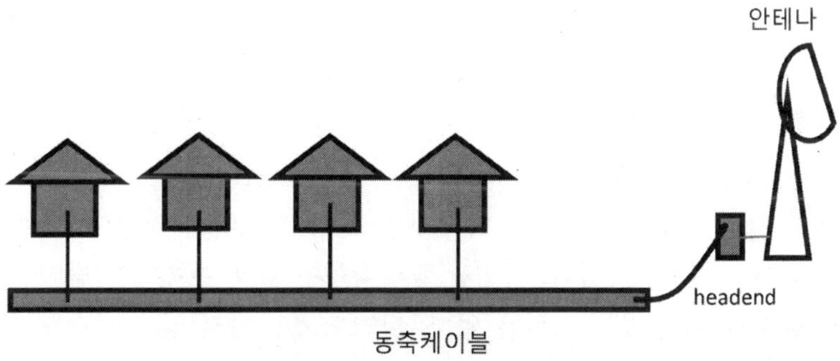

[그림 1.4] 케이블 방송을 위한 버스 네트워크

위의 그림을 보면 어느 마을에 인공위성 안테나를 하나 설치하여 안테나의 종단 장치(headend)에 긴 케이블을 연결하여 그 케이블에 여러 가정을 연결(tapping)한 후 TV 프로그램이나 인터넷 서비스를 제공하고 있다. 이와 같은 네트워크 구조가 바로 버스 네트워크이다.

링 네트워크

링 네트워크는 중화요리 식당의 원탁에 여러 명의 사람이 둘러 앉아서 주방에서 나오는 음식을 먹는 상황을 생각하면 이해가 될 것이다. 요리는 주방에서 나와서 테이블을 따라서 어느 방향으로 돌아가면서 각자 먹을 만큼 덜어서 먹는다. 그런데 나오는 요리마다 모든 음식을 떠서 먹는 사람도 있고 어떤 사람은 자신이 먹고 싶은 요리만 먹을 것이다. 이와 마찬가지로 컴퓨터 네트워크에서는 케이블이 링 모양으로 연결되어 있고 그 링 상에 컴퓨터가 연결되어있는 상황이 바로 링 네트워크이다. 아래의 그림은 링 네트워크의 예를 나타내고 있다.

[그림 1.5] 링 네트워크

스타 네트워크

스타 네트워크는 컴퓨터가 연결되어 있는 모양이 별처럼 생겼다고 하여 붙여진 이름인데 그렇다고 별망이라고 부르는 것은 마치 스타벅스 커피숍(starbucks coffee shop)을 별다방이라고 부르는 것과 같아서 그냥 스타 네트워크라고 부른다.

한편, 스타 네트워크가 반드시 우리가 즐겨 그리는 별 모양인 오각형은 아니다. 사실 별도 오각형이 아니다. 대부분의 별은 둥글다. 우리가 그렇게 나타낼 뿐이다. 하여간 스타 네트워크는 도박장의 딜러와 고객을 생각하면 된다. 나는 도박은 해보지 않았지만 해외출장 가서 무료한 긴 밤을 이기지 못해서 동료와 도박장에 가서 그가 게임을 하는 것을 곁에서 본 적은 있다. 하여간 도박장에는 딜러 주변에 사람이 모여 앉아있고(그렇다고 딜러의 뒤에 앉는 사람은 없다. 딜러도 좋아하지 않고 고객도 그러고 싶지는 않기 때문이다) 딜러가 열심히 카드를 돌리는 장면을 떠올려보자. 이처럼 중앙에 서버가 하나 있고 주변에 여러 대의 컴퓨터가 서버와 연결되어 있는 네트워크가 스타 네트워크이다. 아래의 그림이 스타 네트워크이다.

[그림 1.6] 스타 네트워크

트리 네트워크

트리 네트워크는 컴퓨터가 연결되어 있는 모양이 나무처럼 생겼다고 하여 붙여진 이름인데 그렇다고 나무망이라고 부르는 것은 앞에서 말한 것처럼 스타벅스 커피숍

(starbucks coffee shop)을 별다방이라고 부르는 것과 같아서 그냥 트리 네트워크라고 부른다.

일반적으로 나무는 뿌리(실은 뿌리는 땅속에 묻혀있어서 보이지 않는다)로부터 올라온 하나의 큰 기둥에서부터 시작하여 위로 올라갈수록 가지가 많이 뻗어있다. 어떤 사람은 나뭇가지의 뻗어 나가는 모양이 피보나치(Fibonacci) 수열을 닮았다고도 하는데 꼭 그런 것만은 아니지만, 대개 큰 기둥에서부터 위로 가면 갈수록 가지의 수가 점점 많아지는 것을 볼 수 있다. 트리 네트워크에서는 나무의 모습을 비유하여 뿌리에 해당하는 노드를 루트(root)라고 하며 노드와 노드를 연결하는 링크를 브랜치(branch), 그리고 가지의 맨 마지막에 붙은 노드를 리프(leaf)라고 한다. 그리고 루트는 네트워크에서 데이터를 멀리 전달하는데 있어서 가장 핵심적인 역할을 하는 노드를 말하고, 브랜치는 노드 간을 연결하고 데이터의 전송을 중계하는 노드이다. 그리고 리프는 네트워크의 가장 끝에 위치하는 호스트를 연상하면 트리 네트워크의 모양을 상상할 수 있다. 아래의 그림이 트리 네트워크이다.

[그림 1.7] 트리 네트워크

위의 그림에서 맨 위에 있는 노드가 루트 노드이고 맨 아래의 노드들이 리프 노드이다. 그리고 중간에 있는 노드는 루트 노드와 리프 노드를 연결하는 노드이다. 이와 같은 모양의 네트워크는 무선 네트워크에서 많이 볼 수 있는데 맨 위의 노드가 기지국(base station)이고, 중간의 노드는 중계기(relay node)이며 맨 아래의 노드들은 무선 단말(mobile device)이다.

혼성 네트워크

혼성 네트워크(hybrid network)는 간단히 말하면 위에서 언급한 다양한 모양이 섞여있는(混成) 구조의 네트워크이다. 실제로 존재하는 네트워크는 사용 목적에 따라서, 지역의 물리적 구조에 따라서, 또는 비용 절감 차원에서 가장 적절한 모양을 만들면 버스, 링, 트리, 스타, 그물 등 다양한 모양이 섞여서 나올 수 있다. 다음 그림이 버스 네트워크와 링 네트워크 그리고 스타 네트워크가 섞여 있는 혼성 네트워크의 개념도이다.

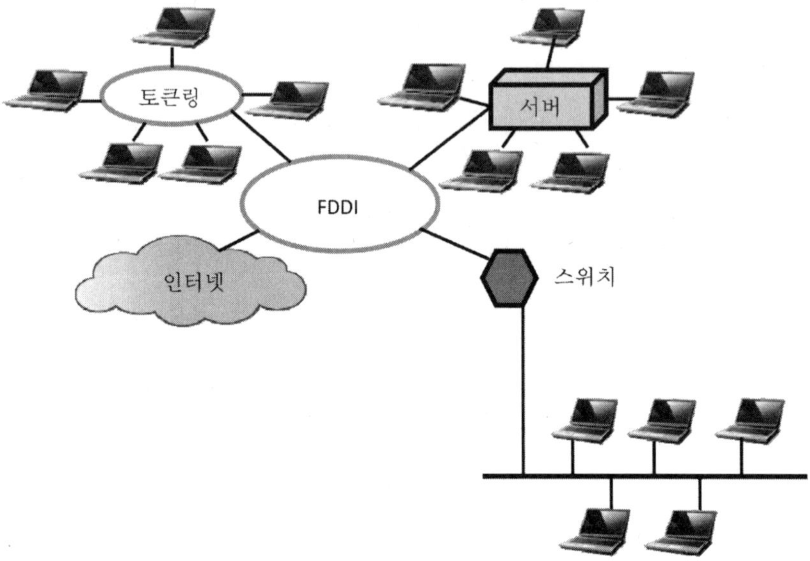

[그림 1.8] 혼성 네트워크

각 유형의 네트워크의 비교

지금까지 다양한 모양의 네트워크에 대해서 알아보았는데 아래에 각 유형의 네트워크에 대하여 장단점을 간략하였다.

[표 1.4] 네트워크 토폴러지별 특징

토폴러지	장점	단점
버스	구성이 간단하고 가격이 싸다.	• 고장 내성(fault tolerance)이 없다 • 단말당 실효 속도가 떨어진다. • 네트워크의 길이에 제한이 있다.
링	약간 Fault tolerant하다.	• 단말당 실효 속도가 떨어진다. • 네트워크의 길이에 제한이 있다.
스타	• 구성과 관리가 쉽다. • 단말당 속도보장이 가능하다. • Fault tolerant하다.	• 서버에 모든 부하가 걸린다. • 서버 구입비용이 부담된다.
트리	구성이 간단하고 가격이 싸다.	• 일부 Fault tolerant하지 않다. • 트래픽 흐름이 복잡하다.

위에서 우리는 각 모양의 네트워크에 대해서 간단히 소개하였다. 보다 더 자세한 이야기는 나중에 각 네트워크가 나오는 부분에서 다루기로 한다.

1.3 고찰 문제

1. 인터넷의 탄생 배경에 대해서 자세히 알아보자.

2. 알로하(Aloha) 네트워크에 대해서 자세히 알아보자.

3. 네트워크를 규모에 따라 분류하고 각 유형의 특징에 대해서 자세히 알아보자.

4. 네트워크를 토폴러지에 따라 분류하고 각 유형의 특징에 대해서 자세히 알아보자.

5. 우리 주변에서 실제로 존재하는 네트워크를 찾아서 구성도를 그려보자.

제2장 네트워크 장비와 전송 매체

네트워크를 구성하는 요소는 크게 네 가지로 나눌 수 있는데 연결할 대상인 컴퓨터 시스템, 네트워크 하드웨어, 소프트웨어, 그리고 물리적 전송 매체이다.

컴퓨터 시스템은 서버나 고객의 단말 PC, 전화기, 저장 장치, 프린터, 그리고 무선 접속 장치 등이 있다. 그리고 네트워크 하드웨어는 허브, 리피터, 브리지, 라우터, 스위치, 방화벽 장치 등이 있다. 소프트웨어로서는 PC의 OS(operating system), 라우터나 스위치의 동작을 위한 프로그램, ASICs 또는 프래시 메모리, 주소 체계 등이 있다. 그리고 물리 전송 매체는 케이블과 공기 등이 있다.

이들 네트워크 구성 요소 가운데 소프트웨어는 이 책의 목적과 연관성이 적으므로 생략을 하고(관심이 있는 사람은 이 책을 공부한 후 네트워크 프로그래밍이라는 책을 참고하기 바람) 이 장에서는 주로 네트워크 하드웨어와 물리 전송 매체에 대해서 자세히 다룬다.

2.1 네트워크 장비

네트워크를 구성하는 하드웨어 요소에는 두 가지 종류가 있는데 하나는 데이터를 주고받는 데이터 단말 장치(data terminal equipment, 이하 DTE)로서 PC, 서버, 프린터 등이 있고 다른 하나는 데이터를 전달하는 데이터 통신 장치(data communication equipment, 이하 DCE)로서 스위치, 라우터, 브리지, 리피터, 허브, 네트워크 인터페이스 카드, 모뎀 등이 있다. 이 책에서 네트워크 하드웨어라고 하는 것은 DCE를 지칭하며 아래에 각 요소에 대해서 간략한다.

2.1.1 허브

허브(hub)는 물리적 커넥터(connecter)이다. 허브는 여러 개의 포트(port)를 가지며 동작은 하나의 포트에서 전송되는 패킷(packet)을 나머지 모든 포트로 전송하는 일만 하는데 따라서 허브는 물리적 신호에 기반한 장비로서 서로 다른 컴퓨터를 구별하지도 못하고 네트워크에서의 노드들의 연결 상태도 알지 못한다. 그래서 이 장치는 OSI 7계층

(나중에 소개함)에서 제1계층의 기능을 수행한다고 하여 물리 계층 장비(physical level device)라고 부르며 스스로 하는 일이 없다는 의미에서 수동 허브(passive hub)라고도 부른다.

한편, 이처럼 단순하게 데이터를 모든 노드에게 전달을 하는 것은 보안을 필요로 하는 정보의 전송에는 바람직하지 않다. 그리고 단순하게 데이터를 모든 노드에게 전달하는 서비스는 서로 다른 서비스 품질(quality of service, 이하 QoS)을 필요로 하는 응용 프로그램의 전송에도 적합하지 않다. 이와 같은 단순 연결 기능만 가진 허브는 가격이 싸고 사용도 쉬워서 초기에는 많이 사용되다가 최근에는 저가(low cost)의 스위치나 라우터가 출시됨에 따라 현재는 거의 모든 허브가 아래에서 소개할 스위치의 기능이 내장된 장치로 진화했다. 아래의 그림이 단순한 허브의 물리적 구조를 나타낸 것이다.

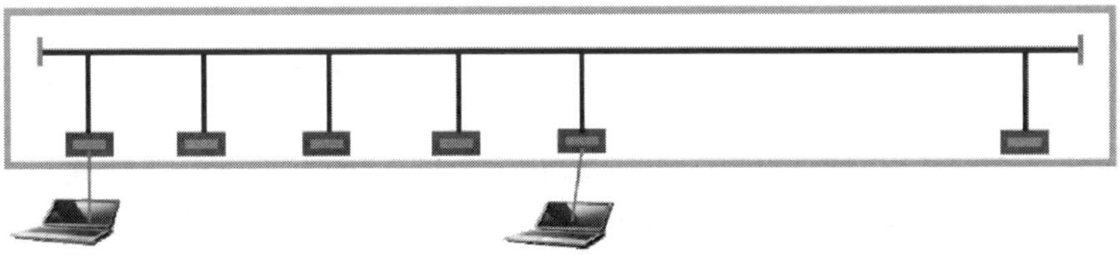

[그림 2.1] 허브의 물리적 구조

그림에서 보는 바와 같이 허브는 케이블의 양쪽이 탭으로 밀봉되어 있고 도중에 RJ-45잭으로 연결된 무피복 꼬임 이중선(unshielded twisted pair, 이하 UTP) 패치 케이블(patch cable)로 단말을 연결하는데 버스 토폴러지로 연결할 수 있는 구조를 하고 있다. 허브는 보통 100Mbps 이더넷에서 2개까지는 사용이 가능하다.

한편, 아래의 그림은 이와 같은 허브의 물리적 구조를 이용하여 구성된 2개의 이더넷이 브리지(브리지에 대해서는 뒤에서 자세히 설명함)로 연결된 것을 나타낸다.

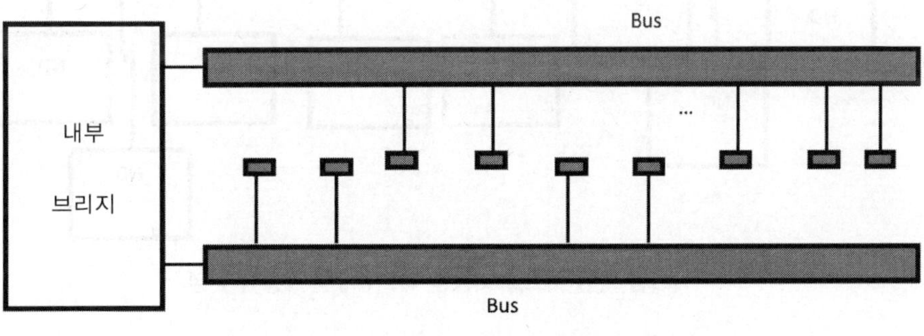

[그림 2.2] 스위치 허브를 이용한 2개의 이더넷 연결

허브를 이용한 네트워킹

허브는 소형 네트워크에서 거리의 문제를 해결하는 수단으로 사용되는데 아래의 그림은 이를 나타내고 있다.

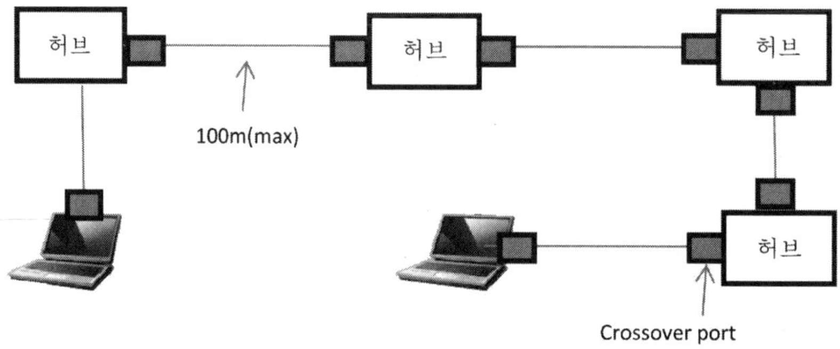

[그림 2.3] 허브를 이용한 네트워크의 도달거리 확장

허브는 여러 개의 네트워크 장치를 스위치로 연결할 때 계층 구조를 형성하기 위해 사용되기도 하는데 아래의 그림은 이를 나타낸 것이다. 단, 그림에서 ND는 Network Device의 약어로서 DTE를 나타낸다.

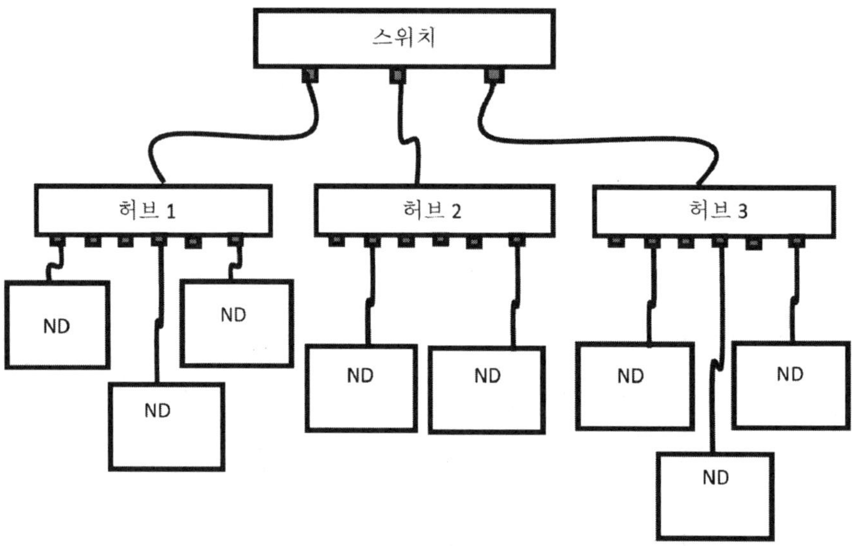

[그림 2.4] 허브를 이용한 네트워크의 계층적 연결

2.1.2 리피터

리피터(repeater)는 신호가 네트워크 상을 지나가면서 감쇄가 일어났을 때 원래의 신호의 세기로 다시 키워주기 위해서 고안된 장치로서 결국 약해진 신호를 증폭시키는 증폭기(amplifier)의 역할을 한다. 그래서 이장치를 능동 허브(active hub)라고 부르는데 이것 역시 물리 계층의 장치이다. 리피터가 네트워크에서 하는 역할은 우리가 마라톤을 할 때 적당한 위치에 음료수대를 두어서 선수들이 목이 마를 때 물을 마실 수 있게 하는 원리와 같다. 따라서 리피터는 네트워크의 케이블의 전체 길이가 케이블이 허용하는 길이보다 더 길때 사용한다. 아래의 표는 주로 사용하는 네트워크 케이블과 최대 허용 길이를 나타낸 것이다.

[표 2.1] 케이블별 허용 길이

케이블	최대 허용 길이(m)
10Base2(coax)	185
10/100BaseT(UTP)	100

위의 표를 보면 실제로 케이블이 허용하는 길이가 그다지 길지 않음을 알 수 있다. 그런데 실제로는 리피터는 동축 케이블로 연결된 이더넷에서만 주로 사용하고 UTP로 연결된 네트워크에서는 잘 쓰지 않으며 또 노드간에 리피터를 3개 이상 설치하면 신호가 리피터를 통과하면서 지연이 과도하게 발생하여 사용에 제한이 있다.

2.1.3 브리지

우리가 건너다니는 다리는 주로 강의 한쪽과 다른 쪽을 연결할 때 사용한다. 브리지(bridge)도 네트워크에서 이와 같은 역할을 한다. 브리지는 주로 서로 다른 프로토콜을 취하거나 같은 프로토콜을 취하는 2개의 네트워크를 연결할 때 혹은 하나의 큰 네트워크를 2개의 작은 네트워크로 분리할 때 사용하는 장치이다. 물론 앞의 목적은 단순히 연결의 의미를 가진다면 뒤의 목적은 성능을 향상시키기 위한 것이다. 이에 대해서는 제3장의 LAN기술에서 자세히 언급하기로 한다.

아래의 그림은 하나의 브리지로 2개의 이더넷을 연결한 모습을 나타낸다. 이때 브리지는 단 2개의 포트만 있어도 2개의 네트워크를 연결할 수 있다.

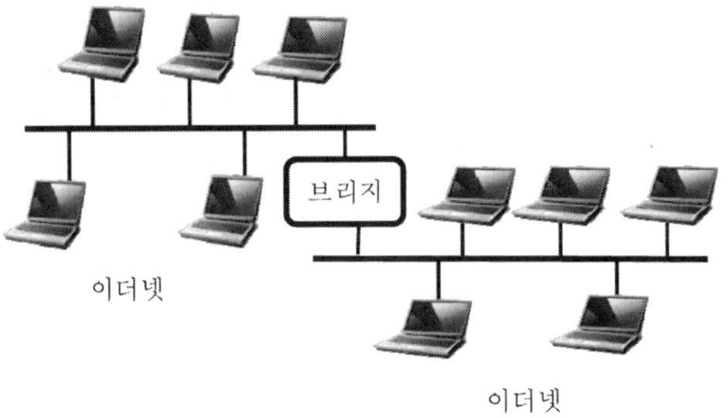

[그림 2.5] 브리지를 이용한 두 이더넷의 연결

한편, 브리지는 사용자 그룹이 완전히 다른 네트워크를 연결할 때 아주 유용하다. 왜냐하면 브리지를 통해서 이들을 서로 연결하는 경우 두 네트워크가 서로 간섭을 일으키지 않도록 구성할 수 있기 때문이다. 이 기술에 대해서는 나중에 자세히 다룬다.

브리지는 앞에서 소개한 다른 장비들과는 다르게 데이터링크 계층(datalink layer)에서 동작하는 장치이다. 그래서 보다 똑똑한 리피터(smarter repeater)라고도 부른다. 왜냐하면 브리지는 각 컴퓨터의 링크계층 주소인 MAC(media access control) 주소를 기반으로 패킷을 특정 포트로 선택적으로 전달되도록 동작하는데 이를 위해서 브리지는 MAC주소를 자동으로 인식하고 한 쪽에서 들어온 메시지를 다른 쪽으로 전달해주는 역할을 한다. 이때 전달은 하나의 송수신자 간(unicast) 혹은 하나의 송신자와 모든 수신자 간(broadcast)에 가능하다. 브리지에 대한 자세한 사항은 제3장 근거리 네트워크에서 다루도록 한다.

2.1.4 라우터

라우터(router)는 이름이 의미하는 바와 같이 루트(route)를 설정하는 장비인데 원래는 인터넷 프로토콜(Internet protocol) 중에서 가장 중요한 기능인 라우팅(routing) 기능을 이용하여 여러 개의 네트워크를 연결하는 장비로 개발되었다. 단, 라우팅 프로토콜에 대해서는 나중에 설명할 예정이다. 따라서 라우터는 OSI 7계층에서 제3계층의 기능을 가진 장비이다. 라우터는 하부 계층(제1,2계층)의 프로토콜에 대해서는 무관하므로 서로 다른 네트워크를 연결하기에 적합한 장비이다.

최근에는 라우터에도 스마트한 기능이 추가되어서 방화벽(firewall), VPN(virtual private network), QoS(quality of service) 관리, DHCP(dynamic host configuration protocol) 서버 등 다양한 기능이 추가되었다. 이에 대해서는 나중에 자세히 다루기로 하고 여기서는 라우터가 담당하는 역할을 소개한다.

라우터의 기본적인 기능은 브리지와 같이 송신자가 보낸 데이터를 수신자가 있는 포트쪽으로 내보내는 역할을 하는데 브리지와 다른 점은 패킷을 인식할 때 MAC주소대신에 IP 주소를 기반으로 하여 패킷을 최종목적지로 전달되도록 데이터의 흐름을 제어한다.

그런데 브리지는 MAC주소를 사용해서 적절한 네트워크의 세그먼트(segment)로 메시지를 전달하기는 하지만 메시지의 내부를 읽어볼 수는 없다. 그러나 라우터는 메시지의 내부를 볼 수 있는데 그 이유는 라우터가 네트워크 계층에서 동작하기 때문이다. 그래서 메시지의 내용에 따라 일부 메시지를 필터링(filtering)할 수가 있다. 그리고 라우터 내에는 브리지의 기능도 포함되어 있어서 종종 단순하게 브리지로 사용할 수 있다.

최근에는 라우터가 브리지, 허브, 스위치 기능 등 다양한 기능을 모두 가지는 경우가 있는데 이를 다기능 라우터(multi-function router)라고 부른다. 실제로 현장에서 라우터는 LAN을 인터넷에 연결하거나 네트워크 내에서 상호 연결을 위한 목적으로 사용된다. 다음 그림은 라우터를 이용해서 LAN을 인터넷에 연결하는 상황을 나타내고 있다.

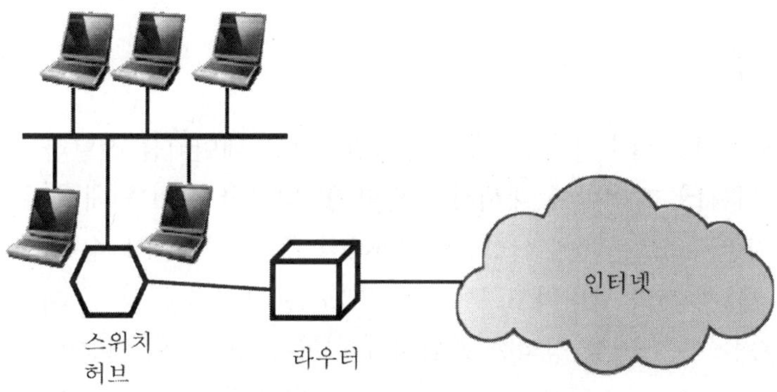

[그림 2.6] 라우터를 이용한 인터넷 연결

라우터는 라우팅 정보(routing information)를 이용하여 패킷을 목적지 방향으로 전달하는 기능을 가지므로 라우터는 루트의 선택을 담당하는 소프트웨어와 패킷의 전달 기능을 가지는 입출력 장치를 가지고 있다. 그리고 라우터를 사용하기 위해서는 라우터를 설정(configuration)하는데 필요한 다양한 주변 장치들도 가지고 있어야 하고 운영자가 프로그램을 작성하거나 관리를 하기 위한 모니터(콘솔)나 망 관리 장치 등 여러 서버들도 연결된다.

위의 기능 가운데서 가장 핵심적인 기능이 바로 전달 엔진(forwarding engine, 이하 FE)인데 FE는 다음의 기능을 가진다.

- IP 패킷의 헤더 영역을 관찰함
- 출력 라인 카드(output line card)를 결정함
- 패킷 헤더에 다음 번 홉(hop)의 MAC 주소를 기입함

라우터의 장점과 단점을 아래의 표에 요약하였다.

[표 2.2] 라우터의 장단점

장 점	단 점
1. 주소가 논리적으로 식별됨 → 상호 연결된 네트워크 상에서 MAC주소의 유일성을 보장함. 2. 상호 연결된 네트워크(예: LAN/WAN) 간에 주소 체계나 구조가 같을 필요가 없음. 3. 데이터그램의 분리/재조립 기능을 가지므로 통과하는 세그먼트의 한계를 극복할 수 있음. 4. 전송 시간, 통과하는 노드의 수, 폭주 상태 등 네트워크의 상황에 유연한 루트를 제공함으로써 부하 분산이 가능함.	1. 프레임의 전송 경로를 알 수 있으므로 네트워크에 자신의 존재가 노출됨. 2. 라우터는 L3 프로토콜에 의존하므로 주소 체계의 부정합이 발생할 수 있음.

2.1.5 스위치

스위치(switch)는 다수의 포트 사이에 병렬적으로 데이터를 전달하는 장비이다. 그런데 사실 스위치는 그 역할에 대해서 이렇다 할 명확한 정의를 내릴 수 없는 장비이다. 스위치는 일반적으로는 송수신 호스트(host)의 주소를 식별할 수 있기 때문에 데이터링크 계층(제2계층)의 장비라고 부르나 실제로는 그렇지도 않다. 최근에는 제2계층부터 제7계층의 기능까지를 정의한 스위치가 있어서 스위치의 기능에 대해서 특정 계층을 지칭할 수도 없다. 스위치는 주로 장비 제조업자들이나 시장에서 만든 브랜드의 이름이다. 사실 가장 그럴 듯한 이름의 스위치는 전화망이나 ATM망을 구현할 때 사용된 용어로서 교환기(exchange)라고 부른다.

이론상으로 스위치는 임의의 입력 포트(input port)로 들어오는 회선을 임의의 출력 포트(output port)로 내보내는 일을 하드웨어적으로 처리하는 장치이다. 이때 필요한 것이 후판(backplane)이라고 불리는 스위치 매트릭스(switch matrix)인데 간단히 말하면 가로와 세로로 그물처럼 엮어놓은 루트를 따라서 동시에 여러 대의 호스트나 노드를 서로 충돌이 일어나지 않도록 입력 포트와 출력포트에 연결할 수 있는 것이다. 따라서 여러분도 스위치만 하나 준비하면 네트워크를 구성할 수 있다. 아래의 그림이 하나의 스위치를 이용한 네트워크의 구성이다.

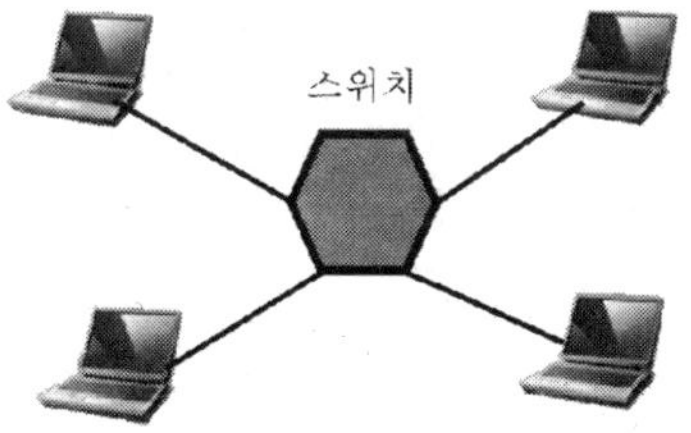

[그림 2.7] 하나의 스위치와 네 대의 컴퓨터

한편, 스위치의 포트는 물리적으로 그 수가 정해져 있다. 당연히 포트의 수가 많아질수록 가격이 비싸다. 만약에 스위치의 포트의 수는 4개인데 연결해야 할 PC의 수가 여섯 대라면 어떻게 할까? 즉, 하나의 스위치의 포트의 수보다 더 많은 호스트를 연결하여 하나의 네트워크를 구성하려면 어떻게 해야 할까? 아래의 그림이 이에 대한 해답을 제시한다.

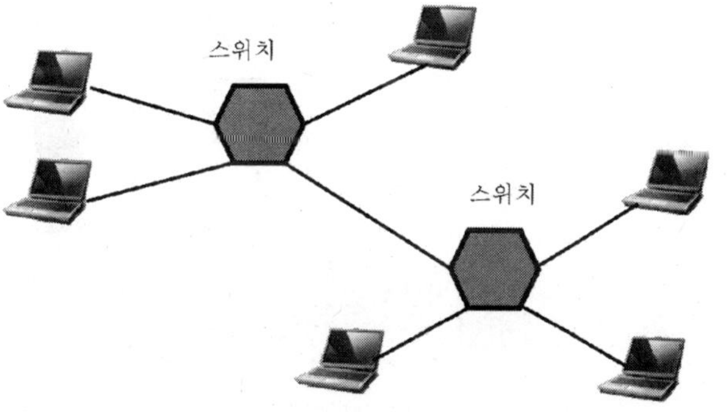

[그림 2.8] 두 대의 스위치를 이용한 네트워크의 구성

앞의 그림에서 보는 바와 같이 하나의 스위치의 포트가 4개이므로 먼저 PC 세 대를 연결하고 스위치를 하나 더 구입해서 3개의 포트에 PC를 연결한 후 스위치의 빈 포트에 새로 산 스위치를 연결하면 된다.

마지막으로 스위치와 스위치의 사이가 멀리 떨어져서 신호의 감쇄가 심하게 일어날 염려가 있을 때는 두 대의 스위치 사이에 리피터를 연결하면 신호의 감쇄를 복원할 수 있다. 아래의 그림이 이를 나타낸다.

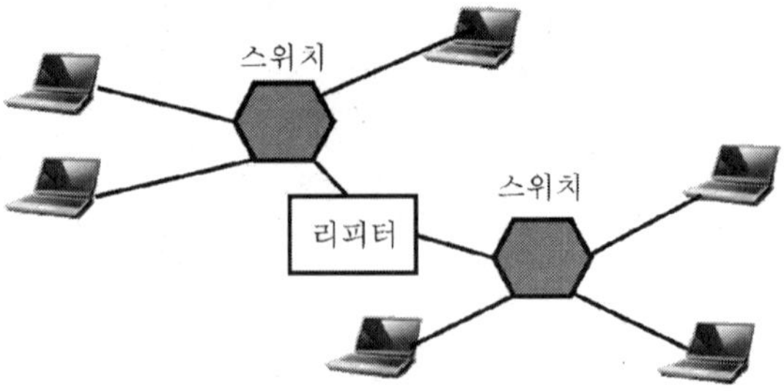

[그림 2.9] 두 대의 스위치와 하나의 리피터

한편, 스위치는 네트워크와 네트워크 사이를 연결하는 장비로도 사용되는데 아래의 그림은 스위치가 서로 다른 3 개의 네트워크를 연결하여 하나의 네트워크를 구성하는 예를 보여주고 있다.

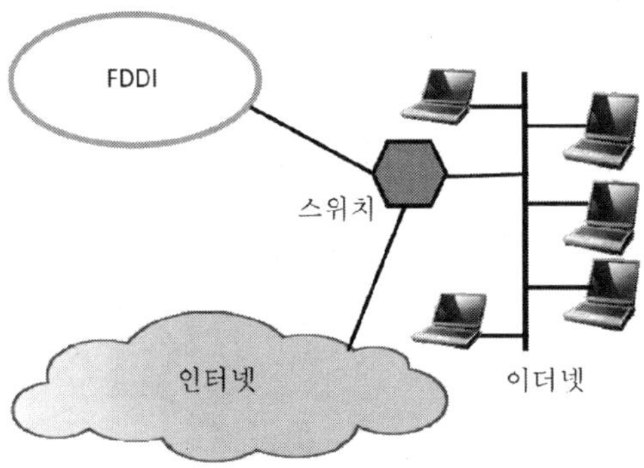

[그림 2.10] 스위치를 이용한 네트워크의 구성

현대에 있어서 스위치는 가상 회선(virtual circuit)을 정의하여 복수의 입력 포트와 출력 포트 간의 경로 교환 기능을 제공한다. 그리고 스위치는 단일 브로드캐스팅 도메인(broadcasting domain)으로 구성된 논리적 그룹을 형성하여 VLAN(Virtual LAN, 가상 랜) 기능을 제공한다. 다음 표는 스위치의 기능을 계층별로 정의한 것이다.

[표 2.3] 스위치의 계층별 역할

계층	제공기능	역할
L2 스위치	MAC 주소를 읽을 수 있음	브리지(브로드캐스팅)
L3 스위치	라우팅 기능	라우터(유니캐스팅)
L4 스위치	TCP/UDP헤더를 읽을 수 있음	네트워크 주소 해석(NAT) 및 포트 간 부하 분산 기능(firewall, IPSec, VPN 집중기 등)
L7 스위치	응용 프로그램을 식별함	응용 레벨 서비스 제공(콘텐츠 전달 서버나 인터넷 캐시 기능)

아래의 표는 각 장비의 기능별 비교표이다. 단, 아래의 표에서 스위치에 대해서는 L3 기능에 © 마크가 붙어있는데 스위치 제조사에 따라서 L3기능이 있는 것도 있고 없는 것도 있기 때문에 그렇게 표시하였다.

[표 2.4] 장비별 기능 비교

장비	L2 기능	L3 기능	관리 영역
라우터	×	○	광역(Wide area)
브리지	○	×	지역(Local area)
스위치	○	©	주로 지역(경우에 따라서는 광역도 관리)

2.2 전송 매체

전송 매체는 크게 유선매체와 무선매체로 나눌 수 있다. 유선매체는 다시 금속케이블(metalic cable), 동축케이블(coaxial cable), 광케이블(optical cable)로 나눌 수 있다. 그리고 무선매체는 공기 중에서 사용하는 주파수의 영역으로 다양한 통신 수단을 제공할 수 있다.

2.2.1 유선매체

금속케이블

컴퓨터 네트워크에서 가장 널리 사용되는 유선매체는 금속케이블이다. 금속케이블은 보통 UTP케이블이라고 불리는데 피복으로 절연되지 않은 꼬인 이중케이블(Unshielded Twisted Pair cable)을 말한다. 즉, 노출된 이중 꼬임선을 말한다. 케이블을 꼬아서 만드는 이유는 두 케이블 간의 전자파 간섭을 최소화하기 위해서이다. 아래의 그림은 전형적인 UTP케이블의 모양이다.

[그림 2.11] 한 가닥의 꼬임선

한편, 현장에서 UTP케이블은 여러 가닥의 꼬임선을 하나로 묶어서 사용하기도 한다. 이것을 카테고리(category)라는 용어로 정의하여 미국의 국립 표준 연구단체(ANSI, American national standard institute)와 전자 산업 협회(EIA, Electronic industry association)는 다음 표와 같은 카테고리를 정의하고 있다.

[표 2.5] UTP케이블의 카테고리

카테고리	최대 데이터율(Mbps)	응용
1	1	음성
2	4	4Mbps 토큰링
3	16	10BaseT Ethernet
4	20	16Mbps 토큰링
5 5e	100(4-pairs) 1000(4-pairs)	100BaseT Ethernet 1000BaseT Ethernet
6	1000(4-pairs)	1000BaseT Ethernet
6e	1만(4-pairs)	10G Ethernet

위의 표에서 10BaseT Ethernet이 나타내는 의미는 다음과 같다. 먼저 10은 신호의 전송 속도가 10Mbps라는 뜻이고, Base는 전송 주파수가 기저대역(baseband)이라는 뜻이며 T는 꼬임 이중선(twisted pair cable)이라는 뜻이다.

아래의 그림은 카테고리5(CAT. 5e)의 UTP케이블의 내부 모습인데, 8개의 케이블이 2개씩 꼬여서 4쌍을 이루고 있다. 아래의 그림에서 왼쪽 그림은 케이블의 내부 모습이고 오른쪽은 케이블의 끝을 가공하여 사용자가 쉽게 사용할 수 있도록 한 것이다.

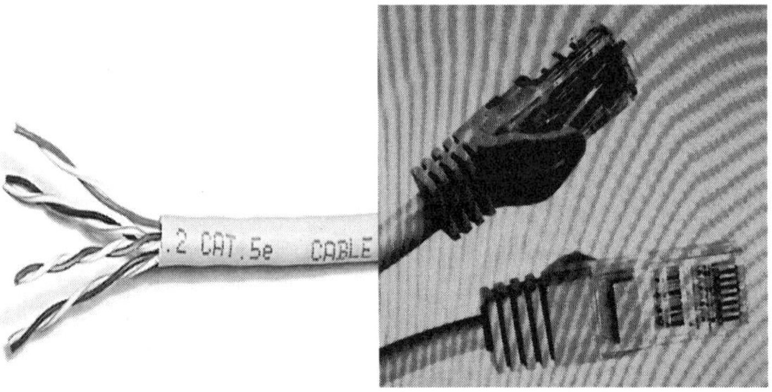

[그림 2.12] 카테고리5 UTP 케이블

동축케이블

동축케이블(coaxial cable)은 말 그대로 중심축이 같은 2개의 케이블을 말한다. 케이블을 감싸고 있는 외부 피복을 절연체 덮개(insulating cover)라고 부르며 그 속에는 2개의 도체(conductor)가 상호 절연(insulate)되도록 중간에 역시 절연물질이 배치되어 있어서 두 도체를 각각 송신과 수신용으로 사용한다. 아래의 그림은 동축케이블의 모습이다.

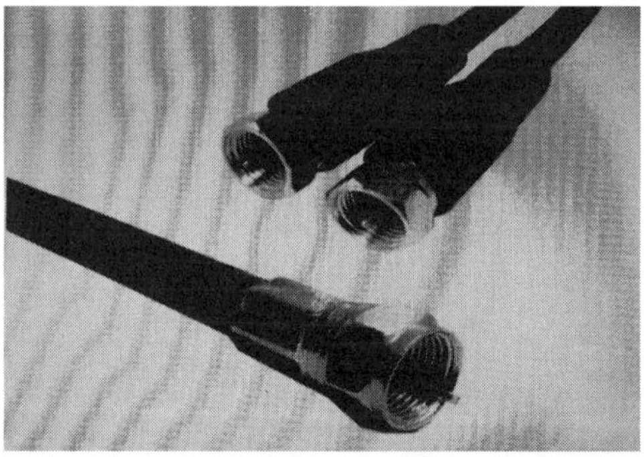

[그림 2.13] 동축케이블

동축케이블은 처음에는 TV(CATV) 수신용 케이블로 사용되다가 나중에는 초고속 인터넷 서비스용으로 널리 쓰이게 되었다. 이에 대해서는 뒤에서 인터넷 서비스를 소개할 때 HFC(hybrid fiber coaxial) 기술에서 소개하기로 한다.

광케이블

광섬유케이블(optical fiber cable, 줄여서 광케이블로 부름)은 빛을 전송하는 유리로 만든 케이블이다. 아래의 그림은 광케이블의 모습이다.

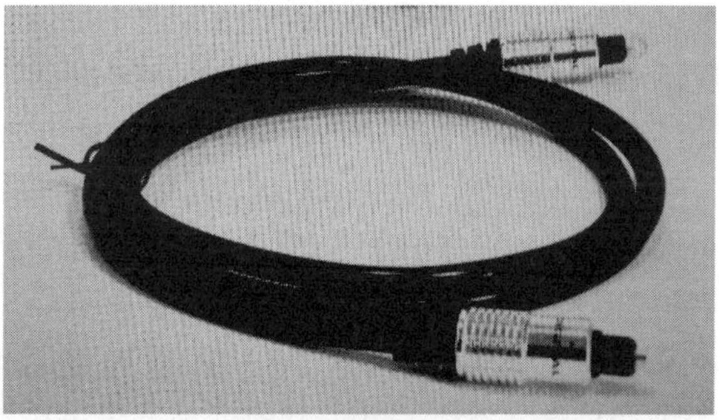

[그림 2.14] 광케이블

광케이블의 구조는 맨 안쪽에 빛이 통과할 수 있는 유리관(optical core)이 들어있고 그 위를 빛이 새어나오지 못하도록 Optical cladding이라고 불리는 피복이 감싸고 있으며 가장 바깥쪽에 플라스틱으로 덮개를 씌운 구조이다.

광케이블은 두 가지 종류가 있는데 단 하나의 유리관을 넣은 단일코어케이블(single core cable)이 있고 여러 개의 유리관을 넣은 복수코어케이블(multi core cable)도 있다. 아래의 표는 위에서 소개한 각종 케이블의 전송특성을 비교한 것이다.

[표 2.6] 케이블의 유형별 전송특성

케이블의 유형	최대 대역폭(Mbps)	도달거리(m)
Category 5 twisted pair	10~100	100
Thin-net coax	10~100	200
Thick-net coax	10~100	500
Multimode fiber	100	2000
Singlemode fiber	100~2400	4만

한편, 전송 매체마다 신호의 전파 속도(propagation speed)가 다른데 구리 및 동축케이블에서 전기신호의 전파 속도는 초당 23만 km이며 광케이블에서 빛의 전파 속도는 초당 20만 km이다.

2.2.2 무선매체

무선매체는 공기를 말한다. 사실 공기가 전자기파(electromagnetic wave, 줄여서 전파라고도 부름)를 전달한다는 개념은 20세기 이전의 과학자들에게는 상당히 신비스런 이야기였으나 마이클 패러데이가 이와 같은 신화(myth)를 깨끗하게 실화(facts)로 바꾸어 주었다. 무선매체의 전파(wave) 전파 속도(propagation speed)는 공기 속을 통과하는 전파나 빛의 전달속도이므로 초당 30만 km이다.

무선통신의 매개체는 주파수이다. 주파수(frequency)의 사전적 정의는 '전자기파가 1초간 진동하는 횟수'이다. 그리고 음성이나 데이터 등의 정보가 이 진동에 실려서 멀리 전송되는 것이다. 주파수의 단위인 헤르츠(Hertz , 줄여서Hz로 표기함)는 1초간의 진동 횟수를 말한다. 따라서 주파수가 1MHz라는 것은 1초동안 100만번 진동한다는 것이다.

그런데 우리 주변에는 무선통신기술을 사용하는 다양한 서비스가 있기 때문에 정부는 서로 다른 서비스가 상대방에게 방해를 주지 않도록 하기 위해서 서비스별로 사용할 수 있는 주파수의 범위를 조정하고 있다. 아래의 표는 우리가 주변에서 접하는 다양한 통신 매체인 라디오, TV, 위성 등에 사용되는 주파수 영역의 크기를 나타내고 있다.

- 라디오 방송용 주파수는 수십 킬로(kilo, 10^3) Hz에서 수백 메가(mega, 10^6) Hz의 영역이다.
- TV 송신용 주파수는 FM 방송용 주파수를 포함하여 그보다 조금 더 높은 영역까지 사용된다.
- 위성통신용 주파수는 다시 TV 송신용 주파수의 뒤에 있는 수 기가(giga, 10^9) ~ 수십 기가 Hz영역이다.
- 휴대전화를 비롯한 무선(이동)통신의 주파수 대역은 300MHz에서 3GHz 사이이다.

- 광통신은 빛의 통신이므로 주파수 영역이 격상하여 수백 기가 ~ 수 테라(tera, 10^{12}) Hz 영역이다.

[표 2.7] 무선통신용 주파수 영역

서비스	AM Radio	FM Radio	동축 케이블	TV 무선(이동)통신	위성통신	지상 Microwave	광통신
주파수대역 (Hz)	10^5~10^6	10^7~10^8	10^5~10^9	10^8~10^9	10^9~10^{10}	10^9~10^{11}	10^{14}~10^{15}

위의 주파수대역가운데서 가장 관심의 대상이 되는 것은 당연히 이동통신용 주파수 대역이다. 그 이유는 이동통신 서비스 사업자에게 있어서 주파수대역은 고속도로에서 자동차가 달릴 수 있는 차선과 같이 제한된 자원인데 그 자원을 확보하느냐 못하느냐에 따라서 이동통신사업자가 사용할 수 있는 통신채널의 크기가 달라지기 때문이다. 현재 세계 공통으로 사용가능한 이동통신용 주파수대역은 700~900MHz, 1.8GHz, 2.1GHz, 2.5~2.6GHz 대역이다. 이처럼 이동통신용 대역폭이 제한되는 이유는 고객이 전세계의 어느 곳을 가더라도 자신이 가지고 있는 단말기로 자유롭게 이동통신을 사용할 수 있도록 하기 위해서 국제표준화단체에서 사용범위를 제한하기 때문이다.

한편 각국 정부는 이와 같이 제한된 주파수대역을 통신사업자에게 배분하는데 과거에 오직 이동전화만 존재하던 시절(1G~2G)에는 주파수대역이 그다지 큰 문제가 되지 않아서 정부가 몇 안되는 통신사업자에게 그냥 할당해주었다. 그런데 휴대전화가 점점 진화하여서 스마트폰상에서 비디오(영화나 드라마 컨텐츠)를 시청하면서 대역고갈의 문제가 본격화되었다. 참고로 2015년 12월 기준으로 한달간 우리나라 이동통신가입자가 사용한 데이터의 양이 18만9657테라바이트(terabyte, 1TB=10^{12}byte)에 이른다.

이와 같은 상황에서 각 이동통신사업자는 다른 사업자보다 더 많은 주파수를 확보할수록 더 많은 가입자를 확보할 수 있고 또 통신의 품질도 더 좋게 할 수 있기 때문에 서로 좋은 주파수대역을 차지하려고 할 수 밖에 없다. 그래서 1989년 뉴질랜드는 세계 최초로 자국의 주파수대역에 대해서 경매를 실시했다. 미국은 1990년대 중반, 유럽은 2000년대 전후에, 우리나라는 2011년에 주파수 경매제를 도입했다. 참고로 2013년에 국내 이동통신3사를 대상으로 실시된 LTE용 1.8GHz 및 2.6GHz 주파수 대역의 낙찰가는 다음과 같다.

[표 2.8] LTE용 주파수 경매 낙찰가

통신사업자	주파수대역(할당량)	낙찰가	MHz당 단가
KT	1.8GHz대역(15MHz)	9001억원	600억원
SK 텔레콤	1.8GHz대역(35MHz)	1조500억원	300억원
LGU+	2.6GHz대역(40MHz)	4788억원	120억원

한편 2018년 6월 18일 우리나라는 제5세대(5th generation, 이하 5G) 무선통신용 주파수에 대한 경매를 완료하였는데 그 결과는 아래의 표와 같다.

[표 2.9] 5G용 주파수 경매 낙찰가

주파수대역	SKT	KT	LGU+	총낙찰가
3.5GHz대역(폭: 280MHz)	100 MHz	100 MHz	80 MHz	2조9960억원
28 GHz대역(폭: 2400MHz)	800 MHz	800 MHz	800 MHz	6223억원

5G가 향후 전세계 무선통신망의 주류가 되는 것은 분명하지만 그 전에 지적하고자 하는 것은 과연 우리나라의 5G전략에 문제가 없느냐 하는 것이다. 알려진 바에 의하면 우리나라는 2018년 평창 올림픽에서 세계 최초(또 '세계 최초' 타령인가?)로 5G 시범 서비스를 하였고 2019년 4월에는 또 세계 최초로 5G 서비스 상용화에 돌입하였다. 심지어 KT, SKT, LGU+ 등 국내 이통3사는 같은 날 서비스를 시작하기로 합의까지 하였다.

그런데 정작 5G 서비스를 제공할 국내 이동통신 3사는 2018년 9월 초 이글을 쓰고 있는 현재 이러지도 저러지도 못하고 있다고 한다. 그 이유는 무엇일까?

2018년 9월 5일자 조선경제 헤드라인의 제목은 〈'아, 시간이 없는데…' 한국 5G 앞에 닥친 5딜레마〉이다. 한국이 빠진 딜레마를 요약하면 다음과 같다[김봉기 · 이기문].

① 5G 장비로 중국의 화웨이(華爲)를 써야하는데 보안문제('보안문제'라고 쓰고 '국민정서'라고 말함) 때문에 고민이나 국내 장비업체는 아직 품질보장문제를 해결하지 못하고 있다고 한다.

② 5G 는 주파수 도달 거리가 짧아서 LTE보다 기지국을 더 촘촘하게 구축(dense network)하여야 하는데 망구축하는데 시간이 많이 소요되어서 '2019년 4월 세계 최초 상용화' 목표를 이룰 수 없다.

③ 5G 서비스를 개시한다고 해도 수 기가bps에 해당하는 5G 네트워크를 대표할 만한 킬러 콘텐츠(killer contents)가 없다. 현재 LTE만으로도 비디오나 게임 등 초고속 인터넷 서비스를 제공하는데 전혀 문제가 없고 제4차산업혁명의 대표주자로 알려진 자율주행차나 스마트공장 등이 대규모로 확산되어서 그들로부터 10조

원에 상당하는 5G 투자금액을 회수할 만한 수익을 보장받으려면 앞으로도 10년은 더 기다려야 한다.

2.3 고찰 문제

1. 네트워크 장비의 종류를 나열하고 각 장비의 기능에 대해서 요약해보자.

2. 네트워크 장비와 OSI 계층 기능의 관계에 대해서 조사해보자.

3. 전송 매체의 종류를 나열하고 각 전송 매체의 특징을 비교 분석해보자.

4. 현재 우리나라의 각 주파수대역에 사용되는 통신 서비스가 어떤 것이 있는지 알아보자.

제3장 네트워크 프로토콜

제3장에서는 네트워크 프로토콜의 개념 및 탄생배경에 대해서 알아보고 컴퓨터 네트워크의 국제표준 프로토콜인 OSI 프로토콜에 대해서 알아보기로 한다.

3.1 통신과 프로토콜

우리가 네트워크 상에서 컴퓨터 등 단말을 이용하여 통신하는 방법은 크게 두 가지로 나눌 수 있다. 하나는 대화(conversation) 형 통신이고 다른 하나는 검색(browsing) 형 통신이다. 대화형 통신은 전화 통화(voice conversation)와 같이 전화를 건 사람(송신자)과 받는 사람(수신자)이 서로 대화를 나누는 통신이고 검색형 통신은 웹 검색(web browsing)이나 음악과 비디오의 다운로드(download)와 같이 정보를 필요로 하는 사람이 정보를 저장하고 있는 서버(server)에 접속하여 정보를 요구하고 그에 따라 정보를 제공받는 방식이다.

이들 두 가지 종류의 통신을 하기 위해서 네트워크에서 일어나는 모습을 도식적으로 나타낼 수 있는데 전화 통화와 웹 브라우징을 예를 들어서 그려보기로 한다. 먼저 전화 통화를 예로 들면 아래의 그림과 같다.

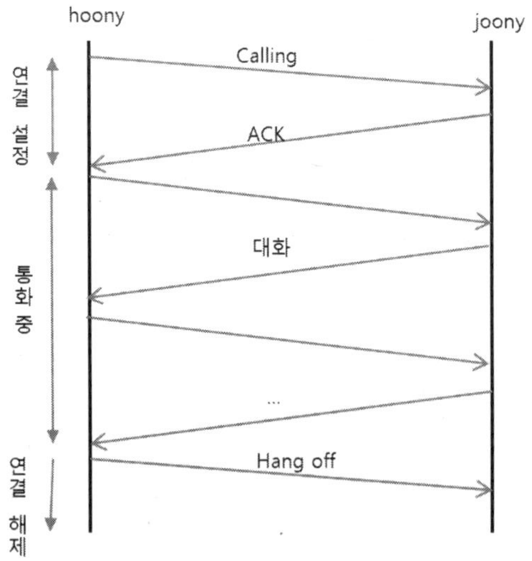

[그림 3.1] 전화 통화의 진행과정

위 그림에서 보듯이 자상한 아빠 후니(hoony)는 출장 중임에도 불구하고 사춘기에 빠져 있는 아들 주니(joony)에게 전화를 건다. 이때 후니의 호 설정 요구(call establishment request, 줄여서 calling) 메시지는 네트워크를 따라서 주니의 단말(전화기 혹은 컴퓨터)에 도착하는데 메시지가 네트워크를 따라서 전달되는데 걸린 시간이 있으므로 그림에서 하나의 화살표의 사선의 높이가 그에 해당하는 시간이다.

한편, 주니가 전화기를 드는 순간 그가 전화기를 들었다는 응답 메시지(ACK, acknowledgment)가 후니에게로 전달되고 이로써 두 사람 사이에 회선이 설정(connection establishment)된다.

두 사람은 서로 대화를 나누게 되고 통화가 모두 끝났을 때 두 사람 중 어느 누구가 호를 해제(connection release, 혹은 hangoff)하면 연결은 종료된다. 특히 송신자가 전화기를 놓았을 때 호는 완전히 해제된다.

한편, 출장에서 돌아온 후니(hoony)는 맛집을 찾으려고 구글(google, 웹사이트의 주소: http://www.google.co.kr) 서버에 접속했다. 아래의 그림은 후니가 구글에 접속하여 맛집을 찾는 광경을 묘사한 것이다.

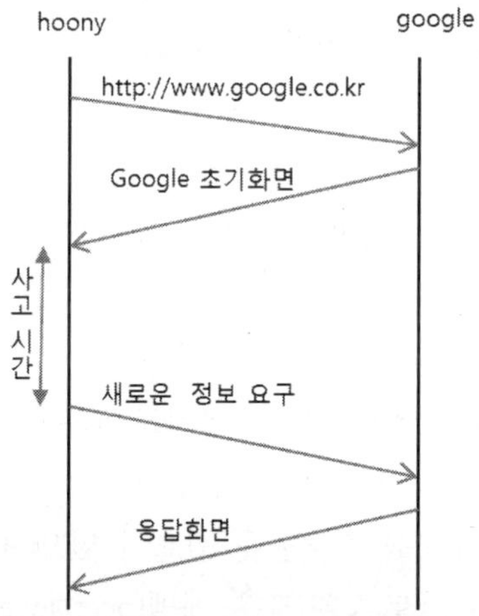

[그림 3.2] 웹 검색의 진행과정

위의 그림에서 보듯이 후니는 맨 처음http://www.google.co.kr라는 명령어를 쳐서 구글 서버에 접속을 시도한다. 이때에도 앞에서와 같이 데이터가 네트워크를 통해서 서버까지 전달되는데 전송 시간이 필요하여 오른쪽으로 기운 사선으로 표시되었다.

한편, 구글 서버에 도착한 메시지는 서버의 프로세서에 의해서 읽혀지고 처리되는데 약간의 시간을 필요로 하며 이것이 서버 응답 시간(server response time 또는 processing time)이다.

서버가 도착한 메시지를 해석한 후 자신의 홈 페이지 화면을 후니에게 전송해주는데 그 정보가 서버에서 후니에게로 전달되는데에도 어느 정도 시간이 소요된다.

한편, 후니는 구글 서버가 보내준 화면을 읽는데 시간이 필요한데 이를 독서 시간(reading time) 혹은 사고 시간(thinking time)이라고 부른다. 후니가 화면을 꼼꼼히 읽으면 시간은 많이 걸릴 것이고 슬쩍 보고 넘기면 시간은 얼마 걸리지 않을 것이다. 따라서 독서시간은 사람에 따라서 변화가 심할 수도 있다.

하여간 후니가 첫 화면을 읽고 난 뒤 그는 다시 그 화면의 정보 중에서 자신이 관심있는 다른 기사를 클릭할 것이고 이번에도 후니는 새로운 정보에 대한 요구 메시지를 구글에게 보낼 것이고(request for new information) 구글 서버는 다시 얼마간의 응답시간을 소비할 것이다.

그리고 구글 서버는 다시 후니가 요구한 정보(reply for the requested new information)를 보내주게 된다. 그리고 이와 같은 동작은 후니가 구글 서버를 빠져나갈 때까지 계속될 것이다.

이처럼 전화 통화나 웹 검색 등과 같은 통신을 하기 위해서 네트워크와 단말은 일련의 규격화된 정보의 전달을 위한 약속을 해야 한다. 그런데 앞의 이야기에서는 잘 드러나지 않지만 통신을 위해서는 단말기와 네트워크 장비와 같이 다양한 기능을 가진 요소들이 하나의 장치로 만들어져 있으나 실제로 통신을 위해서는 기능이 비슷한 요소끼리 상호 알 수 있는 메시지를 통해서 통신이 가능하도록 해 준다. 가령, 케이블과 같은 물리적 장치는 서로 물리적 신호만 주고받을 뿐 데이터에 대한 어떠한 해석이나 가공도 할 수 없는 반면에 스위치나 라우터와 같은 네트워크 장비는 송수신자의 주소, 패킷의 유형 등 다양한 정보를 읽고 해석할 수 있다.

이와 같은 이유로 인하여 네트워크 운영자로서는 서로 다른 장비, 서로 다른 단말기기가 서로 다른 유형의 통신 서비스를 수행하는데 있어서 서로 쉽게 이해할 수 있는 메시지 형태나 명령어의 규칙을 정해놓을 필요가 있으며 이를 체계화한 것을 프로토콜(protocol)이라고 하는데 프로토콜은 같은 레벨(peer level)에 있는 요소들 간의 정보를 교환하는데 필요한 과정(procedure)을 정의한 일련의 규칙(rule)이다.

3.2 OSI 모형과 프로토콜

1983년 데이(J.D. Day)와 짐머만(H. Zimmermann)은 서로 다른 컴퓨터 간에 상호통신을 가능하게 하는 컴퓨터 네트워크 프로토콜을 고안하여 'the OSI reference model'이라는 이름으로 IEEE에 발표하였으며 국제 표준화 단체인 ISO(international standard organization)는 OSI(open system interconnection, 개방 시스템 상호 연결) 모형을 국제 표준으로 제정했다. OSI 참조 모형은 서로 다른 컴퓨터 간에 상호통신을 하기 위해서 필요한 수백 가지의 기능을 단 7개의 계층으로 분리하여 정의한 프로토콜 모형이다.

OSI 참조 모형

OSI 참조 모형은 1995년에 데이에 의해서 약간의 개정이 이루어진 후 사실상의 국제 표준(defacto international standard)으로 사용되고 있다. OSI 모형은 아래의 그림과 같이 총 7개의 계층으로 나뉘어져 있다.

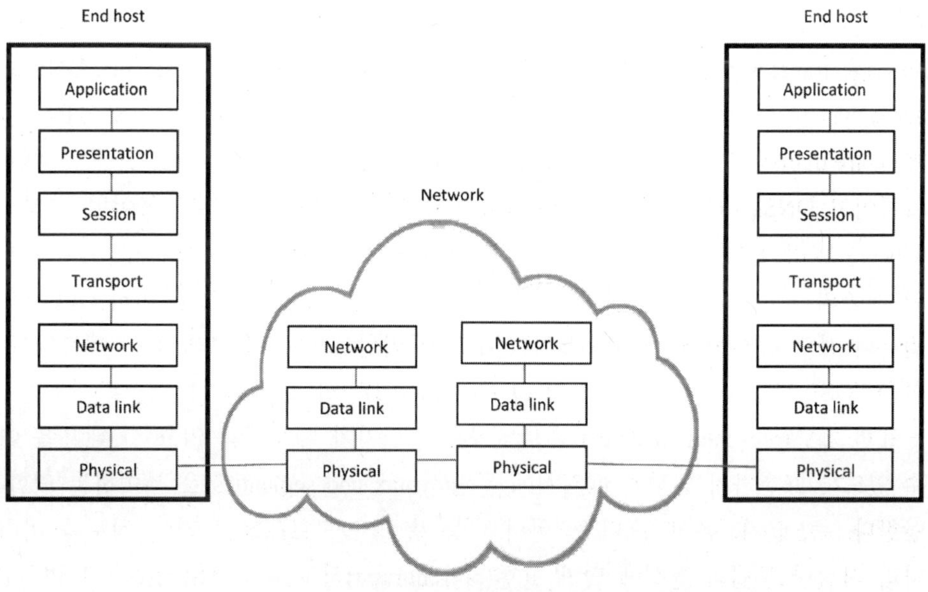

[그림 3.3] OSI 7계층 구조도

위에서 보는 바와 같이 OSI 7계층은 단말(End host)에 대해서는 7개의 계층이 모두 정의되고 네트워크 장비에 대해서는 아래의 3개의 계층만 정의한다. 이렇게 네트워크 장비와 단말 장비에 대해서 기능을 다르게 정의하는 이유는 단말은 서비스의 정의부터 그 서비스를 나타내기 위한 다양한 기능이 필요한 반면에 네트워크는 단말이 이떠한 응용 프로그램을 만들어서 네트워크로 보내는지에 상관하지 않고 모든 데이터를 다만 비트나 바이트 혹은 패킷의 단위로 전달만 하면 되기때문이다. 이에 대해서는 뒤에서 자세히 다루기로 한다.

한편, OSI 계층의 또 다른 특징은 아래의 4개의 계층은 데이터의 전송(transmission of data)과 관련된 기능이고 위의 3개의 계층은 정보의 처리(processing of information)와 관련된 기능이다. OSI 계층의 지하(계층 0이라고 부르는 것 보다 지하가 더 어울릴 것 같아 저자가 임의로 그렇게 부르기로 함)에는 물리적 장치인 케이블이 있다. 사실 대부분의 케이블은 지하에 있다.

각 계층의 기능은 자신의 바로 위에 위치한 계층에 대한 서비스를 제공하는 것인데 각 계층의 역할은 다음과 같다.

먼저 응용 계층(application layer) 프로토콜은 우리가 사용하는 통신 서비스(이를 응용 서비스라고 부름) 및 응용 프로그램(application program, 줄여서 애플리케이션 또는 앱이라고도 부름) 간의 통신을 관리하는 역할을 담당한다. 이를 위해서 사람이나 컴퓨터가 작성한 정보(이를 메시지라고 부름)를 비트(bit)로 변환하고 송신자와 수신자의 식별자를 헤더에 붙이는 역할을 담당한다. 이와 같은 기능을 수행하는 프로그램으로는 파일 전송 프로토콜(file transfer protocol, 이하 ftp), 단순 메시지 전송 프로토콜(simple message transfer protocol, 이하 SMTP), HTTP(hypertext transfer protocol), DNS(domain name system), telnet 등이 있다. ftp는 파일을 전송하는 프로토콜이고 SMTP는 단순한 메시지(e-mail)를 전송하는 프로토콜이며 HTTP는 웹 문서의 요구 및 전달을 위한 프로토콜이고 DNS는 URL주소를 네트워크의 주소로 변환하는 프로토콜이며 마지막으로 telnet은 멀리 떨어진 단말이 서버에 접속(remote login)하는 기능을 하는 프로토콜이다. 이 계층의 기능은 회사로 말하면 대표이사(chief executive officer, 이하 CEO)와 같이 컴퓨터 간의 통신에서 가장 중요하고 주도적 역할을 하는데 그래서 이 계층의 프로토콜을 "OSI 모형의 대표이사(CEO of OSI model)" 라고 부르기도 한다.

표현 계층(presentation layer) 프로토콜은 수신자가 메시지를 읽고 그 내용을 이해할 수 있도록 표현하기 위하여 메시지에 문법(syntax and semantics)을 부여하는 역할을 담당한다. 즉, 문자, 음성, 오디오, 비디오 등 송신자가 보내고자 하는 정보를 미디어에 따라 적절한 문법과 형식에 맞게 표현(presentation)하고(주로 ASCII코드로 변환함) 필요에 따라서는 데이터의 양을 줄이기 위해서 압축(compression)하고 또 보안이 필요하면 데이터를 암호화(encryption)하는 일련의 작업을 담당한다. 이를 위해서 데이터를 압축, 암호화 및 데이터를 표현하는 언어를 나타내는 헤더가 첨부된다. 요즘 멀티미디어 정보를 표현하는 JPEG(joint photographic experts group) 및 MPEG(motion picture experts group)도 이 계층의 기능에 해당한다.

세션 계층(session layer) 프로토콜은 네트워크 양단의 단말 간에 통신을 위한 채널을 설정하고 데이터의 통신이 지속되는 동안 대화(session)를 제어(control)하는 역할을 한다. 즉, 통신을 위한 세션의 설정, 연결의 지속, 연결의 해제와 관련된 기능을 담당한다. 그리고 메시지의 시작과 끝을 알리는 경계를 설정하고 메시지의 통신방식(전이중 혹은 반이중 등)을 정의하기도 한다. 그리고 연결이 설정된 후에는 전송 중에 일어날 수 있는 오류(error)를 체크하기도 한다. 이와 같은 기능을 세 가지로 간략하면 전송의 순서를 지정하는 대화 제어(dialog control), 동시에 같은 동작을 하는 단말간의 충돌을 조정하는 토큰 관리(token management), 그리고 전송실패가 일어날 경우 데이터의 재전송을 제어하는 동기화(synchronization) 등이 있다.

전송 계층(transport layer) 프로토콜에서는 데이터를 세그먼트라는 전송단위로 나누고 패킷이 네트워크의 한 쪽 끝에서 다른 쪽 끝까지 제대로 전달(reliable transfer)되고 있는지를 체크하기 위해서 오류정정 시험(checksum test)을 위한 정보를 만들고 패킷이 제대로 전달되지 않을 때는 제대로 전달되도록 하는 조치를 취한다. 이를 위해서 데이터의 백업(backup)용 복사본(copy)을 만들어두기도 한다. 그리고 헤더에 체크섬(header checksum)과 세그먼트의 위치를 나타내는 정보를 기입해둔다. 우리가 널리 알고 있는 TCP(transmission control protocol)와 UDP(user datagram protocol) 프로토콜이 이에 해당한다.

네트워크 계층(network layer) 프로토콜에서는 패킷을 지정된 주소(address)와 적절한 경로(route)에 의거해서 수신자에게 전달되도록 하는 기능을 담당한다. 이를 위해서 네트워크 내에서는 주소 전달 체계와 라우팅(routing) 기능을 갖추고 있다. 그리고 상황에 따라서는 패킷의 크기를 작게 하거나 작게 한 패킷을 다시 재조립해야 하므로 세그먼트를 패킷으로 포맷하고 패킷의 수를 계산하는 기능 및 패킷의 순서와 수신자 주소를 헤더에 기입하는 기능도 가지고 있다. 우리가 인터넷이라고 하는 IP(Internet protocol)가 바로 이 계층의 프로토콜이다.

데이터링크 계층(data link layer) 프로토콜에서는 네트워크에 연결된 단말 간에 데이터를 신뢰성 있게 전달하도록 하는 기능을 정의한다. 즉, 전송 중인 데이터에 오류가 없는지 검사하는 일을 한다. 이를 위해서 논리적 링크 제어 부계층(logical link control sublayer)과 미디어 접속 제어 부계층(media access control sublayer, 우리가 MAC이라고 부르는 바로 그 기능에 해당함)을 가지고 있는데, 논리적 링크 제어 부계층은 네트워크 계층과 미디어 접속 제어 부계층 간의 인터페이스(interface)를 제공하고 미디어 접속 제어 부계층은 물리 계층과의 연결을 제공한다. 이 계층의 프로토콜로서 이더넷의 MAC 프로토콜인 CSMA/CD, 무선랜의 MAC 프로토콜인 CSMA/CA, 그리고 WAN에서 주로 사용하는 점대점 프로토콜(point-to-point protocol) 등이 있다.

마지막으로 물리 계층(physical layer) 프로토콜은 데이터를 나타내는 비트 스트림(bit stream)이 네트워크의 물리 매체(physical media)를 따라 노드 간에 전송되는 방법을 규정한다. 이 기능은 물리 매체의 특성에 따라 정의되는데 필요에 따라서는 패킷을 전송 매체로 전달할 수 있도록 디지털신호를 아날로그신호로 전환하기도 하며 신호가 어떤 주파수상을 통해서 전달되는지 혹은 어떤 물리 매체(가령, 금속케이블, 동축케이블, 광케이블 혹은 무선매체)를 따라 어떤 전압으로 전달되는지 등을 규정한다.

TCP/IP 참조 모형

한편, OSI 참조 모델이 공표되기 이전에 이미 인터넷이 존재하였고 그에 따라서 인터넷 상에서 데이터를 전송하기 위한 프로토콜도 존재해 왔다. 미국의 국방성(department of defense)에서 개발한 ARPANET 등과 같이 실제로 현장에서 운용되고 있던 컴퓨터 네트워크가 있었는데 이것이 인터넷의 시초이다. ARPANET은 초기에는 전용 전화회선을 통해서 대학과 정부기관 간을 연결하는 목적으로 사용되다가 차츰 위성통신망, 무선통신망 등이 첨가됨에 따라서 서로 다른 특성의 네트워크에 접속된 서로 다른 유형의 단말 간의 통신에 대한 필요성이 부각되게 되었는데 그것이 여간 어려운 일이 아님을 알게 되었다.

이 문제를 해결하기 위한 새로운 프로토콜이 필요하였는데 그로 인하여 탄생한 프로토콜이 TCP/IP 참조 모형(TCP/IP reference model)이다. TCP/IP 참조 모형은 1974년 서프(Cerf)와 칸(Kahn)이 제정하고 1985년에 라이너(Leiner)가 개정하였다. 따라서 TCP/IP 참조 모형은 OSI참조 모형보다 9년 정도 먼저 탄생하였다. 한편, 이 프로토콜은 간단히 인터넷 프로토콜이라고도 불리는데 현재의 인터넷은 바로 TCP/IP 참조 모형에 근거한 모형이다.

TCP/IP 참조 모형은 크게 네 가지 영역으로 구성되어 있는데 응용 계층(application layer), 전송 계층(transport layer), 인터넷 계층(internet layer), 그리고 호스트와 네트워크를 연결하는 계층(host to network layer)으로 이루어져 있다.

다음 그림은 TCP/IP 참조 모형을 그린 것이다.

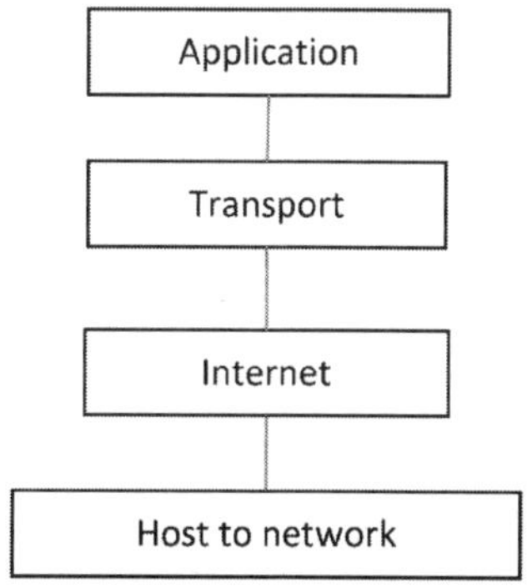

[그림 3.4] TCP/IP 참조 모형

TCP/IP 참조 모형과 OSI 7계층의 관계를 비교해보면 TCP/IP 참조 모형에는 OSI 7계층에서 정의하는 제 5, 6 계층(세션 계층과 표현 계층)이 없다는 것이다. 즉 단말이 어떤 형식의 데이터를 어떤 방식의 연결로 보내더라도 네트워크는 상관하지 않겠다는 것이다. 이것이 인터넷의 발전과 확산에 아주 중요한 기회를 제공하였다.

아래의 그림은 TCP/IP 참조 모형을 기본으로 한 인터넷 프로토콜 그래프를 나타낸 것이다.

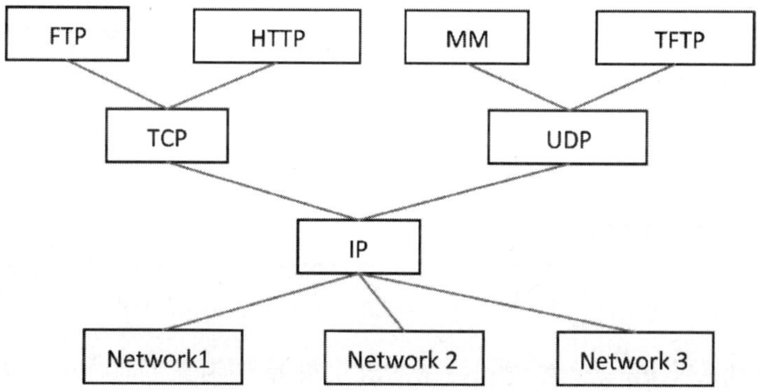

[그림 3.5] 인터넷 프로토콜 그래프

위의 그림에서 맨 위의 계층은 응용 프로그램을 나타내는 것으로서 그림에서는 대표적인 것 몇 가지만 나열하였는데 각 프로토콜의 예는 앞에서 정의한 OSI 7 계층에서 설명한 바 있다. 그림에서 맨 위의 계층에 있는 응용 프로토콜 중에서 앞에서 정의되지 않은 MM와 TFTP는 각각 multimedia와 trivial ftp의 약어이다.

한편, 위의 그림을 보면 프로토콜의 계층 구소가 모래시계(glass hour) 모양을 하고 있다. 즉, IP 계층을 중심으로 상하가 넓은 구조를 하고 있다. 이와 같은 모래시계 모양의 네트워크 프로토콜 구조는 서로 다른 응용 서비스와 서로 다른 물리적 장치들로 구성된 다양한 네트워크를 하나의 공통된 네트워크 프로토콜(IP protocol)로 수용함으로써 이질적인(heterogeneous) 네트워크의 상호 접속성(interconnectivity)을 제공하여 인터넷이 전 지구적 네트워크로 발전하는데 결정적인 역할을 하였다.

우리는 인터넷에서 통용되는 정보의 단위에 대해서 개념이 확실하지 않거나 애매한 용어로 부르곤 하는데 이처럼 인터넷 프로토콜이 계층마다 명확한 기능으로 정의되어 있기 때문에 그에 따라서 각 계층에서 주고 받는 데이터의 단위도 구별할 수 있어야 한다. 그래서 마지막으로 OSI 7 참조 모형과 TCP/IP 참조 모형에서 각 계층의 데이터의 단위(protocol data unit, 이하 PDU)를 나타내는 이름을 비교해 보았는데 그 결과는 아래의 표와 같다.

[표 3.1] OSI 7와 TCP/IP 참조 모형에서 PDU의 단위

계층명		PDU의 단위
OSI 7 참조 모형	TCP/IP 참조 모형	
응용 계층	응용 계층	메시지(message)
전송 계층	전송 계층	세그먼트(segment)
네트워크 계층	인터넷 계층	데이터그램(datagram)
데이터링크/물리 계층	호스트와 네트워크의 연결 계층	프레임/비트(frame/bit)

참고로 우리가 일반적으로 패킷(packet)이라고 부르는 데이터 단위는 엄밀히 말하면 네트워크 계층의 PDU인 데이터그램을 일컫는 말이다.

3.3 고찰 문제

1. 사용자가 네트워크를 통하여 행하는 통신의 유형 두 가지를 정의하고 각 유형에 대해서 통신의 시작에서 종료까지의 진행과정을 특정한 응용 서비스를 가정하여 시간의 흐름에 따라서 그려보자.

2. OSI 7 계층의 구조를 정의하고 각 계층의 역할에 대해서 요약해보자.

제4장 통신 채널과 대역폭

제4장에서는 정보통신의 가장 기본적인 수단인 통신 채널의 개념과 대역폭에 대해서 알아본다.

4.1 통신 채널

통신 채널(communication channel)은 정보를 주고받는 수단을 제공하는 물리적(physical) 또는 논리적인 회선(logical circuit)을 지칭하는 개념이다. 그 중에서도 물리적 회선은 앞에서 다루었던 전송 매체를 말하므로 생략하고 이 장에서는 논리적 회선에 대해서 알아본다.

우리가 사람끼리 대화 채널을 마련한다고 할 때 사람끼리 대화를 할 수 있는 수단을 마련한다는 의미로 쓰며 대화 채널의 수단으로써는 대면, 전화, 이메일 등 다양한 방법이 있다. 이때 논리적인 회선이란 실제로 케이블로 연결되는 물리적인 링크(physical link)와는 달리 고객 간의 통신을 위한 상징적 연결(connection)을 의미한다.

통신 채널을 구성하는 방법으로서는 크게 두 가지로 나눌 수 있는데 하나는 종래의 전화 회선에서와 같이 송수신자 간을 하나의 물리적 회선으로 연결하는 방법이 있다. 이 방법은 송신자와 수신자 간의 연결을 물리적으로 다른 사람과 분리된 링크로 구성하는 경우이다. 즉 전화 채널에서는 송신자와 수신자의 하나의 쌍에 대해서 하나의 물리적 링크를 할당하여 그 물리적 링크는 두 사람만 사용하도록 한다. 물리적 링크를 할당하는 방법은 뒤에서 자세히 이야기한다. 이 방법은 마치 두 지점 간에 철로를 여러 개 부설해두고 여러 대의 기차가 각기 서로 다른 철로 상을 통해서 달리는 경우와 같다.

통신 채널을 구성하는 다른 한 가지 방법으로는 아주 넓은 대역폭을 가지는 링크를 하나 마련해 두고 그것을 여러 명의 고객이 사용하도록 하는 방법이다. 후진국에서는 아직도 도로에 차선이 없이 넓은 길 위에 차들이 각자 알아서 도로 상을 달리게 하는 경우가 있는데 이것을 네트워크에 적용한 개념이다. 이 방법은 전송 매체를 각 연결에 고정적으로 할당하는 것이 아니고 상황에 따라서 여러 명의 고객이 링크를 적절히 나누어 가지는 것이다. 따라서 전송 매체를 물리적으로는 다른 단말과 공유하지만 각 단말에게 논리적으로 하나의 링크를 사용하는 것과 같은 효과를 주는 것이다.

한편, 통신 채널을 통한 정보의 전달에는 단방향(simplex) 전달, 반이중(half-duplex) 전달, 전이중(full-duplex) 전달의 세 가지 방식이 있다. 이처럼 전달방식을 나누는 기준은 송신기와 수신기가 어느 한 순간에 정보를 전달하는 방향을 어떻게 정의하는가에 달려있다.

단방향 전달

단방향 전달은 노드(통신단말)에 구현되어 있는 통신기능이 한 쪽은 송신기능만 있고 다른 한 쪽은 수신기능만 있고 두 노드 사이에는 오직 하나의 전송 매체가 있는 경우의 정보 전달방식이다. 그리고 이 경우에는 데이터가 송신기에서 수신기로 오직 한쪽 방향으로만 전달되는 방식인데 자동차 도로로 말하자면 일방통행로(oneway load)이다. 일방통행로에서 역주행은 허용되지 않는다.

단방향 통신의 예로서는 종래의 TV전송방식인 TV 방송국에서 위성이나 무선 주파수를 통해서 TV 프로그램을 가정으로 전송하는 경우가 있다. 이 경우 가정에서 TV방송국 방향으로 정보를 전달할 수 없다. 단방향 전달의 다른 예로서는 가게나 길거리 혹은 고속도로에 감시 카메라(CCTV camera)를 달아놓고 관리자가 있는 곳에 모니터를 설치해서 실시간 혹은 비실시간으로 비디오를 감시하는 경우가 있다. 신호는 오직 감시 카메라에서 모니터로만 전달된다.

반이중 전달

반이중 전달은 통신을 수행하는 노드(통신단말)에 구현되어 있는 통신기능이 송신기능과 수신기능이 모두 있고 서로 떨어진 두 노드 간에는 오직 하나의 전송 매체가 있는 경우의 정보 전달방식이다. 따라서 두 노드는 상호 간에 정보를 송신도 할 수 있고 수신도 할 수 있지만 전송 매체가 오직 하나뿐이어서 어느 한 순간에 하나의 노드만 전송을 하고 다른 하나의 노드는 수신을 하는 방식이다. 예를 들면 강을 사이에 두고 폭이 좁은 다리가 하나 있는데 다리의 양쪽에서 차가 지나가야 할 때가 있을 것이다. 이 경우 양쪽의 차들은 각각 어느 한쪽 방향에서 차가 다리를 건너는 동안 다른 한쪽에서는 그 차가 지나가기를 기다린 후 다리에 차가 없을 때 다리를 건널 수 있다.

이와 같은 방식을 통신 선로에서 구현한 것이 반이중 전달이다. 이 방식은 지금은 별로 사용하지 않으나 워키토키(walkie talkie)에서와 같이 두 사람이 하나의 주파수대역을 이용하여 어느 순간에 한 사람이 말을 할 수 있는 것과 같은 원리이다. 그리고 이 방식은 전화 네트워크에서도 사용되었는데 우리가 전화 통화를 할 때 보통 한쪽에서 말을 하면 다른 한쪽에서는 듣고 있는 경우가 대부분이다. 결국 음성전화 신호는 어느 한 순간에는 오직 한 방향으로만 전달되는데 이 경우에 반이중 전달을 사용하는 것이 회선의 효율면에서 이득이다.

전이중 전달

전이중 전달은 각 노드에 송신과 수신기능이 모두 갖추어져 있되 서로 떨어진 두 노드 사이에는 서로 독립적인 두 전송 매체가 있어서 어느 한 순간에 두 개의 노드가 동시에 송신과 수신을 할 수 있는 방식이다. 전이중 전달방식의 대표적인 예가 가정에 보급되어있는 초고속인터넷 접속회선인 ADSL회선이다. ADSL에는 가정에서 외부로 향하는 상향회선과 외부에서 가정으로 들어오는 하향회선이 별개로 존재하고 있어서 양방향으로 동시에 데이터를 전달할 수 있다.

아래의 그림은 위에서 설명한 세 가지 정보 전달방식을 도식화한 것이다.

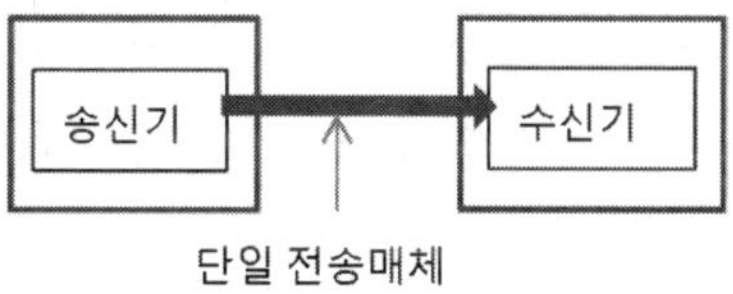

단방향 전달

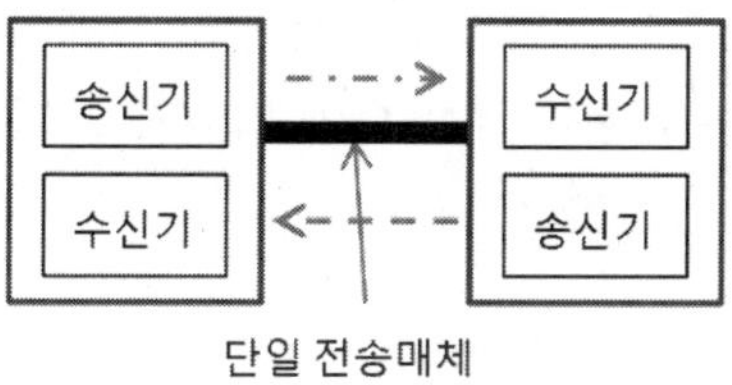

반이중 전달

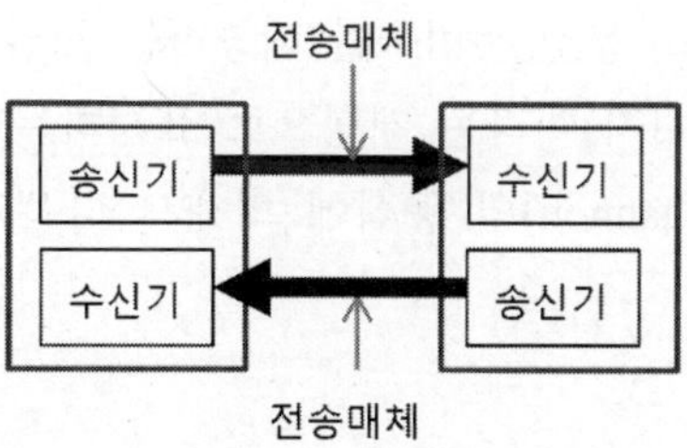

전이중 전달

[그림 4.1] 세 가지 정보전달 방식의 비교

4.2 주파수와 대역폭

일반적으로 주파수(frequency)라 하면 전송 매체가 가지고 있는 물리적인 특성에 의해서 결정되는 주파수의 값을 나타낸다. 가령 여러분이 즐겨 듣는 FM 라디오의 수신 주파수가 93.9MHz라고 하면 라디오 방송국에서 여러분에게 전송하는 프로그램이 공기 중에서 그 주파수를 타고 여러분에게 전달되므로 여러분이 그 방송을 들으려면 라디오의 주파수를 그 대역(주변)에 정확히 맞추어야 깨끗한 음질의 노래를 들을 수 있다.

주파수대역

주파수대역(frequency bandwidth)이란 주파수의 범위(spectrum)를 나타내는 개념인데 LTE(long term evolution, 제4세대 이동통신) 서비스를 위한 주파수대역을 보면 SKT는 829~839MHz, 874~884MHz, LGU$^+$의 경우는 839~849MHz, 884~894MHz의 대역을 사용한다. 즉 서로 다른 회사는 무선통신 서비스를 제공하기 위하여 각자 서로 다른 주파수대역을 사용하고 있음을 알 수 있다. 그리고 이와 같은 주파수대역에서 하나의 채널을 5MHz 혹은 10MHz씩 할당한다고 하면 이것이 바로 하나의 채널에 할당되는 주파수대역(frequency bandwidth)을 나타낸 것이다. 주파수대역의 정확한 이름은 주파수의 대역폭이므로 결국 주파수 영역에서 대역폭은 데이터를 전송할 수 있는 주파수의 범위를 나타낸다. 즉, 전송 가능한 주파수의 범위가 f_1과 f_2 사이라고 하면 주파수대역폭 W[단위: Hz]는 다음과 같다.

$$W = f_2 - f_1$$

통신 채널의 대역

통신 채널의 대역은 정보통신 서비스를 제공하는 채널의 속도를 말하며 단위는 비트율(bit rate, 이를 C라고 하자)이라는 개념으로 표시하는데, 주파수대역폭이 W인 통신 채널의 비트율은 샤논(Shannon)의 공식에 의해서 다음과 같이 정의된다.

$$C = W\log_2\left(1 + \frac{S}{N}\right)$$

단, 위의 식에서 S는 신호(signal)의 평균세기를 나타내고 N은 잡음(noise)의 평균세기를 나타낸다. 일반적으로 신호와 잡음의 비율(signal to noise ratio, 줄여서 SNR이라고 부름)은 그 값이 상당히 큰데 이를 나타내기 쉽도록 하기 위해서 로그를 취하여 $\log_2\left(1 + \frac{S}{N}\right)$과 같이 표시한다. 전화 회선의 경우를 예로 들면, 전화 회선의 가용 주파수대역은 300Hz에서 3400Hz 사이이며, 따라서 전화신호의 주파수대역폭 W=3100Hz 이다.

한편, 전화신호의 신호대 잡음비는 대략 100 정도인데 이 경우에 통신 채널의 비트율은 샤논의 공식에 의해서 다음과 같다.

$$C = 3100\log_2 101 = 2\text{만bps}$$

즉, 위의 결과로부터 전화 서비스를 원활하게 제공하기 위해서 통신 채널이 필요로 하는 비트율은 적어도 20kbps(단, k는 kilo를 의미)는 되어야 함을 알 수 있다. 그런데 이처럼 네트워크가 데이터를 전송하는 속도를 나타내는 비트율을 그냥 대역폭(bandwidth)이라고 하는데 이 용어는 주파수 영역에서의 대역폭과는 다른 개념이다.

대역폭과 체감속도

대역폭의 이야기를 하는 기회에 다음의 경우를 생각해보자. 우리가 보통 ADSL(asymmetric digital subscriber line) 서비스를 사용하면서 대역폭이 1Mbps(mega bit per second)라고 하는데 이것은 무엇을 말하는가? 1Mbps는 1초당 데이터 백만 비트를 전송한다는 이야기이다. 다른 말로 표현하면 1Mbps대역폭을 가지는 통신채널은 하나의 비트를 전송하는데 1마이크로초가 걸린다는 의미이다. 일반가정의 초고속 인터넷 회선은 최소 100Mbps정도인데 하나의 비트를 보내는데 0.01마이크로초 걸린다.

이번에는 다음의 문제를 생각해보자. 하나의 호스트가 대역폭이 1Mbps인 회선(회선 1)과 1Gbps(1G=10억)인 회선(회선 2)을 통해서 멀리 떨어진 다른 호스트에게1MB (mega bytes)의 파일을 전송한다고 하자. 이때 둘 다 RTT(round trip time, 신호가 송신자에게서 수신자에 도착한 후 다시 송신자에게로 되돌아오는데 걸린 시간)는 0.1초라고 가정한다. 그럼 어떤 일이 벌어질까?

먼저 회선 1은 그 파일을 전송하는데 8초가 걸리고 회선 2는 8m초가 걸린다. 따라서 회선 1에서는 8초 내내 회선이 데이터로 꽉 차있는 것처럼 느껴지는 반면에 회선 2에서는 어느 순간 잠시 돌이 하나 쓱 지나간 것처럼 느껴질 것이다. 즉, 여러분의 집앞에 8초 동안 화물열차가 짐을 가득 싣고 천천히 지나가는 것과 ‘람보르기니’ 스포츠카 한 대가 쏜살같이 지나간 것과 같은 차이라고나 해야 되겠다. 아래의 그림이 이와 같은 상황을 보여주고 있다. 아래의 그림에서 위쪽에 위치한 그림이 1Mbps인 회선의 모습이고 아래쪽에 위치한 그림이 1Gbps인 회선의 모습이다.

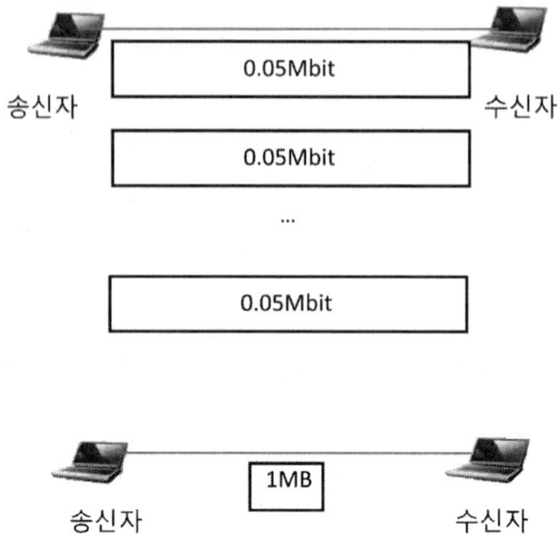

[그림 4.2] 대역폭의 크기에 따른 체감 데이터의 크기의 비교

대역폭과 지연의 관계

이번에는 대역폭과 지연의 관계에 대해서 생각해보자. 일반적으로 네트워크의 실효 대역폭(effective bandwidth)은 데이터의 크기를 송수신자 사이에 실제로 전달하는데 걸린 시간으로 나누어서 계산한다.

한편, 뒤에서 자세히 다루겠지만 데이터통신에서 송신자가 보낸 데이터가 수신자에게 제대로 전달되었는지를 확인하기 위해서(이것을 신뢰성 있는 전달이라고 부름) 먼저 송신자가 수신자에게 데이터를 보내고 그 데이터가 수신자에게 완전한 형태로 전달되면 수신자는 송신자에게 데이터를 제대로 받았다는 것을 확인하는 메시지(이것을 ACK 메시지라고 부름)를 보내고 그 메시지가 송신자에게 정확히 전달되면 데이터의 전송이 성공했다고 한다. 그리고 이와 같은 절차가 이루어지는 동안 걸리는 시간을 왕복여행시간(round trip time, 데이터가 송수신자 간을 왕복하는데 걸리는 전달지연을 말함. 이하 RTT)이라고 부른다.

이와 같은 방식으로 데이터를 송수신자 사이에 실제로 전달하는데 걸린 시간은 데이터의 전송 시간(transfer time)과 RTT의 합으로 이루어지므로 결국 송수신자 간에 데이터를 실제로 전달하는데 걸린 시간은 다음과 같은 식으로 계산할 수 있다.

송수신자 간에 데이터를 실제로 전달하는데 걸린 시간
= 데이터의 전송 시간 + RTT
= 데이터의 크기/네트워크의 대역폭 + RTT

예를 하나 들어보자. 송신자가 가지고 있는 1MB의 파일을 대역폭이 1Gbps인 회선을 통하여 수신자에게 전달하고자 한다. 단, 이 때 RTT가 100ms이라고 할 때 순수한 데이터 전송 시간은 8ms이지만 실제로 전달에 소요된 시간(데이터 전송 시간과 RTT의 합)은 108ms이다. 따라서 이 경우 실효대역폭은 1MB/108ms=74.07Mbps로서 제공되는 대역폭 1Gbps의 7.407%에 불과하다. 이것은 대역폭의 효율면에서 볼 때 아주 성능이 떨어지는 시스템이다.

그럼 이 시스템의 실효대역폭을 늘리려면 어떻게 해야 할까? 먼저 RTT를 줄이면 실효 속도가 올라갈 것이다. 그러나, 멀리 떨어진 두 호스트 간에 전기적 신호를 전달하는 물리적인 지연은 축지법을 쓰지 않고서는 줄일 수가 없다. 이번에는 파일의 크기(즉 데이터의 크기)를 무한대로 크게 하면 어떻게 될까? 그러면 실효대역폭의 크기와 네트워크의 대역폭은 거의 같게 될 것이다.

그러나, 현실적으로 고객이 파일의 크기를 무한대로 크게 만들어서 네트워크로 내보낼 확률은 거의 없다. 우리가 사용하는 집 전화는 기껏해야 전송 속도가 64kbps이고 그것도 VoIP(voice over IP)는 32kbps, 인터넷 전화는 12kbps 정도에 불과하다. 그리고 일반 가정에서 웹 검색을 할 때도 대역폭을 100kbps를 넘게 쓰는 것이 거의 힘이 들고 비디오 다운로드를 한다고 하더라도 가령 프레임의 크기가 128kB(kilo byte)이고 초당 30프레임을 전송한다고 하더라도 31Mbps의 대역폭이면 충분하다.

결국 호스트가 사용할 수 있는 대역폭의 크기에는 한계가 있고 네트워크 사업자가 그 이상의 대역폭을 할당해 준다고 하더라도 고객의 입장에서는 의미가 없다. 통신회사는 이 점을 너무나 잘 알고 있어서 네트워크를 구축할 때 실제로 과다수용(over-booking) 기법을 많이 사용하는데 우리나라처럼 아파트가 밀집한 환경에서 통신회사는 되도록 많은 고객을 대역폭이 큰 회선에 집약해서 수용하는 것이 가장 효과적이다.

이번에는 아래의 예를 보자. 멀리 떨어진 두 단말 간을 연결하는 회선이 하나 있는데 신호의 전달지연(propagation delay)이 왕복100밀리 초이고 대역폭이 100Mbps라고 하자. 이때 이 회선상에 100바이트 크기의 데이터를 보내는 경우(경우1)와 같은 회선상에 크기가 2기가 바이트인 데이터를 보내는 경우(경우 2)의 전송 시간과 신호의 전달 시간을 아래의 표에 나타내었다.

[표 4.1] 데이터의 전송 시간과 전달 시간

파라미터	데이터 전송 시간(transfer time)	신호 전달 시간(propagation time) (단, RTT값으로 계산)
경우 1	8μ초	100m초
경우 2	160초	100m초

위의 표에서 보듯이 경우 1은 신호의 전달 시간이 전송 시간보다 월등히 큰 반면에 경우 2는 그 반대임을 알 수 있다. 따라서 경우1에서는 데이터의 크기에 비해서 대역폭을 크게 준비해서 데이터의 전송 시간은 줄였으나 송수신자 간의 신호 전달 시간이 데이터의 전송에 절대적인 영향을 미치는 경우이다. 따라서 이 경우에는 사실 네트워크의 입장에서 크게 손을 댈 필요는 없다. 반면에 경우 2는 데이터의 크기가 너무 커서 전체 데이터의 전송 시간에서 고객이 보내고자 하는 데이터를 전송하는데 걸리는 시간이 차지하는 비율이 너무 큼을 알 수 있다. 따라서 이 경우에는 대역폭을 크게 늘릴 필요가 있다.

지연과 대역폭의 곱

이번에는 지연과 대역폭의 곱(delay-bandwidth product, 줄여서 DBP)의 개념을 소개하고자 한다. 우리가 앞에서 이야기한 바와 같이 송수신 호스트가 서로 멀리 떨어져 있으면 있을수록 데이터가 전달되는데 걸리는 시간이 길어진다. 반면에 대역폭이 크면 클수록 데이터가 전송되는데 걸리는 시간은 짧아진다. 그렇다면 이 두 가지 요소를 동시에 생각하면 어떤 일이 벌어지겠는가? 아래의 그림을 보자.

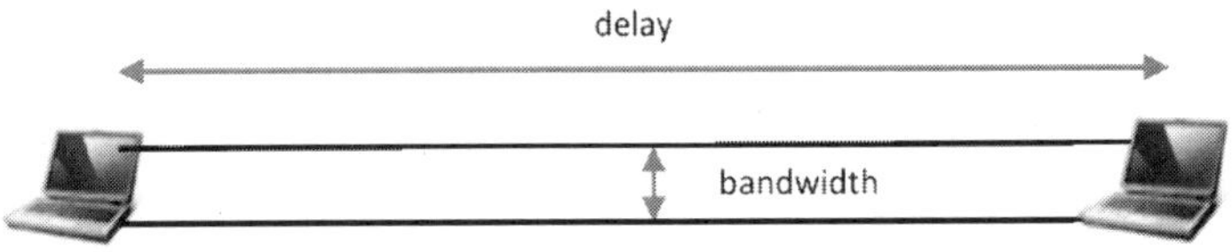

[그림 4.3] DBP의 개념

위의 그림에서 두 컴퓨터를 연결하는 파이프(bandwidth라고 적힌 부분)를 물이 흐르는 수도관이라고 하자. 이때 이 수도관 내의 물의 양은 이 파이프의 부피(원의 면적×파이프의 길이=π×파이프의 반지름의 제곱×파이프의 길이, 단, π=3.141592…)를 구하면 된다.

한편, 위의 파이프가 네트워크 회선(통신 채널)이라면 이 회선 안에 들어갈 수 있는 데이터의 양은 얼마인가? 역시 위의 파이프의 부피를 구하면 된다. 즉 대역폭과 지연의 곱이다. 이것을 DBP(지연과 대역폭의 곱)라고 부른다.

그럼 DBP는 어디에 사용될까? 우리가 나중에 데이터의 신뢰성 있는 전송기술인 TCP/IP 네트워크에 대해서 공부할 때 이 개념이 활용될 예정인데 그때 다시 한 번 설명을 하기로 한다.

한편, 신호를 반송파에 실어보내는 속도를 변조율(modulation rate)이라고 하는데 이를 다른 말로 보드율(Baud rate)이라고 한다. 보드율(이를 R이라고 하자)은 나이퀴스트의 공식(Nyquist formula)에 의해서 정해지며 최대치는 대역폭의 2배이다. 예를 들면 음성통신에서 W가 3100이므로 R=6200이다. 그러나 실제로 보드율을 최대치로 사용하지는 않으므로 만약 위의 경우에서 보드율이 2400이고 하나의 보드 시간당 4비트로 전송한다면 음성통신에서 필요로 하는 전송 속도는 9600bps가 된다.

한편, LAN에서는 변조 기법으로 맨체스터코드(Manchester code)를 많이 사용하는데 1비트의 정보 전송에 2보드 시간이 필요하고 1Mbps의 속도를 얻으려면 변조율은 20M 보드가 필요하므로 이때 필요한 주파수대역은 10MHz이다.

4.3 고찰 문제

1. 통신 채널이란 무엇을 말하는지 예를 들어서 설명해보자.

2. 정보의 전달방식을 세 가지로 분류하고 각 방식에 대해서 특징을 정의하고 각 방식을 사용하는 통신의 예를 몇 가지씩 들어보자.

3. 주파수와 주파수대역의 차이에 대해서 설명해보자.

4. 주파수대역폭과 통신 채널의 비트율 사이의 관계를 정의해보자.

5. 지연과 대역폭의 곱(DBP)의 개념을 정의하고 DBP가 가지는 물리적 의미를 고찰해보자.

제5장 데이터의 포장과 전송

제5장에서는 단말에서 생성된 정보가 네트워크로 전송되기 위한 사전 단계로서 데이터의 포장과 전송기법에 대해서 알아본다.

먼저 컴퓨터 네트워크의 데이터 통신 방식은 대등 관계(peer-to-peer) 방식과 고객과 서버(client-server)방식으로 구분한다. 대등 관계 통신은 전화나 파일 공유와 같이 송수신을 하는 두 통신 주체 간에 대등한 관계로 데이터를 주고 받고 양방향의 트래픽 양이 일반적으로 대칭적인(symmetric) 것이 특징이다. 반면에 고객과 서버 통신은 웹 검색이나 오디오/비디오 다운로드, 인터넷 TV(IPTV) 서비스 등과 같이 서버가 정보를 가지고 있고 고객이 서버에게 데이터를 요구하면 서버는 고객이 요구한 데이터를 제공하는 것으로서 두 통신 주체 간에 주종(server and client) 관계로 데이터를 주고 받고 양방향의 트래픽의 양이 보통 비대칭적인(asymmetric, 특히 하향 트래픽이 상향 트래픽보다 훨씬 많은) 것이 특징이다. 단, 여기서 하향(downlink)은 네트워크에서 고객으로 향하는 방향이고 상향(uplink)은 그 반대 방향이다.

한편, 데이터를 보내고자 하는 컴퓨터에서 만들어진 정보는 네트워크를 통하여 수신자에게 전달될 때 정보가 그냥 물 흐르듯 흘러가는 것은 아니다. 이것은 우리가 편지를 보낼 때와 마찬가지로 데이터를 가공하는 일련의 과정을 거치는데 먼저 편지의 내용을 쓰고 편지봉투에 보내는 사람과 받는 사람의 주소를 적고 풀로 봉투를 붙인 후 우체국에 가서 등기우편으로 접수(편지가 제대로 배달되도록 편지의 정보를 기록해서 전송되는 과정을 모니터링 하기 위함)하면 편지의 발송이 시작되듯이 고객의 단말에서 만들어진 데이터(이것을 body라고 부른다)도 그냥 보낼 수는 없다. 그래서 데이터를 어떤 규칙에 따라서 가공하여서 네트워크로 흘려보내야 한다. 이처럼 데이터를 포장(packaging)하는 작업을 프레임화(framing)라고 하며 포장된 데이터를 프레임(frame)이라고 부른다. 그리고 프레임은 편의상 패킷이라고 불린다. 다음 그림은 고객의 단말(customer premises equipment, 이하 CPE)에서부터 네트워크 라우터(router)까지 정보가 전달되는 과정을 도식적으로 나타낸 것이다.

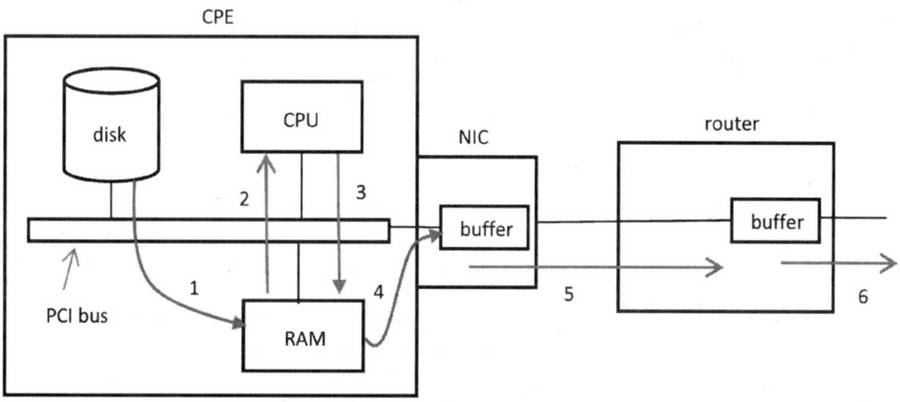

[그림 5.1] 데이터가 CPE에서 라우터로 전달되는 과정

그림 5.1에서 고객의 단말에서 네트워크 장비인 라우터까지의 데이터의 전달과정은 다음과 같다.

1. CPE의 디스크(disk)에 들어있던 데이터는 먼저 PCI(peripheral component interconnect) 버스를 통해서 RAM(read access momory)으로 전달된 후 복사된다.
2. RAM에 있는 데이터를 패킷의 제작을 위해서 CPU(central processing unit)로 보낸다.
3. CPU에서 패킷화된 데이터는 다시 RAM으로 보내진다.
4. 이제 패킷은 네트워크로 나가기 위하여 NIC(network interface card)로 보내지며 이때 패킷은 NIC 내에 있는 버퍼에 임시로 저장된다.
5. 버퍼에 들어있는 패킷은 도착한 순서대로 라우터로 전송된다.
6. 라우터는 패킷을 수신한 후 주소를 인식하고 적정한 루트를 결정한 후 출력 링크의 버퍼로 보낸다.

5.1 프레임화

먼저 두 노드 간에 데이터를 전송하는 상황을 나타내는 아래의 그림을 생각해보자.

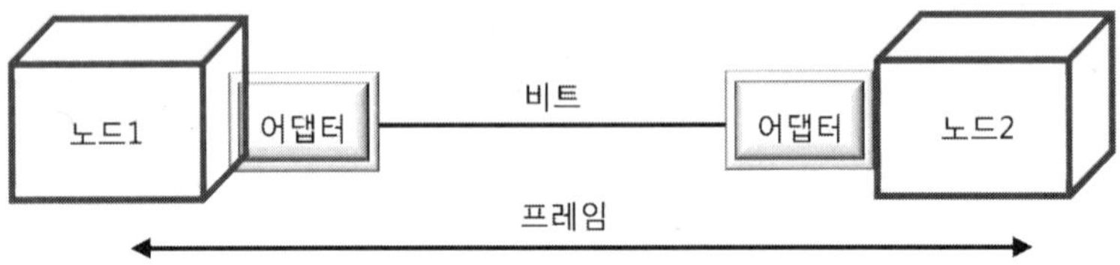

[그림 5.2] 프레임 단위의 전송

노드 1에서 만들어진 데이터는 그 노드의 네트워크로 나가는 출구에 있는 어댑터(adapter)를 통해서 네트워크로 나가서 네트워크의 상대방 노드인 노드 2의 어댑터에 도착한다. 이를 위해서 송신 노드(노드 1)는 데이터를 프레임(frame) 단위로 내보내는데 이것을 어댑터는 비트열(bit sequence)로 바꾸어서 네트워크로 내보낸다. 즉, 노드 간에는 데이터를 프레임의 단위로 주고 받는데 반해서 네트워크 상에서는 데이터가 비트열로 전송된다.

한편, 프레임이란 비트들로 이루어진 데이터의 블록(block)을 말하며 프레임은 아래에서 설명하는 바와 같이 명확한 규칙에 의해서 만들어진다. 이때 명확한 규칙은 프레임의 시작과 끝을 분명히 지정함으로써 하나의 완결된 프레임이 노드 사이를 신뢰성 있게 전송되게 하는 방법이다.

프레임을 만드는 방법으로는 바이트 기반(byte-oriented), 비트 기반(bit-oriented), 그리고 동기 기반(clock-based)의 세 가지가 있다.

5.1.1 바이트 기반 프레임화

바이트 기반 프레임화(byte-oriented framing)에서 프레임은 바이트를 기본 단위로 하여 구성된다. 이때 프레임을 구성하는 방법으로는 다시 보초방식(sentinel approach)과 바이트 계산방식(byte count approach)이 있다.

보초방식

보초방식에는 두 가지 방식으로 다시 나뉘는데 하나는 IBM에서 개발한 BISYNC (binary synchronized) 프레임 양식이고 다른 하나는 PPP(point-to-point protocol) 프레임 양식이다.

① BISYNC 프레임 양식

BISYNC 프레임 양식에서는 아래의 그림과 같이 프레임의 앞뒤에 STX와 ETX로 표시된 보초(sentinel)를 세워서 프레임의 시작과 끝을 알리는 방식이다. 이 방식은 옛날에 임금님이 행차하는 광경이나 VIP를 호송하는 차량의 행렬을 생각하면 쉽게 이해가 된다. 즉, VIP가 행사에 참석할 때 보통 경찰 바이크가 두어대 지나가고 그 다음에 경호차량이 지나가고 행렬의 복판에 VIP가 탄 차량이 지나가고 또 그 뒤에 경호차량이 지나가는 것과 같은 원리이다. 물론 VIP의 안전을 위해서 가끔은 엉뚱한 위치에 VIP 차량이 위치하기도 하지만 대개는 그렇게 한다는 것이다.

아래의 그림은 BISYNC의 프레임 구조를 나타낸 것이다.

SYN	SYN	SOH	Header	STX	Body	ETX	CRC

[그림 5.3] BISYNC 의 프레임 구조

위의 그림에서 각 영역이 차지하는 길이를 알아보면 SYN, SOH, STX, ETX는 8비트이고 CRC는 16비트이며 Header와 Body는 가변이다.

프레임의 몸통(body) 앞에는 STX가 그리고 몸통의 뒤에는 ETX가 붙어있는데 STX는 전송 시작(start of transmission), ETX는 전송 종료(end of transmission)를 의미하므로 수신자는 이들 두 영역의 정보를 읽으면 프레임의 몸통이 어디서 시작해서 어디서 끝나는지 쉽게 알 수 있다.

물론 STX의 앞에는 프레임에 대한 정보가 들어있는 헤더(header)가 있고 또 헤더의 앞에는 헤더가 시작된다는 신호인 SOH(start of header) 영역이 있으며 SOH의 앞에는 SYN(synchronization)가 2개 붙어있는데 이것은 데이터가 뒤에 이어질 것이므로 받을 준비를 하라는 동기 신호인데 VIP호송차량의 경찰 바이크를 연상하면 된다.

한편 프레임을 전송해서 데이터가 완전하게 수신자에게 도착하면 좋겠지만 네트워크에서 어떤 일이 일어날지 장담할 수 없다. 그래서 프레임의 맨 마지막에는 전송 도중에 오류가 일어났을 경우를 대비하여 오류정정 부호(cyclic redundancy code, 일명 CRC)를 첨부하여 수신노드로 하여금 오류를 수정할 수 있게 한다. 이로써 이제 우리는 프레임을 보낼 준비가 되었다.

그런데 프레임이 네트워크를 따라서 전송되는 도중에 오류가 전혀 일어나지 않는다고 할지라도 프레임의 몸통 내부에 만약에 ETX와 완전히 같은 패턴의 8비트짜리 비트열이 우연히 들어있다면 어떤 일이 일어날까? 아마도 수신 노드는 그 지점에서 프레임의 몸통이 끝났다고 생각하여 그 이후의 비트들을 모두 버려버릴지도 모른다. 그런데 이렇게 되면 참으로 큰 일이다.

이 문제를 해결하는 방법은 ETX와 같은 패턴의 비트열이 몸통 속에 들어있을 경우에 그 앞에 특정한 모양의 비트열(00010000, 이것을 DLE(Data-Link Escape)라고 부름)을 넣어서 수신자로 하여금 ETX와 같은 패턴의 비트열이 다음에 나오니까 그리 알고 대처하라고 가르쳐 주는데 이것을 문자 끼워넣기(character stuffing) 라고 한다.

② PPP 프레임 양식

한편, 보초방식의 다른 한 가지인 point-to-point protocol(PPP) 프레임 양식에서는 아래와 같은 구조를 가진다.

Flag	Address	Control	Protocol	Body	Checksum	Flag

[그림 5.4] PPP의 프레임 구조

PPP 프레임에서는 프레임의 맨 앞과 맨 뒤에 Flag라고 하여 하나의 0과 6개의 1과 하나의 0(01111110)의 특정 패턴을 가지는 8비트의 비트열을 첨가하여 수신자로 하여금 프레임의 시작과 끝을 알려주는데 이것이 보초의 역할을 한다.

위의 그림에서 Flag, Address, Control은 8비트이고 Protocol과 Checksum은 16비트이며 몸통은 가변 길이이다. PPP 프레임은 IP 네트워크에서 많이 사용하는 방식이다.

바이트 계산방식

이번에는 바이트 계산방식을 알아보자. 바이트 계산방식은 DDCMP(digital data communications message protocol) 프레임 양식이라고 하는데 아래와 같은 구조를 하고 있다.

SYN	SYN	Class	Count	Header	Body	CRC

[그림 5.5] 바이트 계산방식의 프레임 구조

위의 그림에서 프레임의 가장 앞에 프레임의 시작을 알리는 두 개의 SYN가 나온 뒤 프레임을 나타내는 정보가 그 뒤를 따른다. Class는 8비트의 길이를 가지고 Count는 14비트, Header는 42비트, 그리고 CRC는 16비트의 길이를 가진다. 그리고 위의 그림에서도 볼 수 있듯이 헤더(header)의 앞에 계수(Count)라는 영역이 있는데 여기에 프레임의 몸통의 길이를 기록해둠으로써 수신자가 프레임의 시작과 끝을 계산할 수 있게 한다.

위의 방식에도 문제가 있는데 가령 Count 영역의 정보가 전송 도중에 비트의 손상이나 손실로 식별이 잘못되면 어떻게 될까? 그렇게 되면 수신자는 프레임의 길이를 잘못 계산하게 된다. 이럴 때 수신 단말은 일단은 Count영역이 지정하는 바이트의 수만큼 데이터를 모으는 수 밖에 다른 방도가 없다. 그리고 난 뒤 CRC를 수행하여 오류를 정정하여야 한다. 다행히도 데이터 네트워크에서는 비트의 오류 발생 확률이 백만분의 일 혹은 그보다 아주 작으므로 이런 일이 자주 일어나지 않는다.

그럼 수신자는 다음 프레임의 시작은 어떻게 판단할까? 수신 단말은 SYN 를 나타내는 바이트가 전송될 때까지 기다리다가 이것이 도착하면 이제 새로운 프레임이 시작했다고 판단하고 앞에서와 같은 방법으로 프레임을 수신한다.

5.1.2 비트 기반 프레임화

비트 기반 프레임화(bit-oriented framing) 기법은 프레임을 비트 단위로 포장한다. 이 방법은 IBM이 개발하였는데 처음에는 SDLC(synchronous data link control) 표준으로 쓰다가 나중에 HDLC(high-level data link control)로 진화하였다. HDLC의 프레임 구조는 다음과 같다.

Beginning sequence	Header	Body	CRC	Ending sequence

[그림 5.6] HDLC의 프레임 구조

위의 그림에서 볼 수 있듯이 이 방법도 기본적으로는 보초방식과 유사하다. 즉, 프레임의 맨 앞과 맨 뒤에 시작과 끝을 알리는 특정 비트열(Beginning sequence와 Ending sequence)을 두어서 프레임의 시작과 끝을 알린다. 여기서도 특정 비트열은 01111110이다. 이때 시작 시퀀스(Beginning sequence)와 종료 시퀀스(Ending sequence)는 8비트이고 Header와 CRC는 16비트이다.

그런데 만약에 이와 같은 특정 비트열이 몸통 속에도 들어있으면 수신자가 프레임이 끝난 것으로 오판하고 그 뒤의 비트열을 모두 버릴텐데 이럴 때는 어떻게 해야 하나? 이 문제도 역시 앞의 문자 끼워넣기 방법과 유사하게 해결할 수 있는데 이번에는 비트열을 끼워 넣는다고 하여 비트 끼워 넣기(bit stuffing)라고 하며 방법은 다음과 같다.

먼저 송신단말은 데이터 프레임의 몸통 속에 1이 5개 연속으로 들어있으면 그 뒤에는 무조건 0을 끼워 넣는다. 만약 그렇지 않고 내버려 두었다가 다음 비트가 1이고 그 다음 비트가 0이면 이 비트열은 종료 시퀀스 비트열과 같아지기 때문이다. 이렇게만 해도 프레임의 몸통 속에 01111110이라는 비트열은 절대로 나타나지 않는다.

한편, 이와 같은 경우에 수신단말은 어떻게 대처할까? 만약 수신단말이 송신자로부터 받은 데이터에서 연속해서 1이 5개인 비트열을 발견하면 그 다음 비트(이것을 관찰 비트라고 부르자)를 유심히 관찰한다.

① 먼저 관찰 비트가 0이면 그것이 일부러 끼워 넣은 비트이므로 그것을 빼고 모두 받아둔다.
② 반면에 관찰 비트가 1이면 그것이 프레임의 끝을 알리는 신호이거나 오류가 발생한 것임을 직감한다.
③ 이번에는 관찰 비트의 다음 비트를 관찰하여 0이 나오면 그것은 프레임의 끝임이 분명하므로 프레임의 몸통을 받아들인다.
④ 그러나 그게 아니라면(즉 1이 7번 연속해서 나오면) 그것은 뭔가 잘못된 것이 분명하므로 지금까지 받은 몸통을 모두 버려야 한다. 그리고 난 뒤 01111110이라는 비트열이 도착할 때까지 기다려서 그 비트열이 도착하면 이제 다음 번 프레임을 받을 준비를 한다.

5.1.3 동기 기반 프레임화

동기 기반 프레임화(clock-based framing) 기법은 예전에 전화 회사가 광케이블을 이용해서 고속으로 데이터를 전송하고자 하는 의도에서 출발했다. 그런데 광케이블에서는 신호가 빛의 속도로 전달되어 데이터의 전송 시간이 획기적으로 빨라질 수는 있는 반면에 프레임의 구조가 너무 복잡하면 내용을 읽는데 시간을 허비할 우려가 있으므로 가능하면 프레임의 구조를 간단하게 만들려고 궁리를 많이 했다. 그래서 탄생한 것이 SONET (synchronized optical network)이라고 불리는 동기화된 광 네트워크의 프레임구조이다.

한편, 광 네트워크는 가장 기본적인 전송 속도 단위가 45Mbps의 속도를 가지는 STS(synchronous transport signal)-1회선인데 이 속도를 가지는 회선을 기준으로 프레임의 구조를 제정했다. 아래의 그림은 STS-1 프레임의 구조이다.

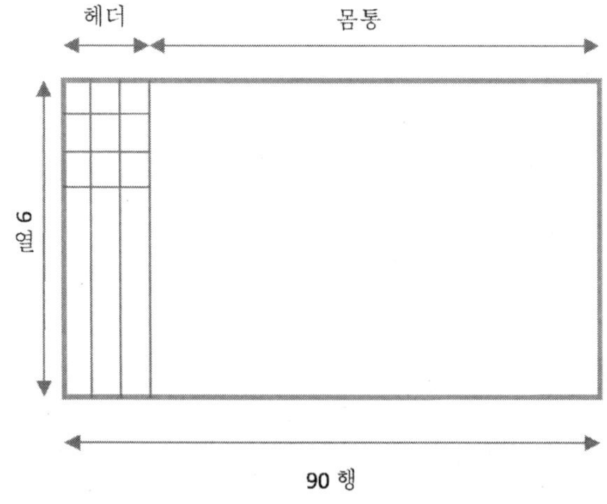

[그림 5.7] SONET의 STS-1프레임 구조

그림에서 보는 바와 같이 하나의 프레임은 한 줄에 90개의 바이트가 들어가고 이러한 줄이 9개 있다. 따라서 하나의 프레임의 크기가 총 810바이트의 크기를 가지는 구조이다. 그 중에서 처음 3바이트는 항상 오버헤드(overhead)용으로 사용하며 나머지 87바이트를 데이터(payload)를 싣는데 사용한다. 이처럼 동기를 맞춘 프레임 구조를 사용함으로써 수신 단말은 제1열부터 차례대로 바이트 단위로 데이터를 수신하면서 받아들인 바이트의 크기만 잘 계산하면 어느 부분이 오버헤드이고 어느 부분이 데이터 몸통인지 쉽게 알 수 있다.

그리고 SONET의 프레임에는 비트 스터핑을 사용할 필요가 없는데 그 이유는 이 프레임이 가로와 세로의 아주 규칙적인 모양으로 되어있어서 어디에서 어떠한 비트열이 존재하더라도 프레임의 몸통이 어디부터 어디까지인지 구분할 필요가 없기 때문이다.

한편, 조금 전에 이야기한 바와 같이 SONET 프레임은 STS-1 회선을 기준으로 프레임을 만들었는데 그 이상의 속도를 구현한 고속 회선에서도 사용이 가능하도록 하는 방법을 고안하였다. 가령 STS-3(155Mbps)과 같은 회선에서 하나의 프레임은 크기가 STS-1 회선의 프레임의 크기의 3배인 2430바이트이다.

일반적으로 STS회선은 회선의 대역폭을 늘리기 위하여 가장 기본적인 SONET 프레임을 기준으로 여러 개의 회선을 다중화하여 1, 3, 12, 24, 48, 96, 192 등과 같이 뒤에 숫자로 표기하는데 이것을 하나로 표현하기 위하여 STS-N(단, N=1, 3, 12, 24, 48, 96, 192, …)으로 표현한다. 처음에는 1과 3, 그리고 12로 시작 한 후 그 다음부터는 이전 수의 2배씩 증가한다.

STS-3의 프레임은 어떻게 만들어지는지 알아보자. 서로 다른 3개의 STS-1회선에서 들어오는 데이터를 하나의 STS-3 회선으로 전송하기 위해서 가장 중요한 것이 각 회선에게 공정한 기회를 주는 것이다. 이를 위해서 바이트 짜집기(byte interleaving)라는 기술을 적용하는데 STS-3 회선은 전송 속도가 STS-1회선보다 3배 더 빠르므로 각 STS-1 회선으로부터의 데이터를 1바이트씩 세 회선에 대해서 번갈아(round robin) 받아들인다. 그렇게 함으로써 각 STS-1 회선은 마치 자기 혼자만 서비스를 받는 것과 같은 효과를 얻게 된다.

5.2 신뢰성 있는 전송

프레임을 네트워크 상에서 전송할 때 도중에 데이터가 유실되거나 오류가 발생할 가능성은 얼마든지 있다. 그래서 앞에서도 이야기한 것처럼 프레임의 맨 끝에 오류정정 부호를 함께 실어서 오류를 수정하도록 하고 있다.

그러나, 그것은 어디까지나 데이터의 몸통에 대한 오류를 정정하는 것에 불과하지 프레임이 어떤 이유이든지 통째로 전송 도중에 사라지거나 링크의 중간에서 충돌로 인하여 없어지는 것까지 책임지지는 못한다. 그래서 네트워크 엔지니어들은 프레임의 전송이 제대로 이루어지는지를 확인하고 제대로 전송이 되지 않은 경우에 프레임을 다시 전송해서 결국은 전달되도록 하는 방법을 고안하였는데 이것을 신뢰성 있는 프레임의 전송(reliable frame transfer)을 위한 링크 레벨의 프로토콜(link level protocol)이라고 부른다.

이러한 프로토콜로서 개발된 알고리즘이 자동 반복 요구(automatic repeat request, 줄여서 ARQ라고 부름) 알고리즘이다. ARQ는 기본적으로 매 프레임의 전송마다 수신노드가 프레임을 성공적으로 받았는지를 알리는 확인(ACK, acknowledgment) 패킷을 송신노드에게 자동적으로 송신하도록 하여 그 패킷이 송신노드에 정해진 시간 이내(timeout)에 도착하면 프레임의 전송이 성공적으로 이루어졌음을 의미한다. 만약에 전송이 제대로 이루어지지 않았을 경우에는 재전송을 한다. 전송실패의 원인으로는 여러 가지가 있는데 아래에서 자세히 다루기로 한다.

ARQ 알고리즘은 크게 세 가지 방식이 있는데 멈춤과 기다림(stop & wait), 이동창(sliding window), 그리고 동시논리채널(concurrent logical channel)이다. 아래에서는 실제로 많이 사용하는 앞의 두 가지 방식에 대해서 소개하기로 한다.

5.2.1 멈춤과 기다림

먼저 멈춤과 기다림은 송신노드가 프레임을 전송한 후 수신노드로부터 ACK가 도착할 때까지 일정한 시간(timeout)을 기다린다. 그리고 만약 그 시간 이내에 ACK가 도착하면 그 프레임의 전송은 성공한 것이다. 아래의 그림은 멈춤과 기다림방식의 개념을 나타낸 것이다.

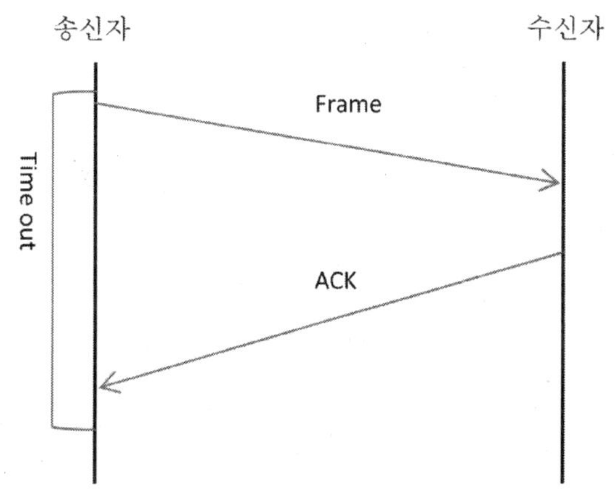

[그림 5.8] 멈춤과 기다림방식의 프레임 전송(전송 성공)

그림에서 송신자(sender)가 수신자(receiver)에게 프레임을 하나 보내고 수신자는 프레임을 성공적으로 받았다는 ACK 메시지를 보냈고 그것이 정해진 시간(timeout) 내에 송신자에게 도착하였으므로 그 프레임의 전송은 성공한 것이다. 이 경우 송신자가 프레임을 전송한 순간부터 수신자가 보낸 ACK 메시지가 송신자에 도착할 때까지의 시간이 RTT(round trip time, 데이터를 실은 신호가 송수신 노드 간을 왕복하는데 걸리는 시간)이다. 그런데 위와 같은 해피 엔딩도 있지만 불행한 경우도 일어난다. 아래에 대표적인 세 가지 경우를 소개한다.

첫 번째는 송신노드가 보낸 프레임이 수신노드에 도착하지 못하고 도중에 손실이 일어난 경우이다. 이때는 수신노드는 프레임이 보내진 것 자체를 모르므로 당연히 ACK를 보내지 않을 것이고 따라서 송신노드는 타임아웃이 되어도 ACK를 받을 수 없다. 결국 송신노드는 타임아웃이 지난 이후에 다시 같은 프레임을 재전송해야 하며 그 뒤의 동작은 앞에서 설명한 성공한 전송과 같은 과정을 통해서 전송성공 여부를 판단한다. 다음 그림이 이 상황을 나타낸 것이다.

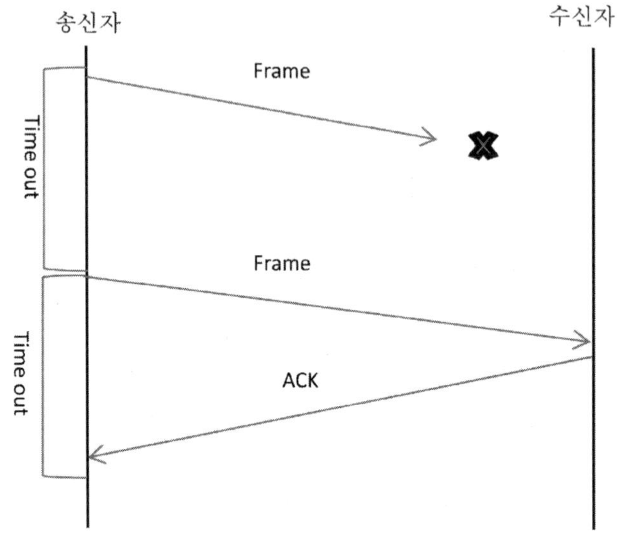

[그림 5.9] 프레임 손실과 재전송 후 성공

두 번째는 송신노드가 보낸 프레임이 수신노드에 성공적으로 도착하였고 수신노드도 그에 대해서 ACK 메시지를 보냈는데 그 ACK 메시지가 도중에 손실되어서 송신노드에 전달되지 않은 경우이다. 송신노드는 수신노드로부터 타임아웃 이내에 ACK를 받지 못했으므로 전송이 실패한 것으로 판단하고 타임아웃이 지난 뒤 같은 프레임을 재전송해야 한다. 이 경우는 송신노드만 괜한 일을 두 번 한 셈이되고 말았다. 아래의 그림이 이 경우를 나타낸 것이다.

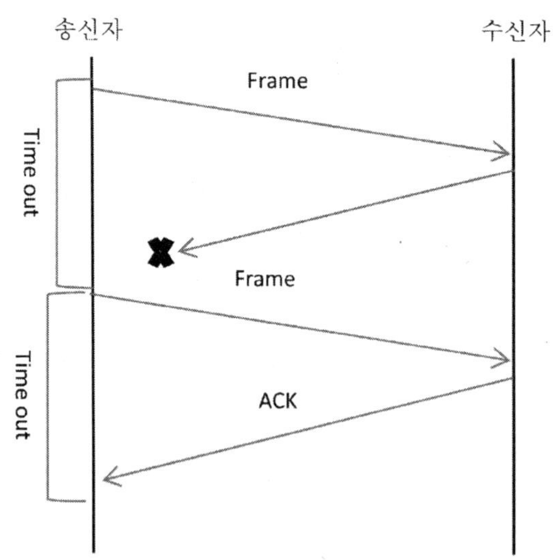

[그림 5.10] ACK의 손실과 프레임 재전송

마지막으로 송신노드가 프레임을 전송하였고 수신노드가 그것을 제대로 받아서 ACK를 송신노드에게 보냈는데 전송 도중에 과다한 지연이 발생하여 ACK가 타임아웃이 지나서 송신노드에게 전달된 경우이다. 그런데 송신노드는 타임아웃 이내에 ACK가 도착하지 않았기 때문에 자신이 보낸 프레임이 성공적으로 전송되지 못했다고 판단하여 이미 앞의 전송에 대한 ACK메시지를 받기 전에 같은 프레임을 재전송하였고 수신노드는 또 프레임이 도착하였으므로 ACK를 송신노드에게 보냈다. 이 경우는 송수신 노드가 둘 다 같은 일을 두 번이나 반복한 경우이다. 아래의 그림이 이 경우를 나타낸 것이다.

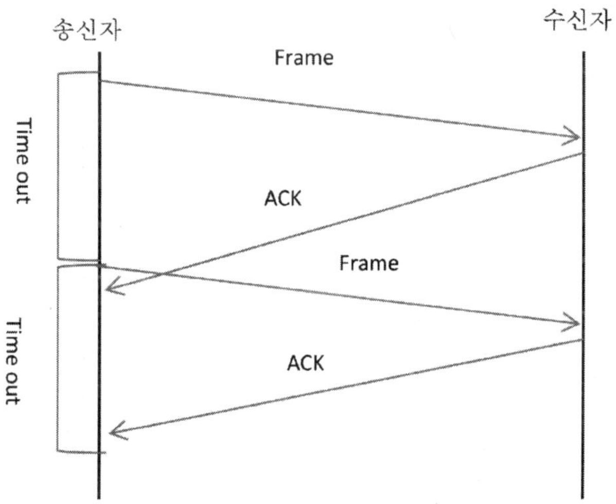

[그림 5.11] ACK의 지연도착으로 인한 재전송

이상에서 볼 수 있듯이 멈춤과 기다림 알고리즘에서는 네트워크 내에서의 데이터 전송지연과 타임아웃의 크기에 따라서 프레임의 재전송이 빈번하게 일어날 가능성이 있다. 그래서 타임아웃의 크기를 잘 정해야 하는데 기본적으로는 데이터의 RTT에 추가로 수신노드가 데이터를 받고 수신 확인 메시지를 생성해서 보내는데 필요한 최소한의 시간을 고려해서 그 크기를 정해야 한다. 이를 위해서는 네트워크의 구조는 물론이고 확률 모형과 대기행렬 이론을 이용해서 송수신자 간의 데이터 전송과 관련된 지연을 계산하거나 측정하여야하는데 이에 대한 논의는 이 책의 범위를 벗어나므로 생략한다.

프레임의 교번 전송

한편, 규모가 아주 작거나 노드의 수가 작은 소규모 네트워크라면 모르겠지만 만약에 데이터 전달거리가 먼 대규모 네트워크이거나 네트워크 내외 트래픽의 양이 아주 동적으로(dynamic하게) 변화하는 경우에는 데이터가 송수신 노드 간을 오고 가는데 걸리는 시간에 변동이 심한데 이런 경우에는 모든 프레임이 타임아웃 이내에 전달된다고 보장할 수 없다.

위의 문제를 보완하기 위해서 개발된 알고리즘이 송신자가 보내는 프레임과 수신자가 보내는 ACK에 대해서 교대로 0 혹은 1의 번호를 붙여서(가령 홀수 번째 전송의 프레임과 ACK 메시지에는 0번을 부여하고 짝수 번째 전송의 프레임과 ACK 메시지에는 1번을 부여) 전송하는 알고리즘을 개발하였는데 이것을 프레임의 교번 전송이라고 한다. 이 방법은 수신자에게는 아주 좋은 방법인데 그 이유는 이렇게 함으로써 송신노드가 보낸 프레임이 처음 보낸 것인지 두 번이나 보낸 것인지 금새 알 수 있기 때문이다. 아래의 그림이 이것을 나타낸 것이다.

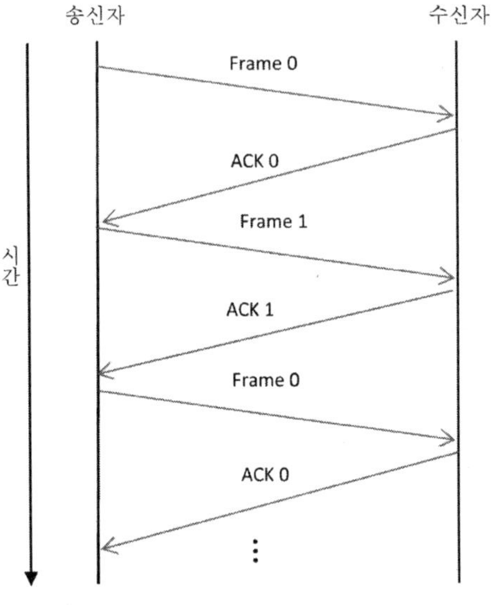

[그림 5.12] 프레임과 ACK에 대한 교번 전송 알고리즘

한편, 이 방법도 문제가 없는 것은 아니다. 만약 RTT 가 45ms이고 전송속도가 1.5Mbps인 링크상에 1KB(8000비트)의 프레임을 전송한다고 생각해보자. 이때 실제로 프레임이 전달되는 시간은 5.33ms(8000bit/1.5Mbps)이고 RTT를 포함한 실효 전송지연은 50.33ms이다.

그런데 송신노드는 한 번의 RTT(하나의 프레임이 송신노드에서 수신노드까지 전달되는 시간과 ACK가 수신노드에서 송신노드까지 전달되는 시간을 합한 시간)에 오직 하나의 프레임만 전송할 수 있으므로 유효 전송속도는 8000bits/50.33ms=159kbps이다. 이때 이 링크의 효율(utilization)은 159kbps/1.5Mbps = 0.106 = 약11 %이다. 즉, 이 링크는 멈춤과 기다림 알고리즘으로 동작을 할 경우 효율이 11% 밖에 되지 않는다! 다시 말하면 나머지 89%의 시간은 데이터를 보낸 후 전송이 성공했는지를 판단하면서 그냥 기다리는데 사용한 셈이다. 이래서야 아무리 회선 속도를 빠르게 하더라도 초고속 데이터 전송이 될 리가 없다.

이 문제를 해결하기 위해서 새로운 방법이 필요한데 그래서 고안된 방법이 아래에서 소개할 이동창 알고리즘(sliding window algorithm)이다.

5.2.2 이동창

이동창은 송신노드로 하여금 각 프레임을 전송한 뒤 ACK가 올 때까지 기다리지 않고 여러 개의 프레임을 전송하도록 고안된 알고리즘(이러한 방법을 pipelined sending 이라고 부름)으로서 ACK의 수신 없이 N(N의 값을 구하는 방법은 나중에 설명함) 개의 프레임을 보낼 수 있다고 하여 Go-Back-N(GBN) 알고리즘이라고 부른다.

이동창 알고리즘은 아래의 그림과 같이 동작한다.

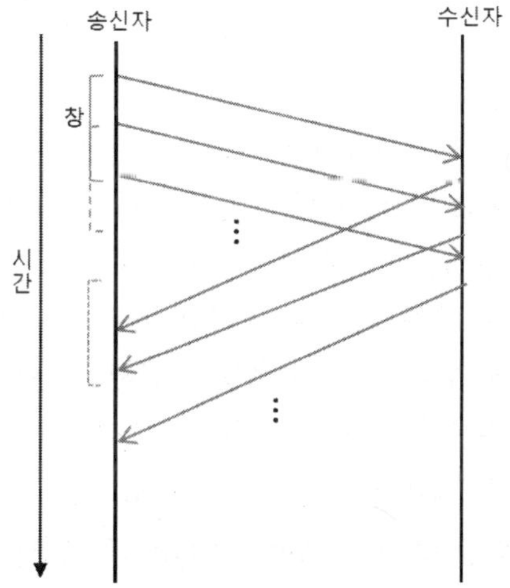

[그림 5.13] 이동창 알고리즘

송신노드는 프레임을 보낼 때마다 수신노드로부터의 ACK를 기다리지 않고 창(window)라고 불리는 일정 기간(네트워크 운용 시스템에 의해서 적절하게 정해지는데 아래에서 설명함) 동안 프레임을 계속 수신노드에게 보낸다. 그리고 수신노드는 매 프레임이 도착할 때마다 ACK 메시지를 송신노드에게 보낸다. 송신노드는 수신노드로부터 받은 ACK의 순서 번호(sequence number)를 확인하여 자신이 보낸 프레임들이 성공적으로 전달되었는지의 여부를 알 수 있다.

그러면 창의 크기(window size)는 어떻게 정하는가? 이에 앞서서 우리가 앞에서 공부한 DBP의 개념을 상기할 필요가 있다. 아래의 표는 대표적인 링크에 대한 DBP의 값을 나타낸 것이다.

[표 5.1] 회선 유형별 DBP의 값

회선 유형	대역폭	도달거리	RTT	DBP
다이얼 업	56kbps	10km	87μs	5비트
무선 LAN	54Mbps	50m	0.33μs	18비트
위성 채널	45Mbps	3만5000km	230ms	10메가비트
광케이블	10Gbps	4000km	40ms	400메가비트

가령 하나의 채널이 단방향(one way) 지연이 50ms이고 대역폭이 45Mbps라고 하자. 그러면 이 회선은 DBP가 50ms×2×45Mbps=562.5KB(kilo bytes)이다. 따라서 이동창 알고리즘에서 하나의 RTT 동안 보낼 수 있는 데이터의 크기는 562.5KB이다. 결국 이 회선에 대해서 창의 크기는 이 DBP의 값보다는 최소한 커야 한다.

이번에는 창의 크기를 보다 더 정밀하게 정하는 기준에 대해서 생각해 보자. 창의 크기는 송수신 단말에 대해서 각각 정해야 하는데 먼저 송신측부터 생각해보자.

송신창의 크기

송신창의 크기는 앞에서도 이야기했듯이 기본적으로는 DBP의 값을 기준으로 계산되므로 네트워크가 가지고 있는 대역 자원과 고객이 연결된 거리에 따라서 결정된다. 하나의 창에서 전송할 수 있는 프레임의 최대 개수(이것을 sending window size, 즉 송신창의 크기라고 부르고 이하 SWS로 표시함)는 적어도 DBP의 크기와 같아야 한다.

한편 실제로 운용되는 네트워크에서 측정에 의해서 송신창을 정할 때는 송신자 측면에서 보는 프레임의 전송상황을 보다 면밀히 검토해야 하는데 송신노드가 가장 최근에 받은 ACK의 순서번호를 LAR(last ACK received)라고 하고 자신이 가장 마지막으로 보낸 프레임의 순서번호를 LFS(last frame sent)라고 할 때 SWS는 다음의 식을 만족하여야 한다.

$$SWS \geq LFS - LAR$$

아래의 그림은 이 사실을 나타낸 것이다.

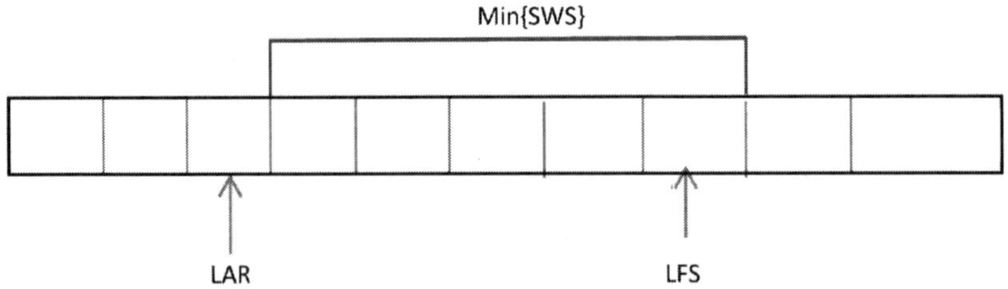

[그림 5.14] 송신창의 범위

위의 식과 그림이 의미하는 것은 SWS는 최소한 LFS-LAR 보다는 커야 한다는 것이다.

한편, 송신노드는 수신노드로부터 ACK가 도착할 때마다 LAR을 하나씩 오른쪽으로 움직이고 그 다음 프레임을 송신하며 이때 LFS도 오른쪽으로 하나 이동한다. 그리고 송신노드는 각 프레임의 전송에 대해서 모래시계와 비슷한 계수기(timer)를 동작시켜서 ACK가 도착하기 전에 그 시계가 가리키는 시간이 다 지나가면(timeout) 그 당시에 보낸 프레임이 성공적으로 전달되지 않은 것으로 판단하고 그 프레임을 재전송한다. 따라서 송신노드에는 수신노드에게 보낼 프레임을 저장해 놓을 버퍼가 필요한데 버퍼의 최소 크기는 SWS의 크기와 같다.

위에서 우리는 SWS는 최소한 LFS-LAR 보다는 커야 한다고 하였는데 얼마나 커야 할까? 이 문제를 알아보기 위해 송신창의 구체적인 모양을 아래와 같이 나타내었다.

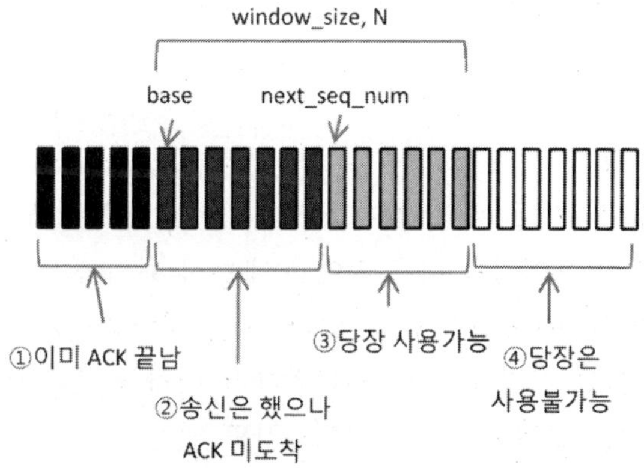

[그림 5.15] 송신창의 세부 모습

위 그림에서 각 막대기는 프레임의 순서번호를 나타내는 것이다. 먼저 아래와 같이 각 구간을 정의한다.

- base는 송신자가 프레임을 전송하였으나 아직 ACK가 도착하지 않은 가장 오래된 프레임의 순서번호이다.
- next_seq_num은 사용되지 않은 가장 작은 순서번호(다음에 보낼 프레임의 순서번호)이다.

이 때 위의 그림에서 보듯이 프레임 순서번호는 네 가지 색으로 표시되어 있는데 각 영역은 다음과 같다.

① 먼저 맨 왼쪽의 검은색의 다섯 개의 순서번호(이것을 [0,base-1]으로 표시하자)는 송신자가 프레임을 전송했고 수신자로부터 ACK도 모두 도착한 프레임의 순서번호이다.

② 그 뒤의 짙은 회색의 일곱 개의 순서번호(이것을 [base, next_seq_num-1]으로 표시하자)는 송신자가 프레임을 전송했으나 수신자로부터 아직 ACK가 도착하지 않은 프레임의 순서번호이다.
③ 이어서 [next_seq_num,base+N-1] 사이의 프레임의 순서번호는 상위계층으로부터 데이터가 도착하면 즉시 전송가능한 프레임의 순서번호이다.
④ 마지막으로 [base+N,~]의 프레임의 순서번호는 순서번호가 base인 프레임에 대한 ACK가 송신자에게 도착할 때까지는 사용할 수 없는 프레임의 순서번호 구간이다.

이 때 송신자가 전송은 했으나 ACK가 도착하지 않은 구간(위에서 ②번)과 ③번 구간의 합이 창의 크기 SWS이며 ②번 구간은 반드시 확보해야하는 영역이고 ③번 구간은 여분으로 확보하는 영역이다.

수신창의 크기

이번에는 수신노드의 창의 크기에 대해서 생각해 보자. 송신노드가 프레임을 보냈을 때 수신노드가 그 프레임을 바로 읽어보고 처리한다는 보장도 없을 뿐만 아니라 어떤 경우에는 송신노드가 프레임을 너무 많이 보내는 경우 수신노드가 이를 받아들이지 못할 경우(버퍼 범람, buffer overflow)가 있다. 이를 대비하기 위하여 수신노드에서는 수신한 프레임을 임시로 저장해두고 읽기 위하여 버퍼를 준비한다. 그리고 송신노드도 수신노드에 프레임을 보관할 여유가 어느 정도 있는지를 알기 위하여 수신창(receive window size, 이하 RWS)이라는 변수를 관리한다. 수신창은 사실은 수신노드가 송신노드에게 알려주는 정보인데 수신노드가 송신노드에게 ACK를 보낼 때 수신창 영역(receive window field)에 그 당시의 RWS 의 값을 기입해서 보냄으로써 수신노드가 가지고 있는 버퍼공간의 여유분을 알려준다.

그럼 RWS는 어떻게 계산될까? 송신노드 A와 수신노드 B가 데이터를 주고 받는다고 가정하자. 이 경우 수신노드 B는 송신노드 A로부터 수신할 데이터를 저장하기 위하여 버퍼의 크기를 지정한다(이를 Rcv_Buf라고 하자). 이때 버퍼에 저장되어 있는 데이터의 마지막 바이트의 수를 LB_Received(last byte received)라고 하고 버퍼로부터 읽은 데이터의 마지막 바이트의 수를 LB_Read(last byte read)라고 하면 수신노드의 버퍼 내에는 LB_Received - LB_Read 만큼의 바이트가 저장되어 있을 것인데 이를 버퍼에 대기중인 바이트의 양(buffered bytes, 이하 BB)라고 두자.

즉, BB = LB_Received - LB_Read이다.

이때 버퍼의 범람을 막기 위해서 Rcv_Buf는 다음의 식을 만족하여야 한다.

$$Rcv\_Buf \geq BB$$

한편 수신노드의 버퍼에서 프레임의 범람을 막기 위해서 수신창의 크기는 다음의 식을 만족하도록 결정된다.

RWS = Rcv_Buf - BB

위의 식으로부터 알 수 있는 것은 수신창은 결국 송신노드로부터 보내진 프레임이 네트워크를 통해서 수신노드에게 도착하는 프레임의 전송시간에 변화(variation)가 있는 것을 대비한 여유공간을 의미하며 이 값의 크기가 수시로 바뀐다는 것이다. 다만 이 값은 그다지 큰 값이 아니기에 메모리에 대한 비용부담은 전혀 없다고 볼 수 있다.

5.3 고찰 문제

1. 데이터가 고객의 단말에서 네트워크로 전달되는 과정을 그림으로 그려서 설명해보자.

2. 프레임을 만드는 방법 세 가지에 대해서 정의하고 각 방식의 특징과 장단점을 비교해서 정리해보자.

3. 문자 끼워 넣기란 무엇이며 이를 실현하는 방법은 무엇인지 설명해보자.

4. 비트 끼워 넣기란 무엇이며 이를 실현하는 방법은 무엇인지 설명해보자.

5. 바이트 짜집기란 무엇이며 어디에서 사용하는지 설명해보자.

6. ARQ 알고리즘은 크게 세 가지 방식이 있는데 각 방식의 동작 원리와 장단점에 대해서 논해보자.

7. 이동창 알고리즘에서 송신창과 수신창의 크기를 정하는 방법을 설명해보자.

제2부

근거리 네트워크

제6장 홈네트워크

제7장 유선랜

제8장 무선랜

제9장 랜 프로토콜

제10장 랜 간 연결

제6장 홈네트워크

홈네트워크(home network, 이하 HN)란 말 그대로 가정(home)의 네트워크(network)이다. 즉, 가정 내에 산재해 있는 다양한 통신 및 가전 기기를 상호 연결하여 정보를 주고받도록 하는 네트워크를 말한다.

HN에 대해서 이야기하기 전에 먼저 HN이 없는 경우의 가정 통신 환경을 생각해보자. 여러분의 집에 컴퓨터, 전화기, 프린터, 전기 밥솥, 에어컨, 세탁기가 있다고 가정하자. 컴퓨터로 작업을 한 자료를 인쇄하기 위해서는 컴퓨터와 프린터를 직접 연결해야 한다. 그리고 전화는 전화와 인터넷 서비스를 제공하는 통신회사에 서비스를 가입한 후 여러분의 집안의 벽에 있는 전화선 잭에 연결해서 쓰고 전기 밥솥, 에어컨, 세탁기는 전기가 공급되는 플러그를 꼽은 후 직접 기기에 가서 전원을 켜서 동작을 시켜야 한다. 그리고 집을 떠나면 이들 모든 기기는 완전히 여러분과 분리된다. 즉, 아무것도 쓸 수 없게 된다.

그러나, HN을 구축하면 이 모든 것이 하나의 네트워크로 연결될 뿐만 아니라 이들 기기를 여러분이 원하는 하드웨어(주로 스마트폰, 노트북 컴퓨터 혹은 태블릿 PC 등)로 어디서든 사용하거나 제어할 수 있다. 이것이 HN이 필요한 이유이며 지금부터 HN에 대해서 알아본다.

HN의 사용 목적에는 크게 세 가지가 있다.

첫째, 가정 내의 다양한 기기를 상호 연결(interconnection)하고 제어(control)하는 것이다. 가정 내의 기기를 상호 연결하는 것은 기기 간의 통신(communication)과 자원의 공유(resource sharing)로 나눌 수 있다. 그 예로서 하나의 프린터와 하나의 컴퓨터를 연결하는 것은 통신을 위한 것이고 하나의 공유기에 여러 대의 컴퓨터와 프린터를 연결하는 것은 네트워크 자원을 공유하기 위한 것이다. 이처럼 가정 내의 모든 통신 기기를 상호 연결하는 것은 HN의 가장 기본적인 목적이다. 최근에는 센서나 CCTV카메라 등 사물인터넷(Internet of Things, 이하 IoT) 장비가 HN에 도입됨에 따라서 상호연결에 제어기능까지 추가되었다. 이 경우 제어는 가정 내뿐만 아니라 가정 밖에서도 가능하다. 단, IoT에 대해서는 다음 기회에 별도로 다루기로 한다.

둘째, HN은 가정 내의 서로 다른 영역에 있는 장비 혹은 네트워크를 연결한다. 즉, 가령 2층으로 된 주택에서 1층에 있는 다양한 기기들이 연결된 네트워크(이것을 네트워크 1이라고 하자)와 2층에 있는 다른 기기들이 연결된 네트워크(이것을 네트워크 2

이라고 하자)간에 연결이 필요할 경우 홈네트워크는 이들 두 네트워크를 연결하는 브리지의 역할을 한다. 즉, 2 개의 떨어진 네트워크를 연결한다.

셋째, 외부의 인터넷으로 통하는 접속의 역할을 한다. 가정 내에 있는 컴퓨터, 전화기, 가전기기 등을 일일이 따로 외부 네트워크로 연결하는 것은 복잡할 뿐만 아니라 비용도 많이 든다. 그러나 이들 모두를 HN으로 연결하고 하나의 HN 게이트웨이(gateway)를 통하여 외부로 접속시킨다면 네트워크도 간단해지고 비용도 절약할 수 있다. 물론 외부로부터 가정에 있는 가전기기들로의 접속도 가능하다. 특히 HN에 IoT가 도입됨에 따라서 이 기능이 중요한 영역으로 인식되고 있다.

위에서 정의한 HN의 목적을 달성하기 위해서 HN이 제공하는 기능을 정의하면 아래와 같다.

먼저 HN은 가정 내의 여러 대의 시스템(주로 컴퓨터나 서버, 가전기기 등)을 상호 연결하기도 하고 외부의 인터넷으로 연결한다. 그리고 저장 장치, 프린터 등 컴퓨터의 주변기기를 여러 대의 컴퓨터가 공유하게 한다. 그리고 집 밖에서 집으로 데이터나 자료를 옮기거나 백업할 수 있다. 그리고 집안에서 다양한 오락기기(게임기, TV 등)가 생성하는 오디오/비디오 콘텐츠를 상호 공유 및 교환하게 한다. 또한 인터넷을 이용한 전화 서비스도 제공하고 다양한 모바일기기를 집안에서 자유로이 사용할 수 있게 한다.

2012년 8월 31일 독일의 베를린에서 개막한 IFA(Internationale Funkausstellung)에서 가장 큰 관심사는 TV, 세탁기, 냉장고 등 스마트 가전(smart electronics)을 네트워크로 연결하여 사용하는 것이었다고 한다. 우리나라에서도 삼성이 ‘all share’의 개념을 소개하고 LG전자는 ‘smart share’라는 이름으로 스마트 가전을 네트워크에 접속하여 사용하는 기술을 소개했다고 한다. 이들 기술은 스마트폰이나 태블릿 PC를 이용하여 집안의 거의 모든 가전을 제어하고 퇴근길에 다운로드 받은 영화를 집에 도착하여 큰 화면의 TV로 시청하는 등 무선 랜과 블루투스(근거리 무선통신) 기술을 이용한 홈네트워크의 실현을 소개한 것이었다고 한다.

6.1 홈네트워크의 개요

홈네트워크(이하 HN)는 사실 새로운 기술이 아니고 1980년대부터 있었던 기술이다. HN은 기술의 발전에서 볼 때 크게 세 단계로 나누는데 그 첫 단계가 1980년대의 홈버스(home bus)이고 두 번째 단계가 1990년대의 IEEE 1394이며 마지막 단계가 2000년대에 들어와서 새로이 관심을 받고 있는 무선랜(wireless LAN) 및 전력선기반통신(power line communication, 이하 PLC) 기술이다.

먼저 홈버스는 당시에 PC의 보급이 그다지 보편화되지 않은 관계로 인하여 주된 접속 대상이 주방 및 거실과 관련된 백색가전이었는데 홈버스가 가지고 있는 가장 큰 문제가 고객들이 이 기술을 필요로 하지 않았다는 것이다. 즉, 수요는 없는데 기술적으로 접근하다 보니까 표준도 정착되지 않았고 결국 1990년대에 들어와서 시장의 관심에서 사라져 버렸다.

애플(Apple)의 Firewire를 기반으로 한 IEEE 1394기술은 초기 버전이 1995년에 규격화되었는데 주로 디지털 방송을 위하여 오디오/비디오(AV) 기기 사이에 비디오 콘텐츠를 전송하는 것을 목적으로 하였으나, 그 당시만 해도 고객을 끌어당길 만한 콘텐츠가 부족했을 뿐 아니라 가정의 구석구석에 새로운 회선을 부설해야 하는 것에 대한 고객의 거부감으로 인하여 표준 사양은 정해놓고도 가정으로 보급되는 것에는 실패했다. 그리고 그때 이미 가정에는 인터넷의 이용이 급증하던 시기여서 이 기술도 고객의 관심을 그다지 받지 못했다.

2005년부터 가정에 보급되기 시작한 IEEE 802.11 표준을 기반으로 하는 무선랜 기술은 범용의 무선 액세스 기술로서 속도 또한 빨라서 HN의 가장 유력한 기술로서 관심을 받기 시작했다. 그와 함께 IPTV와 센서 네트워크(sensor network) 기술의 실용화는 무선랜을 HN의 기반 네트워크로 정착하는데 큰 기여를 했다.

2006년에는 PLC 제품이 출시되면서 가정 내에 새로이 배선을 할 필요 없이 최대 100Mbps 속도의 HN을 구축할 수 있다는 이점으로 이 기술도 HN의 유력 기술로 등장하였는데 속도의 한계와 타 무선통신과의 간섭 문제 등으로 무선랜보다는 보급이 되지 못하였고 지금은 거의 관심에서 멀어졌다.

한편, 홈네트워크가 가정에 보급되기 위해서는 위에서 말한 것처럼 고객이 매력을 느낄만한 응용 서비스나 고객이 필요로 하는 수요가 있어야 한다. 그래서 필자가 여러 모로 조사해보았지만 국내에서는 이와 관련한 자료를 찾을 수 없었는데 마침 일본에서 2005년경에 조사한 바에 따르면 고객이 HN에서 사용하고자 하는 응용 서비스로서 가장 많은 응답을 한 것을 나열하면 방범(home security) > 방재(disaster recovery) > 의료(health care) > 에너지 절약 > 가전제품의 제어 > AV 콘텐츠의 수신 등의 순이었다고 한다. 그 중에서 AV 콘텐츠를 제외한 나머지 서비스의 제공을 위해서는 이들 서비스를 공통된 하나의 플랫폼상에서 센서 네트워크를 구축하여 서비스를 제공하여야 하는데 실제로 HN을 위해서 개발된 장비가 거의 없다. 그리고 기술도 각 서비스에 대해서 각기 다른 플랫폼상에서 제공되는 등 기기 간 및 벤더 간의 호환성에 문제가 많은 것이 사실이다. 이와 같은 문제가 HN이 우수한 기술이고 구현도 문제가 없음에도 불구하고 개념이 등장한 지 30년이 넘도록 가정 내부로 파고들어가지 못하는 가장 큰 이유이다.

마지막으로 HN의 기술 표준화, 특히 물리적 네트워크, 에 대해서 간략한다. HN은 크게 기간네트워크(backbone network)와 지선네트워크(local network)로 나누는데, 기간네트워크는 수10m의 거리의 가정 내에서 고속의 영상통신이 가능한 가정내의 네트워크이고 지선네트워크는 최대 10m 이내의 좁은 공간에서의 통신을 위한 네트워크이다.

먼저 기간네트워크는 무선랜 혹은 PLC가 대표적 기술인데(무선랜이 사실상 시장을 독점함) 각 기술의 세부 사항에 대해서는 아래에서 다루기로 한다.

한편, 지선네트워크로는 PAN(personal area network) 기술인 IEEE 802.15.3c와 ZigBee (IEEE 802.15.4)가 있는데 그 중에서도 ZigBee가 더 유력하다.

ZigBee는 벌(Bee)이 꽃들 사이를 지그재그(Zigzag) 로 날아다니는 모양에서 아이디어를 얻은 이름으로서 당초 리모컨, LED 조명 장치, 스마트 그리드(smart grid) 기기 등과 같은 전자기기가 집안에 가득 설치되어 있을 때 이들 기기의 제어 및 모니터링을 위하여 개발된 기술이다. 그래서 표준도 전자기기를 제조하는 필립스, 하니웰, 삼성전자의 세 회사가 연맹(alliance)을 구성하여 개발하였다. ZigBee는 저소비전력, 저가격 및 대규모의 기기 수용(최대 6만5500개) 등의 장점이 있어서 사물인터넷(Internet of Things)이나 M2M(Machine-to-Machine) 통신에 사용하기에 적합하다. ZigBee의 사양을 간단히 소개하면 다음과 같다.

[표 6.1] ZigBee의 사양

항목	사양
주파수 대역	868MHz, 915 MHz, 2.4GHz 대역중 2.40~2.48GHz대역을 가장 널리 사용하며 5MHz간격으로 16개의 채널을 만들 수 있다.
MAC protocol	CSMA/CA
변조방식	QPSK
네트워크 구성	1:1, 1:n, mesh
접속가능 노드수	6만5500개
최대 전송속도	250kbps

그러나, ZigBee 기술이 HN 내에 구현되기 위해서는 소형이면서도 저가, 그리고 전력소비가 적은 소재(device)의 개발이 필요한데 의외로 개발이 더딘 것이 현실이다. 게다가 통신의 불안정성과 상위 계층 표준과의 정합성에도 문제가 많아서 이 기술이 도입되기에는 아직도 해결해야 할 문제가 많다.

6.2 홈네트워크의 구현

HN을 구현하는 방법에는 여러 가지가 있는데 대표적인 기술은 크게 유선과 무선의 두 가지로 나눌 수 있다. 유선 기술을 사용한 것으로서는 이더넷과 HomePNA(phone network alliance, 전화망 동맹), 그리고 HomePlug(전력선 기반)의 세 가지로 나눌 수 있고, 무선 기술을 사용한 것으로서는 WiFi(wireless fidelity)와 지그비(ZigBee), 그리고 블루투스(bluetooth)가 있다.

먼저 유선 기술의 대표적인 방식인 이더넷, HomePNA와 HomePlug에 대해서 소개하고 이어서 무선 기술인 WiFi와 지그비 및 블루투스에 대해서 소개한다.

이더넷은 나중에 이야기하겠지만 주로 비즈니스 용도의 LAN 구축 시에 사용되는 기술이다. 그런데 앞에서 이야기한 것처럼 가정에 이더넷을 구축하려면 각 가정의 모든 공간에 이더넷 회선을 부설하여야 한다. 이는 추가적인 비용뿐만 아니라 고객의 거부감도 커서 홈네트워크를 위해서 이더넷을 사용하는 것은 거의 찾아볼 수 없고 일부 구간에 대해서 필요한 경우에 회선만 이더넷 케이블을 사용하는 정도이고 대부분은 다른 기술을 사용한다. 이더넷 기술에 대한 구체적인 사항은 뒤에서 언급할 예정이다. 따라서 여기서는 HomePNA와 HomePlug에 대해서 소개한다.

6.2.1 전화회선을 이용한 HN

전화회선을 이용한 HN으로는 HomePNA가 있는데 HomePNA는 가정에서 방이나 거실 등 댁내에 포설되어 있는 전화회선을 이용하여 HN을 구축하는 기술이다. 전화회선에는 기존의 음성통화 및 ADSL용에 사용되는 주파수보다 더 높은 주파수 영역이 그 동안 사용되지 않고 있었는데 이 주파수 영역을 사용하려는 것이 HomePNA의 주된 목적이다.

HomePNA는 원래 가정에서 전화선을 이용하여 2대 이상의 컴퓨터를 서로 공유할 수 있도록 하는 네트워킹 솔루션으로 개발되었는데 기술의 이름에 동맹(alliance)이라는 용어가 붙은 것이 의아하게 생각될 것이다. 그 이유는 미국 3Com, 루슨트 테크놀러지스(Lucent Technologies), IBM, 휴렛팩커드(HP), 컴팩(Compaq) 등이 참가한 것에서 유래했다. 1998년에 홈 PNA 표준을 공개하고 홈네트워킹 제품을 출시한 이유로 HomePNA는 홈네트워킹 솔루션을 총칭하기도 한다.

HomePNA는 전화 또는 다른 서비스(xDSL 등)가 사용하는 대역폭보다 높은 대역폭을 사용하기 때문에 사용 중에 전화선상의 방해 전파를 피할 수 있고, 신호는 집안에서 전화선을 통해서 이동하기 때문에 외부 조건과 관계없이 신뢰성이 있으며 안전하다.

HomePNA는 다중화 기술로서 FDM(frequency division multiplexing)을 사용한다. 즉, 주파수 대역을 세분화하여 동시에 여러 대의 기기를 네트워크로 접속시킨다. FDM기술에 대해서는 나중에 자세히 다룬다.

다음 그림은 HomePNA에서 FDM을 사용할 경우의 주파수 대역별 서비스 사용 내역을 나타낸 것이다. 가로축은 주파수 대역을 나타내고 세로축은 신호의 세기를 나타낸 것이다. 그림에서 보듯이 주파수의 가장 낮은 대역은 음성통신용이고 가운데 영역은 xDSL(digital subscriber line)용이며 가장 높은 대역이 HN용이다. 따라서 이들 세 가지 서비스가 동시에 진행이 되어도 각 서비스 간에 주파수의 간섭이 일어나지 않으므로 여러 가지 서비스를 동시에 제공해도 서비스 간에 충돌이 발생하지 않는데 이와 같은 서비스를 삼중 동작 서비스(TPS, triple play service)라고 부른다.

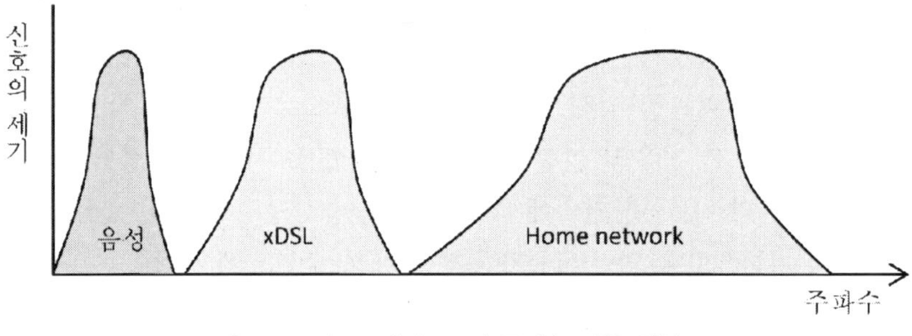

[그림 6.1] HN에서TPS의 주파수 사용 영역

아래의 그림은 HomePNA의 네트워크 구성도의 한 예이다.

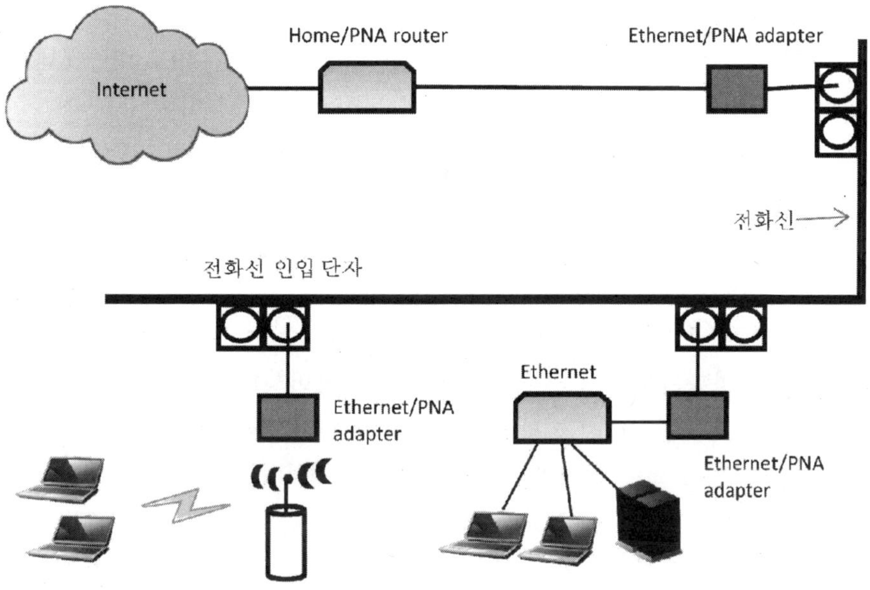

[그림 6.2] HomePNA의 네트워크 구성도

위의 그림에서 보듯이 가정 내의 벽에 설치된 전화선에 전화선 인입단자가 연결되어 있고 각 단자에는 이더넷회선과 HomePNA간의 어댑터가 연결되어 있어서 이 어댑터를 통하여 가정 내의 각종 기기들이 네트워크로 연결된다. HomePNA어댑터는 PC 카드처럼 생겼는데 최대 50개의 기기를 연결할 수 있고 길이는 최대 300m까지 연결이 가능하다. 길이가 이 정도이면 가정 내의 모든 곳에 있는 기기들을 연결할 수 있다. 그리고 하나의 어댑터를 통하여 여러 대의 기기를 연결할 수 있게 하기 위하여 이더넷 허브나 무선 AP(access point)를 설치하여 컴퓨터나 PDA, 프린터, 가전 기기 등 복수의 단말을 접속한다.

한편, 가정에서 외부 네트워크(인터넷)로 연결되는 회선은 이더넷과 HomePNA 간의 어댑터를 통한 후 HomePNA 라우터를 통하여 연결된다.

6.2.2 전력선을 이용한 HN

전력선통신(power line communication, PLC)이란 일반가정이나 사무실에 전기를 공급하는 전력선을 이용해서 음성과 문자, 데이터, 영상 등을 전송하는 기술로서 이미 1920년대부터 연구돼 왔다. 심지어 미국에서는 1830년대에 전력 미터기의 전압검사를 원격으로 하기 위하여 전력선에 신호를 사용하였다는 기록도 있다. 그러다가 1920년대부터는 발전소와 변전소간에 음성 전화용으로 사용하였다.

가정에는 곳곳에 전력을 공급하기 위한 케이블이 포설되어있는데 최근 개발된 30MHz 대의 주파수대역을 이용하면 초고속 인터넷은 물론 인터넷전화(VoIP), 홈네트워킹, 홈오토메이션, 원격검침에 이르기까지 고속광대역 전력선통신이 가능하다.

우리나라 가정에서 쓰는 전류는 주파수 60Hz대역이고, 전압은 220V이다. 전력선통신은 60Hz 이외의 주파수대역, 즉 1~30MHz 주파수 대역, 에 통신신호를 실어 보냄으로써 초고속통신을 가능하게 한다. 단, 통신신호는 대부분 0과 1의 조합으로 이루어진 디지털신호인데 그것을 FSK(frequency shifted keying) 등과 같은 변조기법을 사용하여 100~30kHz의 고주파 신호를 만든다. HN을 통해서 수신단으로 전달된 통신신호는 수신단에서 고주파필터를 이용하여 원래의 통신신호만 분리한다.

한편 바깥으로부터 전력선을 타고 온 통신신호는 변압기 주변에 설치된 라우터와 댁내에 설치된 모뎀을 통해 전력과 통신신호가 분리되어 최종사용자가 전력선을 타고 온 통신서비스를 이용할 수 있게 되는 것이다.

전력선통신은 기존의 광통신케이블망을 이용한 초고속 인터넷서비스 설비비용의 60~70%만으로 사용할 수 있으며, 회선 사용료를 거의 낼 필요가 없어 통신요금도 크게 줄어든다는 장점이 있다. 또한 별도의 배선공사 없이 가정에 이미 설치되어 있는 전력선을 사용해 홈네트워킹을 구현할 수 있고 일반 사업장에서도 비용부담이 큰 근거리통신망(LAN)을 별도로 설치할 필요가 없다.

PLC 기술의 표준화와 관련하여 2000년에 미국의 '홈플러그(Home plug)', 유럽의 'PLC Forum', 한국의 'PLC Forum-Korea'가 구성되는 등 기술선점 차원의 국제표준화 작업이 추진되었다.

국내에서는 2001년 3월 PLC 서비스를 시작하여 전력선통신을 처음으로 실용화했다. 2004년 10월부터는 당시 정보통신부가 PLC를 허용하였고, 또 450kHz 이하의 저주파로만 제한돼 왔던 이용 주파수 대역도 30MHz 이하까지 확장함에 따라 PLC가 활성화되었다.

2012년 9월에는 한국형 고속PLC를 이용한 스마트미터(전력량계 검침기) 통신기술이 국제전기기술위원회(IEC)의 국제표준으로 채택되기도 하였다.

한편 전기는 주로 전력회사가 소유하고 운용하므로 장거리 전력선통신도 주로 전력회사가 운용하지만 실제로 장거리 통신을 PLC로 제공하는 경우는 거의 없다. 왜냐하면 전력선을 데이터 전송용으로 사용하기 위해서는 신호의 전달특성이 열악하고 다른 신호와의 간섭 등이 심각하기 때문이다. 다만 가정 내에서의 전력선 통신은 거리도 짧고 또 가정 내의 기기들 간에는 치명적인 간섭도 일어날 가능성이 낮고 또 HN은 전기회사와는 별도로 구축할 수 있으므로 개인이 무료로 사용할 수 있다는 장점이 있다.

PLC기술에는 두 가지 종류가 있다.

하나는 협대역 PLC(narrowband PLC, NB-PLC)인데 이는 주로 500kHz 이하(9~450kHz)의 주파수 대역에서 동작하며 데이터 전송속도는 1~10kbps정도이고 최대로 제공 가능한 속도는 500kbps이다. 이와 같은 이유로 협대역 PLC는 주로 제어신호의 전송이나 인터폰용으로 사용한다. 단, NB-PLC는 저전력뿐만 아니라 고전력에서도 사용할 수 있고 150km 이상의 거리까지 신호가 도달될 수 있다.

다른 하나는 광대역 PLC(broadband PLC, BB-PLC)인데 이는 1.7~30MHz 의 주파수 대역에서 동작하며 데이터 전송속도는 최대 200Mbps이다. 그래서 광대역 PLC는 음성, 데이터, 멀티미디어 등 거의 모든 통신서비스를 제공할 수 있다. 이와 같은 광대역의 장점과는 대조적으로 BB-PLC는 신호가 도달할 수 있는 거리에 제한이 있고 그로 인하여 주로 HN용으로 사용한다. 최근에는 이 문제를 해결하기 위하여 데이터의 전송속도를 10Mbps로 낮추는 대신 도달 거리를 8km까지 가능한 기술도 등장하였다.

전력선을 이용하여 HN을 구축하는 방법은 두 가지로 나눌 수 있는데 하나는 이더넷 상에서 전력선을 이용하는 기술(Power over Ethernet, 이하 PoE)이고 다른 하나는 전력 단자에 바로 연결하는 방법(HomePlug powerline, 이하 HPPL)이다. 그 중에서 뒤의 기술이 주류를 이루고 있다. 아래에서 각 기술을 간략히 소개한다.

POE

PoE는 가전기기를 이더넷에 연결하여 전력 공급 기기(power sourcing device) 또는 전력 기기(power device)라 불리는 장치로 전원과 데이터를 전송하는 기술이다. 이때 이더넷의 케이블인 CAT3/CAT5e 와이어에 있는 4쌍(2쌍의 signal pair와 2쌍의 spare pair)의 전력선 중에서 그동안 사용하지 않고 있던 2쌍의 같은 종류의 전력선을 이용하여 데이터와 전원을 공급한다.

이 기술은 2000년에 내선전력(inline power)이라 불리며 미국의 통신장비회사인 시스코(Cisco)에 의해서 개발되었다. 그리고 이 기술은 IP 전화, 무선 AP, 웹 카메라(webcam) 등을 연결하는 것이 목적이다. 이후 IEEE 802.3-2005로 표준화가 이루어졌고 나중에는 IEEE 802.3af로 명명되었다.

HPPL

HPPL은 전력선을 이용하여 기기 간의 데이터를 전송하는 기술이다. 이 기술의 최대 수율(throughput)은 1.0Mbps~13.8Mbps이다. HPPL에는 2개의 표준이 있는데 하나는 HP(homePlug) 1.0(최대속도 4Mbps)이고 다른 하나는 HPAV(homePlug audio/video)이다. 그 중에서 앞의 HomePlug1.0을 개선한 HomePlug Turbo는 속도를 85Mbps까지 늘리기도 했다. 하여간 HP 는 초기의 버전이고 HPAV 는 HDTV(high-definition TV)급 오디오/비디오 전송을 위한 기술로서 최대 대역폭 200Mbps까지 제공 가능하다.

HPPL 기술은 HomePNA 기술과 아주 흡사한데 가장 큰 차이점은 가정내의 통신회선을 전화회선 대신 전력선을 사용한다는 것이다. 따라서 기기를 연결하는 단자도 전화단자를 사용하는 대신 전력공급단자를 사용한다. 그리고 HomePNA 에서 사용하던 HomePNA 라우터는 홈 전력(HomePower) 라우터로 바뀌고 이더넷/PNA 어댑터는 전력선 브리지(powerline bridge)로 바뀐다. 아래의 그림은 이것을 나타낸 것이다.

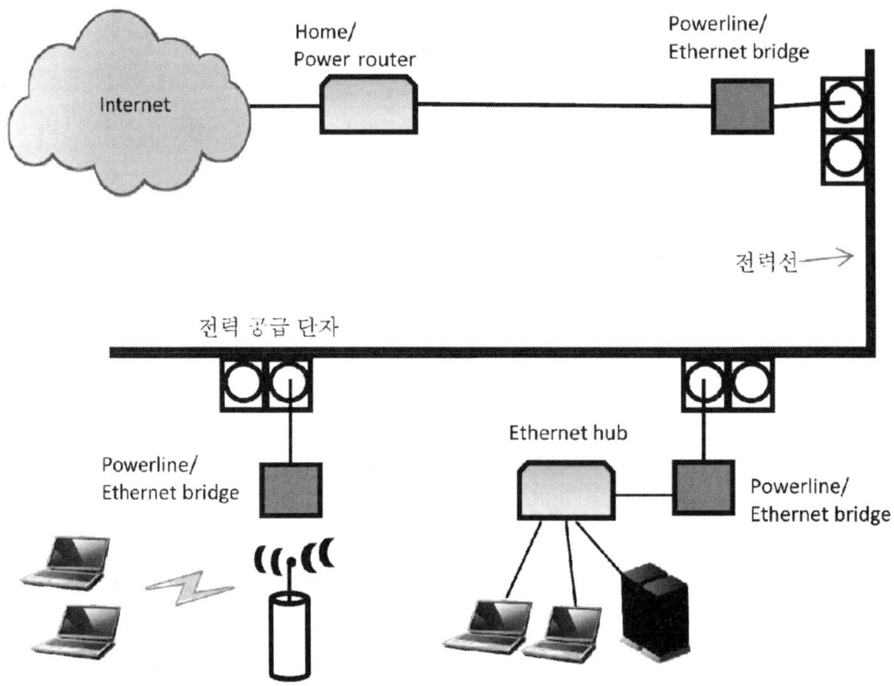

[그림 6.3] HPPL 기술을 이용한 HN의 구성도

한편, HPPL은 변조기법으로 직교주파수분할다중(orthogonal frequency division multiplexing, 이하 OFDM)을 사용한다. 4.5MHz~21MHz의 주파수대역을 84개의 등간격 부반송파대역(subcarrier band)으로 나눈 후 이들 중 여러 개의 인접 채널 상에 하나의 신호를 실어서 전송한다. 변조 방법으로는 DBPSK(differential binary phase shift keying) 혹은 DQPSK(differential quadrature phase shift keying)를 사용한다.

한편, HPPL은 기본적으로 기기 간에 p2p(point-to-point) 링크를 제공하는데 그로 인하여 방송형 통신을 제공하기 위해서는 별도의 기술이 필요하다. 이때 사용하는 기술은 DBPSK 변조에서 서로 다른 시간과 주파수상에서 복사된 여러 개의 신호를 전송하는 것인데 이를 ROBO 변조라고 부른다.

HPPL는 MAC(media access control) 프로토콜로서 이더넷 프로토콜인 IEEE 802.3을 기반으로 하는데 그로 인하여 HPPL과 이더넷이 상호정합성(inter-operability)이 좋다. HPPL의 MAC은 이더넷에서부터 HPPL의 기기로 들어오는 프레임을 암호화(encrypt)하여 그것을 전력선으로 보내기 전에 HPPL 헤더를 붙인다. HPPL 프레임이 수신단에 도착하면 수신단말은 분할된 프레임을 재조립하고 암호를 해제(decrypt)하여 원래의 데이터를 재생한다.

HPPL은 두 가지 프레임 구조를 가진다. 하나는 짧은 프레임(short frame)이고 다른 하나는 긴 프레임(long frame)이다. 짧은 프레임은 오류를 정정하기 위한 전송방식인 멈춤과 기다림(stop & wait) ARQ의 시작을 위한 프레임(이를 response delimiter라고 부른다)이고 긴 프레임은 실제로 데이터를 싣기 위한 프레임이다. 따라서 이들 프레임은 구조가 다르다.

먼저 짧은 프레임은 프레임 프리앰블(frame preamble)과 프레임 제어 영역(frame control field)으로 구성되는데 다음과 같은 구조를 가진다.

preamble	frame control

[그림 6.4] HPPL에서 짧은 프레임의 구조

이때 프리앰블은 프레임의 시작을 알리는 목적으로 사용되고 프레임 제어는 링크 상의 메시지를 탐지하는데 사용된다. 위의 그림에서 프레임 제어 영역은 25비트의 길이를 가진다.

한편, 긴 프레임은 제법 복잡한 구조를 하고 있는데 다음과 같다.

preamble	frame control	frame header	data (variable)	PAD	FCS	preamble	frame control

[그림 6.5] HPPL에서 긴 프레임의 구조

위의 그림에서 프레임 제어(frame control) 영역은 25비트의 길이를 가지며 프레임 헤더(frame header)는 17바이트의 꽤 긴 길이인데 그 속에는 송/수신 단말의 주소(source/destination address) 및 프레임의 일련번호(sequence number)에 대한 정보가 들어있다. 그리고 FCS(frame control sequence)는 2바이트의 길이를 가지고 있다.

6.2.3 무선 기술을 이용한 HN

마지막으로 HN을 무선기술로 구축하는 경우를 알아본다. HN을 무선으로 구축하는 것은 유선 HN이 가지고 있는 기기의 이동성과 접속성의 한계를 극복하기 위한 것이다.

즉 가정 내에 산재해 있는 컴퓨터, 프린터, 센서, 가전기기 등 다양한 통신기기를 일일이 유선으로 연결하는 것은 비용도 많이 들고 미관상으로도 좋지 않다. 그리고 최근에는 스마트폰, 태블릿 PC, 스마트 TV등을 여러 대 가지고 있는 가정도 늘어나서 집 안의 어디서든지 휴대형 단말에 의한 외부 네트워크와의 접속 욕구가 늘어났다. 이와 같은 환경이 가정 내에서 무선으로 HN을 구축하고자 하는 가장 기본적인 이유이다. 여기서는 최근 가장 널리 사용되고 있는 WiFi와 블루투스에 기반한 기술을 소개한다.

무선HN은 무선랜의 축소판이라고 할 수 있는데 무선랜 기술을 먼저 소개하는 것이 순서이나 이 책에서는 HN을 먼저 다루는 관계로 순서가 바뀐 측면이 있다. 먼저 WiFi라고 부르는 무선랜 기술은 이미 세계적인 사실상의 표준이 된 IEEE 802.11프로토콜을 기반으로 하고 있다. WiFi 기술의 동작 원리에 대해서는 제8장에서 자세히 이야기하겠지만 이 기술은 주로 900MHz~5GHz 구간의 주파수를 사용한다. WiFi에서는 PC, 스마트폰, 테블릿 PC 등과 같이 통신용 단말에 대해서는 무선랜 규격의 버전에 따라서 사용하는 주파수 대역이 2.4GHz나 5GHz 등으로 다르며 에어컨, 쿠킹기, 히터, 급탕기 등의 가전제품을 연결하는 무선게이트웨이는 920MHz대역의 주파수를 사용하는 경우도 있다.

무선 HN에서는 액세스포인트(Access Point, 이하 AP)라고 불리는 무선액세스 장비를 가정 내의 임의의 장소에 한 대 혹은 여러 대 배치하고(가정의 전파환경이나 건물의 구조에 따라서 AP의 대수는 다를 수 있으나 하나의 AP가 커버할 수 있는 거리가 최소한 반경 50m 정도는 되므로 한 가정 내에 AP가 한 대만 있으면 모든 기기를 연결할 수 있음) 그 AP를 통해서 가정 내의 모든 단말을 스타형 네트워크 토폴러지로 수용하여 외부의 네트워크로 접속한다.

블루투스는 IEEE 802.15.1표준 기술로서 가정 내 혹은 사무실 내에서 PDA, 휴대폰, 키보드, 프린터, 노트북 컴퓨터 등을 상호연결하여 단거리(10m 내외) 통신을 하는 기술이다. 초기에는 블루투스가 PDA와 키보드를 연결하여 문서 작성을 쉽게 한다는 점에서 주목을 받았으나 최근에는 이와 같은 조합은 잘 사용하지 않게 되었다. 그리고 노트북은 WiFi 기술의 등장으로 블루투스와 이별을 고했다. 그럼에도 불구하고 블루투스는 PAN(personal area network)에서 무선 접속기술로서 유망한 기술이다. V1.0은 2.4~2.5GHz대의 주파수대역으로 최대 1Mbps의 전송속도를 제공하며 V1.2는 2.4GHz 대역에서 최대 3Mbps까지의 속도를 제공할 수 있다.

마지막으로 지그비는 IEEE802.15.4에서 표준화한 근거리 무선액세스 기술이다. 지그비는 크기가 아주 작은 디바이스를 사용하여 저전력 저비용 통신을 위하여 개발된 기술로서 개방형 표준을 채택하고 있다. 지그비는 15m초 이내의 아주 짧은 시간 내에 수면모드(sleep mode)에서 작동모드(active mode)로 구동시킬 수 있으며 거의 대부분의 시간을 수면모드로 보내므로 배터리의 수명이 아주 길다. 지그비는 50m이내의 아주 좁은 영역에서 통신을 제공하므로 홈네트워크에서 사용하기에 아주 적합하다. 다만 제공하는 대역폭이 작은 것이 흠이기는 하지만 가정 내의 홈자동화(home automation)에 사용하는데는 문제가 없다.

아래의 표는 HN에서 고객이 주로 사용하는 응용서비스에 대한 시나리오와 시나리오별로 적용가능한 무선네트워크 기술을 비교한 것이다.

[표 6.2] HN 시나리오

시나리오	응용분야	적용기술
healthcare	reactive(acute conditions)	Bluetooth, LP-WiFi
	proactive(data collection)	
automation	security, energy management, monitoring/control	ZigBee, LP-WiFi
entertainment	multimedia streaming	WiFi, Bluetooth

6.3 유무선 혼성 및 방송통신 융합 HN

최근에는 가정까지 광케이블이 구축되는 사례가 늘면서 HN의 네트워크 모습도 바뀌게 되었고 특히 통신과 방송이 분리된 과거와는 달리 지금은 방송통신 융합서비스가 보편화되었다. 이에 따라서 HN도 방송과 통신이 통합되고 유선과 무선이 섞인 HN 환경이 일반화되었다. 아래의 그림은 이처럼 유무선 혼성 및 방송통신 융합 HN의 모습을 나타낸 것이다.

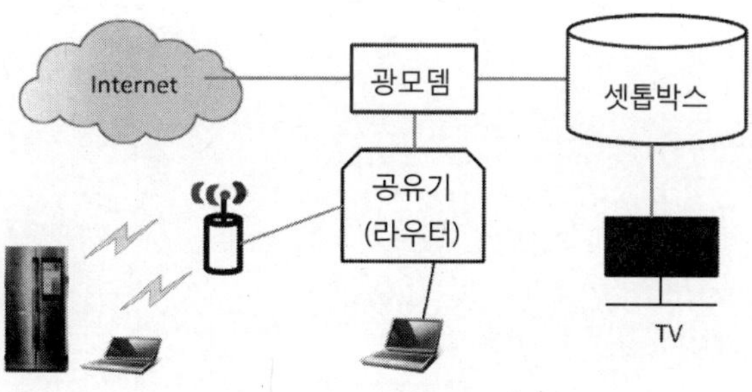

[그림 6.6] 유무선 혼성 및 방송통신 융합 HN

6.3.1 HN의 기술 특징 비교

지금까지 HN을 구현하는 여러 가지 기술에 대해서 알아보았는데 다음 표에 각 기술을 사용하여 HN을 구현한 경우의 특징을 비교하였다.

[표 6.3] HN구현 기술별 특징

유형	수율/적용거리	사용 목적	비용	신뢰도	보안	장점	단점
Ethernet	최대대역폭 (Category5): 1Gbps 도달거리(10Base-T): 164m	오디오/비디오, 통신, 자원 공유, job 스케줄링	고	고	고	초고속, 표준 정합, 기기가 다양	전용 wiring 필요
HomePNA	최대대역폭: 320Mbps 도달거리: 333m	오디오/비디오, 통신, 기기 제어, 자원 공유	저	고	고	고속, 유선, 저가	없음
HomePlug	최대대역폭: 200Mbps 도달거리: 1km	오디오/비디오, 통신, 기기 제어, 자원 공유	중	저~중	고	고속, 전원이용, 편리, 최소 설비	전원 필요
WiFi	최대대역폭 802.11g: 54Mbps 802.11n: 600Mbps 도달거리: 50~100m	오디오/비디오, 통신, 모바일, 자원 공유	저~고	고	중	표준 정합, 기기다양, 상호 운용성 좋음	거리 제한, 간섭 심함
Bluetooth	최대대역폭: 1Mbps 도달거리: 10m	통신, 기기 제어, 모바일	중	고	중	모바일, 저가, 설치 용이	저속, 거리 제한

다음 표는 이더넷 혹은 PLC 기술을 사용한 홈네트워크의 표준 사양을 요약한 것이다.

[표 6.4] 유선 홈네트워크의 표준 사양

표준	이더넷: IEEE 802.3 10 BaseT, IEEE 802.3u 100BaseTX 전력선: HomePlug v1.0
전송 속도	이더넷: 10~100Mbps(케이블의 종류에 따라 다름) 전력선: 최대 14Mbps(Home Plug version 1.01 기준) 단, Home Plug version 1.1에서는 85Mbps, Home Plug AV에서는 200Mbps 까지 지원 가능 단, 유효 속도는 Home Plug version 1.01이 6Mbps, Home Plug version 1.1이 35Mbps, Home Plug AV는 TCP 사용시 60Mbps, UDP사용 시 80Mbps임.
주파수대역	4.5~21MHz
연결방식	이더넷: RJ-45를 이용한 이더넷으로의 연결 전력선: 전력 공급 단자
변조방식	OFDM
MAC프로토콜	CSMA/CD

6.4 홈네트워크 서버 및 외부 접속

홈네트워크는 위에서 기술한 것처럼 가정 내의 가전기기를 상호 연결하는 기능 이외에 가정 내의 단말을 외부 네트워크로 접속하고 외부에서 가정 내의 기기를 제어하는 역할을 담당하는데 후자의 역할을 담당하는 장비를 홈게이트웨이(home gateway) 또는 홈네트워크서버(home network server)라고 부른다. 이 책에서는 홈게이트웨이라고 부르기로 한다.

홈게이트웨이의 역할로는 DHCP, DNS 등의 네트워크 주소 서비스, 인터넷 접속을 위한 방화벽(firewall) 및 프록시(proxy) 서비스, 인트라넷(intranet)을 위한 웹 서버, 외부로부터의 접속을 위한 원격 액세스(remote access), 오디오/비디오 파일의 전송을 위한 미디어 스트리밍(media streaming), 이메일/IMS 서버 및 보안 기능이 있다.

홈게이트웨이는 특히 VoIP(voice over IP)나 IPTV(internet protocol TV) 서비스 등 외부 네트워크와 연결되는 응용 서비스의 품질 보장 및 서비스 액세스 관리를 주로 담당하고 홈 내부의 서비스나 인터넷 액세스 서비스 등에 대해서는 크게 관여하지 않는다.

한편, 홈게이트웨이는 위에서 나열한 기능을 수행하기 위해서 홈네트워크 내부의 다양한 단말을 외부의 네트워크로 연결하는 다중화기와 같은 기능을 수행하는데 아래의 그림은 일반적인 홈 게이트웨이의 구조를 나타낸 것이다.

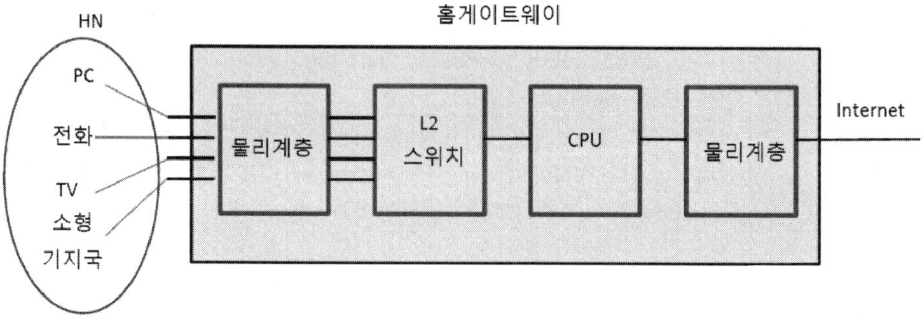

[그림 6.7] 홈게이트웨이의 구조

위의 그림에서는 주로 통신을 위한 네 가지 단말만을 나타내었는데 그 이외에도 모든 가전 단말을 접속시킬 수 있다. 홈게이트웨이는 HN 내에서 발생하는 모든 단말로부터의 패킷을 물리적 전달 매체를 통하여 L2 스위치로 전달한 후 CPU에서 소프트웨어적으로 패킷을 처리한다. 그 뒤 WAN이 연결된 물리적 전송 경로를 통해서 외부로 내보낸다.

한편, 외부로부터 HN으로 도착한 패킷은 물리매체를 통해서 CPU로 전달된 뒤 CPU에 의해서 해당 단말로 전달하기 위해서 먼저 L2 스위치로 전달된 뒤 해당 단말이 연결된 포트로 패킷을 전송한다. 즉, 홈게이트웨이는 소형 교환기(switch)와 같은 역할을 담당한다. 홈게이트웨이의 OS는 범용 OS(operating system), 즉 윈도우즈서버(Windows server), 유닉스서버(Unix server), 혹은 리눅스서버(Linux server) 등을 이용해서 구현한다.

그런데 이 모든 기능을 CPU 혼자서 담당하는 것은 부하를 과중시킬 우려가 있다. 그리고 요즘처럼 다양한 특징을 가진 멀티미디어 서비스를 홈 내외부로 전달하기 위해서는 홈게이트웨이에게 보다 더 지능적인 패킷 처리 기능을 요구하고 있다. 이를 위해서 최근의 추세는 기존의 홈게이트웨이에서 CPU는 세션에 대한 초기의 패킷의 처리를 위한 기능만 담당하게 하고 하드웨어적으로 동작하는 패킷 전달 장치를 추가하여 초기의 패킷 처리 기능(주소 인식 및 주소 변환, QoS 차별화 등)만 CPU가 담당하고 이후의 단순 패킷 전달 기능은 패킷 전달 장치가 담당하도록 하는 보다 더 스마트한 홈게이트웨이에 대한 연구가 활발히 진행되고 있다.

아래의 그림은 이를 나타낸 것이다.

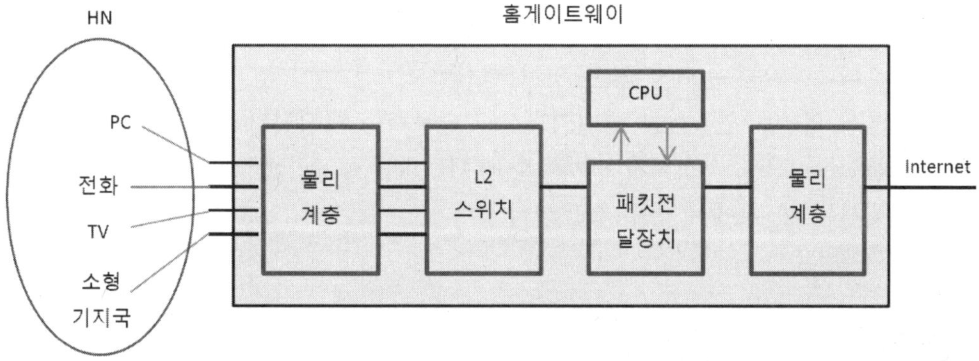

[그림 6.8] 스마트한 홈게이트웨이의 구조

한편, HN에서 생성되는 데이터의 양이 많아짐에 따라 HN에서 외부 네트워크로 연결되는 회선의 대역에 대해서도 관심을 가질 필요가 있는데 HN에서는 광대역(broadband)통신 기술을 사용한다. 그런데 광대역이라고 하면 크게 두 가지 측면에서 정의할 수 있다. 하나는 넓은 주파수 스펙트럼(frequency spectrum: 단위=Hz)을 의미하는 개념이다. 이 개념은 신호의 주파수 측면에서 보는 것이다. 신호는 하나의 물리회선(physical wire)에 하나 또는 그 이상이 전송될 수 있는데 하나의 물리회선에 하나의 주파수 특성을 가지는 신호가 전송되는 것을 기저대역신호(baseband signal)라고 하는 반면 하나의 물리회선에 여러 개의 신호가 전송되는 것을 광대역신호(broadband signal)라고 한다. 이때 대역(band)은 주파수 대역(frequency band)을 말하는 것으로 기저대역 신호와 광대역 신호의 개념을 아래의 그림에 비교하였다.

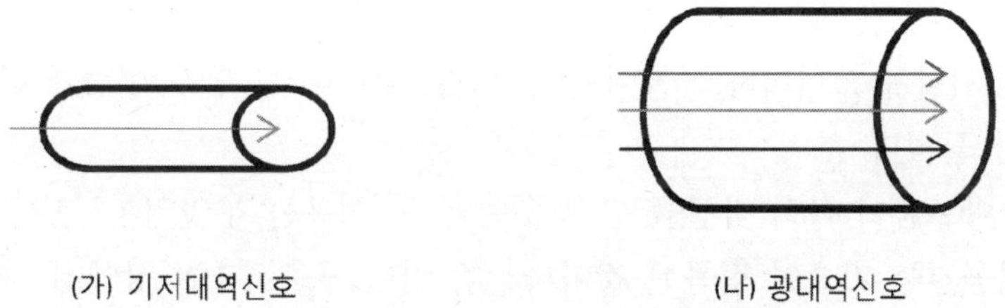

[그림 6.9] 기저대역 신호와 광대역 신호

광대역의 또 다른 개념으로는 통신 회선이 제공하는 초당 전송 가능한 비트 단위의 대역폭(bandwidth: 단위: bit per second, 이하 bps)이 큰 회선이다. 이들 두 개념 간의 관계에 대해서는 이미 앞에서 정의한 바 있는데 인터넷에서 광대역이라 말할 때는 주로 후자를 의미한다. 한편, 광대역 통신의 정의를 미국의 FCC(federal communication committee)에서는 다운로드(download)의 속도가 768kbps이상인 경우로 정의하며 ITU에서는 1.5Mbps 이상으로 정의하고 있다. 우리나라는 인터넷 강국답게 최소한 100Mbps는 되어야 광대역이라고 말하는데 아직도 미국이나 유럽에서는 인터넷의 속도가 우리나라만큼 빠르지 않은 것이 현실이다.

HN에서 외부로 연결하는 광대역회선 기술로서는 디지털가입자회선(xDSL), 케이블 모뎀(cable modem), 가정까지 광케이블(FTTH, fiber to the home) 등이 있다. 이들 기술에 대해서는 제5부에서 다루기로 한다.

6.5 HN의 새국면

지금까지 우리는 HN의 기술적 측면, 즉 네트워킹기술을 중점적으로 알아봤다. 그런데 앞에서도 과거의 HN이 성공하지 못한 이유를 간단히 언급한 적이 있는데 그 이유 중의 하나가 HN사업을 전개할 때 고객에게 매력을 느낄만한 킬러콘텐츠(killer contents)에 대한 고민은 없이 단지 기술중심적으로 접근한 것이었던 만큼 최근에 다시 관심을 가지게 된 HN이 앞으로 대단한 붐을 일으킬 수 있는지에 대한 의구심이 없는 것은 아니다.

이를 위해서는 현재 선진국에서 어떤 일이 있는지를 알아볼 필요가 있다. 먼저 이미 오래 전에 스마트홈(smart home)의 본보기를 보여준 프로젝트가 있었는데, 빌게이츠의 '재너두 2.0 프로젝트'이다. 빌의 집에는 벽지 대신에 설치된 스크린에서 원하는 음악을 듣고 보고 싶은 영화를 볼 수 있으며 실시간으로 뉴스와 찾고 있는 콘텐츠도 전달해준다. 빌의 집 마루는 움직이는 사람을 인식하고 그의 동선을 따라 실시간으로 조명을 해주고 기분좋은 음악으로 무드를 잡아준다. 집 안 어디에서도 가족 간의 대화가 가능하고 모든 시설을 모니터하고 제어할 수 있다. 그러나 그 당시 이렇게 하는데에는 돈이 엄청 많이 들었다.

최근 스마트홈이 다시 각광을 받고 있는데 그 이유는 무엇일까? 답은 HN에 사물인터넷과 인공지능 기술이 접목된 것이다. 즉, 이미 구축된 HN 상에서 사물인터넷과 인공지능 기술을 적용하여 집 안 곳곳에 센서와 서버를 설치해 두고 사람의 행동과 관련된 데이터를 실시간으로 계속 수집하고 분석하여 사람의 행동에 가장 적합한 결정을 내리는 것이 가능해진 것이다. 결국 향후 HN에서 우리가 관심을 가져야 할 분야는 이미 완성단계에 있는 네트워킹 기술보다는 사물인터넷과 인공지능 기술을 접목하여 고객에게 새로운 가치를 창출하는 플랫폼(platform) 분야가 되어야 할 것이다.

이처럼 스마트홈 시장은 미래의 상상이 아니라 비즈니스 기회의 장이 되고 있는데 실제로 아마존, 구글, 애플, 알리바바, 바이두 등 세계 최고의 인터넷 회사들이 스마트홈 시장을 창출하고 있다. 국내에서도 KT 등 ISP뿐만 아니라 카카오, 네이버 등 인터넷 플랫폼 회사와 삼성, LG 등 가전 및 통신 기기 업체 들이 이 시장을 이끌고 있다.

아마존은 2014년 음성으로 음악과 물품을 주문할 수 있는 인공지능 플랫폼 '알렉사(alexa)'에 기반한 스피커 "에코(echo)"를 출시하였는데 전자레인지 등 댁내의 가전기기를 제어할 수 있어서 고객이 음성으로 지시하면 뉴스도 전달하고 음악도 들려준다. "불꺼"하면 전등도 꺼주며 심지어 아마존에서 물건들을 구매하여 배달해 준다. 아마존은 2018년 년말까지 최소한 8종의 기기를 출시하는데 가전제품을 비롯하여 앰프, 리시버, 서브우퍼, 자동차 내장 기기 등이 될 것이다. 아마존은 HN 비즈니스를 사람들이 거의 대부분의 시간을 보내는 집과 자동차를 타깃으로 한 것으로 해석된다. 에코는 스마트홈과 관련된 제품을 생산하는 회사들의 관심을 끌어들였고, 뉴스 검색, 음악 감상, 날씨 예보는 물론 우버 호출과 전기오븐 제어, 메시지 전달 등 갖가지 생활 관련 서비스 및 장치들에 속속 적용되었다. 한편 알렉사를 기반으로 하는 스마트홈 주택까지 개발되어서 에코는 스피커의 가치를 넘어서 스마트홈의 허브가 될 수 있는 가능성을 보여주었다.

시장에서는 벌써 스마트홈의 킬러제품이 등장했다는 평가까지 나왔고 이 분야에 오래전부터 공(?)을 들여왔던 우리나라의 삼성전자와 LG전자는 바짝 긴장하고 있다는 소식도 들린다. 이에 국내 회사들의 움직임도 스마트홈 기술 개발에 전력을 투구하고 있는데 삼성은 빅스비, 엘지는 씽큐 등의 제품을 내고 있다. 네이버나 카카오 등 인터넷 회사들도 인공 지능기술을 이용한 스마트홈 플랫폼을 출시하고 있다.

한편 최근 들어서 스마트홈의 눈길을 끄는 것은 홈로봇(home robot)이다. 홈로봇은 음성 인터페이스 스피커보다 훨신 진화된 스마트홈 가정부 또는 집사로서의 역할을 맡게 될 것으로 예상되고 있다. 홈로봇은 내장된 인공지능을 통하여 주인의 명령을 이해하고, 주어진 일을 스스로 학습하여 가정 일을 대신하며, 주택 시설을 유지관리하고 경비요원의 일까지도 할 것이다.

사실 스마트홈 기술은 향후 스마트시티(smart city) 등으로 계속 진화되는 한 부분을 담당하게 될 것인데 이 이야기는 다른 기회에 다루기로 한다.

6.6 고찰 문제

1. 홈네트워크를 사용하는 목적에 대해서 요약해보자.

2. 홈네트워크를 유선네트워크로 구축하는 대표적인 방법 두 가지에 대해서 네트워크의 구조 및 동작 원리에 대해서 비교 설명해보자.

3. 홈네트워크를 무선네트워크로 구축하는 대표적인 방법 두 가지에 대해서 비교 설명해보자.

4. 시중에 판매되는 상용 홈네트워크 서버의 사양 및 구조에 대해서 자세히 조사해보자.

5. 최근 국내외 ISP 들이 추진하는 HN의 서비스 종류 및 비즈니스 전략을 조사해 보자.

제7장 유선랜

유선랜(wired local area network)은 LAN을 유선으로 구축한 네트워크이고 LAN (local area network, 이하 랜)은 반경 수 킬로 미터 이내의 소규모의 지역(local area)에 위치한 컴퓨터를 상호 연결한 네트워크이다. 여기서 소규모의 지역이라고 하는 것은 회사의 빌딩이나 학교(소규모의 학교에서 대학교 캠퍼스까지 포함), 관공서, 체육시설, 병원, 버스터미널, 기차역(station) 등과 같이 하나 혹은 그 이상의 건물들로 이루어진 근거리영역을 이야기한다. 랜은 이러한 지역 내에 산재해 있는 컴퓨터를 상호 연결함으로써 그 조직 내의 사람들이 서로 정보를 교환하거나 컴퓨터 및 네트워크 자원을 공유하며 인트라넷(intranet) 상에서 정보를 검색하고 업/다운로드(up/download)할 수 있고 또 이들 구성원들을 하나로 묶어서 외부의 네트워크와 연결할 수 있다.

LAN이 가지고 있는 물리적 특성이 세 가지 있는데, 다음과 같다.

- 첫 번째 특징은 네트워크가 서비스를 제공할 수 있는 범위에 있어서 지리적(geographical) 한계를 가진다는 것이다. 즉, 네트워크의 규모가 그다지 크지 않다. 그 이유는 대부분의 경우 LAN의 소유주가 개인 혹은 조직(회사 등)과 같이 사유(private)이기 때문에 근본적으로 규모가 클 수가 없다. 그리고 랜 기술이 내포하고 있는 구조적인 이유도 있는데 이에 대해서는 아래에서 자세히 다루기로 한다.
- 두 번째 특징은 대역폭(bandwidth)이 초당 수 기가비트(Gbps)에 이르는 초고속이라는 것이다. LAN의 사용 목적이 주로 같은 조직 내의 구성원 간의 데이터 공유 및 전송이기 때문에 대량의 정보를 짧은 거리에서 주고 받는 것으로 인해서 필요로 하는 대역폭이 크다.
- 세 번째 특징은 네트워크 토폴러지(topology)가 다중점(multi-point) 구조라는 것이다. 이 또한 조직이 가지고 있는 특징상 조직 내의 모든 컴퓨터를 상호 연결하여야 하는 이유에서이다. 왜냐하면 조직 내의 구성원들 간에 위치에 관계 없이 누구든지 상호 연결이 되어야 정보(information)를 공유(share)하거나 전송(transmission)할 수 있고 또 협업(cooperative work)을 할 수 있기 때문이다.

LAN의 토폴러지는 규모와 용도, 그리고 기술적 흐름 등 다양한 환경에 따라서 달라질 수 있다. 먼저 LAN의 구성 방법은 버스형과 링형이 대표적인데 지금의 대세는 버스형인 이더넷이다. 규모의 측면에서는 LAN의 규모가 크지 않거나 조직원의 구성이 단일 조직이면 단일충돌도메인(single collision domain)으로 구성하면 되지만 그렇지 않다면 여러 개의 도메인을 상호 연결하여 확장된 LAN(extended LAN)을 구성한다. 후자에 대해서는 나중에 설명하기로 하고 아래에서는 현재 가장 널리 사용되는 LAN인 이더넷에 대해서 소개하고 이어서 링형 랜인 토큰링 과 FDDI에 대해서도 소개한다.

7.1 이더넷

이더넷(Ethernet)은 미국의 전기전자공학회(institute of electrical & electronic engineers, 이하 IEEE, 발음은 '*eye triple E*' 라고 함)에서 규정한 표준으로 IEEE 802.3이라는 번호를 부여받았다. 그래서 이더넷을 IEEE 802.3 네트워크라고도 부른다. 이더넷은 지금까지 개발된 다양한 LAN 기술 중에서 가장 성공적인 기술이라고 알려져 있으며 사실상 지금의 거의 모든 LAN은 이더넷 기술을 기반으로 하고 있다.

이더넷의 개요

이더넷은 하와이의 무선 네트워크인 알로하(ALOHA) 네트워크의 개념에서 비롯되어서 탄생했다고 알려져 있는데 시간대별로 발전해온 역사를 간단히 소개한다.

- 언제, 누가 개발했나?: 1973년 5월 22일, 제록스(Xerox)사의 PARC(Palo alto research center)에 근무하는 네 명의 연구원 로버트 멧캘프(Robert Metcalfe), 데이빗 복스(David Boggs), 척 태커(Chuck Thacker), 버틀러 램슨(Butler Lampson)에 의하여 개발됨.
- 무슨 목적으로 개발했나?: 당시 PARC 연구소 경내 약 1km이내에 있던 100여 대의 컴퓨터와 제록스사가 개발한 고속 레이저 프린터를 연결하려는 목적으로 개발함.
- 속도는 얼마나 되었나?: 당시 사용하던 컴퓨터의 CPU 속도에 한계가 있어서 회선의 제공 속도는 2.94Mbps에 불과함.

이더넷은 이와 같은 이유로 개발된 뒤 진화를 거듭하는데 그 뒤의 이야기는 다음과 같다.

- 1979: DEC, Intel, Xerox가 공동 개발한 10Mbps속도의 Ethernet 1.0 탄생. 이를 개발한 회사의 머리글자를 따서 DIX표준이라고 부름.
- 1983: 두꺼운 동축케이블(thick coaxial cable)에 근거한 100Base-5급의 IEEE 802.3표준 제정.

- 1990: 꼬임 이중선케이블(twisted copper pair cable)에 근거한 10Base-T 개발.
- 1995: 100Mbps급의 100Base-T4 개발.
- 1998: 광케이블과 긴 파장을 이용한 1Gbps급의 1000Base-LX 개발.
- 1999: 구리선을 사용한 1Gbps급의 1000Base 이더넷 개발.
- 2002: 10Gbps급 이더넷 개발.
- 2003: PoE(packet over Ethernet) 개발.

아래의 그림은 로버트 멧캘프가 누런 재생지에 손으로 그린 이더넷의 개념도(정확하게는 Bob Metcalfe의 이더넷 개념도라고 불림)를 참고하여 필자가 다시 그려본 것이다.

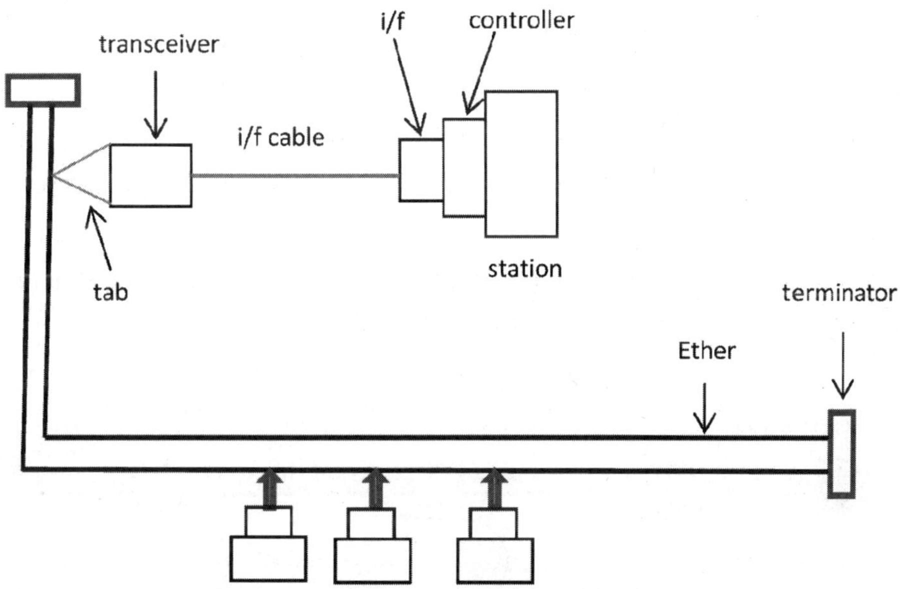

[그림 7.1] 멧캘프가 그린 초기의 이더넷의 개념도

위의 그림에서 보듯이 이더넷 케이블의 양쪽에는 신호가 유실되지 않도록 봉합하는 장치(terminator)를 달았고 단말기(station)에 인터페이스(interface, I/F)와 제어기(controller)를 달아서 인터페이스 케이블(I/F cable)을 통해서 송수신기(transceiver)에 연결한 후 송수신기를 케이블에 탭(tab)을 통하여 연결하였다.

한편, 당시 사람들은 우주 공간이 에테르(Ether)라는 신비한 물질로 채워져 있다고 믿었고 그 에테르를 통하여 빛이나 소리가 전달된다고 생각했는데 초기의 전기통신 공학자들도 단말기에서 나온 신호는 케이블 속에 있는 에테르라는 가상의 전달물질에 의해 전달된다고 믿었다. 그래서 네트워크의 이름을 이더넷(Ether+net=Ethernet)이라고 지었다.

이더넷의 구성

이더넷은 앞에서도 이야기한 바와 같이 아래와 같은 버스 토폴러지를 하고 있다.

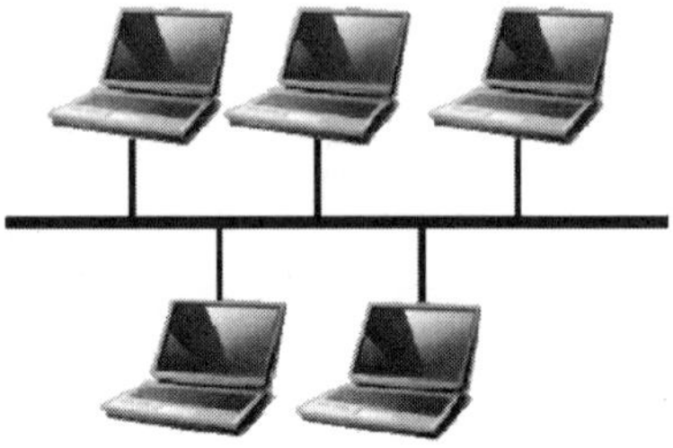

[그림 7.2] 이더넷의 버스 토폴러지

이더넷에서 단말이나 서버(이를 통칭해서 노드라고 부르자)가 네트워크에 접속되는 원리는 다음 그림에서 나타낸 것처럼 이더넷 선로의 피복을 벗긴 곳에 트랜시버(transceiver)라는 접속장치를 연결하여 거기에 노드를 연결한다. 이때 노드와 트랜시버 케이블 사이, 즉 노드의 네트워크 접속점, 에는 어댑터(adaptor)가 위치하는데 어댑터는 보통 노드 내에 장착한다. 그리고 노드 간의 최소 거리는 2.5m를 유지해야 하며 선로의 양쪽 끝에는 50옴(Ω)의 종단 장치를 붙여서 신호의 누출을 방지한다.

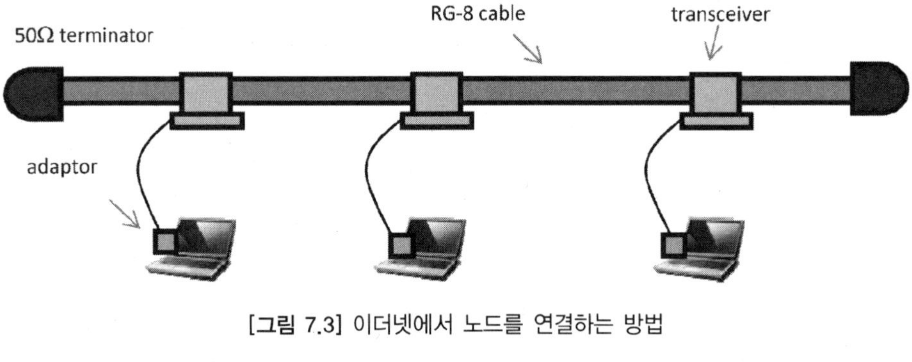

[그림 7.3] 이더넷에서 노드를 연결하는 방법

한편, 위의 그림을 보면 알겠지만 이더넷은 전송선로는 하나 밖에 없는데 여러 대의 단말이 하나의 전송선로를 공유하고 있다. 이와 같은 구조를 하는 이더넷을 분할되지 않은(unsegmented) 이더넷 LAN이라고 부른다. 이때 동시에 여러 대의 단말이 데이터를 보내고자 한다면(이것을 multiple access라고 부름) 전송선로 중간에서 데이터끼리 충돌을 일으키는 것은 피할 수 없다.

이 문제를 방지하고 보다 효율적으로 전송선로를 사용하는 방법을 연구하였는데 그것이 바로 다중접속제어(multiple access control, 이하 MAC) 기술이다. MAC기술에 대해서는 나중에 자세히 소개하기로 하고 먼저 이더넷의 물리적 특성에 대해서 좀 더 알아보기로 하자.

위에서 우리는 이더넷이 단순한 물리적 링크 상에 단말이 버스 토폴러지로 연결된 것을 이야기하였는데 실제로 이더넷에서 노드를 연결할 때 위와 같이 연결하는 것 보다 스위치 허브(switch hub)를 이용해서 연결하는 것이 일반적이다. 아래의 그림이 이를 나타낸 것이다.

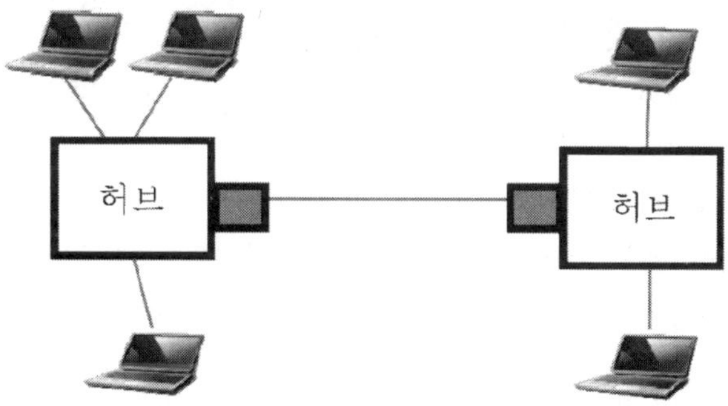

[그림 7.4] 스위치 허브를 이용한 LAN 연결

위의 그림에서 하나의 스위치 허브가 수용할 수 있는 장비의 대수는 스위치 허브가 가진 포트(port)의 수에 따라서 제한된다. 일반적으로 스위치 허브에는 PC뿐만 아니라 서버(메일 서버, 파일 서버, 웹 서버, 저장 장치 등), 프린터, IP-PBX 등 다양한 장비를 연결할 수 있다.

LAN에서 외부로의 접속

LAN에서 외부로의 접속은 스위치 허브의 하나의 포트를 통신 사업자(Internet Service Provoder, 이하 ISP)의 라우터에 연결하여 그 라우터를 경유해서 ISP의 네트워크로 접속하거나 규모가 어느 정도 큰 랜의 경우에는 고객 단말을 수용하는 스위치(이를 에지 스위치-edge switch-라고 부름)와 에지 스위치 간을 연결하거나 랜을 외부로 접속하는 스위치(이를 코어 스위치-core switch-라고 부름)로 분리하여 계층적 구조를 취하기도 한다. 아래의 그림은 이것을 나타낸 것이다.

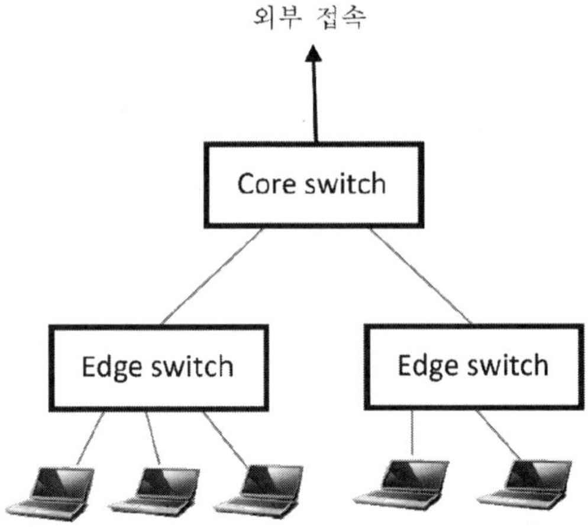

[그림 7.5] 이더넷의 외부 네트워크 접속

이더넷은 주로 UTP케이블을 사용하는데 10Base-T 케이블의 최대 세그먼트(단, 세그먼트는 하나의 LAN케이블이 커버하는 영역을 의미함) 길이는 보통 100m이다. 즉, 하나의 케이블로 구성된 LAN은 100m 이내의 단말만 수용할 수 있다.

LAN의 확장

때에 따라서는 LAN이 연결하여야 하는 거리가 100m보다 더 넓은 경우도 있다(여러분의 학교를 한 번 생각해보라!). 이런 경우에는 리피터를 사용하여 LAN 세그먼트를 여러 개 연결할 수 있다. 아래의 그림이 3개의 리피터와 10Base-T를 사용하여 LAN을 구성한 경우를 나타낸다.

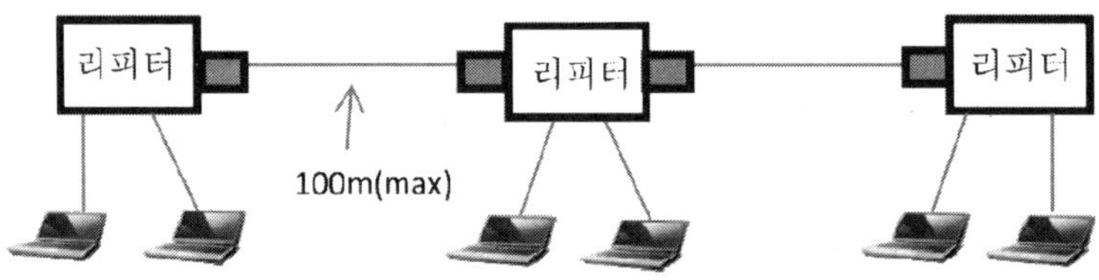

[그림 7.6] 리피터를 이용한 LAN의 확장

결국 위의 그림에서 나타낸 것처럼 세 대의 리피터와 두 개의 UTP케이블을 이용하여 두 노드 간에 단대단(end-to-end)으로 최대 길이 400m의 LAN을 구성하였다.

LAN의 전송로를 동축케이블로 구성할 수도 있는데 이때에는 10Base-5라고 하여 하나의 LAN 세그먼트를 500m까지 구성할 수 있다.

한편, 큰 빌딩에서는 한 회사의 서로 다른 성격의 부서가 서로 다른 층에 입주한 경우도 있을 것이다. 이럴 경우에는 다음 그림과 같이 LAN을 구성할 수도 있는데 이와 같은 LAN을 빌딩 내 LAN(inbuilding LAN)이라고 부른다.

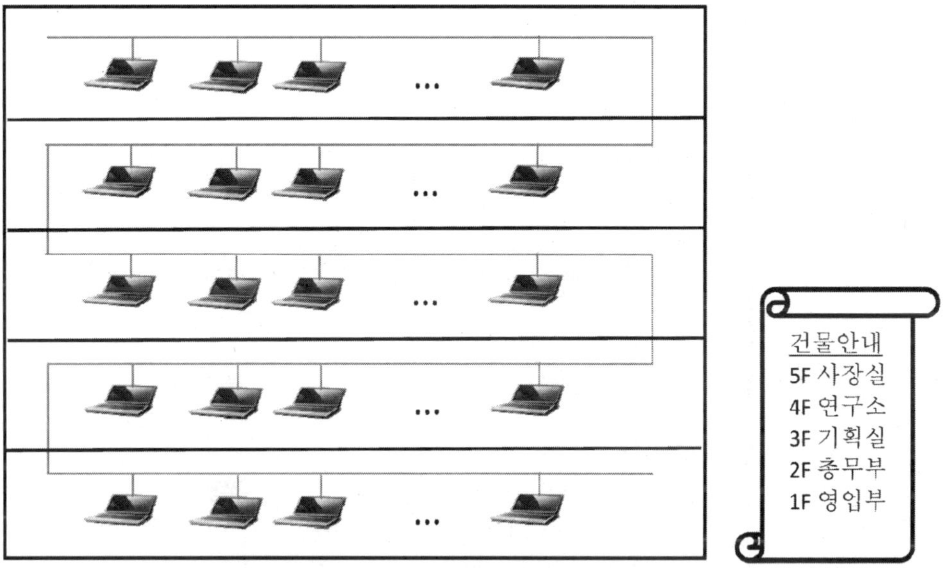

[그림 7.7] 하나의 세그먼트로 구성된 빌딩 내 LAN

위의 그림에서 건물은 5층으로 되어 있고 각 층에 서로 성격이 다른 부서(가령, 1층은 영업부, 2층은 총무부, 3층은 기획실, 4층은 연구소, 5층은 사장실)가 위치해 있다고 생각하자. 이때 일반적으로 1층의 영업부의 직원은 아무래도 같은 부서의 직원과 데이터를 주고받을 일이 많은 반면에 4층에 위치한 연구소의 직원과는 그다지 데이터를 주고받을 일이 없을 것이다. 이처럼 서로 다른 부서의 직원 간에 데이터의 교환이 많지 않다면 이런 구조의 네트워크는 상당히 비효율적인 네트워크라고 할 수 있다. 가령 이 회사에는 직원이 50명이고 각 부서에 10명씩 근무하며 각 직원에게 1대의 PC가 지급된다고 하자. 그리고 이들 50명이 10Mbps의 하나의 이더넷 회선으로 연결되었다고 가정하자. 그러면 하나의 회선상에 50명의 직원이 모두 연결되어 있으므로 결국 50명이 10Mbps의 회선을 공유하는 셈이 된다.

작업그룹 교환네트워크

하나의 이더넷 포트에 할당할 수 있는 주소의 최대 개수는 1024개인데 결국 하나의 이더넷 세그먼트에 연결할 수 있는 노드의 수는 최대 1024개이다. 그러나 실제로는 1024개 이상의 노드를 연결해야 할 경우도 있다. 만약 위의 네트워크에서 각 층에 최대 300개까지 노드를 연결한다고 가정하면 총 노드의 수는 1500개가 되므로 위의 네트워크에 모든 노드를 연결할 수 없다. 이럴 경우에는 위의 네트워크를 다음과 같이 구성할 수도 있다.

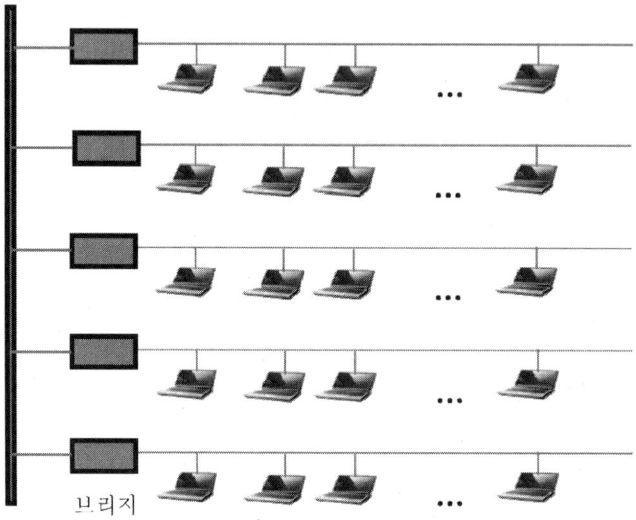

[그림 7.8] 각 층이 브리지로 분리된 빌딩 내 네트워크

위의 그림에서 브리지 대신에 서버나 허브를 사용해도 된다. 위의 그림에서 볼 수 있듯이 이 회사의 각 층에는 하나의 세그먼트에 모든 노드가 연결되어 있고 각 층의 이더넷 선로는 브리지를 통해서 층간의 벽에 포설된 선로를 통해서 서로 다른 층의 세그먼트에 연결되어 있다. 결국은 하나의 세그먼트에 최대 1024개까지의 노드를 수용할 수 있고 빌딩 전체로 볼 때 최대 5120개의 노드를 수용할 수 있다. 이와 같은 LAN 구조를 작업그룹 교환네트워크(workgroup switched network)라고 부른다.

다시 앞에서 이야기한 것처럼 한 층에 단 열대의 노드만 연결되는 경우에 브리지로 분리된 하나의 이더넷 선로 상에는 10명의 사람이 데이터를 주고받는 셈이 된다. 따라서 각 층에 있는 이더넷 회선의 대역폭이 10Mbps라고 한다면 이 10Mbps를 10명이 공유하는 결과가 된다. 이와 같은 경우에 빌딩 내의 LAN 내의 조직의 규모가 크면 클수록 그 효과는 더욱 커지게 된다. 따라서 LAN의 세그먼트화는 단순히 LAN의 거리만을 확장하는 목적이라기 보다 LAN의 사용 효율을 높이는 효과를 주기도 한다.

다음 그림은 그림 7-8에서 각 층에 브리지를 두는 대신에 하나의 다중포트 브리지(multiport bridge)를 사용해서 층별로 LAN을 분리한 경우이다.

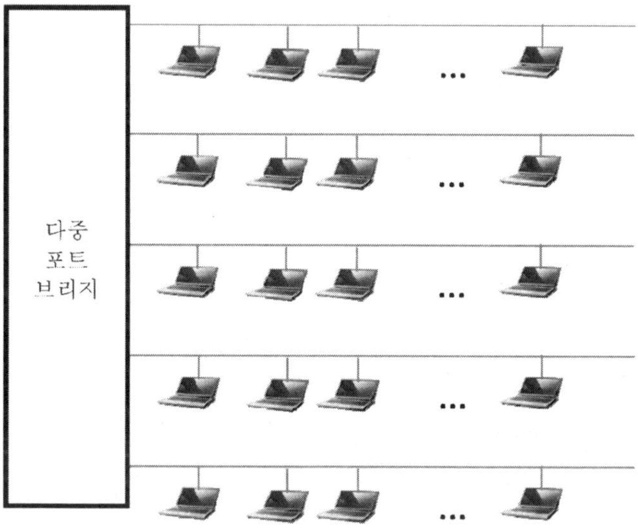

[그림 7.9] 다중 포트 브리지를 사용한 LAN 분리

이더넷의 동작 원리

마지막으로 이더넷의 동작 원리를 알아보자. 이더넷은 위에서 설명한 것처럼 하나의 링크 상에 여러 대의 단말이 접속되어있는 버스구조를 하고 있어서 링크가 비어있는 경우 누군가가 데이터를 보내면 목적지까지 무사히 도착할 수 있다.

그러나 동시에 여러 대의 단말이 데이터를 전송할 경우에는 하나 밖에 없는 링크상에서 데이터의 충돌(collision)이 발생한다. 이것이 이더넷이 가지고 있는 가장 큰 문제점인데 이 문제를 해결하기 위하여 이더넷이 개발된 이래 수많은 연구가 이루어졌다. 그의 결정체가 MAC 기술인데 이더넷에서는 링크상의 신호를 감지(carrier sensing)하여 충돌을 탐지(collision detection)하는 다중 접속(multiple access) 기술로서 CSMA/CD(carrier sensing multiple access/collision detection)라는 기술을 사용한다. 이 기술은 나중에 자세히 다루기로 한다.

이더넷에서는 네트워크의 상황에 따라 데이터 전송성능이 달라지는데 어느 정도 부하(load)가 낮은 네트워크에서 동작할 때는 링크가 제공하는 속도를 최대한 활용할 수 있다. 이것을 비유적으로 말한다면 오직 차선이 하나인 좁은 골목길에 차가 평소에 거의 다니지 않으면 누군가가 차를 몰고 들어가도 지체됨이 없이 골목을 수월하게 빠져나갈 수 있는 원리와 같다.

반면에 위와 같은 골목에 차가 많이 다니면 양쪽에서 차들이 지나가려고 서로 기다리는 일이 많아지고 결국은 차들이 골목길을 빠져나가는데 시간이 많이 걸리게 된다. 가령 여러분의 집 앞에 차 한 대가 간신히 지나갈 수 있는 200m 길이의 도로가 하나 있다고 하자. 그리고 그 길의 양쪽에는 거의 빈틈 없이 집이 나란히 위치해 있다고 하자. 그냥 한쪽에 10채씩 총 20채의 집이 있다고 하자. 아침 출근 시간에 모든 사람이 차고에서 차를 빼서 어떤 차는 왼쪽에서 오른쪽으로 다른 차는 오른쪽에서 왼쪽으로 가려고 한다고 하면 어떤 일이 벌어지겠는가?

한편, 새벽 3시에 집 앞에 나가서 그 길을 볼 때 또 어떤 일이 벌어지겠는가? 아마도 더 이상 설명하지 않아도 무슨 의미인지 짐작이 갈 것이다. 앞의 경우에는 차들이 길의 양쪽에 줄을 지어서 그 길을 빠져나가려고 난리가 날 것이고 뒤의 경우에는 차가 거의 다니지 않거나 한 두 대가 다녀도 한산하게 지나갈 것이다.

한편, 이더넷은 기존의 다른 모든 LAN 기술을 물리치고 거의 대부분의 LAN에서 실제 표준(de facto standard)처럼 구현되었는데 그 비결은 무엇일까? 간단히 말하면 먼저 설치비용이 가장 싸다는 것이다. 그 이외에도 랜의 유지 관리가 쉽고 동작 상의 오류가 거의 없으며 네트워크의 규모에 비해서 라우팅 표(routing table)가 필요 없다는 점이다. 라우팅 기술에 대해서는 나중에 자세히 다룰 예정이다.

이더넷 프레임

이더넷의 단말이 생성해내는 데이터는 미디어별로 다양한 크기를 가지므로 데이터의 크기가 가변이다. 따라서 네트워크로 데이터를 전송할 때 적절한 크기로 데이터를 가공할 필요가 있는데 데이터의 크기가 너무 크면 잘게 쪼개어야 하고 또 반대로 너무 작으면 충돌을 검지하는데 어려움이 생긴다. 따라서 데이터의 몸통의 길이가 네트워크의 충돌을 감지하는데 필요한 최소 길이인 46바이트보다 작으면 실제로 단말이 생성하지 않은 임의의 데이터를 덧붙여서(이를 padding이라고 부름) 네트워크로 전송해야 한다.

앞에서 데이터를 프레임으로 만드는 방법에 대해서 이야기한 적이 있는데 이더넷에서 프레임을 구성해서 전송하는 또 하나의 이유는 수신단말이 데이터를 받았을 때 그 데이터의 내용을 쉽게 알 수 있도록 일련의 규칙을 만들어 놓을 필요가 있다. 그렇지 않으면 수신노드가 일일이 데이터의 내용을 분석해야 하며 그럴 경우 데이터를 해석하는데 시간이 너무 많이 걸리기 때문이다.

이와 같은 이유로 인하여 네트워크에서 프레임을 만들 때 공통적으로 발견되는 몇 가지 특징이 있는데 다음과 같다.

- 첫째, 프레임은 전송하는데 있어서 뚜렷한 목적이 있다. 즉, 데이터를 전송한다거나, 명령어를 보낸다거나, 메시지를 전달하는 등의 뚜렷한 목적을 가지고 있다.
- 둘째, 프레임은 한계설정자(delimiter)라고 불리는 프레임의 시작과 끝을 알리는 비트열(bit sequence)을 가진다. 이를 통해서 수신노드는 프레임이 어디서 시작해서 어디서 끝나는지 쉽게 알 수 있다.

– 셋째, 프레임에는 프레임의 크기를 나타내는 계수(counter)가있다. 비록 앞에서 프레임의 시작과 끝을 알리는 정보가 있더라도 프레임의 몸통 부분의 크기를 정확히 적어두는 것이 나중에 수신단말이 데이터를 조립하는데 더욱 안전하기 때문이다.
– 넷째, 프레임 내에 들어가는 데이터의 길이가 가변인데, 특히 길이가 짧은 데이터의 길이를 보충하기 위해서 데이터 몸통의 바로 뒤에 패드(pad)를 붙여서 최소한의 길이를 보장한다. 이를 비트 첨가(bit stuffing)라고 한다.
– 다섯째, 프레임 안에는 전송된 데이터의 정확성을 체크하기 위한 오류제어 비트열(error control sequence)을 포함시킨다. 왜냐하면 LAN에는 데이터의 정확한 전달을 위한 어떠한 장치도 없기 때문에 프레임이 스스로 그런 장치를 가져야 하기 때문이다.

이더넷의 프레임은 총 11개의 영역으로 구성되어 있으며 상세한 구조는 다음과 같다. 단, 그림에서 위의 숫자는 영역의 길이를 바이트 단위로 나타낸 것이다.

7	1	6	6	2	0.5	2	가변 (46~1500)	가변	4	12
PRE	SD	DA	SA	VT	TCI	LT	data	pad	FCS	EXT

[그림 7.10] 이더넷 프레임의 구조

위의 그림을 보면 알 수 있듯이 이더넷의 데이터 프레임은 총 길이 1540바이트(기가 이더넷이 아닌 경우에는 1528바이트)와 가변 길이의 패드로 구성되어있는데 그림에서 각 영역의 의미는 다음과 같다.

– PRE는 프레임의 시작을 알리는 preamble로서 동기화 역할을 하는데 비트열은 01010101이 반복되는 7바이트 크기를 가진다.
– SD는 시작한계자(starting delimiter 혹은 start frame delimiter)로서 10101011 로 구성된 1바이트의 비트열이다.
– DA는 수신노드의 주소(destination address)로서 6바이트의 크기를 가진다. 모든 이더넷 호스트는 고유의 주소를 가지고 있어서 DA에 주소를 표시할 때 단일 수신자 전송(unicast, 유니캐스트) 송신에 대해서는 수신노드(end station)의 주소를 표시하고 다중 수신자 전송(multicast, 멀티캐스트)이나 방송(broadcast, 브로드캐스트)의 경우에는 수신자 그룹(group of end station)의 주소를 표시할 수 있다. 이 영역은 약간의 규칙이 있는데 첫 번째 비트가 0이면 유니캐스트 용이고 1이면 멀티캐스트 용이다. 그리고 맨 마지막 비트가 0이면 전역(global) 주소이고 1이면 지역(local) 주소이다. 그리고 중간의 46비트는 수신자의 MAC주소를 나타낸다.

- SA는 송신노드의 주소(source address) 로서 역시 6바이트이다. 단 첫 번째 비트는 항상 0으로 설정되어있다.
- VT는 VLAN(virtual LAN) Type의 약어로서 2바이트의 크기를 가지며 LAN 내에서 VLAN을 구성할 때 사용하기 위한 영역으로 꼭 가지고 있을 필요는 없는 옵션(option)이다. VLAN 기술에 대해서는 나중에 자세히 다루기로 한다.
- TCI 영역은 태그 제어 정보(tag control information)의 약어인데 0.5바이트(4비트)의 크기를 가지며 프레임의 우선순위나 VLAN의 프레임 유형 등을 지정하는 영역이다.
- Data는 프레임의 몸통 부분으로 가장 중요한 영역이다. 소위 payload라고 부르기도 하는데 이 영역의 길이는 충돌을 검지하는데 필요한 최소 길이인 46바이트를 최솟값으로 하는데 길이가 46바이트보다 작으면 그 뒤에 있는 pad 부분을 모두 0으로 해서 채운다. 한편, 최대 데이터 크기는 1500바이트이다. 그 이유는 하나의 어댑터가 링크를 과다 사용하는 시간을 제한하기 위해서이다(그렇지 않으면 대다수의 사람들은 데이터의 크기를 아주 크게 하여 자신의 데이터가 네트워크 상에 많이 전송되도록 할 것이다!).
- Pad는 앞에서도 이야기한 바와 같이 데이터 몸체의 길이 정합용으로 길이가 가변이다.
- FCS는 frame control sequence의 약어로 4바이트의 크기를 가지고 오류정정(cyclic redundancy check) 정보가 들어있다.
- EXT는 extension의 약어로서 12바이트의 길이를 가지고 있는데 이 영역은 기가급의 이더넷(giga-Ethernet)에서 프레임을 전송할 때만 사용한다.

한편, 최근에는 반도체 기술(특히 ASIC 기술)의 발달로 인하여 이더넷에도 단순히 물리매체로 연결되는 방식을 벗어나서 하드웨어로 동작하는 스위치(이를 이더넷스위치라고 하며 이더넷스위치에 대해서는 나중에 더 자세히 다루겠다.)가 등장하였다. 즉, 이더넷의 선로에 여러 개의 입/출력 포트를 가진 하드웨어 스위치를 연결하여 동시에 양방향으로 데이터를 전송하게 하는 기술이 등장하였다. 이와 같은 기술 발달의 추세에 따라서 이더넷에서도 CSMA/CD 프로토콜을 기반으로 하는 반이중방식의 통신 대신에 전이중방식의 통신이 가능하게 되었다.

전이중방식을 사용하는 이더넷에서는 프레임의 충돌이 일어나지 않고 양방향으로 데이터를 동시에 전송할 수 있다. 따라서 전송속도도 빨라질 뿐만 아니라 프레임에서 EXT 영역도 필요 없게 되고 그로 인하여 프레임의 크기도 작아지게 되었다. 또한 전이중방식을 이용하면 반이중방식에 비하여 대역폭의 이용률이 2배로 향상되므로 네트워크의 수율(throughput)도 향상된다. 전이중방식을 사용한 이더넷에서는 프레임이 P2P

연결상에서 전송되며 각 프레임은 IFG(interframe gap)으로 분리되어 충돌의 검지 없이도 바로 전송이 가능하다.

기가이더넷 프레임

기가 이더넷이 개발됨에 따라 CSMA/CD프로토콜을 이용하는 기존의 네트워크보다 고속 데이터 전송이 가능해지게 되었다. 이를 위해서 새로운 전송방식인 버스트 모드(burst mode)가 개발되었는데 IFG로 분리된 복수의 프레임을 포함하는 최대 8192바이트(6만5536비트)의 버스트(이를 frame burst라고 부름)를 전송할 수 있게 되었다.

기가 이더넷의 프레임 버스트의 구조는 다음과 같으며 아래의 버스트를 하나의 전송주기(carrier cycle)라고 부른다.

EXT field를 포함하는 프레임	IFG	EXT field를 포함하는 프레임	IFG	≈	EXT field를 포함하는 프레임

[그림 7.11] 기가 이더넷 프레임 버스트의 구조

그러나 전이중방식을 사용하는 이더넷에도 문제가 없는 것은 아닌데, 너무 많은 고객이 동시에 데이터를 보내려고 하는 경우에 네트워크에 과부하(overload)가 걸릴 가능성이 있다. 그래서 입력 포트로 트래픽이 너무 많이 몰려서 프레임의 송신이 불가능하거나 수신단말에 프레임이 너무 많이 도착하여 수신할 수 없을 경우를 대비해서 프레임이 일정한 비율 이상 손실이 일어나지 않도록 송수신 단에 프레임의 임시 저장장치인 버퍼(buffer)를 설치해야 한다.

한편, 전이중 전송방식의 과부하 문제를 해결하는 또 하나의 방법으로는 흐름제어(flow control) 가 있다. 즉, 특정 단말이 데이터를 너무 무분별하게 전송하지 못하도록 입력단에서 적절한 속도의 대역폭을 할당하여 그 이상의 데이터를 전송하지 못하도록 하는 방법이다.

이더넷 스위치

이더넷의 동작 원리에 대한 이야기를 마치기 전에 이더넷 스위치에 대해서 소개하고자 한다. 이더넷 스위치(Ethernet switch)는 이더넷 프레임을 전달하는 링크계층 장비이다. 즉, 이더넷 프레임의 MAC주소를 기반으로 하여 이더넷 프레임을 필요한 포트에게로만 전달한다. 이더넷 스위치는 패킷(프레임)기반의 통계적 다중화 기술을 이용하는데 동작의 기본 원리는 두 가지로 대별된다. 하나는 투명브리징(transparent bridging, 이하 TB) 기능이고 다른 하나는 스패닝 트리(spanning tree, 이하 ST)이다.

먼저 투명브리징에 대해서 소개한다. TB는 크게 두 가지 일을 하는데 하나는 MAC 주소의 학습이고 다른 하나는 플러딩(flooding) 혹은 선택적 전달(selective forwarding)이다. 그 절차는 다음과 같다.

먼저 스위치가 이더넷 프레임을 받으면 스위치는 그 프레임의 송신지 MAC주소를 알아내서 자신이 가지고 있는 MAC주소표에 등록한다. 이 경우 해당주소가 표에 이미 있으면 수명시간(aging time)을 갱신하고 그렇지 않으면 그냥 등록한다.

이더넷 스위치는 자신이 받은 이더넷 프레임의 종착지 주소를 자신이 가지고 있는 MAC주소표에서 검색해서 다음의 세 가지 중 하나의 행동을 취한다.

- 종착지 주소가 없는 경우에 그 프레임을 보내 온 포트를 제외한 다른 모든 포트로 프레임을 전송하는데 이것을 플러딩이라고 부른다.
- 종착지 주소가 있는 경우에 스위치는 받았던 프레임을 그 포트로만 전송하는데 이것을 선택적 전달이라고 한다.
- 송수신지가 같은 포트 상에 있는 경우에 프레임을 전달하지 않고 그냥 그 포트에 있도록 하는데 이것을 필터링(filtering)이라고 부른다.

최근에 들어서 이더넷 스위치는 기업, 교육기관, 가정, 운수장비(항공기, 자동차 등) 등 다양한 분야에서 널리 사용되는데 거기에는 몇 가지 이유가 있다. 먼저 고용량, 고속 데이터의 전송이 가능한 수십 기가에서 수백 기가급의 이더넷 스위치가 개발되면서 장비의 유용성이 더욱 커졌다. 그리고 거리의 측면에서도 과거에는 주로 LAN 용으로 사용되었으나 고성능의 저가 장비가 나오면서 최근에는 MAN(이 경우를 메트로 이더넷-Metro Ethernet-이라고 함)이나 장거리 백본용(이 경우를 캐리어 이더넷-Carrier Ethernet-이라고 함)으로도 널리 사용되고 있다.

한편, 최근에는 이더넷 스위치가 무선네트워크에서도 널리 사용되는데 거리에 제한이 있는 WiFi나 WiMAX 등의 가입자 액세스 망을 상호 연결하여 고속의 무선 백본망을 구성할 때 이더넷 스위치가 널리 사용된다.

7.2 토큰링

토큰링의 개요

토큰링(token ring) 네트워크는 토큰(token)이 링(ring) 모양의 네트워크를 빙글빙글 돌아다니면서 데이터를 전송한 것에서 유래한 이름이다. 이때 토큰은 링을 따라 단말 사이를 오가는 특별한 형식의 프레임을 말한다. 아래의 그림은 노드가 8 개인 토큰링 네트워크를 나타낸 것이다.

[그림 7.12] 토큰링방식의 LAN

토큰링에서 가장 중요한 문제는 링 구조를 하고 있는 회선을 공유하는 여러 개의 노드가 어떻게 데이터를 전송할 수 있는지를 정하는 것이다. 토큰링은 MAC 기술로서 토큰 전달(token passing) 기법을 쓰고 IEEE 802.5라는 이름으로 표준화되었다. 이 기술은 IBM에서 상용화한 기술이다.

토큰링은 물리적으로는 스타형 네트워크이지만 논리적으로는 링형 네트워크이다. 그 이유는 링이 마치 중앙에 위치한 서버 역할을 하고 노드들이 그 주위에 연결되어 있는 것처럼 보이기 때문에 물리적으로는 스타형이고 실제 네트워크에서 데이터는 링을 따라서 전송(실제로는 브로드캐스트)되므로 링형 네트워크이다.

토큰링은 버스형 네트워크에서 사용하는 MAC 프로토콜인 CSMA/CD방식을 필요로 하지 않는데 그 이유는 토큰이 링을 따라서 한 방향으로만 돌면서 자연스럽게 단말에게 전송 기회를 부여하여서 단말 간에 충돌이 일어나지 않기 때문이다. 이와 같은 액세스방식을 결정적 액세스(deterministic access) 방식이라고 앞에서 소개한 것을 기억할 것이다.

그리고 토큰링은 앞에서 다룬 이더넷과 두 가지 닮은 점이 있는데 하나는 데이터의 전송 제어를 각자 노드가 알아서 처리하는 분산알고리즘(distributed algorithm)을 취한다는 것이고 다른 하나는 모든 노드가 네트워크 상을 지나다니는 프레임을 볼 수는 있어도 수신할 수 있는 것은 오직 수신노드 뿐이라는 것이다.

토큰링의 동작 원리

토큰링 네트워크의 동작 원리는 다음과 같다.

먼저 토큰이 링을 한쪽 방향으로 돈다. 이때 데이터를 보낼 단말이 자신의 앞을 지나가는 빈 토큰을 발견하면 그 속에 자신이 보내고자 하는 데이터를 삽입한 후 네트워크로 되돌려 보낸다. 그러면 데이터는 자연스럽게 링을 따라서 진행하던 방향으로 돌다가 수신단말에 도착하고 수신단말은 토큰 속에 들어있는 데이터의 주소를 읽어본 후 자신에게 보내진 데이터이면 그 데이터를 복사(copy)하고 수신확인(ACK) 메시지를 넣어서 링속으로 흘려 보낸다. 그러면 그 토큰은 계속해서 진행하던 방향으로 돌다가 처음의 송신단말이 있는 곳까지 도착한다.

한편, 송신단말은 자신에게 돌아온 토큰을 읽어보고 그 내용이 자신이 보냈던 수신단말로부터 온 수신성공 확인메시지(ACK)이면 송신이 성공적으로 이루어졌음을 알고 그 데이터에 대한 전송을 성공했다고 인식하고 토큰을 비워서 네트워크로 돌려보내면서 다음에 빈 토큰이 자신에게로 돌아올 때까지 전송을 기다린다. 그러나 만약 어떠한 이유이든 수신단말로부터 ACK 메시지를 받지 못하면 앞의 송신단말은 다음 번에 빈 토큰이 자신에게 돌아올 때까지 기다린 후 데이터를 재전송한다. 이처럼 링 상에 순서대로 연결된 단말은 자연스럽게 자신에게 돌아오는 빈 토큰을 이용해서 데이터를 전송할 수 있으므로 MAC이 필요 없게 된다.

한편, 송수신 단말 간에 전송이 성공적으로 이루어진 것을 어떻게 표시하는지 알아둘 필요가 있다. 그렇지 않으면 데이터의 전송에 대한 신뢰성이 보장되지 않기때문이다. 당초에 프레임 속에는 전송 성공의 표시를 위하여 프레임의 맨 마지막에 2개의 트레일러 비트(trailer bit)라는 것이 있어서 하나는 A(accept), 다른 하나는 C(copy)라고 부른다. 송신노드는 이 비트를 처음에 모두 0으로 설정해서 송신하는데 수신노드가 프레임을 성공적으로 받으면 A를 1로 바꾸고 복사도 성공적으로 하면 C도 1로 바꾼다. 송신노드는 프레임이 다시 자신에게로 돌아왔을 때 이들 두 비트를 확인하는데 만약 A가 0인 채로 그대로 있으면 수신조차 되지 않은 것을 의미하므로 수신자 불명(destination unknown)으로 생각하게 된다. 즉, 자신이 보내고자 했던 노드가 고장났거나 네트워크로부터 끊어져 나갔음을 의미하게 된다. 이럴 때는 재전송을 하더라도 같은 결과가 돌아올 확률이 크므로 데이터를 전송할 필요가 없어지게 된다.

그런데 A는 1인데 C가 0이라면 수신노드가 프레임을 받기는 받았는데 복사하지 못했다는 말이 된다. 이럴 때는 일단 노드는 정상적으로 동작을 하는데 제대로 복사하지 못했다는 의미이므로 송신노드는 프레임을 다시 전송한다.

한편, 프레임의 전송이 성공적으로 이루어지면 송신노드가 토큰을 다시 네트워크에게 돌려주는데 이 경우 두 가지 방법이 있다. 가장 기본적인 방법은 앞에서 말한 대로 수신노드로부터 ACK를 확인하고 난 뒤 토큰을 돌려주는 방법이다. 이것을 지연해제(delayed release)라고 부르는데 그 이유는 토큰이 송신노드로부터 출발하여 네트워크를 한 바퀴 돌고 난 뒤에 네트워크로 돌려지는 데까지 걸리는 지연이 존재하기 때문이다. 이와는 반대로 이른해제(early release)는 송신노드가 자신의 송신 순서가 와서 프레임을 내보낸 뒤 토큰을 바로 네트워크에게 반납하여 그 토큰을 다른 노드가 사용할 수 있도록 하는 방법이다. 이렇게 함으로써 데이터를 보낼 다른 단말에게 전송기회를 좀 더 빨리 제공할 수 있다.

토큰링의 구성

먼저 토큰링의 물리적 특성을 알아보자. 토큰링의 최대 전송 속도는 4 혹은 16Mbps이다. 토큰링이 수용할 수 있는 노드의 수는 IBM 표준의 경우 260개이고 IEEE 802.5 표준의 경우 250개이다. 그리고 토큰링의 링의 물리매체는 IBM은 꼬임선(twisted copper pair)을 기본으로 하고 IEEE 802.5는 특별히 정해진 것이 없다.

아래의 그림은 IEEE 802.5에서 규정한 토큰링의 프레임 구조이다.

Start delimiter	Access control	Frame control	Destination address	Source address	Body	Checksum	End delimiter	Frame status

[그림 7.13] 토큰링의 프레임 구조

프레임에서 각 영역의 길이(단위: 바이트)는 SD=AC=FC=1, DA=SA=5, Body=가변, CRC=4, ED=FS=1이다.

그림에서 중요한 몇 개의 영역에 대해서 설명하면 다음과 같다.

- Access control은 프레임의 우선 순위나 프레임의 전송을 예약하는 등 서비스의 우선순위를 보장하기 위한 영역이다.
- Frame control영역은 보다 상위의 프로토콜을 나타내기 위한 역다중화 식별용(demux key)으로 사용된다.
- Frame status 영역은 그 프레임이 신뢰성 있는 전송의 표시인 A 혹은 C 비트가 무슨 값을 나타내는지를 기록하기 위해서 사용된다.

토큰링의 물리적 연결은 앞에서 보여준 것처럼 노드가 링에 매달려 있는 것이 아니고 링 상의 모든 노드가 마치 사람이 손을 잡고 있는 것처럼 토큰을 전달하는 방식을 취하고 있다. 즉, 아래의 그림에서 보여주는 것처럼 릴레이(relay)를 통해서 연결되어 있다.

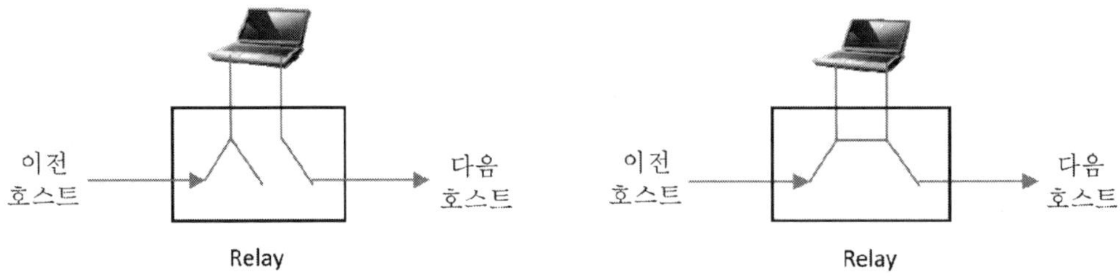

(가) 정상적으로 동작하는 호스트　　(나) 호스트가 고장난 경우

[그림 7.14] 토큰링의 호스트 접속 구조

위 그림의 (가)는 단말(host)이 정상적으로 동작하는 경우인데 단말이 릴레이와 2개의 링크로 연결되어 있어서 이전의 호스트로부터 전달된 토큰이 단말로 들어가서 다시 다음 호스트로 나가는 것을 의미한다.

한편, 단말에 문제가 생겨서 데이터를 전달하지 못할 경우 토큰은 그 단말로 들어가면 그 다음 단말로 전달될 수 없으므로 정상적으로 링 상을 회전할 수 없다. 이 경우에는 그림의 (나)에서 보이는 것처럼 고장 난 단말의 릴레이의 스위치를 닫음으로써 그 단말을 통과(bypass)시킨다. 이와 같은 방식을 토큰링에서의 신뢰성 있는 전송방식(reliable transfer scheme)이라고 부른다.

한편, 앞에서 토큰링의 논리적인 접속구조가 링형을 취한다고 하였는데 실제로 토큰링의 물리적인 접속은 아래와 같이 MAU(multiple access unit)라고 불리는 장비를 통해서 연결된다. 단, MAU는 위에서 소개한 릴레이가 여러 개 내장된 다중 포트 릴레이(multi-port relay)와 같은 접속장비이며 그림에서 모든 링크(호스트와 MAU 간 혹은 MAU 간)는 하나로 그려져 있지만 실제는 상향(호스트에서 MAU로의 링크)과 하향(MAU에서 호스트로의 링크)의 2개의 서로 다른 물리적 연결로 구성(그림 7-14 참조)되어 있어서 결국은 링과 같은 연결 구조를 하고 있다.

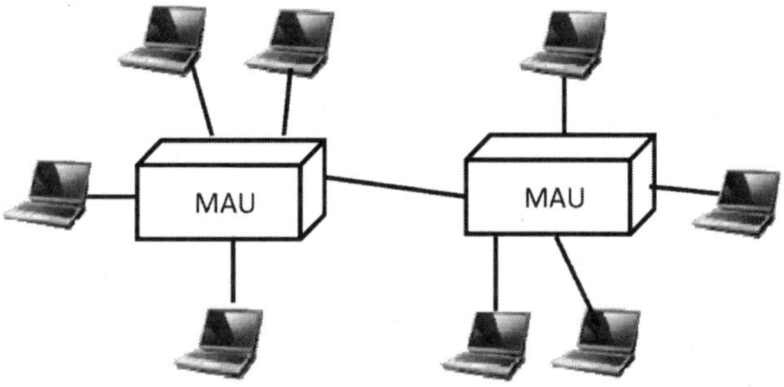

[그림 7.15] 그림 7-12의 물리적 접속 구조

앞에서 우리는 토큰링은 MAC 프로토콜이 필요 없다고 하였음을 기억할 것이다. 그런데 토큰링에서도 데이터의 원활한 전송을 위하여 MAC 프로토콜과 유사한 프로토콜을 고안하였는데 그 이유는 다음과 같다.

토큰링에 연결된 호스트는 링을 회전하는 토큰을 잡을 때마다 데이터를 전송할 기회를 얻기 때문에 전송 기회를 얻었을 때 가능하면 많은 양의 데이터를 전송하는 것이 유리하다. 그래서 만약 어느 욕심 많은 노드가 데이터의 길이를 아주 길게 하여 자신의 차례가 올 때마다 긴 프레임을 전송하면 다른 노드에게 큰 민폐가 아닐 수 없다. 따라서 토큰링에서는 이더넷과는 달리 회선 상에서 프레임 간의 충돌이 없으므로 신호 감지나 백오프 등의 동작은 필요 없겠지만 노드가 가질 수 있는 토큰의 점유시간을 제한하여 한 노드가 토큰을 너무 오래 점유하지 못하도록 한다.

하나의 노드가 빈 토큰을 받아서 데이터를 실은 후 링을 따라서 전송되는데 걸리는 시간은 토큰이 실제로 링을 한 바퀴 도는데 걸리는 물리적 지연(ring latency)과 노드가 데이터를 전송하는 시간을 합친 것인데 이것을 토큰 회전시간(token rotating time, TRT)이라고 부른다.

한편, 토큰 점유시간(token holding time, THT)은 하나의 노드가 토큰을 점유하는데 허용되는 시간이다. 즉, 하나의 노드가 토큰을 획득하여 데이터를 전송하는데 허용되는 시간이다. THT는 크면 클수록 노드에게는 좋지만 그렇다고 이 값을 무한정 크게 할 수는 없다. IEEE 802.5 표준에서는 THT의 기본(default)값으로 10ms를 정의하였다.

이때 TRT가 THT보다 작도록 하나의 토큰에 실을 수 있는 데이터의 크기를 제한한다. 즉, 토큰링의 동작조건은 TRT < THT이다.

지금까지 우리는 토큰링의 동작 원리에 대해서 알아보았다. 그런데 토큰링에는 치명적인 결함이 있는데 그것은 토큰링이 하나의 링으로 구성된 것이라는 것이다. 그래서 링의 어느 한 링크가 끊어지면 전체 네트워크가 불통된다.

7.3 FDDI

토큰링의 가장 큰 문제점이 하나의 링으로 통신채널이 구성된 탓에 고장 내성(fault tolerance)이 없다는 것은 앞에서 언급하였다. 그래서 그 문제를 해결하는 가운데 마침 광케이블 기술이 발달해서 등장한 기술이 FDDI(fiber distributed dual interface)이다. 이 기술은 이름이 내포하고 있듯이 광케이블을 이중(dual)으로 포설하여 네트워크의 신뢰성을 높이고자 하는 것이다.

FDDI의 개요

FDDI의 물리매체는 광케이블을 기본(default)으로 가정하지만 동축케이블이나 꼬임선을 사용하여도 무방하다. 아래의 그림이 FDDI의 개념도이다.

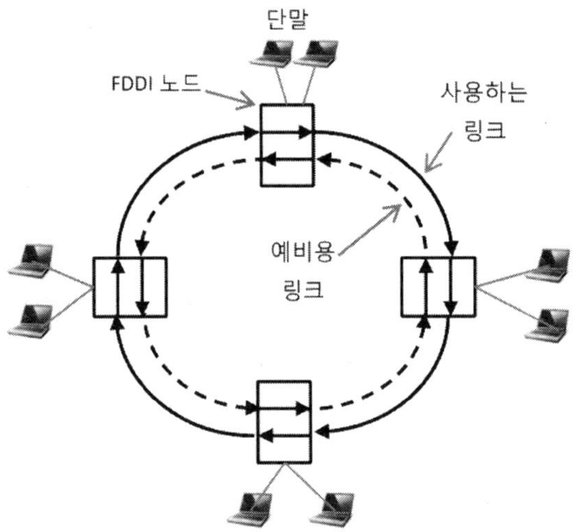

[그림 7.16] FDDI의 구조

위의 그림에서 FDDI 노드는 주로 FDDI 집중장치 혹은 브리지(concentrator/bridge)를 사용하여 구현하며 여기에 단말(서버나 컴퓨터)을 연결한다. 따라서 브리지의 포트의 수에 따라서 연결할 수 있는 단말의 수가 결정된다.

한편, 위의 그림에서도 볼 수 있는 것처럼 FDDI는 링상에 케이블이 이중으로 구성되어서 노드는 이들 두 개의 링에 걸쳐서 연결되어 있다. 그리고 두개의 링 중에서 하나의 링은 시계 방향으로 돌고 다른 하나의 링은 그와는 반대 방향으로 돈다. 정상적인 동작에서는 두 개의 링 중 하나의 링만 사용하여 데이터가 한 방향으로 계속 돌아간다. 나머지 하나의 링은 대기(standby) 상태로 있다가 네트워크 상의 어느 하나의 노드나 링크가 고장나면(다음 그림에서 점선으로 표시된 노드) 고장 난 노드를 제외한 나머지 노드들이 예비용으로 준비해 둔 여분의 링을 이용하여 새로운 링을 구성한다. 그림 7-17은 이 상황을 나타낸 것이다.

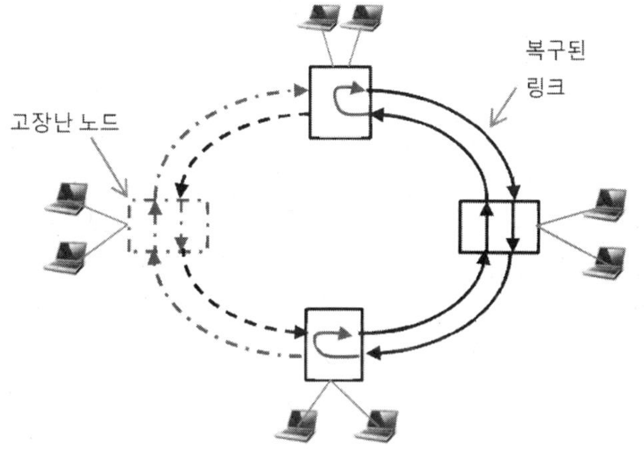

[그림 7.17] FDDI의 고장과 복구

따라서 FDDI는 네트워크 상에 있는 일부의 노드가 고장이 나더라도 적어도 고장난 노드를 제외한 나머지 노드들 간에 새로이 연결이 이루어지므로 토큰링에 비해서 훨씬 고장에 강한(fault-tolerant) 성질을 지닌다.

FDDI의 제원은 노드 간의 최대 거리는 2km이며, 이보다 더 멀리 떨어질 경우에는 중간에 신호의 증폭을 위한 리피터를 연결하여야 한다. 그리고 FDDI가 접속 가능한 호스트의 수는 최대 500개이고 제공 가능한 최대 네트워크 길이는 100km이다. 그런데 FDDI는 이중 링으로 구성되어 있으므로 이론상으로 링의 최대 길이는 200km에 이른다.

FDDI의 동작 원리

FDDI에서 토큰을 전달하는 방식은 토큰링과 같다. 다만, 아무리 빠른 FDDI에서도 링에 접속되는 노드의 수가 증가하면 네트워크가 제공하는 성능의 한계가 존재하기 때문에 토큰의 회전 시간(token rotation time, TRT)에 대해서 목표로 하는 토큰회전시간(target token rotation time, 이하 TTRT)을 설정해 두고 토큰을 관리할 필요가 있다. TRT의 상한치는 (TTRT+프레임 전송시간)이다.

한편, FDDI에서 데이터의 전송속도를 조절하는 방법을 고안하였는데 인접하는 두 개의 토큰의 TRT를 측정하여서 그 값이 TTRT 보다 크면(이 경우를 delayed token이라고 함) 네트워크가 붐빈다(congestion)는 뜻이다. 이때는 각 노드들에게 토큰을 내보내는 것을 자제하도록 할 필요가 있다. 한편, TRT의 값이 TTRT 보다 작으면(이럴 때를 early token이라고 함) 네트워크가 그다지 붐비지 않는다는 의미이므로 토큰에 대해서 추가로 데이터를 실을 수 있다는 것을 알려줘서 네트워크의 사용효율(utilization)을 높인다.

FDDI에는 두 가지 유형의 트래픽이 존재한다. 하나는 동기화된 전송에 의한 트래픽(synchronous traffic)이고 다른 하나는 비동기화된 전송에 의한 트래픽(asynchronous traffic)이다. 동기트래픽은 토큰이 사용 가능할 때마다 데이터를 전송하는 방식으로서 고객의 응용프로그램이 지연에 민감한 경우에 사용하는 방식이고 비동기트래픽은 이른토큰(early token)에 대해서만 데이터를 전송하는 방식으로서 고객의 응용프로그램이 지연에는 그다지 민감하지 않는 경우에 사용하는 방식이다.

FDDI의 프레임은 다음과 같은 구조를 한다.

Start of frame	Control	Destination address	Source address	Body	Checksum	End of frame	Frame status

[그림 7.18] FDDI의 프레임 구조

위의 그림에서 start of frame, control, end of frame은 1바이트이고 frame status(A와 C 비트의 표시용)는 3바이트, CRC는 4바이트, 주소 영역은 6바이트이며 몸통은 가변이다.

마지막으로 위의 그림에서 보는 바와 같이 FDDI의 데이터 프레임에는 MAC을 나타내는 영역이 없다. 그 이유는 앞에서도 이야기한 바와 같이 이 네트워크에는 MAC프로토콜이 필요 없기 때문이다.

7.4 고찰 문제

1. 유선랜의 기본적인 특징을 열거하고 그 기술이 탄생한 배경에 대해서 조사해보자.

2. 이더넷의 탄생 배경 및 발전 역사를 정리해보자.

3. 이더넷에서 단말이 네트워크에 접속되는 원리를 정리해보자.

4. 토큰링의 동작 원리 및 단말이 네트워크에 접속되는 원리를 정리해보자.

5. 이더넷과 토큰링의 장단점을 비교해보자.

6. FDDI가 토큰링에 비해서 훨씬 고장에 강한 이유를 설명해보자.

7. 이더넷, 토큰링 및 FDDI의 네트워크의 제원을 비교 분석해보자.

제8장 무선랜

먼저 무선랜이 탄생한 배경에 대해서 간단히 소개한다.

무선랜의 탄생

1970년 하와이대학교(University of Hawaii)의 노먼 애이브럼슨(Norman Abramson) 교수는 카우아이(Kauai), 오아후(Oahu), 마우이(Maui), 하와이(Hawaii) 등 4개의 하와이 군도에 산재되어 있는 하와이대학의 컴퓨터를 무선으로 연결하여 LAN을 구축하기 위하여 패킷교환 기반의 무선 전송 시스템을 개발하였다. 하와이대학교의 본부가 오아후 섬의 호놀루루에 있었는데 본부에 있는 호스트 컴퓨터에 의해서 만들어진 데이터를 다른 섬에 위치한 캠퍼스의 컴퓨터로 브로드캐스트하거나 반대로 다른 섬에 위치한 컴퓨터로부터 만들어진 데이터를 호스트로 보내는 일을 주로 하였다.

당초의 애이브럼스의 생각은 아주 단순하였다. 즉 호놀루루에 있는 호스트 컴퓨터가 조정(coordination) 하지 않아도 다른 섬에 위치한 단말이 데이터를 보내고자 할 때 임의적으로 데이터를 전송하게 하는 것이었는데 이와 같은 방식을 알로하 프로토콜(Aloha protocol, Aloha는 하와이 말로 '안녕'이라는 의미)이라고 명명하였다. 이와 같은 전송방식은 패킷의 전송시간(packet transfer time, 패킷의 크기를 전송속도로 나눈 시간)이 신호의 전달시간(signal propagation time, 신호가 물리적 매체를 통해서 송수신 단말 간에 전달되는데 걸리는 시간) 보다 훨씬 짧을 경우에 유용한 기술이다. 이 기술은 처음에는 유선 실험망에서 구현된 후 1973년에 GEO 위성 상에서 구현되면서 네트워크의 이름을 알로하네트(AlohaNET)로 지었다.

그런데 당초의 알로하네트에는 치명적인 결함이 있었는데 서로 떨어진 곳에 위치한 두 대 이상의 컴퓨터가 보낸 패킷이 특정 컴퓨터(예: 호스트)에 동시에 도착할 경우 패킷은 충돌을 일으키게 되고 모든 패킷은 수신단말에 도착할 수 없게 된다.

무선랜의 개요

무선랜(wireless LAN, 이하 WLAN)은 공기중의 주파수를 물리 전송 매체로 이용하여 구축한 근거리 네트워크이다. 무선랜은 집, 사무실, 건물, 대학교의 캠퍼스 등 아주 좁은 영역(반경이 수십에서 수백 미터) 내에서 통신을 제공하므로 통신 사업자가 구축하여 운영하고 관리하는 대규모 네트워크와는 다른 성질을 가지고 출발했다. 즉, 무선랜은 산업, 과학 및 의료용(industrial, scientific, and medical, 이하 ISM)으로 지정된 특별한 허가 없이 무료로 사용할 수 있는 주파수대역(unlicensed radio frequency)을 이용하여 소규모 조직이나 단체에서 단거리에 위치한 무선 단말(노트북 컴퓨터, 태블릿 PC, 스마트폰 등) 간에 랜을 구성하는 기술이다. 무선통신의 국제 표준을 제정하는 기관인 ITU-R(International Telecommunication Union-Radio)에서는 ISM대역으로 아래의 주파수대역을 지정하였다.

- MHz대역: 13.553~13.567MHz, 26.975~27.283MHz, 40.66~40.70MHz, 433.05~433.79MHz(1지역) / 902~928MHz(2지역)(단, 3지역인 우리나라는 433MHz대역과 902MHz대역은 ISM 대역에서 제외됨)
- GHz대역: 2.4~2.4835GHz, 5.725~5.875GHz, 24~24.25GHz, 61~61.5GHz, 122~123GHz, 244~246GHz

위의 대역 중에서 무선랜에서 주로 사용하는 주파수대역은 2.4~2.4835GHz 사이의 83.5MHz와 5.725~5.875GHz 사이의 150MHz대역이다. 최근에는 ISM대역을 사용 허가가 필요없는 소출력 무선 기기들이 많이 사용하고 있어서 이 주파수대역에 대한 관심이 높아지고 있다. 다만, 이 주파수대역을 사용하는 통신 장비는 ISM 기기들과 이 대역을 사용하는 통신 장비 간에 간섭을 용인한다는 조건에서 사용할 수 있다. 특히 2.4GHz대역은 공중 무선랜 서비스, 블루투스, 무선 식별 시스템(RFID), 근거리 무선 전화 등 다양한 통신에 사용되고 있다.

우리가 WiFi라고 불리는 무선랜을 무료로 사용할 수 있는 이유도 사실은 이 시스템이 특정 지역 내에서 주파수를 무료로 사용하기 때문이다. 물론 무선랜에서 발생된 데이터를 외부 인터넷으로 내보내기 위한 네트워크 사용 비용은 우리가 속한 단체나 무선랜 운영부서에서 외부 네트워크를 접속시켜주는 통신 사업자에게 지불해야 한다.

무선랜은 네트워크의 구조상 통신방식이 상향과 하향이 서로 다르다. 먼저, 상향(고객에서 네트워크 방향)에서는 p2p(point-to-point) 무선 서비스를 기반으로 하는데 고객의 단말이 데이터를 네트워크 쪽으로 보내려면 무선랜 접속 장비인 액세스 포인트(access point, 이하 AP)라는 장비로 데이터를 보내기 위한 채널을 요청하여 그 요청이 받아들여지면 그 다음에 데이터를 내보낸다. 이때에는 나중에 소개할 무선랜의 MAC 프로토콜을 사용한다.

한편, 하향(네트워크에서 고객으로의 방향)에서는 AP가 데이터를 브로드캐스팅(broadcasting)하면 해당 수신단말이 데이터의 헤더에 있는 수신자 주소 영역에 있는 정보를 보고 자신에게로 보내진 데이터만을 수신한다. 따라서 무선랜의 하향 전송은 방송 서비스(broadcast service)를 기본으로 한다.

무선랜은 미국 전기전자공학회(IEEE)에서 표준화를 진행한 관계로 인하여 표준의 앞에 항상 IEEE라는 글자가 붙게 되며 IEEE 802.11xx로 표기한다. 이때 802라는 숫자는 이 표준을 만들기 위한 첫 회의가 1980년 2월에 개최되었기 때문이라고 한다. 그리고 11의 뒤에는 버전을 나타내는 영어 알파벳이 하나(a/b/e/g/n 등) 또는 두 개(ac/ah 등) 붙게 되는데 이에 대해서는 나중에 이야기하기로 한다. 무선랜 프로토콜인 IEEE 802.11프로토콜은 기본적으로는 OSI 프로토콜을 따르며 OSI 7계층 가운데서도 하위 2개의 계층을 규정하고 있다. 즉, 물리 계층과 데이터 링크 계층을 정의한다.

IEEE 802.11프로토콜의 주된 기능은 무선랜 상을 통해 전송되는 데이터에 대해서 프레임의 구조를 정의하고 그 프레임이 무선 네트워크의 물리 계층 및 데이터 링크 계층의 MAC 부계층(sublayer)에서 어떻게 전송되어야 할지를 정의한 것이다. 이에 대해서는 아래에서 자세히 다룬다.

먼저 물리 계층에서는 물리적 전송 방법을 정의하는데 라디오파의 변조방식, 코딩방식 등을 규정한다. 그 중에서 여기서는 주파수 변조방식에 대해서 설명하기로 한다. 주파수 변조방식이란 라디오 주파수를 사용하는 방법을 규정하는데 간단히 말하면 주파수 확산(spread spectrum) 기술을 이용하여 하나의 라디오 신호를 넓은 범위의 라디오 스펙트럼을 사용해서 전송한다.

8.1 무선랜의 변조방식

무선 네트워크의 변조방식으로서 주파수 변환 확산 스펙트럼(frequency hopping spread spectrum, FHSS)방식, 직접 시퀀스 확산 스펙트럼(direct sequence spread spectrum, DSSS) 방식, 그리고 직교 주파수 분할 다중화(orthogonal frequency division multiplexing, OFDM)방식 등을 사용한다.

먼저 FHSS방식은 단말 간 간섭(interference) 및 신호의 가로챔(interception)을 방지하기 위해서 군용(military usage)으로 개발되었다. 즉, 적이 아군의 통신 내용을 알면 전쟁에서 불리하게 되므로 적군이 모르게 만들어 놓은 규칙에 따라서 단말 간에 사용하는 주파수대역을 시간의 흐름에 따라서 계속 바꾸는 것이다.

FHSS에서는 2.4~2.4835GHz 사이의 83.5MHz 주파수대역을 1MHz씩 75~79개의 부채널(subchannel)로 만든 후 라디오 신호를 세그먼트(segment)라고 부르는 작은 조각으로 나누어서 이 조각들을 보낼 때 초당 수회에 걸쳐서(보통 300~400ms마다 한번씩) 한 부채널에서 다른 부채널로 넘어다니면서 전송하는 기술이다. 따라서 송수신기는 미리 동기화된 호핑 유형(hopping pattern, HP)을 설정하여 서로 보낸 신호를 알아볼 수 있다. 여러 명의 사용자는 서로 다른 HP를 사용하여 간섭을 회피하면서 주파수를 공유한다. FHSS에서는 혹시 간섭이 일어나더라도 수신자가 데이터를 받을 때까지 계속 전송을 함으로써 결국은 전송이 되고 데이터를 수신한 수신자는 수신을 확인함으로써 전송이 성공함을 알 수 있다.

아래의 그림은 FHSS방식에서 2.4~2.4835GHz 사이의 주파수대역을 여러 개의 부채널로 나눈 것을 보여준다.

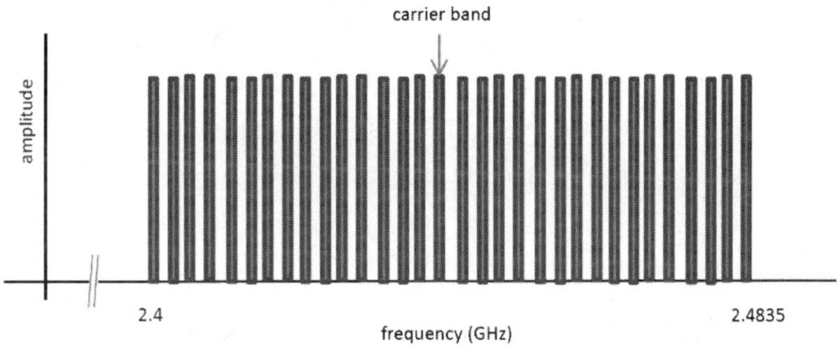

[그림 8.1] FHSS 방식의 개념

FHSS의 장점은 잡음에 강하고 다중 경로 전송에 의한 왜곡에 강하다. 그리고 신호는 수신자 이외에는 알아볼 수 없으므로 신호를 은밀히 보낼 수 있다. 그리고 FHSS의 가장 중요한 강점은 역시 앞에서도 이야기한 바와 같이 여러 대의 단말이 동시에 상호간섭 없이 같은 주파수를 사용할 수 있다는 것이다. 반면 FHSS의 단점은 채널당 사용가능한 대역폭이 2Mbps밖에 되지 않는다(앞에서 이야기한 것처럼 하나의 채널의 크기가 1MHz밖에 안되므로)는 것이다.

한편, DSSS방식 역시 ISM대역에서 동작한다. 그런데 이 방식은 83.5MHz의 주파수대역을 14개의 20MHz 채널로 나눈 후 각 단말은 전송 개시 이후에 각자에게 할당된 라디오 신호를 주파수를 바꾸지 않고 하나의 채널을 통하여 데이터를 전송하는데 그 대신 신호의 세기가 작다. 그런데 사용 가능한 주파수대역의 크기가 총 83.5MHz인데 이것을 20MHz 크기의 채널 14개로 나누려면 채널간에 중복이 일어나지 않을 수 없다. 그래서 모든 채널은 5MHz 간격으로 배치되는데 오직 14번째 채널만은 13번째 채널에서 12MHz 떨어져 있다.

DSSS 송신기는 원래의 데이터 스트림의 비트를 칩(chip)이라고 부르는 중복되는 비트 패턴으로 바꾸어서 수신기로 전송한다. 그런데 전송 도중에 잡음이 섞이더라도 대부분의 잡음은 DSSS 신호보다 대역이 좁기 때문에 수신기는 원래의 신호와 잡음을 쉽게 구분하여 재생할 수 있다.

마지막으로 OFDM방식은 1960년대에 개발된 오래된 기술인데 그 동안 별로 관심을 받지 못하다가 최근에 들어서 xDSL 기술의 상용화와 무선랜의 대역폭을 늘릴 수 있다는 장점이 부각되어서 갑자기 주목을 받는 기술이다.

OFDM방식은 사용 가능한 주파수대역을 여러 개의 부반송파(subcarrier, 혹은 subchannel로 불림)라 불리는 작은 단위로 나누어서 각 단말에 할당한다. 즉 물리 계층에서 데이터 스트림을 52개의 병렬 비트 스트림으로 나누고 송신단에서 생성된 데이터의 각 비트는 서로 다른 라디오 주파수(부반송파)를 사용한다. 이들 중 4개의 부반송파는 나머지 48개의 부반송파에 대한 참조 정보를 제공하는 파일럿 데이터(pilot data)를 전송하는데 이는 간섭 등으로 인한 신호의 손실을 줄이기 위한 방책이다. 이때 데이터가 48개의 서로 다른 분리된 부반송파로 병렬 전송되므로 전체의 전송 속도가 단일 채널로 전송하는 방식에 비교해서 훨씬 빠르다.

OFDM신호의 부반송파 주파수 중 가장 큰 파형은 서로 겹치지 않으나 그 이외의 파형은 다른 부반송파의 피크와 겹치므로 이를 직교 주파수 분할(orthogonal frequency division)이라고 부른다. OFDM방식이 널리 쓰이는 이유는 여러 가지 이유가 있지만 네트워크 측면에서 볼 때는 이 방식이 나이퀴스트의 샘플링 이론(Nyquist's sampling theory)의 한계에 가장 근접하는 데이터 전송률을 제공하기 때문이다.

OFDM의 가장 큰 장점은 주파수 대역을 여러 단말이 상호 간섭 없이 동시에 사용할 수 있다는 점과 전송 속도가 54Mbps(이론상의 최대 전송 속도는 100Mbps)까지 달성된다는 점이다.

8.2 무선랜의 동작 원리

IEEE 802.11은 1997년에 규정한 무선랜의 국제 표준이다. 일명 와이파이(WiFi, wireless-fidelity의 약어)라고도 불리는데 이 이름이 나온 근원은 무선 이더넷 정합 동맹(Wireless Ethernet Compatibility Alliance)이라는 단체에서 유래한다. 그러나 WiFi라는 이름이 상업적 이유로든 어떻든 간에 잘못 쓰이기 시작하여 지금은 거의 무선랜 표준의 이름처럼 되어버렸다.

이 기술은 위에서 언급한 바와 같이 유선랜의 무선 확장 기술로서 탄생했기에 MAC 프로토콜로서 CSMA/CD를 기반으로 하지만 무선 단말이 가지는 고유의 특성으로 인하여(상호 충돌을 탐지하는 능력이 없는 관계로) 단말간의 충돌을 사전에 회피(collision avoidance)하기 위한 알고리즘을 만들었는데 기존의 이더넷에서 사용하던 CSMA/CD를 약간 변경하고 확장시킨 프로토콜인 CSMA/CA(collision avoidance)를 사용한다. CSMA/CA 프로토콜에 대해서는 나중에 설명하기로 한다.

IEEE 802.11 프로토콜의 버전

IEEE 802.11 프로토콜은 여러 가지 버전을 가지고 있는데 규격 제정의 순서에 따라서 5가지 버전에 대해서 간략한다.

IEEE 802.11b

제1~2세대(1~2G) 기술인 IEEE 802.11b는 변조방식으로 DSSS기술을 사용하고 주파수대역은 2.4GHz대역을 사용하며 최대 전송 속도가 11Mbps이다. 이 기술은 1999년에 규격을 비준하였다.

IEEE 802.11a

제3세대(3G) 기술인 IEEE 802.11a는 IEEE 802.11b와는 다르게 5GHz 대역(5.725~5.875GHz, 따라서 주파수대역폭은 150MHz임)을 사용한다. 그 이유는 5 GHz 대역이 2.4 GHz 대역에 비해 무선 간섭이 적고 채널 중복도 적어서 신호의 품질이 더 좋기 때문이다.

IEEE 802.11a는 변조방식으로 OFDM기술을 사용하여 최대 전송 속도를 54Mbps까지 올린 기술인데 이 기술은 1999년에 규격을 비준하고 2000년에 상용화하였다.

IEEE 802.11a에서는 20MHz크기의 8개의 데이터 채널을 정의하여 이들 채널 각각은 52개의 300kHz의 부반송파로 나누어진다. 이론상으로는 IEEE 802.11a 네트워크는 54Mbps까지 제공할 수 있으나 신호의 간섭, 감쇄, 주변 환경 등에 따라 전송 속도가 줄어든다.

IEEE 802.11g

또 다른 제3세대 기술인 IEEE 802.11g 표준은 IEEE 802.11b의 2.4GHz대역의 안정적인 주파수 신호 영역과 IEEE 802.11a의 OFDM 기술을 이용한 고속 전송 기능을 조합하여 보다 더 고품질의 무선 인터넷 서비스를 제공할 수 있게 되었다. 이 기술은 2003년에 규격을 비준하였다.

IEEE 802.11n

제4세대(4G) 기술인 IEEE 802.11n은 IEEE 802.11g표준의 업그레이드 버전이다. IEEE 802.11n은 2007년에 표준 규격 1.0을 제정하였는데 최대 대역폭이 40MHz이며 변조방식은 64 QAM을 채택하였으며 최대 4×4의 MIMO(multiple input multiple output, 하나의 랜 영역 내에 복수 개의 송수신 안테나를 구비한 기술)를 구현할 수 있다. 따라서 하나의 액세스 포인트(access point, AP)가 제공 가능한 최대 대역폭(data rate)은 이론적으로 600Mbps이며 아래에 계산내역을 나타냈다.

$$\text{data rate} = \frac{number\ of\ data\ subcarrier \times number\ of\ spatial\ streams\ \times data\ rate\ per\ subcarrier}{time\ per\ OFDM\ symbol, in\ seconds}$$
$$= \frac{108 \times 4 \times (^5/_6 \times log_2 64)}{3.6 \times 10^{-6}} = 600Mbps$$

위의 식에서 5/6은 총 비트의 수에서 데이터 비트가 차지하는 비율로서 code rate라고 부른다.

IEEE 802.11ac

제5세대(5G) 기술인 IEEE 802.11ac는 IEEE 802.11n보다 훨씬 더 큰 전송 능력을 확보하기 위해서 5GHz 대역의 주파수를 사용하고 채널의 최대 사용가능 대역폭이 160MHz이며 변조방식은 256 QAM을 사용한다.

IEEE 802.11ac가 5GHz 대역의 주파수를 사용하는 이유는 두가지 정도가 있는데 하나는 이 영역의 주파수가 이용가능한 대역폭이 넓다는 것이다. 예를 들면 미국에서는 5170~5330, 5470~5710, 5735~5835의 세 영역을 이용하여 각 영역에서 160MHz씩을 사용하여 합계 480MHz의 대역폭을 만들 수 있다. 그리고 일본이나 유럽에서는 5170~5330과 5470~5710의 두 영역을 이용하여 각 영역에서 160MHz씩을 사용하여 합계 320MHz의 대역폭을 만들 수 있다. 그리고 IEEE 802.11ac가 5GHz 대역의 주파수를 사용하는 두번째 이유는 5GHz의 대역이 블루투스 헤드셋, 전자레인지, 가정 내 무선전화기, 자동차 도난 경보장치 등 무선을 이용한 가전의 증가를 고려하여 이들 기기들과의 신호간섭을 사전에 막겠다는 의도가 들어있다.

IEEE 802.11ac 규격은 특히 최근에 급증하는 무선랜 상에서의 다양한 응용 서비스를 염두에 두고 제정하였는데 서비스 모델로서는 다음과 같은 것이 있다. 먼저 가정에서부터 공공 장소에 이르기 까지 다양한 장소에서의 무선 네트워크 상 비디오 콘텐츠의 전송 요구와 기업용 무선랜 상에서 서버에로의 데이터 백업(data backup)이나 가정 내의 고화질 비디오 스트리밍 데이터의 전송 및 무선 디스플레이(wireless display), 모바일 단말 간의 고속 데이터의 전송, 그리고 캠퍼스 내에서의 다양한 교육용, 그리고 제조현장에서의 자동화 등이 있다. 그리고 경우에 따라서는 기존의 4G-LTE 네트워크 상 트래픽의 우회처리(offload)용으로도 사용할 수 있다.

IEEE 802.11ac에서는 하나의 셀 내에서 최대 8 input channel × 8 output channel의 MIMO를 구현할 수 있다. 그로 말미암아서 IEEE 802.11ac에서 하나의 AP가 제공 가능한 이론 상의 최대 대역폭은 6.937Gbps에 달한다. 그래서 이 규격을 아주 높은 수율(very high throughput, 줄여서 VHT)라고 부르기도 한다. 전송속도(data rate)의 계산은 다음과 같다.

$$\text{data rate} = \frac{number\ of\ data\ subcarrier \times number\ of\ spatial\ streams\ \times data\ rate\ per\ subcarrier}{time\ per\ OFDM\ symbol, in\ seconds}$$

$$= \frac{468 \times 8 \times (^5/_6 \times log_2 64)}{3.6 \times 10^{-6}} = 6.937Gbps$$

위에서 설명한 무선랜의 사양 중에서 현재까지 널리 쓰이는 표준의 사양을 간략하면 다음과 같다.

[표 8.1] 무선랜 표준의 사양

규격	주파수 대역 (GHz)	채널당 대역폭 (MHz)	전송속도 (Mbps)	커버리지 (m)	변조 방식	비준 년도
802.11b	2.4	20	~11	100	DSSS	1999
802.11a	5	20	~54	50	OFDM	1999
802.11g	2.4	20	~ 54	100	OFDM	2003
802.11n	2.4 / 5	40 (20×2 channel bonding)	~600	2.4GHz: 100 5GHz: 50	OFDM	2007
802.11ac	5	80 or 160 (20×4/8 channel bonding)	~6960	50	OFDM	2013

위의 표에서도 볼 수 있듯이 초기의 WiFi는 DSSS방식을 사용하고 나중에는 모두 OFDM방식을 사용하였다.

서비스품질이 차별화된 무선랜

한편, 위의 표에는 나타나 있지 않지만 2005년 10월에는 IEEE 802.11e라는 새로운 프로토콜이 제정되었다. 이 프로토콜은 무선랜에서 음성 및 비디오 등 스트리밍(streaming) 데이터에게 서비스 품질(QoS)을 보장하는 것을 목표로 하고 있다. 이 프로토콜도 사용하는 주파수대역은 802.11g와 같고 MAC 프로토콜의 기본적인 동작은 CMSA/CA를 준수한다.

단 한 가지 802.11e가 기존의 버전과 다른 점은 QoS를 보장하기 위하여 패킷의 서비스에 우선권(service priority)을 도입하였다는 것이다. IEEE 802.11e는 두 가지 방식을 제안하였는데 하나는 우선도가 높은 프레임을 우선적으로 송신하는 EDCF(enhanced distributed coordination function)방식이고 다른 하나는 우선도가 높은 프레임에 대해서 대역을 우선적으로 할당하는 HCF(hybrid coordination function) 방식이다. 일반적으로 IEEE 802.11e는 EDCF를 가리키는 의미로 쓰인다.

EDCF는 패킷에 대해서 음성(voice), 비디오(video), 최신형(best effort), 백그라운드(background) 등 네 가지의 액세스 카테고리(access category, 이하 AC)를 정의하고 매

패킷의 입력 시에 이 카테고리에 의거하여 패킷을 분류하여 각기 다른 버퍼에 수납한다. 패킷의 분류는 IP 패킷의 ToS(type of service) 영역 또는 VLAN(virtual LAN)의 태그의 우선도(tag priority)의 값을 근거로 한다. 그리고 우선도에 의거(1부터 4로 갈수록 우선도가 낮아짐)해서 우선도가 높은 패킷을 우선적으로 전송한다. 아래의 표는 이들 네 가지 카테고리를 분류한 것이다.

[표 8.2] EDCF의 액세스 카테고리

우선도	AC	응용 서비스
1	AC_VO(voice)	음성
2	AC_VI(video)	비디오
3	AC_BE(best effort)	데이터
4	AC_BK(background)	background

우선도를 설정하기 위하여 사용하는 매개변수는 네 가지가 있는데 각 매개변수는 다음과 같다.

[표 8.3] EDCF의 우선도 매개변수

매개변수	정의
CW_{min}	폭주창(contention window)의 최소치로서 전송 대기 시간을 결정함. 대기 시간이 짧을수록 그 버퍼에 들어있는 패킷의 전송권 확보 확률이 높아지므로 우선도가 높을수록 이 값을 작게 설정함.
CW_{max}	폭주창(contention window)의 최대치로서 대기 시간이 짧을수록 그 버퍼에 들어있는 패킷의 전송권 확보 확률이 높아지므로 우선도가 높을수록 이 값을 작게 설정함.
AIFS	조정 프레임 간 간격(arbitration interframe space)의 약어로서 프레임의 송신 간격을 정의함. 이 값이 작을수록 버퍼의 우선도가 커지므로 우선도가 높은 버퍼에 있는 패킷에게 우선적으로 전송되는 기회를 부여함.
TXOP limit	TXOP 는 전송 기회(transmission opportunity)의 약어로서 채널의 점유 시간에 대한 상한치(limit)를 정의함. 이 값은 크면 클수록 한 번에 전송할 수 있는 프레임의 수가 늘어남. 단, 이 값이 0일 경우에는 한 번의 전송 시에 1프레임만 전송 가능함. 주로 AC_BE와 AC_BK에서 이 값이 0임.

위의 매개변수를 사용하는 방법은 뒤에서 자세히 다루기로 한다.

한편, HCF에서는 AP가 각 단말에게 QoS CF-Poll이라고 부르는 제어 프레임을 송신하는데 이 프레임 속에는 단말이 사용 가능한 TXOP의 값이 적혀있다. TXOP의 값은 각 단말의 프레임 특성(우선도)을 바탕으로 결정된다. 그리고 송신권을 얻은 단말은 이 값에 의하여 할당된 시간 동안만 패킷을 송신할 수 있다. 따라서 다른 단말과의 충돌은 일어나지 않는다. 이처럼 AP가 각 단말에게 전송권과 전송시간을 할당하므로 AC 별로 QoS를 보장하는 것은 좋으나 실제로 구현하는 것은 EDCF보다 훨씬 복잡하여 현장에서는 좀처럼 구현되지 않고 있다.

WiFi의 동작 원리는 데이터가 물리계층인 라디오링크를 통해서 전달되는 방법을 규정하고 물리계층과 네트워크의 다른 구조 간의 인터페이스를 처리하는 MAC계층을 정의한다.

먼저 물리계층에서는 라디오 송신자는 각 패킷에 18바이트의 머리글(preamble)을 첨가하는데 이 가운데 16바이트는 수신자가 송신자와 동기를 맞추는데 사용하고 2바이트는 프레임의 시작을 알리는데 사용한다. 여기서 프레임은 비트열의 시작과 끝에 추가로 데이터를 붙인 패킷을 의미한다. 머리글의 뒤에는 8바이트의 헤더를 첨가하는데 이 헤더에는 데이터의 전송 속도, 데이터의 길이, 에러 검정용 코드 등을 포함하고 있다. 이때 헤더를 물리적 머리글이라고도 부른다.

한편, MAC계층에서는 라디오 네트워크 상의 트래픽을 제어하는 역할을 담당한다. 즉, CSMA/CA 기술을 이용하여 데이터의 충돌을 회피하며 보안 기능도 담당한다. 그리고 네트워크가 두개 이상의 AP를 가질 때 고객에게 최상의 신호 품질을 제공하는 AP로 우선적으로 연결되게 해주기도 한다. 또한 네트워크 상에서 두 명 이상의 고객이 동시에 데이터를 전송할 때 그 중에서 하나에게만 전송 허가를 내주고 나머지에게는 기다리게(backoff) 한다.

8.3 무선랜의 구성방식

무선랜을 구성하는 방법은 임시연결(ad hoc)방식과 기반시설(infrastructure) 방식이 있다. 그림 8.2는 두 방식의 개념을 나타낸 그림이다.

임시연결 방식

먼저 임시연결 방식에 대해서 설명한다. 임시연결 방식은 각 단말 기기 간에 직접 통신 채널을 설정하여 p2p로 통신하는 방식이다. 여기서 'ad hoc'이라는 말의 어원은 라틴어인데 이 단어가 의미하는 바는 "*which goes where it must*(되어야 하는 대로 돌아가는)" 라는 뜻이다. 즉, "상호 독립적인 노드들이 서로 협조하여 네트워크를 상황에 따라 동적으로 구성하는 것"을 말한다. 그래서 이 책에서는 이것을 "임시연결"이라고 정의하였다.

기반시설 방식

기반시설(infrastructure) 방식은 사용자가 통신을 원활히 할 수 있도록 통신 사업자가 미리 기반시설(AP)을 구축해 놓고 모든 단말 기기를 AP를 통하여 연결하는 것을 말한다. 이때 AP는 안테나와 RJ-45로 연결된 이더넷 포트로 이루어져 있다.

(가) 기반시설방식 (나) 임시연결방식

[그림 8.2] WiFi의 구성방식

현재 주로 사용하는 방식인 기반시설 방식은 중앙에(물론 물리적으로 반드시 중앙에 위치할 필요가 없다. 다만 논리적으로 그렇다는 것이다) 서버 역할을 하는 기반시설 장비인 액세스 포인트(AP)를 두고 모든 노드가 이 장비를 통해서 통신한다. 반면에 임시연결 방식은 중앙에 서버 역할을 하는 기반 시설 장비인 AP를 두지 않고 모든 노드가 직접 통신한다.

기반시설 방식은 네트워크 토폴러지로 볼 때 스타 네트워크이고 임시연결 방식은 그물 네트워크이다. 그리고 기반시설 방식은 하나의 AP를 여러 대의 노드가 경합을 벌여서 접속하여야 하므로 MAC프로토콜이 필요한 반면에 임시연결 방식은 각 노드가 직접 연결되거나 멀리 떨어진 노드끼리는 서로 중계(relay)를 하여서 전송하므로 MAC프로토콜은 필요 없다. 그 대신 노드 간에 데이터를 효과적으로 전송하기 위한 경로 결정 알고리즘인 라우팅 프로토콜(routing protocol)이 필요하다. 각 세부 기술에 대해서는 나중에 필요할 때 설명하기로 한다.

한편, 대도시에서는 WiFi를 확장시킨 대도시 와이파이(metro WiFi) 서비스도 사용하는데 이 방식은 상호 연결된 WiFi AP가 도시 전역을 커버하도록 네트워크를 구성한 기술이다. 이 네트워크의 구축 목적은 주로 대도시 전역에 걸쳐서 부설된 공공 시설(utility, 즉, 전기, 가스, 지하철, 수도 등) 서비스를 모니터링하거나 도시 전체에 걸쳐서 무선랜을 구성하고자 할 때 사용된다.

IEEE 802.11 프레임의 구조

IEEE 802.11 프레임의 구조는 상당히 복잡한데 아래에서 이에 대해서 설명하기로 한다. 먼저 프레임은 아래의 그림과 같이 크게 세 부분으로 구성된다.

preamble	DLCP header	MAC PDU

[그림 8.3] IEEE 802.11 프레임의 구조

한편, MAC PDU는 다시 다음과 같은 영역들로 구성된다.

header	data(body)	CRC

[그림 8.4] IEEE 802.11의 MAC PDU의 구조

위의 그림에서 헤더는 30바이트, 데이터의 몸체(body)는 가변 길이로서 최고 2312바이트, 그리고 CRC는 4바이트로 이루어져 있다.

무선랜에서 데이터가 단대단(end-to-end)으로 신뢰성 있게 전송되기 위해서는 데이터의 프레임에 이와 같은 전송이 가능하도록 정보를 기입할 필요가 있다. 아래의 그림은 위의 그림에서 헤더 부분을 자세하게 나타낸 것이다. 그림에서 frame control, duration, seqctrl(sequence control)은 2바이트이고 모든 주소 영역은 6바이트이다. 그리고 몸통은 최대 2312바이트(1만8496비트)이다.

frame control	duration	Addr1	Addr2	Addr3	seqctrl	Addr4

[그림 8.5] 헤더의 상세 구조

위의 그림에서 frame control, duration, seqctrl, CRC 등의 영역은 모두 데이터의 전송 제어에 필요한 정보이다. 그림에서 각 영역이 의미하는 바는 다음과 같다.

- frame control: 이 영역은 구조가 상당히 복잡하여서 상세 내역은 아래에 설명함
- duration: 프레임의 생존 시간
- Add1: 데이터의 최종 목적지(destination)의 주소
- Add2: 최종 목적지를 수용하는 분배 노드(AP)의 주소
- Add3: 송신자가 수용된 접수 노드(AP)의 주소
- Add4: 데이터의 전송자(source)의 주소
- seqctrl: 시퀀스(sequence) 및 조각(fragment)의 번호

위의 주소 체계를 보면 주소의 번호와 노드의 위치가 반대로 되어 있는 것을 알 수 있을 것이다. 즉, 주소의 번호는 1,2,3,4인데 지정하는 주소 정보는 최종 단말(목적지), 분배 노드, 접수 노드, 송신 단말(전송자)의 순이다. 이것은 오로지 편의를 위한 것인데 마치 우리가 편지 봉투에 주소를 쓸때 송신자의 주소는 왼쪽 윗 모퉁이에 조그맣게 쓰고 수신인의 주소를 봉투의 가운데 혹은 우측 하단에 크게 쓰는 것과 같은 원리이다. 다시 말하면 네트워크에서 중요한 것은 송신인의 주소보다는 수신인이나 그것을 전달하는 노드의 주소이기 때문이다.

한편, 프레임 제어(frame control, FC)은 다시 다음의 세부 영역으로 구성되는데 위의 숫자는 그 영역의 길이를 비트 단위로 나타낸 것이다.

2	2	4	1	1	1	1	1	1	1	1
protocol version	type	subtype	To DS	From DS	more flag	RTY	PWR	more data	WEP	ORD

[그림 8.6] FC의 세부 영역

위의 그림에서 각 영역은 다음을 의미한다.

- protocol version: 802.11의 버전
- type: 프레임의 유형, 즉 프레임이 제어용, 데이터, 관리용 등 중에서 어느 역할을 하는지를 지정함
- subtype: 제어용 프레임에서 다시 RTS, CTS, ACK 등 의 용도 지정, 한편 데이터의 경우에는 subtype이 없음.
- To DS/From DS: 프레임이 분배망의 라우터(이를 distribution system이라고 부름)로 들어가는지 나오는지를 지정
- more flag: 프레임의 조각(fragment)의 존재 유무를 지정
- retry(RTY): 프레임이 이전에 전송되었는지의 여부를 결정
- power management(PWR): 송신 기기의 상태가 active/power saving 모드 중에 어느 상태인지를 지정
- more data: 프레임이 계속 도착하는지의 여부를 나타냄.
- WEP: 무선 암호화 프로토콜(wireless encryption protocol)의 적용 여부를 나타냄.
- ORD: 수신단에게 ORD(order)=ON으로 세팅된 순서가 있는 프레임에게 순서대로 처리하도록 지시.

무선랜의 확장

무선랜은 하나의 기지국이 담당할 수 있는 영역에 한계가 있기 때문에 고객이 이동(handover)하는 경우에 연결이 끊어질 가능성이 높다. 이와 같은 문제를 해결하기 위하여 여러 개의 무선랜을 상호 연결하는 기술이 개발되었는데 그 중간에 위치하는 것이 바로 분배망(distribution network)이라고 불리는 기반 유선 네트워크(infrastructure wired network)이다. 즉, 여러 개의 무선랜을 하나의 기반 유선 네트워크으로 연결하면 고객이 하나의 무선랜이 제공하는 서비스 영역을 벗어나더라도 인접 셀로 이동하였을 때 그 무선랜이 공통의 유선 기반 네트워크로 연결되어 있다면 로밍(roaming)이 쉽기 때문이다.

다음 그림에서 보이는 것처럼 고객이 처음에 AP-1에 접속해서 인터넷으로 연결된 후 그 고객이 AP-2로 이동하여도 그 고객의 인터넷 연결은 동일한 분배망을 통하여 계속 유지되기 때문에 그 고객의 연결은 비록 로밍 이후에도 아무 문제 없이 계속해서 유지된다. 따라서 고객의 입장에서 볼 때 이 네트워크는 확장된 것으로 볼 수 있다. 아래의 그림은 확장된 무선 랜 서비스(extended service set)의 개념도이다.

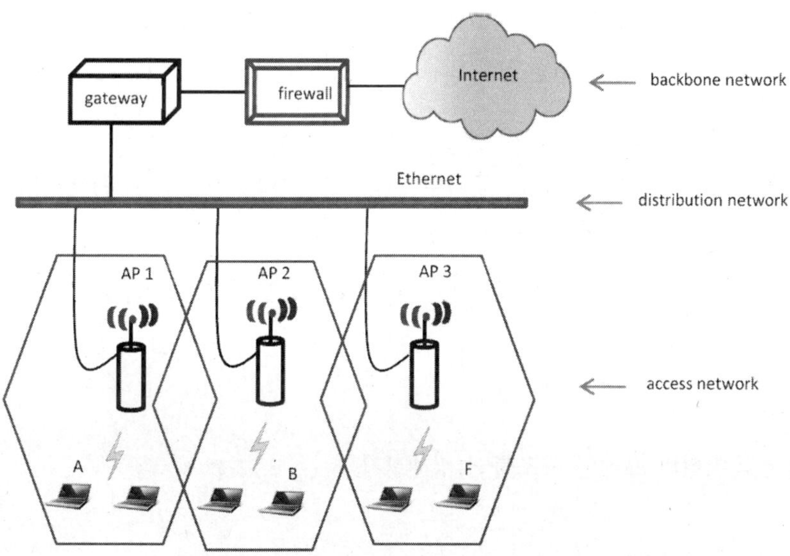

[그림 8.7] 분배망을 통하여 확장된 무선 랜

위의 그림에서 보는 바와 같이 세 대의 AP를 통하여 제공되는 3개의 기본 서비스 세트(basic service set)가 공통의 이더넷 네트워크(이것을 분배망-distribution network-이라고 부름)로 연결되어 있고 그로부터 게이트웨이와 방화벽을 거쳐서 인터넷 백본으로 연결되어 있다. 이때 AP는 유선 네트워크로 연결되는 관문국(gateway) 역할을 담당하며 분배망은 이더넷이나 토큰링으로 구성하는데 주로 메트로 이더넷을 사용한다. 메트로 이더넷 기술은 뒤에서 자세히 다루기로 한다. 그리고 분배망은 OSI계층2에서 동작하는데 무선랜과 같은 프로토콜 계층의 동작을 하므로 정합성이 뛰어나다.

한편 위의 그림에서 AP 1에 무선으로 접속된 노드 A가 AP 3에 무선으로 접속된 노드 F에게 데이터를 보내려고 할 때 노드 A가 노드 F로 데이터를 직접 보낼 수 없다. 왜냐하면 이들 두 노드는 같은 셀 내에 있지 않기 때문이다. 이때 분배망의 위력이 나타나는데 노드 A가 보내는 데이터는 우선 AP 1의 상향링크(가입자의 노드로부터 네트워크의 노드로 향하는 링크)를 통해서 AP 1에 전달된 후 AP 1이 연결된 분배망의 링크를 통해서 AP 3가 연결된 지점까지 전달된 후 AP 3의 하향링크(네트워크의 노드로부터 가입자의 노드로 향하는 링크)를 통해서 노드 F로 전송된다. 이렇게 함으로써 무선랜의 도달거리가 크게 확장될 수 있다.

8.4 고찰 문제

1. 무선 네트워크의 세 가지 변조방식에 대해서 각 방식의 동작 원리를 설명해보자.

2. 무선랜의 표준 사양(전송 속도, 주파수대역, 도달 거리, 변조방식 등)에 대해서 각 사양의 특징을 비교 정리해보자.

3. 무선랜을 구성하는 대표적 방식 두 가지를 정의하고 각 방식의 특징을 비교 분석해보자.

4. 무선랜 데이터의 프레임 구조를 설명해보자.

5. 확장된 무선랜이란 무엇인지 정의하고 그의 동작 원리를 설명해보자.

제9장 랜 프로토콜

랜에 연결된 고객이 네트워크에 대하여 요구하는 가장 기본적인 기능은 랜에 연결된 모든 컴퓨터가 상호 접속 및 통신이 원활하여야 한다는 것이다. 즉 누구든지 서로 다른 제품의 컴퓨터나 통신 단말로 데이터를 주고 받는데 문제가 없어야 한다는 것이다.

랜에서 컴퓨터를 물리적으로 접속(physical access)하는 것은 어려운 일이 아니다. 문제가 되는 것은 논리적인 접속성(logical accessibility)인데, 다른 말로는 통신의 가용성(availability)이다. 예를 들어서 랜 내에 컴퓨터가 두 대만 되어도 통신의 가용성에 문제가 일어날 수 있다. 즉, 서로 떨어진 곳에 두 대의 컴퓨터가 있고 이들 컴퓨터를 하나의 버스(bus)로 연결해서 각자 데이터를 보내고자 한다면 아주 드물기는 하겠지만 두 대의 컴퓨터가 동시에 데이터를 내보냈을 때 버스의 도중에서 충돌이 일어날 수 있다.

그러나 하나의 랜에 연결된 컴퓨터가 수십 대에서 수백 대에 이르면 이들 컴퓨터 간에 송신 시간에 대한 예약을 미리 하지 않은 상태에서 수많은 컴퓨터가 서로 데이터를 주고받는 일이 그리 간단하지 않으리라는 것은 누구든지 예측할 수 있을 것이다. 따라서 랜의 가장 핵심적인 기술 중의 하나로서 매체 접속 제어(media access control, MAC)가 있다. 여기서 매체란 물리적 전송 매체(physical transmission media)이다. 아래에서는 랜에서의 MAC프로토콜에 대해서 소개한다.

9.1 MAC 프로토콜

랜의 가장 대표적인 MAC 방법은 크게 세 가지로 나눌 수 있는데, 신호탐지 다중접속/충돌검지(이하 CSMA/CD), 토큰전달(token passing), 그리고 요구기반접속(demand-based access)이다. 그 중에서 CSMA/CD는 이더넷 등 대표적인 버스 네트워크에서 사용하는 기술로서 각 단말이 네트워크로 데이터를 전송하고자 할 때 물리적 전송 매체 상에 다른 단말로부터의 신호가 있는지의 여부를 사전에 확인하여 충돌을 탐지하면서 데이터를 전송하는 방식이다.

한편, 토큰전달은 토큰링이나 FDDI 등과 같은 링 네트워크에서 토큰이 링을 돌면서 단말에게 토큰의 사용권을 제공해주는 방식이다.

마지막으로 요구기반접속은 무선랜이나 유선액세스네트워크 등과 같이 중앙에 데이터의 처리를 중재하는 기능을 가진 장비가 있는 네트워크에서 데이터를 서비스하는 방식이다. 이들 방식에 대해서는 나중에 해당되는 기술에서 자세히 다루기로 한다.

한편, MAC 방법은 임의 접속(random access)과 결정적 접속(deterministic access)으로 나눌 수 있다. 결정적 접속은 단말이 항상 네트워크에 접속할 수 있다. 즉 단말에 보내어야 할 데이터가 있다면 언제든지 데이터를 네트워크로 통하는 매체로 보낼 수 있다. 결정적 접속의 예로서 전화 네트워크에서 사용하는 기술인 회선교환이 있다. 회선교환에서는 교환기에 빈 회선이 있는 한 새로운 전화호를 연결한다. 그리고 호가 연결되면 신호는 사전에 할당된 회선을 통하여 다른 고객의 간섭을 받지 않고 연결지속시간 동안 지속적으로 전송이 가능하다.

임의 접속은 단말이 데이터를 네트워크로 보내고 싶다고 하여 언제나 접속이 가능한 것이 아니라 주변의 다른 단말의 동작 유무에 따라서 매체접속이 가능하기도 하고 그렇지 않기도 한 경우이다. 예를 들면 여러분의 집 앞에 좁은 길이 하나 있고 그 길에는 차가 오직 한 대만 지나다닐 수 있다고 가정하자. 그러면 골목의 어느 한 쪽에서 차가 골목으로 들어오면 나머지 차는 그 골목을 통과할 수 없다. 앞의 차가 골목을 지나가고 난 뒤에야 새로운 차가 골목으로 들어갈 수 있다. 이와 같은 경우가 임의 접속이다. 이것을 통신에 적용한 것이 바로 임의 매체 접속이다. 이더넷을 기반으로 하는 LAN이나 WiFi와 같은 무선액세스네트워크 등이 임의 접속방식이다.

MAC 프로토콜은 전송 매체가 유선이냐 무선이냐에 따라서 달라져야 하는데 아래에서 각 경우에 대해서 알아보기로 한다.

9.2 유선랜의 MAC 프로토콜

유선랜은 토폴러지에 따라서 MAC프로토콜을 다르게 취한다. 따라서 토폴러지 별로 매체 접속 방법을 소개한다.

버스 네트워크에서는 모든 단말이 공유하는 전송 매체를 차지하기 위하여 서로 경합(competition)을 벌이기 때문에 MAC프로토콜로서 CSMA/CD(carrier sense multiple access/collision detection)를 기반으로 한다. CSMA/CD의 동작 원리에 대해서는 나중에 자세히 소개한다.

링 네트워크에서는 모든 단말이 링을 따라서 연결되어 있고 토큰이 링을 따라서 한 방향으로만 회전하면서 데이터를 전달하기 때문에 매체에 대해서 경합이 일어나지는 않는다. 다만 여러 대의 단말이 동시에 데이터를 보내려고 할 때 링 상에 위치한 단말의 순서에 의거해서 액세스가 가능하다. 따라서 링을 회전하는 토큰이 비어 있기만 하다면 토큰이 자신이 연결되어 있는 지점을 지날 때마다 데이터를 전송할 수 있다.

스타 네트워크에서는 중앙에 서버 역할을 하는 노드가 있어서 그 노드를 통하여 단말들이 통신을 하는 형태이다. 따라서 여기서는 동시에 전송을 희망하는 단말에 대해서 매체를 접속할 수 있는 기회를 부여하는 중재자가 필요하다. 즉, 스위치나 서버와 같은 장비가 필요하다. 그런데 보통 서버나 스위치는 여러 개의 단말을 수용하므로 데이터 처리속도가 단말의 데이터 처리속도보다 훨씬 빠르다. 그래서 서버가 단말이 느끼지 못할 정도의 지연을 제공할 만큼 빠른 처리속도와 넓은 대역을 가지고 있어서 마치 여러 대의 단말에게는 각자 자신이 데이터를 보내는 속도로 실시간으로 처리되는 것처럼 느껴진다. 이때 사용하는 다중접속방식이 주파수분할다중화(frequency division multiplexing, 이하 FDM) 또는 시간분할다중화(time division multiplexing, 이하 TDM) 기술인데, FDM은 동시에 가용한 주파수스펙트럼을 잘게 분할해서 각 단말에게 전송권을 부여하는 것이고 TDM은 프레임(frame)이라고 불리는 일정한 길이의 시간의 조각(time slot)을 잘게 분할해서 각 단말에게 전송권을 부여하는 것다. 각 방식에 대해서는 나중에 자세히 다루도록 한다.

그러나 랜에서는 FDM 및 TDM을 사용하는 것이 효율적이지 못하다. 그 이유는 이들 방식이 각 단말에게 주파수나 시간을 고정적으로 할당(fixed allocation)하는데 랜에서 주로 발생하는 데이터가 주기적인 스트림(periodic stream) 데이터가 아니고 산발적인 버스트(sporadic burst) 데이터이기 때문에 시간에 따라 요구하는 네트워크 자원(주파수 대역 혹은 시간의 조각)이 다르다. 이와 같은 이유로 단말에게 네트워크 자원을 고정적으로 할당을 하는 경우 어떤 경우는 할당된 자원을 모두 사용하지 못하고 또 어떤 때는 할당한 자원이 모자라는 등 사용량의 변화가 심하여서 자원의 사용 효율이 떨어진다는 점이다.

마지막으로 메시 네트워크에서는 각 노드가 직접 연결되어 있으므로 매체 액세스에 대한 경합이 없고 중재도 필요 없다.

그런데 대부분의 랜은 버스형의 이더넷으로 구현되어 있는 것이 현실이다. 버스 네트워크는 어느 한 순간에 한 방향으로만 데이터가 전달되는 외길의 네트워크이다. 따라서 지금부터는 이더넷의 MAC 프로토콜인 CSMA/CD에 대해서 알아보기로 한다.

CSMA/CD 프로토콜

CSMA/CD 프로토콜은 문자 그대로 이더넷에 버스 토폴러지로 연결된 여러 대의 노드가 링크 상에 전송 중인 신호를 감지하고 충돌을 탐지해 가면서 데이터를 전송하는 방식을 정의하고 있다. 다시 말하면 데이터를 보내려고 하는 단말이 네트워크 상에 이미 다른 단말이 보낸 신호가 전송 중인지 아닌지를 감지(carrier sense)하여 충돌이 일어나는 것을 탐지(collision detection)하는 기술을 바탕으로 한 매체접속(media access) 기술이다.

이더넷에서는 하나의 전송로 상에 여러 대의 단말을 연결하여 데이터를 전송하므로 동시에 여러 대의 단말이 데이터를 내보내면 하나뿐인 전송로 상에서 충돌이 발생한다. 따라서 이런 문제를 해결하기 위하여 노드가 데이터(이더넷에서는 '프레임'이라고 부름)를 전송하기 전에 링크가 사용 중인지 아닌지를 먼저 감지한 다음에 데이터를 보낼지 말지를 결정하여야 한다. 이와 같은 동작을 신호감지(carrier sensing)라고 부른다.

CSMA/CD는 하나의 충돌도메인(collision domain, 단, 충돌도메인은 이더넷에서 브리지나 라우터, 스위치 등 네트워크 확장 장비가 없는 오직 하나의 버스로만 구성된 영역을 말함) 상에서 동작하며 다음과 같이 동작한다.

① 먼저 프레임을 전송하고자 하는 송신단말(source station, 이하 SS)은 전송 매체 상으로 작은 크기의 파일럿 프레임(pilot frame)을 전송하여 매체의 점유 여부(medium idle), 즉 물리 매체가 어느 누군가가 보낸 프레임에 의하여 사용 중인지, 를 검지한다. 만약 매체가 점유 중이 아니면 약간의 시간(버스 상에서의 RTT)이 흐른 후에 자신이 보낸 파일럿 프레임이 되돌아올 것이다. 그러면 매체가 비어 있다는 뜻이므로 SS는 프레임의 전송을 시작한다. 그리고 네트워크에 특별한 일이 일어나지 않으면 그 프레임은 제대로 전송될 것이다. 그리고 SS는 수신단말(receiving station, 이하 RS)로부터 정해진 시간(이를 '타임아웃-time out'이라고 함) 이내에 프레임을 성공적으로 수신했다는 응답신호인 ACK (acknowledgment) 메시지를 받으면 자신이 보낸 프레임이 수신단말에 정상적으로 전달되었다는 뜻이므로 후퇴계수기(backoff counter)를 0으로 설정한다. 후퇴계수기의 정의 및 설정 방법은 아래에서 설명한다.

② 한편, 파일럿 프레임(pilot frame)을 전송하여 매체가 점유 중이라고 판명되면 SS는 프레임 간 갭(interframe gap, 이하 IFG)이라고 불리는 시간 동안 대기(backoff)한 후 다시 매체가 사용 중인지를 탐지한다. 여기서 IFG의 값은 이더넷의 속도에 따라 다른데 10Mbps이더넷은 9.6m 초이며 이후 속도가 10배씩 빨라짐에 따라서 IFG의 크기는 1/10로 작아진다.

한편, 위의 ①에서 만약 두 단말이 약간의 시간을 두고 그런 시험을 해서 운이 좋게도 둘 다 매체가 비었다고 판단해서 동시에(아주 정확히 같은 시각에) 프레임을 전송한 경우 두 프레임은 버스의 어느 지점에서 서로 충돌(collision during transmission)한다. 이것을 감지하기 위해서 각 SS는 매체를 감시하는데 자신이 받은 비트가 자신이 보낸 비트인지 체크해서 같은 비트가 아니면 충돌이 일어난 것이다.

충돌조정

만약 충돌이 감지(collision detection)되면 충돌조정(collision remedy)에 돌입하게 되는데 이를 위해서 단말의 어댑터는 4바이트의 재밍 비트(jamming bit)를 전송한 후 데이터의 전송을 멈춘다. 그리고 후퇴계수기(backoff counter, BOC)를 하나 증가시켜서 그로 인해서 결정된 시간 동안 기다린 후(이것을 back-off-후퇴 혹은 전송대기-라고 부름) 다시 매체가 점유되었는지를 탐지하면서 프레임의 전송을 시도한다.

백오프의 방식으로는 이진 지수(binary exponential) 방식이 가장 널리 사용되는데 이것은 백오프를 하는 시간의 길이가 2의 배수를 기본으로 하는 지수함수로 결정되기 때문에 붙여진 이름이다.

백오프 간격을 설정하는 방법은 다음과 같다.

- 첫 번째 재전송 시에는 바로(0초 뒤에) 재전송하거나 51.2μs 뒤에 재전송하는데 이들 값을 선택할 확률은 같다. 단, 이때 51.2μs가 어떻게 계산해서 나온 값인지 궁금한 사람이 있다면 조금만 참으면 그 이유를 알게 될 것이다.
- 두 번째 재전송 시에는 0, 51.2, 102.4, 혹은 153.6μs 중에서 어느 하나의 값을 같은 확률로 선택해서 기다린 후 재전송을 한다.
- 전송이 계속해서 실패하여 n번째 재전송 시에는 kx51.2μs(단, k는 0에서 2^n-1의 값 중에서 하나를 같은 확률로 선택함. 예: 세 번째 전송시에는 k의 값을 0에서 7 사이의 값 중 하나를 선택하게 됨) 뒤에 재전송을 한다. 일반적으로 n≤10~16의 범위의 값을 취한다.

아래의 그림은 CSMA/CD의 동작 흐름도이다.

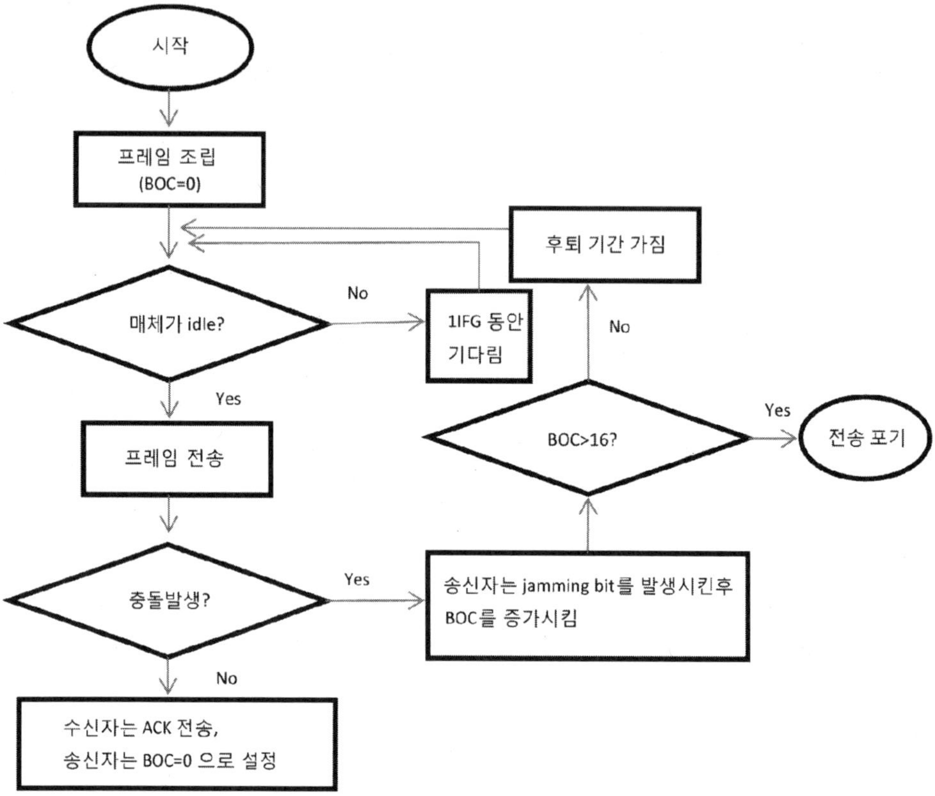

[그림 9.1] CSMA/CD의 동작 흐름도

백오프 이후의 데이터 전송 방식

한편, 백오프 이후에 데이터의 전송을 시도하는 방식으로 두 가지가 있는데, 무조건 전송하는(1-persistent) 방식과 확률 p로 전송하는(p-persistent) 방식이 있다. 전자는 백오프 시간 동안 기다린 후에 확률 100%로 데이터의 전송을 시도하고(따라서 이름을 '무조건'이라고 정했다) 후자는 확률 p(단, $0<p\leq 1$)로 전송을 시도한다.

당연히 앞의 방식이 전송 확률이 높으므로 고객은 그 방식을 선호하겠지만 그럴 경우에 네트워크는 다시 폭주로 빠져들 가능성이 높기 때문에(그러지 않아도 네트워크의 링크가 다른 신호에 의해서 점유 중이어서 백오프를 가지고 재전송을 하려고 하였는데) 네트워크 운용자는 뒤의 방식을 좋아하게 될 것이다. 따라서 p의 값은 네트워크 운용자의 경험에 의해서 0과 1 사이의 값에서 적절히 정해져야 한다.

한편, 이더넷은 버전에 따라 전송 속도가 다르고(10M, 100M, 1G bps등) 또 네트워크의 크기(네트워크가 서비스를 제공하는 물리적 거리)가 클수록 충돌 검지에 걸리는 시간이 커지는 문제가 발생하는데 이를 해결하기 위하여 프레임의 크기를 조절하여 최대 검지 시간(maximum run length)을 규정한다. 아래의 표는 각 버전별 파라미터를 요약한 표이다.

[표 9.1] 버전별 파라미터

파라미터	10M 이더넷	100M 이더넷	1G 이더넷
최소 프레임 크기 (minimum frame size)	64B(바이트)	64B	1000Base-T: 520B 1000Base-X: 416B
최대 거리 (maximum collision diameter)	UTP기준 100m	UTP: 100m optical fiber: 412m	UTP: 100m optical fiber: 316m
리피터 간 최대 거리	2.5km	205m	200m
하나의 경로상에 설치 가능한 리피터의 수	5	2	1

이더넷 상의 모든 노드는 6바이트의 유일한 MAC 주소를 가지고 있다. 이더넷은 데이터의 전송을 프레임(frame)이라는 단위로 행하는데 프레임의 정의는 네트워크 상에서 전송을 위한 포장된 데이터의 덩어리(chunks of data)이다. 프레임은 OSI 7계층의 제2계층인 데이터 링크 계층에서 소프트웨어적으로 생성된다.

한편, 이더넷에서 충돌이 일어날 때 최악의 경우는 다음과 같은 경우이다. 즉, 서로 멀리 떨어진 두 노드 A와 B가 있다고 하자. 먼저 노드 A가 네트워크 상의 신호를 감지한 후 아무도 링크를 사용하지 않는다고 판단하고 프레임을 하나 전송했다. 그리고 이 프레임은 노드 B까지 충돌없이 잘 전달되는가 싶었는데 전송로의 길이가 꽤 길어서 프레임이 노드 B에 도착하기 직전에 노드 B가 내보낸 신호 탐지 프레임과 만나서 충돌이 발생했다. 그래서 노드 A가 보낸 프레임은 노드 B에 도착하는데 실패하였고 노드 B가 보낸 신호 탐지 프레임이 얼마의 시간이 지난 후 노드 A에 도착했다.

위로부터 우리가 알 수 있는 것은 이더넷의 데이터의 길이에 하한(lower limit)이 존재한다는 사실이다. 가령 이더넷 신호의 무증폭 최대 도달 길이를 2500m라고 하고 양 극단에 위치한 노드들 사이에 최대 네 대의 리피터가 존재한다면 이더넷의 총 거리는 12.5km에 달한다. 이때 프레임이 이더넷의 한쪽 끝에서 다른 끝까지 갔다가 돌아오는데 걸리는 왕복지연 시간(round trip time)은 최악의 경우(호스트가 이더넷의 맨 끝에 위치) 108.7μs이고 호스트가 리피터의 바로 곁에 위치한다면 최소 65μs인데 참고문헌 [Peterson]에 의하면 전형적인 RTT의 값으로 51.2μs을 가정하고 있다. 이때 링크의 속도가 10Mbps라고 한다면(초기의 이더넷이 10Mbps였다) 이 링크의 DBP(delay bandwidth product)는 512비트(64바이트에 해당)가 된다. 따라서 이더넷 프레임의 길이는 적어도 512비트는 되어야 한다. 그런데 프레임의 헤더 길이가 14바이트이고 CRC 필드가 4바이트이므로 실제 데이터 몸통의 길이는 46바이트이다. 이것이 이더넷 프레임의 몸통의 최소 길이가 46바이트인 이유이다.

9.3 무선랜의 MAC 프로토콜

IEEE 802.11 무선랜의 MAC 프로토콜은 기본적으로는 이더넷의 MAC프로토콜인 CSMA/CD를 기반으로 한다. 그런데 802.11 무선랜에서는 신호를 감지는 하지만 충돌 탐지는 하지 않는다. 무선랜에서 단말이 충돌탐지를 하지 않는 이유는 크게 두 가지가 있는데, 먼저 무선랜 상에서는 동시에 데이터를 보내고자 하는 단말이 두 개 이상 존재할 때 서로 상대방의 상태를 알 수 없다. 그리고 어떤 경우에는 하나의 단말이 동시에 데이터를 보내고 받을 수도 있다.

충돌을 탐지하는 것이 불가능한 이유는 크게 두 가지로 요약된다.

① 첫째, 무선랜에서 단말이 충돌을 탐지하려면 채널이 다른 단말에 의해서 사용 중인지를 탐지하는 신호를 보내야 되고 또 다른 단말이 신호를 보내고 있는지를 판단하기 위해서 다른 단말의 신호를 받는 기능을 동시에 가지고 있어야 한다. 그런데 무선환경에서는 단말이 어댑터를 통해서 받는 수신신호의 세기가 아주 작아서 아주 작은 신호로부터 충돌을 탐지할 수 있는 하드웨어를 만드는데 비용이 많이 든다.

② 두번째, 비록 어댑터가 탐지 신호의 전송과 수신을 동시에 할 수 있다고 하더라도 숨은 노드의 문제(뒤에서 설명함)나 신호의 페이딩 현상 등으로 인하여 모든 충돌을 탐지하는 것이 불가능하다. 그런데 무선랜에서는 단말이 데이터를 네트워크로 내 보낼 때 프레임을 통째로 보내기 때문에 충돌이 일어나지 않는다고 판단하고 프레임을 보내면 그 프레임이 통째로 소실될 우려가 있어서 네트워크의 전송효율이 낮다.

이와 같은 이유로 인해서 802.11무선랜에서는 충돌을 미연에 방지하는 방법이 필요한데 그것이 바로 충돌회피에 기반한 신호검지 다중접속(carrier sense multiple access with collision avoidance, 이하 CSMA/CA)이다.

CSMA/CA 프로토콜

CSMA/CA에 대해서 이야기하기 전에 무선네트워크에서 충돌회피(collision avoidance) 알고리즘의 동작 원리는 다음과 같다.

① 데이터를 보내고자 하는 단말(sending station)은 무선채널을 감지한다.

② 무선채널이 IFS(inter-frame spacing) 동안 비어있으면(medium free) 데이터를 송신한다.

③ 무선채널이 비어있지 않으면(medium busy) 다음과 같은 절차를 밟는다.
- 무선채널이 해제될 때까지 기다린다.
- 그 다음에는 IFS동안 기다린다.
- 마지막으로 백오프시간(backoff time)동안 기다린 뒤 데이터를 전송한다.

위에서 ③에 해당하는 동작을 시간축상에서 그림으로 나타내면 다음과 같다.

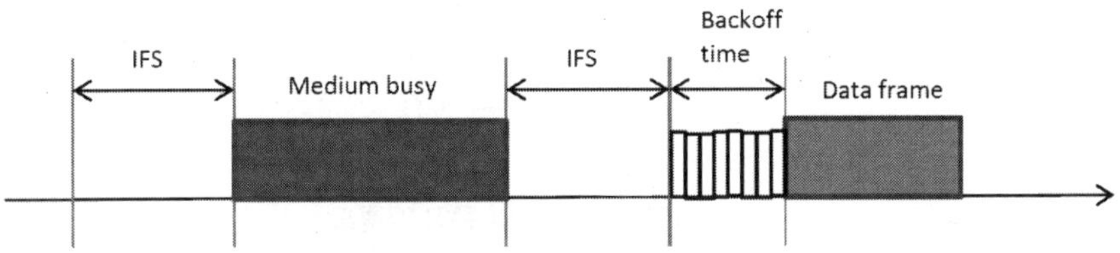

[그림 9.2] 폭주회피 알고리즘의 원리

백오프시간(random backoff)에 대한 자세한 사항은 아래에서 설명할 예정이다.

이번에는 무선랜에서 취하고 있는 링크계층응답(link-layer acknowledgment, 이하 LLA)에 대해서 설명한다. 단말이 무선랜 상에서 프레임을 전송할 때 여러가지 이유로 목적지에 도달되지 못할 경우가 있다. 이와 같은 전송실패를 미연에 방지하기 위하여 802.11MAC프로토콜에서는 LLA를 사용한다. LLA의 동작은 다음과 같다.

① 송신단말은 DIFS(DCF inter-frame spacing)만큼 기다린 후 무선채널이 비었을 경우 프레임을 전송한다.
② 송신단말로부터 보내진 프레임이 수신단말에 도착하면 수신단말은 CRC를 작동시켜서 수신된 프레임이 성공적으로 도착하였는지를 확인한다.
③ 그 후 SIFS(short inter-frame spacing) 동안 기다린 후 송신단말에게 응답 (acknowledgment, ACK) 메시지를 보낸다.
④ 프레임을 전송하였던 송신단말은 프레임을 보낸 후 지정된 일정시간(time out) 동안 기다려도 ACK가 도착하지 않으면 송신실패라고 판단하고 프레임을 재전송한다. 그런데 경우에 따라서는 무선환경이 아주 나빠서 몇 번에 걸쳐서 반복된 재전송에도 불구하고 ACK가 도착하지 않으면 송신단말은 프레임의 전송을 포기한다.
⑤ 그 다음에는 무선단말은 CSMA/CA 프로토콜을 기반으로 채널에 액세스한다.

아래의 그림은 위에서 나열한 프레임의 전송 5단계 중 앞의 3단계에 해당하는 LLA의 동작을 나타낸 것이다.

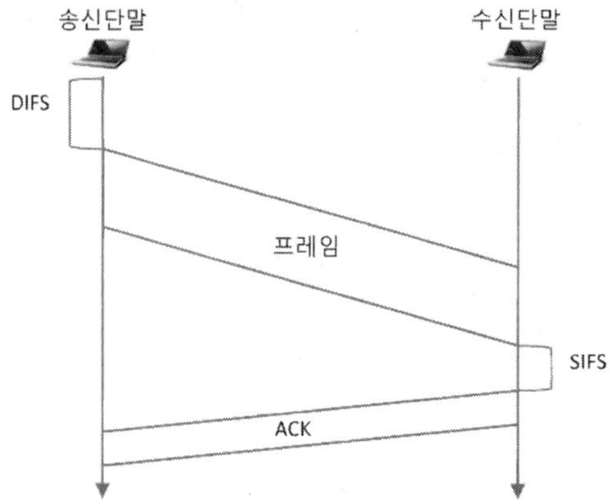

[그림 9.3] LLA의 동작 흐름도

CSMA/CA 프로토콜에서는 무선 채널을 액세스하는 방법으로 두 가지를 정의하고 있다. 하나는 분산조정기능(distributed coordination function, 이하 DCF)이고 다른 하나는 집중조정기능(point coordination function, 이하 PCF)이다. 이들 중 기본적(default)으로 사용하는 MAC 프로토콜은 DCF이지만 네트워크 환경이나 서비스 사업자의 정책, 서비스의 조합 등 운영 환경에 따라서는 PCF도 선택적(option)으로 사용할 수 있다. 그래서 네트워크의 토폴러지나 서비스의 목적 등에 따라서 이들 두 가지 방식 중에서 DCF만을 사용하거나 두 가지를 혼용할 수 있다.

분산조정기능

먼저 분산조정기능에 대해서 설명한다. DCF는 모든 단말에 대해서 채널을 액세스할 수 있는 권한이 같게 주어진다는 점에서 이더넷의 MAC 프로토콜과 아주 유사하다. DCF는 중앙에 어떠한 중재자(arbitrator)도 개입되지 않는 완전히 분산된 시스템 환경(distributed system environment)을 가정하여 정의하였는데, 그로 인하여 가입자단말 스스로 프레임의 전송을 제어하는 분산조정기능을 기반으로 동작한다. 이 방식은 OSI 프로토콜 모형의 제1계층에서 머리글(preamble)을 검지하는 것을 기본으로 동작하는데 그래서 물리적 신호검지 기법(physical carrier sensing mechanism)이라고도 부르기도 한다. DCF의 동작 원리는 다음과 같다.

① 프레임을 전송할 예정인 가입자단말(subscriber station, 이하 SS)은 프레임을 전송하기 전에 자신이 연결된 채널의 상태를 점검(carrier sense)하기 위해서 임의의 크기의 신호를 발생시켜서 채널에 다른 고객이 보낸 신호가 있는지의 여부를 탐색한다.

② 만약 채널이 아무도 사용하고 있지 않다(idle)고 판단되면 DIFS(DCF inter-frame spacing) 동안 기다리다가 아직도 채널이 idle이라고 판명되면 SS는 바로 프레임을 전송한다. 그렇지 않으면(즉, 채널이 다른 단말에 대해서 서비스를 하고 있으면) SS는 전송시도를 멈추고 다른 단말의 전송이 끝날 때까지 채널의 상태를 감시한다.

③ 다른 단말의 전송이 끝나면 SS는 또 DIFS만큼 기다린다. 만약 이 기간 동안에 채널이 idle이라면 SS는 서비스를 요구하는 행위를 참는 기간(이를 후퇴기간-backoff period-이라고 부름)을 가지고 다시 채널을 탐지한다(후퇴기간은 후퇴계수(backoff counter)의 함수이며 이의 결정방법은 뒤에서 설명하기로 한다). 이 때 채널이 idle이면 SS는 프레임을 전송한다. 그런데 만약 backoff 도중에 채널이 다시 busy상태가 되면(이렇게 되면 이 고객의 전송 기회는 앞의 고객의 서비스가 완전히 끝날 때까지 연기됨) backoff counter는 멈추고 채널이 idle상태가 된 뒤에 다시 계산을 재개한다. 후퇴계수는 시간에 따라 변하는데, DIFS 동안 채널의 사용 여부를 슬롯 단위로 관찰해서 채널이 쉬고 있으면 매 슬롯당 1씩 감소(슬롯의 경계 지점에서 감소시킴)하며 지정된 후퇴기간의 값이 0이 될 때까지 채널이 계속 쉬고 있으면 SS는 프레임을 전송할 수 있다.

④ 프레임의 전송을 성공한 후에 또 다른 프레임을 전송하고자 하는 단말은 다시 앞의 ①~③의 동작을 따른다.

⑤ 프레임이 성공적으로 전송되면 수신단말(receiving station, 이하 RS)은 SIFS(short interframe space) 만큼 기다린 후 바로 SS에 프레임을 제대로 받았다는 신호인 ACK 프레임을 보낸다. 이때 SIFS의 값은 DIFS의 값보다 더 작은 값으로 지정하는데 그 이유는 그렇게 함으로써 응답메시지가 프레임전송메시지보다 먼저 무선자원을 사용할 수 있는 권한을 부여하여 성공적인 프레임의 전송을 빨리 알리고자 함이다. 만약 그렇지 않으면 ACK 메시지가 늦게 도착하게 되고, 그러면 송신단말은 자신이 보낸 프레임이 제대로 전송되지 못했다고 생각하고 이미 보낸 프레임을 재전송하려고 할 것이다. 그러면 네트워크는 불필요한 프레임의 재전송을 하게 되고 그로 인하여 네트워크는 더욱 붐비게 되며, 이는 결국 네트워크의 효율을 떨어뜨리게 될 것이다.

⑥ SS가 ACK를 정해진 시간 이내에 받지 못하면 프레임의 전송이 실패했다는 것이다. 이때 SS는 정해진 후퇴규칙(backoff rule)에 의해서 프레임을 재전송한다. 각 SS는 매 재전송마다 1씩 증가하는 재시도계수(retry counter)를 관리하는데 어떤 경우에 재시도계수가 한계에 다다를 때까지 전송이 계속 실패하면 그 프레임은 폐기한다.

아래의 그림은 CSMA/CA의 동작 원리를 시간의 흐름에 따라 나타낸 것이다.

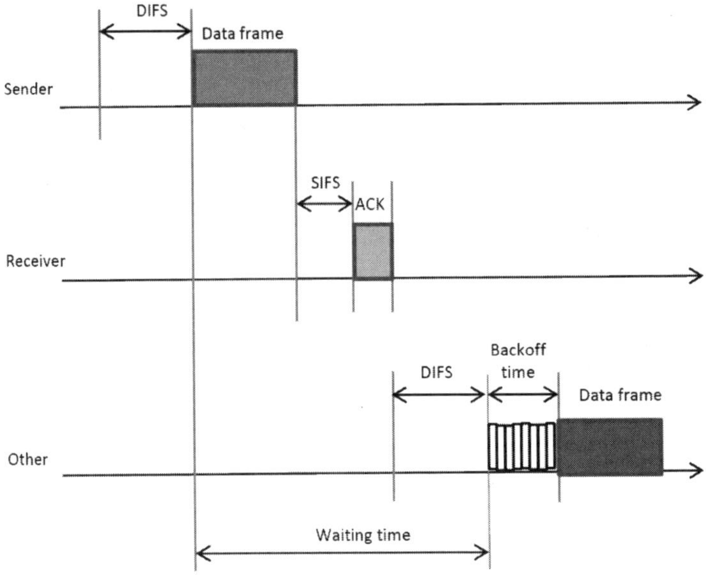

[그림 9.4] CSMA/CA의 동작 원리

위의 그림에서는 송신단말(sender)이 DIFS만큼 기다린 후 프레임을 전송했고 그 프레임은 수신단말(receiver)에 무사히 도착하였다. 그 후 수신단말이 SIFS만큼 기다린 후 ACK 메시지를 발송하여 그 메시지가 송신단말에게 무사히 전달된 경우이다.

한편 다른 단말(그림에서 other)은 위의 송-수신 단말(sender-receiver) 간의 데이터 전송 동안 채널이 점유됨으로 인해서 medium busy를 감지하였기 때문에 자신이 데이터를 보낼 때 DIFS와 backoff 만큼 기다린 후 데이터를 내보낸다.

이제 후퇴기간의 값을 정하는 방법을 소개한다. 후퇴기간(backoff time)은 후퇴계수(backoff counter)와 채널의 슬롯길이(slot time)의 곱으로 결정된다. 후퇴계수의 크기를 할당하는 방법은 폭주창(contention windwow, 이하 CW)이라는 값을 기반으로 [0,CW] 사이에서 균등한 확률분포(uniform distribution)에 기반한 임의의 정수 값을 가지는데 이것을 Random(CW)로 표기한다. 단, CW의 값은 네트워크의 채널 상태에 따라서 계속 변하는 값이어서 고정의 값이 아닌데 그 값을 정하는 방법은 아래에서 다룬다.

결국 후퇴기간은 다음의 식을 만족한다.

$$\text{Backoff time} = \text{Random(CW)} \times \text{slot time}$$

이때 slot time은 타임 슬롯의 수를 나타내는 정수이며 하나의 슬롯의 길이는 시스템의 물리적 사양에 의해서 결정된다.

한편 네트워크의 트래픽이 붐비는 경우 채널탐지단계에서 충돌이 자주 발생할 수 있는데 재전송 시도의 횟수가 반복될 때마다 후퇴계수의 값을 증가시킨다.

후퇴계수의 값은 이진지수후퇴(binary exponential backoff)방법에 기반하여 결정되는데, n번째 전송(재전송) 단계에서의 후퇴계수는 $\mathrm{CW(n)} = (CW_{\min} + 1) \times 2^{n-1} - 1$로 정해진다. 참고로 IEEE802.11a의 CW의 초기값(CW(1))에 해당하는 $CW_{\min}$의 값은 15이다. $\mathrm{CW(n)}$의 최대치는 최대로 허용하는 후퇴의 횟수로 상한이 설정된다.

$\mathrm{CW(n)}$의 값은 전송이 성공하거나 전송 실패 횟수가 한계치에 도달하면 다시 $CW_{\min}$으로 되돌아간다.

최근 스마트폰의 보급 및 사물인터넷의 등장으로 무선랜에서 하나의 기지국에 동시에 접속하는 단말의 수가 기하급수적으로 늘어나면서 후퇴계수의 값의 효율에 문제가 있다는 지적이 학계에서 나오고 있다[이토2015참고]. 가령, IEEE802.11a네트워크에서 동시 접속 단말의 수가 15개를 넘는 경우에 각 단말에 대해서 후퇴기간을 결정하는 후퇴계수의 값이 0에서 15까지 임의로 발생되는데 아주 이상적으로 균일한 확률로 0에서 15까지의 난수가 발생된다면 적어도 하나 이상의 단말이 같은 후퇴계수를 가지게 되고 그들 두 단말은 동시에 같은 길이의 후퇴기간을 가지게 되므로 이들 두 단말로부터 전송될 프레임은 채널 상에서 충돌할 확률이 아주 커지게 된다. 이는 대부분의 인구밀집지역과 사물인터넷이 본격화되는 시점에서 무선랜의 성능을 저하시키는 심각한 문제를 초래할 가능성이 농후하다. 따라서 후퇴계수의 값을 네트워크 상황에 맞게 적응적으로 변경할 필요가 있다. 다만, 이 문제는 이 책의 수준을 벗어나므로 보다 높은 수준의 연구가 필요할 것이다.

후퇴계수의 값은 물리 계층의 특성(변조방식)에 따라서 정해지는데 다음 표는 이를 요약한 것이다.

[표 9.2] 변조방식별 슬롯 및 백오프시간의 크기

변조방식	슬롯의 크기 [단위: μs]	최소백오프시간 [단위: slot]	최대허용백오프시간 [단위: slot]
FHSS	50	16	1024
DSSS	20	32	1024
IR(infrared)	8	64	1024

다음 표는 DCF 모드에서 파라미터의 값을 요약한 것이다.

[표 9.3] DCF의 파라미터

파라미터	802.11b	802.11a
Slot time(μs)	20	9
SIFS time(μs)	10	16
DIFS time(μs)	50	34
CWmin	31	15
CWmax	1023	1023

아래의 그림은 DCF에 기반한 CSMA/CA 알고리즘의 동작 흐름을 나타낸다.

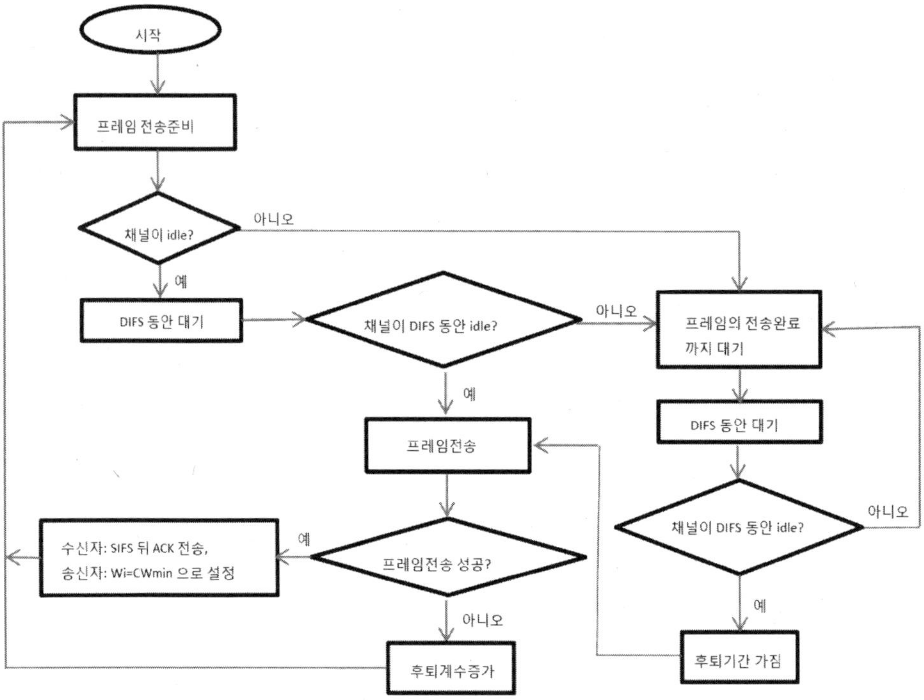

[그림 9.5] CSMA/CA 프로토콜의 알고리즘 흐름도

지금까지는 모든 단말에게 같은 전송 기회가 주어진 환경에서의 CSMA/CA에 대해서 이야기하였다. 그런데 최근에 들어서 다양한 응용서비스가 등장함에 따라서 어떤 프레임은 주기적으로 전송되기를 원하고(예: 무선 인터넷 전화) 또 어떤 프레임은 전달되는 시간의 간격은 그다지 중요하지 않으나 정확하게 전송되는 것이 더 필요한 경우(예: 파일 전송)가 있다. 이와 같은 경우를 서비스 차별화 전략(service differentiation strategy)이라고 한다.

서비스 차별화 전략

서비스 차별화 전략에는 두 가지 방법이 있는데 하나는 서비스 클래스(service class, 앞에서 정의한 AC에 해당함)별로 프레임을 별도의 버퍼로 수납하여 우선순위에 따라서 프레임을 처리하는 방법이고 다른 하나는 버퍼를 마련하지 않고 고객의 도착 순서대로 서비스를 하되 서비스 클래스 혹은 단말별로 후퇴기간을 다르게 설정함으로써 고객 간에 서비스 기회를 차별화하는 방법이다. 앞의 방법이 제8장에서 정의한 EDCF에 해당하고 뒤의 방법이 지금 이야기하고자 하는 방법인데 이 방법을 편의상 FDCF (FIFO DCF)라고 부르기로 하자.

FDCF에서는 DCF의 알고리즘을 기반으로 하되 서비스 기회를 빨리 주어야 하는 고객에게는 후퇴계수를 작게 주고 그다지 급하지 않는 고객에게는 후퇴계수를 크게 부여한다. 그러면 같은 조건에서 항상 후퇴계수가 작은 프레임이 먼저 프레임을 전송할 기회를 가지게 된다.

아래의 그림은 이처럼 프레임에 대해서 차별화된 전송 기회를 부여한 CSMA/CA 프로토콜의 동작을 나타낸 것이다. 그림에서는 편의상 세 대의 단말이 있는 경우를 나타내었다.

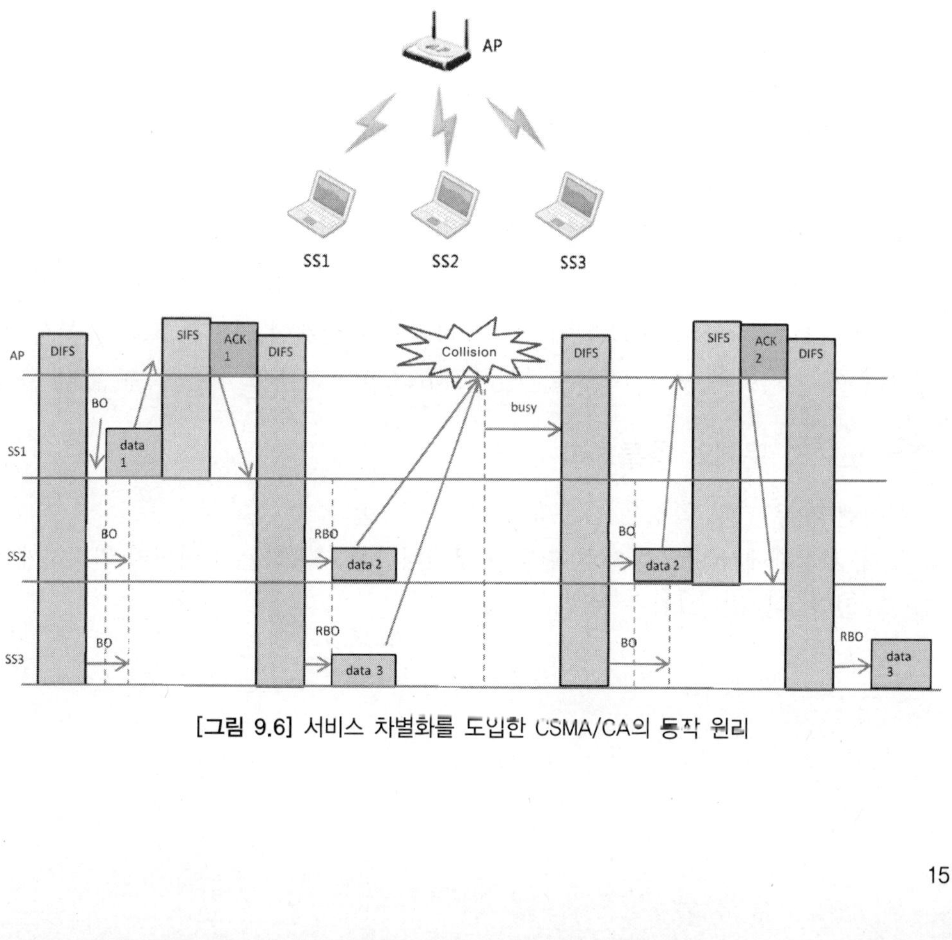

[그림 9.6] 서비스 차별화를 도입한 CSMA/CA의 동작 원리

위의 그림에서 세 대의 호스트가 데이터를 전송하는 방법은 다음과 같다.

- 먼저 SS1의 후퇴계수(backoff counter, 이하 BO)는 SS2나 SS3보다 짧게 설정되어서(이전에 이미 후퇴계수가 정해져 있었음) DIFS이후에 기다리는 시간이 짧은 덕택에 가장 먼저 데이터(data1)를 전송할 수 있다. 반면에 SS2및 SS3의 후퇴계수는 SS1보다는 길지만 같은 값의 후퇴계수를 할당받았는데 SS1이 데이터를 전송하는 동안 후퇴계수의 값을 줄이는 동작을 멈추어야 하며 나머지 후퇴계수의 감소는 SS1의 데이터 전송이 성공된 뒤에야 재개된다.
- SS1의 데이터가 성공적으로 전송되면 AP는 SIFS 동안 기다린 뒤 ACK1을 보낸다. SS1의 데이터 전송이 ACK1의 성공적 도착과 함께 끝이 나고 SS2및 SS3의 후퇴계수는 남은 값(RBO)에서부터 다시 감소하기 시작하여 두 값이 같은 순간에 0이 되었다.
- 그래서 SS2와 SS3는 각각 data2와 data3를 AP를 향해서 전송하였는데 그만 두 데이터가 동시에 AP에 도착하여 충돌이 발생했다. 그래서 채널이 다시 busy가 되었는데 그 후 SS2와 SS3에게 서로 다른 후퇴계수가 할당되고(이번에는 SS2가 SS3보다 짧은 값을 할당받음) SS2는 DIFS만큼 기다린 다음에 할당된 후퇴계수가 다 소진된 뒤 데이터(data2)를 전송할 수 있게 되었다. 다행히도 이 데이터는 무사히 AP에 전송되었고 그 후 AP는 SIFS 동안 기다린 뒤 ACK2를 SS2에게 보냈는데 성공적으로 전달된다.
- 마지막으로 SS3는 최근에 할당받은 후퇴계수의 값에서 SS2가 데이터를 전송하기 시작한 뒤에 남아있던 후퇴계수의 값이 이 다시 감소되어서 그 값이 0이 되면 그제서야 전송 기회를 부여받게 된다.

무선랜의 MAC 프로토콜은 앞에서도 이야기한 바와 같이 기본적으로는 이더넷의 MAC 프로토콜인 CSMA/CD를 기반으로 하지만 무선랜이 가지는 고유의 특성 두 가지 때문에 이더넷의 MAC 프로토콜인 CSMA/CD를 그대로 사용할 수 없다.

숨은 노드의 문제와 충돌회피

무선랜의 두 가지 특징은 다음과 같다.

첫째, 무선랜에서 단말은 다른 단말이 무선채널을 사용하는지 아닌지 완벽하게 탐지할 수 없다. 아래의 그림을 보자.

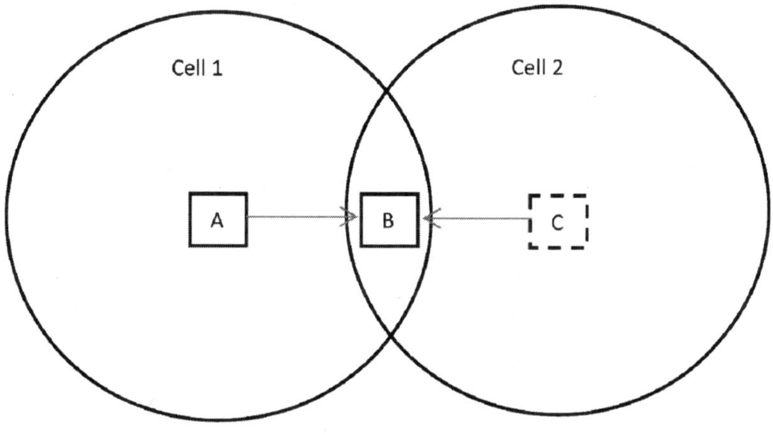

[그림 9.7] 숨은 노드의 문제

위의 그림에서 노드(무선단말) A는 셀 1에 속해있고 노드 C는 셀2에 속해 있으며 노드 B는 양쪽의 셀에 모두 속해있다(왜냐하면 무선 네트워크의 셀은 서로 인접하는 부분이 약간 겹치게 설계되기 때문이다). 이때 노드 A와 C는 서로 다른 셀에 속해 있기 때문에 서로 상대방의 존재를 모른다. 이 경우 노드 A가 노드 B에게 프레임을 전송해도 노드 C는 노드 A 가 프레임을 보냈는지 알 수 없고 따라서 셀1의 무선 채널이 점유 중인지의 여부도 알 수 없다. 따라서 노드 A와 C가 동시에 자기 셀 안에 있는 노드 B에게 프레임을 전송하면 노드 B에서는 프레임의 충돌이 발생한다. 이것을 숨은 노드의 문제(hidden node problem)라고 부른다.

둘째, 무선단말은 동시에 송신과 수신을 할 수 없다. 따라서 자신이 송신하는 동안에 다른 단말이 데이터를 보내는지 알 수 없다.

이와 같은 두 가지 문제로 인하여 무선랜에서는 데이터의 충돌을 피할 수 없다. 그래서 숨은 노드의 문제를 해결하기 위해서 CSMA/CA에서는 부가적으로 RTS(request to send)/CTS(clear to send) 메시지를 사용하여 사전에 숨은 노드들 간의 충돌을 회피하는 방안을 강구하여 이것을 선택 사양(option)으로 포함시켰는데 이로 인하여 데이터 전송 성능이 향상된 것이 입증됨에 따라 거의 모든 장비에 이 기능이 장착되게 되었다. 이 기능은 아래에서 이야기하는 집중조정기능과도 관계가 있으므로 먼저 집중조정기능에 대해서 이야기하고 나중에 이에 대해서 계속 이야기해 나가기로 한다.

집중조정기능

집중조정기능(PCF)은 AP가 각 단말에 대하여 데이터를 전송할 수 있는 권한을 부여하는 방법이다. 이 기능이 생긴 이유를 간단히 설명할 필요가 있나. 송수신 단말이 서로 멀리 떨어져 있는 경우에 충돌탐지메시지와 응답메시지가 오가는 시간이 너무 길어질 가능성이 있는데 그 사이에 다른 단말이 채널이 빈 것으로 생각하고 프레임을 보내서 결국 AP에서 충돌이 일어난다. 이것을 숨은 노드의 문제라고 정의하였다.

이 문제는 결국 네트워크 상에 중재자가 없이 모든 노드가 자발적으로 데이터 전송을 제어한 것에서 발생한 것이므로 이 문제를 해결하기 위해서는 네트워크에 누군가가 중재자 역할을 해야 할 필요성이 생기게 되었다. 그래서 네트워크에서 유일한 중재자 역할을 할 수 있는 AP에 채널 획득 관리 기능을 부여한 것이다.

한편 최근에 와서는 음성이나 비디오 등의 실시간 서비스가 무선랜 상에서 중요한 트래픽으로 자리를 잡기 시작함에 따라서 앞의 DCF방식과 같이 모든 단말이 공정하게 경쟁하여서 서비스를 하는 전송 방식은 오디오/비디오 서비스가 요구하는 실시간성 전송을 보장하지 못하게 되었다. 그리고 스마트폰의 확산으로 사람이 많이 모이는 지역에서 심각한 경쟁을 수반하는 고부하(high traffic) 상황이 자주 발생하는데 이런 환경에서는 DCF가 정상적으로 동작하는 것이 불가능하다. 그래서 네트워크에 들어오는 데이터 중에서 실시간성을 요구하는 서비스에 대해서는 비록 채널의 상황이 여유가 없더라도 실시간성을 요구하지 않는 데이터보다 먼저 채널을 사용할 수 있는 권한을 부여하는 기능이 필요하게 되었다. 이러한 기능을 서비스품질(quality of service) 보장 기능이라고 하는데 이 주제는 이 장의 영역을 벗어나는 문제이므로 자세한 사항은 다음 기회에 다루기로 하고 다만 데이터의 처리 순서를 차별화한다는 정도로 이해하면 될 것이다.

하여간 이와 같은 이유에 의해서 PCF 기능을 정의하게 되었는데 PCF는 기본적으로 DCF가 동작한다는 전제에서 정의되었다. 집중조정기능의 동작은 다음과 같다.

모든 패킷은 채널의 점유시간과 패킷의 성공적인 전송에 필요한 제어패킷의 교환에 필요한 시간을 가지게 한다. 그리고 모든 단말은 채널의 점유기간(busy period)을 나타내는 NAV(network allocation vector)에 규정된 전송시간을 설정하고 채널이 비어있다(idle)고 감지되어도 바로 패킷을 전송하는 것을 자제한다.

패킷을 전송하고자 하는 단말은 패킷을 송신하기 이전에 AP로 RTS(request to send) 패킷을 송신한다. 그러면 이 패킷이 AP에게 접수될 것이고 AP는 정해진 시간 동안 네트워크의 상태를 감시하다가 어떠한 단말에게서도 데이터의 전송요구가 없음을 알게 되면 AP는 RTS를 보낸 단말에게 CTS(clear to send) 패킷을 보내면서 지정한 채널에 데이터를 전송할 수 있는 권한을 부여한다. 이 RTS/CTS 프레임은 모든 다른 노드에게 앞으로 있을 패킷의 전송시간을 알려주는 역할을 한다. 한편, 프레임이 전송 중인 것을 감지한 다른 SS는 자신의 NAV를 채널이 busy일 시간의 기대치로 설정시킨다. 그리고 거기에 지정된 시간 동안은 패킷을 보내지 않게 된다.

채널이 busy일 시간의 기대치는 프레임의 길이를 나타내는 길이 인식 영역(duration identity field)에 나타난 값을 근거로 계산한다. 이를 직접 물리계층에서 머리글(preamble)을 검지해서 구한 값을 이용해서 매체가 점유 중인지 아닌지를 검지하는 물리적 신호검지기법과 비교해서 가상신호검지기법(virtual carrier sensing mechanism, 이하 VCS 기법)이라고 하는데 이와 같은 이유로 인하여 PCF를 다른 말로 가상신호검지기법이라고도 부른다. PCF에서도 SS는 채널이 busy라는 것을 알게 되면 바로 백오프에 들어가야 한다.

RTS/CTS 방법은 채널에서의 충돌의 검지에도 사용되는데 만약 CTS가 기대했던 RTS/CTS 메시지 교환시간보다 더 늦게 도착하면 채널이 busy한 것을 의미하며 그렇지 않을 경우에는 채널이 idle하다고 판단할 수 있다. 만약에 길이가 긴 데이터를 RTS/CTS 메시지의 교환 없이 전송하면 오랜 시간이 지난 뒤에야 충돌이 검지될 것이고 그로 인해서 대역폭의 소비도 커지게 되며 반대로 짧은 메시지의 전송에서는 RTS/CTS 메시지의 교환으로 인하여 오버헤드가 증가하게 되므로 이 또한 대역자원의 낭비를 가져온다. 따라서 RTS/CTS 메시지의 교환을 사용하는 것은 선택사양으로 정의되어있다.

아래의 그림은 단말간에 RTS/CTS를 주고받는 원리를 나타낸 것이다. 단, 그림에서는 AP의 존재는 따로 나타내지 않았지만 실제로는 중간에 AP가 개입되어있다고 보면 된다.

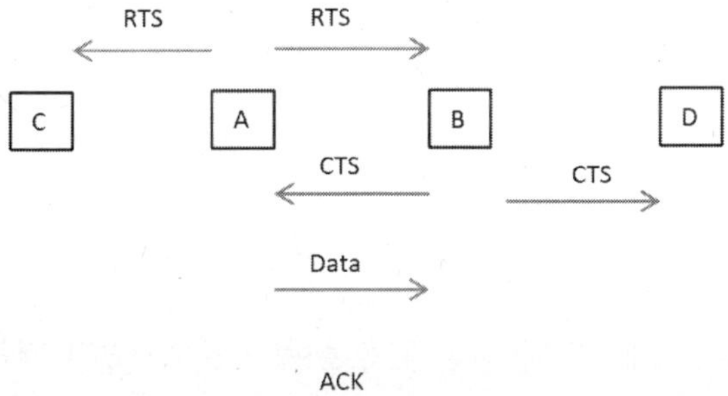

[그림 9.8] RTS/CTS 메시지의 교환

위의 그림에서 먼저 RTS/CTS 메시지에는 송/수신 단말의 주소와 데이터 및 ACK의 전송시간에 대한 정보가 들어있다. 따라서 무선네트워크 상에서 프레임을 수신한 여러 개의 단말 중에서 해당 단말만이 데이터를 수신하고 그에 따라서 반응하게 된다.

단말 A가 단말 B(단말 대신 기지국이어도 무관)에게 데이터를 보내고자 하는 경우를 가정하였을 때 위의 그림이 동작하는 순서는 다음과 길다.

① 단말A는 RTS메시지를 송신하는데 이 메시지는 B와 C에 도착한다.
② RTS메시지를 받은 B는 매체가 비어있다고 판단하면 CTS메시지를 송신한다.
③ CTS메시지를 받은 A는 프레임을 전송한다.
④ 프레임을 받은 B는 정확성 검사를 한 후 정확하게 수신되었으면 ACK 메시지를 송신한다.

아래의 그림은 CSMA/CA에서 RTS/CTS 방법을 채용한 경우에 시간의 흐름에 따라서 진행되는 모습을 나타낸 것이다. 단, 그림에서 송.수신 단말 간의 전달지연은 무시하고 표기하였다. 즉, 실제로는 약간의 시간지연을 두고 사건이 일어나지만 그림에서는 모든 메시지는 바로 도착하는 것으로 나타내었다.

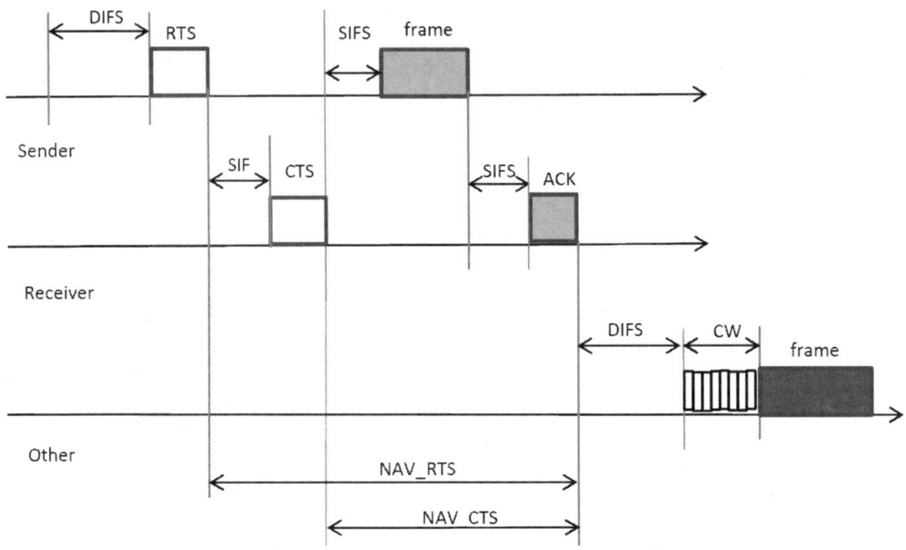

[그림 9.9] RTS/CTS를 채용한 CSMA/CA의 동작

한편, PCF는 AP가 데이터의 전송 권한을 부여할 수 있기 때문에 특정 고객의 데이터에 대해서 다른 고객의 데이터에 비하여 우선적으로 전송을 허가할 수 있다. 이와 같은 기능은 주로 지연에 민감한 음성이나 오디오/비디오 스트리밍 서비스를 위하여 사용된다. 이 기능은 WiFi에서 MAC 프로토콜의 필수 기능은 아니며 선택 기능으로 정의되어 있다. 아래의 그림은 DCF와 PCF가 혼합된 CSMA/CA 알고리즘의 흐름도를 나타낸 것이다.

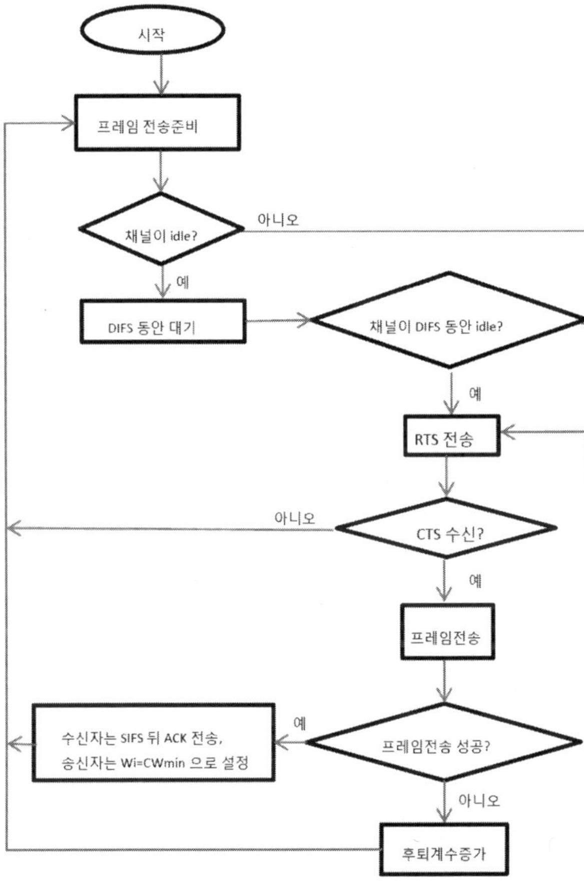

[그림 9.10] DCF와 PCF가 혼합된 CSMA/CA 알고리즘의 흐름도

9.4 고찰 문제

1. 랜에서는 FDM 및 TDM을 사용하는 것이 효율적이지 못한데 그 이유는 무엇인가?

2. 네트워크 토폴러지별로 매체를 접속하는 방법이 다른 이유가 무엇인지 알아보자.

3. CSMA/CD 프로토콜의 동자 원리를 흐름도를 그려서 설명해보자.

4. 이더넷 프레임의 최소길이가 64바이트(512비트)는 되어야 하는 이유를 설명해보자.

5. 이더넷 프레임의 구조 및 각 영역이 나타내는 정보의 의미를 설명해보자.

6. CSMA/CA 프로토콜에서 무선자원을 접속하는 방식으로 분산조정과 집중조정의 두 가지 종류가 있는데 이들 두 종류의 동작 원리를 설명해보자.

7. CSMA/CD와 CSMA/CA 프로토콜의 차이점을 설명해보자.

8. 프레임에 대해서 차별화된 전송기회를 부여하는 서비스차별화 CSMA/CA 프로토콜의 동작에 대해서 설명해보자.

9. 무선랜에서 숨은 노드의 문제가 무엇인지 정의하고 이를 해결하기 위한 방법이 무엇인지 설명해보자.

제10장 랜 간 연결

앞에서 우리는 유선 및 무선랜에 대해서 공부하였는데 유선 네트워크이든 무선 네트워크이든 간에 하나의 충돌 도메인으로 구성된 랜이 서비스를 제공할 수 있는 거리 및 연결 가능한 단말의 수에 한계가 있다는 것을 이미 언급한 바 있다.

한편, 랜이 가지고 있는 고유의 토폴러지뿐만 아니라 하나의 랜이 제공할 수 있는 성능의 한계 등의 이유로 인하여 같은 유형의 여러 개의 랜을 서로 연결하여 하나의 랜을 구성하고자 하는 경우도 있고 서로 다른 유형의 랜을 연결하여 큰 규모의 랜을 구성하고자 하는 필요성도 존재한다.

이와 같은 문제를 해결하는 가장 일반적인 방법은 랜을 연결(LAN interconnection)하는 방법이다. 아래에서는 유선랜 및 무선랜을 연결하는 방법을 소개한다.

10.1 유선랜의 연결

둘 이상의 유선랜을 연결하기 위해서는 랜 사이를 연결하는 장비가 필요하며 이 역할을 하는 것으로서 리피터, 브리지, 라우터, 게이트웨이 등이 있다. 이들 중에서 인접하는 랜을 연결하는 장비로서 리피터와 브리지가 있고 광역네트워크를 통하여 멀리 떨어진 장비를 연결하는 장비로서 라우터와 스위치가 있다. 아래에서 먼저 인접한 랜을 연결하는 장비에 대하여 설명하고 멀리 떨어진 랜을 연결하는 장비에 대해서는 뒤에서 다루기로 한다.

먼저 리피터는 단순한 물리적 신호 증폭기임은 앞에서도 말한 바 있다. 리피터는 물리적 계층에서 동작하며 따라서 네트워크에서 아무런 역할을 하지 않아도 되는 같은 유형의 랜간(주로 CSMA/CD 프로토콜을 따라 동작하는)의 연결에 사용된다. 리피터는 제2계층 이상의 주소를 해석할 수 없으므로 모든 데이터를 네트워크에 연결된 단말에게 전송한다. 물론 이렇게 전송되는 데이터는 목적지 주소와 일치하는 수신자만이 받아들이고 다른 단말은 이 정보를 그냥 무시한다.

한편, 브리지는 두 개의 랜을 연결하여 하나의 랜으로 보이게 한다. 이는 마치 두 개의 섬을 다리로 연결하는 것과 같은 원리이다. 대부분의 브리지는 같은 종류의 세그먼트 간을 연결하는데 가끔은 MAC의 헤더에 있는 성합(adaptation) 기능을 이용하여 다른 종류의 세그먼트끼리도 연결할 수 있다.

브리지는 OSI 제2계층인 데이터링크 계층에서 동작하는데 데이터링크 계층 프로토콜은 다시 링크계층 제어 부계층(link layer control sublayer)과 MAC 부계층으로 나눈다. 링크계층 제어 부계층은 데이터가 의도하는 목적지로 정확하게 전달되는지를 확인하는 기능을 가지고 MAC 부계층은 언제 어느 프레임을 받아들일지를 결정한다.

링크계층 제어 부계층에서의 기능인 브리징(bridging) 기능은 두 가지 유형으로 나뉘는데 하나는 점지향 전송(pointwise transmission)이고 다른 하나는 방송 전송(broadcast transmission)이다. 점지향 전송은 목적지가 분명한 경우에 보내고자 하는 단말에게만 데이터를 전송하는 방법이다. 따라서 브리지는 자신의 어느 한쪽 포트로부터 점지향 전송 주소를 가진 메시지가 도착하면 그 메시지가 가지는 주소를 브리지가 아느냐 모르느냐에 따라서 알면 브리지의 다른쪽 포트로 보내고 모르면 폐기한다.

한편, 자신의 어느 한쪽 포트로부터 방송 전송 주소를 가진 메시지가 도착하면 브리지는 그것을 자신의 포트를 제외한 모든 포트로 보낸다. 이때 랜이 가지는 가장 기본적인 기능이 데이터를 멀티캐스트(multicast) 혹은 브로드캐스트(broadcast)하는 것이다. 랜에서 브로드캐스트를 하는 방법은 프레임의 목적지 주소를 브로드캐스트용 주소로 지정함으로써 가능하다. 그리고 랜에서 멀티캐스트를 하는 방법은 프레임의 송신자 영역에 더해진 그룹 주소(group ID)에 따라 프레임이 전송된다. 따라서 각 호스트는 그룹 주소가 적힌 프레임을 주기적으로 보낸다.

브리지는 랜 세그먼트 내의 프레임의 MAC 헤더를 해석하여 그 헤더가 지정한 다른 세그먼트로 메시지를 전송한다. 이를 위해서 주소는 상호 연결된 세그먼트 간에 유일하여야 한다. 따라서 연결되는 세그먼트마다 MAC 주소를 가지고 있으며 단말은 이 주소를 사용할 수 없다.

프레임의 전송은 MAC 계층의 헤더 정보(도착지 주소와 라우팅 정보)를 분석하여 이루어진다. 따라서 발신자와 수신자의 주소는 변하지 않으며 모든 세그먼트를 통틀어서 이들 주소는 유일하다. 그러나 이 점은 대규모의 네트워크를 구성하는데에는 불리한 요소로 작용할 수 있다.

브리지에는 두 가지 유형이 있는데 하나는 투명 브리지(transparent bridge)이고 다른 하나는 소스 라우팅 브리지(source routing bridge)이다. 아래에서 각 유형의 특징을 비교한다.

투명 브리지

투명 브리지는 주로 CSMA/CD를 사용하는 버스 토폴러지 랜에서 사용하며 브리지의 존재가 단말에게는 보이지 않는다. 그리고 투명 브리지는 수신한 프레임에서 송신자의 주소를 분석하여 단말의 송신자 주소와 프레임이 도착한 포트 등을 포함하는 표를 작성한다. 이때 이 표는 브리지에 의해서 계속 갱신되는데 정해진 시간(몇 분 이내)

이상 트래픽을 발생시키지 않는 단말은 삭제된다.

결국 위와 같은 동작으로 인하여 각 브리지는 상호 연결된 네트워크 상의 모든 단말의 위치를 알게 되고 그 정보를 바탕으로 프레임을 수신자에게 정확하게 전송할 수 있게 된다. 이를 학습 브리지(learning bridge)라고 부르는데 이에 대해서는 아래에서 자세히 설명한다.

한편, 브리지는 자신이 받은 모든 프레임을 다른 브리지 혹은 노드에 전달할 필요가 없다. 즉, 브리지가 자신이 받은 프레임이 가능하면 수신노드가 있는 곳으로만 전송하는 것이 네트워크의 운용면에서는 유리하다. 이때 문제는 브리지가 어느 호스트가 어느 포트에 연결되어 있는지 알아야 그렇게 선별적으로 프레임을 전달할 수 있다는 것이다.

그럼 브리지는 이것을 어떻게 알까? 브리지가 처음 부팅될 때 그는 아무런 정보도 가지고 있지 않는데 프레임이 도착할 때마다 송신자 주소를 조사해서 그 프레임이 어느 포트로부터 온 것인지를 기억한다. 이러는 가운데 브리지는 호스트와 포트 사이의 연결 관계를 알게 된다. 아래의 그림은 브리지로 연결된 두 개의 이더넷과 각 호스트에 대해서 브리지가 알아낸 정보이다.

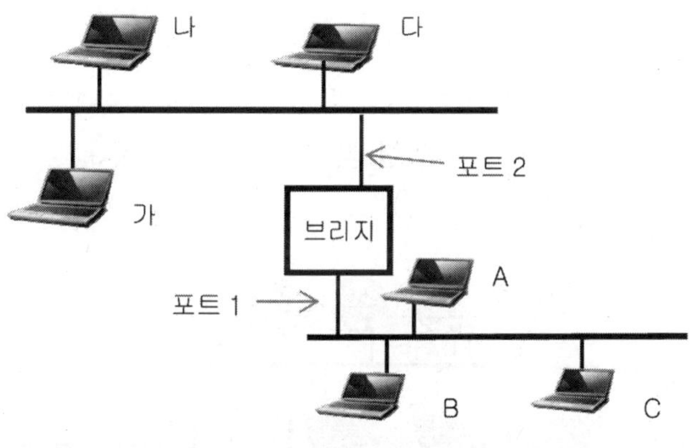

프레임 전달표

호스트	포트번호
가	2
나	2
다	2
A	1
B	1
C	1

[그림 10.1] 브리지가 알아낸 프레임 전달표(forwarding table)

브리지가 주소 필드(호스트의 포트번호)를 보고 수신자에게 프레임을 전송하는 경우에는 세 가지 경우가 있다.

- 수신지 단말이 송신지 단말과 같을 때 브리지는 프레임을 전달하지 않는다. 왜냐하면 그 프레임은 자신이 전송한 프레임이기 때문이다.
- 수신지 단말이 송신지 단말과 다를 때 브리지는 프레임을 해당 수신지 포트로 전달한다.
- 수신지 단말을 모를 때 브리지는 송신지 포트 이외의 모든 포트로 프레임을 전달한다.

투명 브리지의 단점으로는 단말 간에 경로가 여러 개 존재하는 경우 미지의 단말(unknown station)로 보내진 프레임이 네트워크 내를 무한히 돌아다닐 가능성이 있다. 이를 루프(loop)라고 한다.

루프는 단 두 개의 이더넷을 연결하는 경우에도 발생할 수 있다. 일반적으로 두 개의 이더넷은 하나의 브리지로 연결하는데 혹시 하나의 브리지가 갑자기 고장을 일으켜서 두 개의 이더넷이 서로 연결이 끊어질 것(이를 single point of failure라고 부름)을 대비해서 두 개의 브리지로 이중 연결하는 경우가 이런 경우이다. 아래의 그림을 보자. 아래의 그림은 두 개의 이더넷을 상하 두 개의 브리지로 연결한 경우이다.

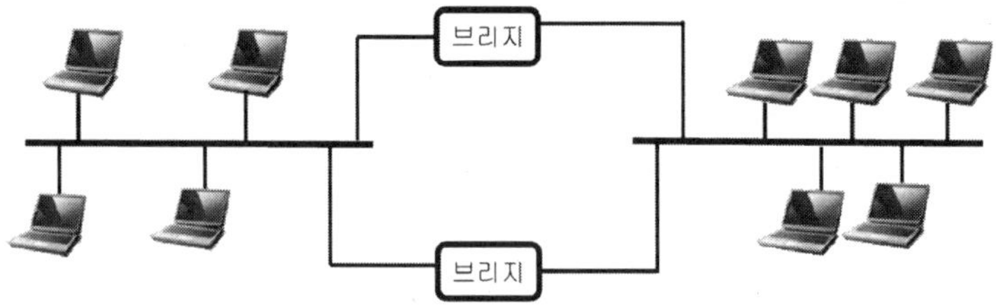

[그림 10.2] 두 개의 브리지를 이용한 랜 간 연결

또한 네트워크가 둘 이상의 운영 주체에 의해서 관리될 때 하나의 루트에서 고장이 일어날 경우를 대비해서 이중 경로를 구성하는 경우가 있는데 이때도 루프가 생길 수 있다. 아래의 그림을 보면 세 군데에서 루프가 발생한 것을 볼 수 있다.

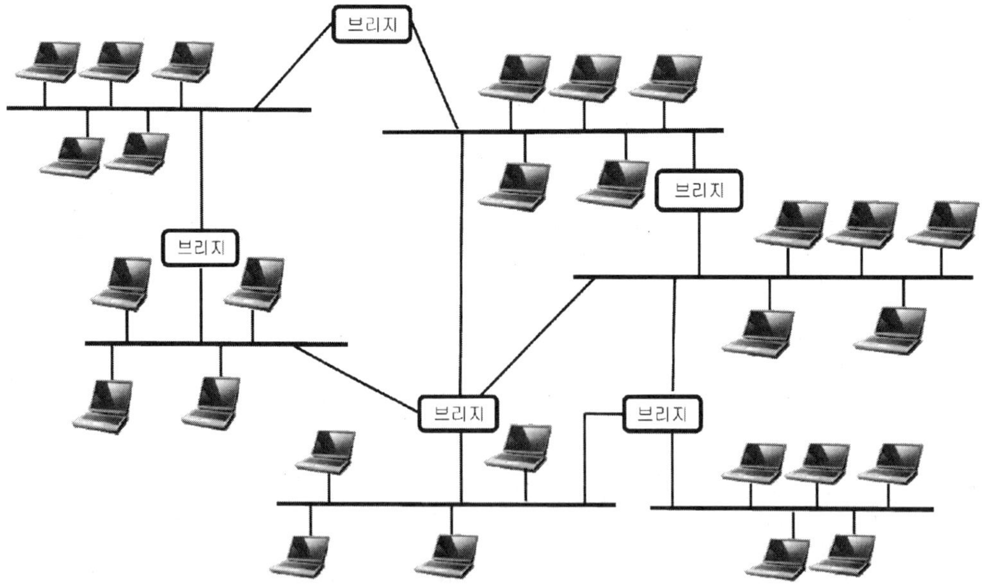

[그림 10.3] 브리지로 연결된 랜과 루프

한편, 브리지는 랜을 연결하는 장비이기 때문에 아주 편리한 반면에 위의 그림에서와 같이 루프가 생기면 그때는 곤란한 일이 벌어진다. 즉, 하나의 세그먼트에서 발생한 데이터를 다른 세그먼트로 보낼 때 세그먼트 간을 연결하는 브리지가 전송한 데이터가 서로 다른 세그먼트의 랜으로 보내는 와중에 데이터가 루프 내를 빙글빙글 돌아다닐 가능성이 있다.

루프 문제의 해결책

루프 문제는 스패닝 트리 알고리즘(spanning tree algorithm)을 이용해서 해결할 수 있다. 이를 위하여 각 브리지는 브리지 프로토콜 데이터 유닛(bridge protocol data unit)이라는 프레임을 인접하는 브리지와 주기적으로 교환하여 각 브리지 간에 서로 얼마나 떨어져 있는지를 탐색하고 그 중 기준점이 될만한 브리지(이를 루트 브리지-root bridge-라고 부름)를 하나 지정한다. 그리고는 경로가 여러 개 생기지 않도록 불필요한 브리지를 하나씩 삭제해서 최종적으로는 루프가 생기지 않는 모양(spanning tree)의 네트워크, 즉 네트워크의 토폴러지를 트리 구조(tree topology)로 유지한다.

한편, 위와 같은 수동적인(manual) 알고리즘은 소규모의 확장 랜에서 루트 브리지의 존재가 뚜렷하게 보이는 경우에 적용할 수 있는데 확장 랜의 규모가 커져서 브리지의 수가 상당히 많은 복잡한 토폴러지에서는 수동으로 스패닝 트리를 찾는 것은 비효율적일 수 있다. 이 경우에는 보다 더 체계적인 알고리즘이 필요한데 스패닝 트리를 찾는 알고리즘은 여러분이 아마도 이산수학을 공부하면서 한 번쯤은 공부한 적이 있을 것이다.

스패닝 트리란 루프를 가지지 않으면서 모든 노드를 연결하는 그래프를 말한다. 아래의 그림을 보면서 설명하기로 한다.

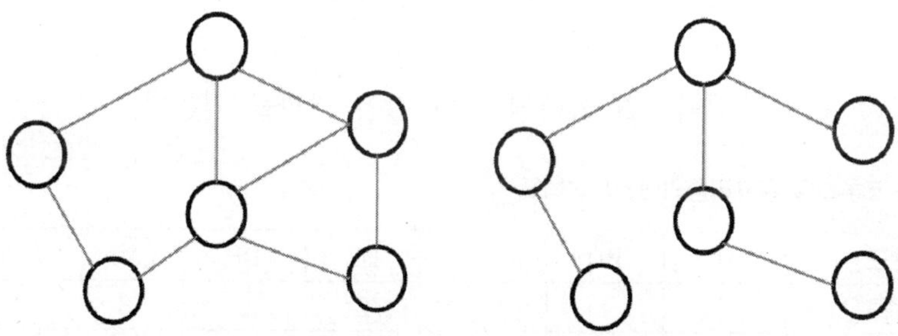

[그림 10.4] 루프를 가진 네트워크(좌)와 스패닝 트리(우)

위의 그림의 좌측은 6개의 노드가 부분 그물망으로 연결되어 있다. 그런데 여기에는 세 개의 루프가 있다. 이것을 스패닝 트리로 만들면(스패닝 트리는 여러 개의 답이 존재할 수 있음) 오른쪽 그림처럼 모든 노드가 루프 없이 연결된다.

스패닝 트리를 만드는 방법은 여러 가지가 있는데 여기서는 가장 간단하고 이해하기 쉬운 방법인 크루스칼(Kruskal) 알고리즘을 소개한다. 크루스칼 알고리즘은 이 방법을 고안한 조셉 크루스칼(Joseph Kruskal)의 이름을 딴 것인데 그래프 이론에서 가중치로 연결된 루프가 있는 그래프로부터 루프가 없으면서도 모든 노드를 연결하는 트리를 최소 비용으로 구성하는 방법이다.

위의 그림에서 각 링크에 가중치를 붙인 아래의 그림을 생각하자.

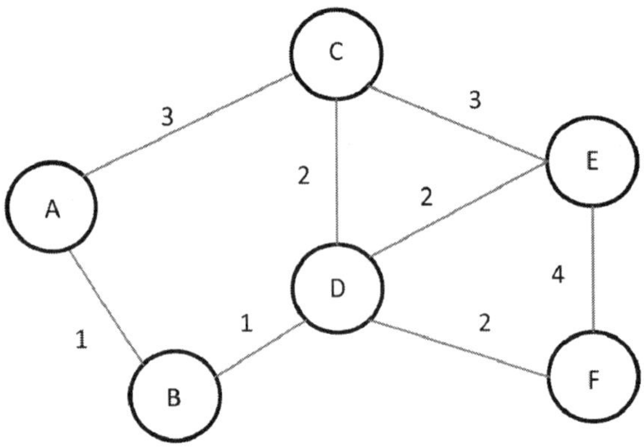

[그림 10.5] 루프가 있는 그래프의 예

위의 그래프에서 링크와 링크의 가중치 그리고 선택 여부를 기입하는 다음과 같은 표를 만드는데 첫 번째 행에는 링크의 이름(두 노드의 이름을 병기해서 표시)을 기입하고 두 번째 행에는 그 링크의 가중치를 기입하되 링크상의 가중치가 작은 것부터 순서대로 기입한다. 단, 같은 가중치의 값을 가지는 링크는 임의의 순서로 기입한다. 그리고 세 번째 행에는 링크의 선택 여부를 표시한다. 이와 같이 표를 준비한 뒤 링크의 가중치가 작은 링크부터 하나씩 선택해 나가면서 루프는 형성되지 않되 모든 노드가 연결되도록 링크를 선택하면 아래의 표와 같은 결과를 얻는다.

[표 10.1] 크루스칼 알고리즘의 링크 선택표

링크	AB	BD	CD	DE	DF	AC	CE	EF
가중치	1	1	2	2	2	3	3	4
선택 여부	O	O	O	O	O	×	×	×

위의 결과로부터 얻은 스패닝 트리는 아래의 그림과 같다.

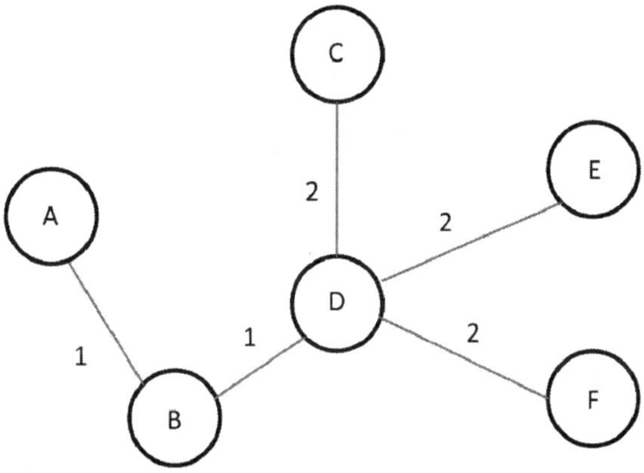

[그림 10.6] 루프를 제거한 스패닝 트리 그래프

소스 라우팅 브리지

소스 라우팅 브리지는 주로 토큰링 네트워크에서 사용하는 방식이다. 이 경우 경로(route: 프레임의 라우팅 정보 필드를 구성하는 세그먼트와 브리지 ID의 형태)는 송신단말에 의해서 명시적으로 제공되며 따라서 브리지가 작성하고 관리하는 표가 필요 없다. 그대신 송신단말은 자신이 보내고자 하는 수신단말까지의 단대단(end-to-end) 경로를 알고 있어야 한다. 그래서 이 방식은 불편하고 실제로는 잘 쓰지 않는다.

브리지의 한계로서는 당초에 브리지가 동종(homogeneous)의 시스템으로 구성된 소규모(수십개 이내)의 랜을 연결하는 장비로 개발되었기 때문에 스패닝 트리 알고리즘의 복잡도가 브리지의 수에 비례해서 증가(복잡도=O(n), 단 n은 브리지의 수)한다는 점과 모든 호스트가 브로드캐스트된 프레임을 받고자 하지 않는다는 점이다. 결국 브리지는 대규모 네트워크의 구성에는 적합하지 않다.

가상랜

지금까지 우리는 랜을 상호 연결하여 확장된 랜(줄여서 '확장 랜'이라고 부름)을 구성하는 방법을 공부하였는데 이번에는 확장 랜에서 유용한 기술 중의 하나인 가상랜(virtual LAN, 이하 VLAN)에 대해서 알아보자.

먼저 가상랜이 등장한 배경부터 알 필요가 있다. 랜이 널리 보급되면서 등장한 문제는 여러 가지가 있는데 우선 랜에 연결되는 단말의 수가 급증하면서 방송 프레임(broadcast frame)의 양이 많이 늘어나고 그로 인하여 링크 상을 흐르는 트래픽이 증가하거나 스위칭 장비의 부하가 증가하게 되었다. 또한 동일한 장소(가령, 넓은 캠퍼스나 큰 규모의 빌딩 등)에 서로 독립된 조직의 랜을 여러 개 구축하여야 할 필요성도 증가하였다. 이와 같이 VLAN은 랜의 규모(scalability)를 늘리는 수단으로 사용된 확장 랜의 개념과는 반대로 물리적으로 확장 랜의 일부를 논리적으로 분리시켜서 전체 랜의 동작을 가상적으로 몇 개의 독립된 랜으로 동작하도록 하는 기술이다.

VLAN은 하나의 물리 랜을 논리적으로 독립된 여러 개의 가상적인 랜으로 분리하여 운용하도록 하는 이더넷 스위치의 가상화(virtualization) 기술로서 IEEE 802.1Q표준으로 제정되었다. VLAN에는 많은 장점이 있는데 다음과 같다.

- 첫째, 하나의 도메인을 여러 개의 VLAN 도메인으로 분할하여 플러딩(flooding)을 최소화한다.
- 둘째, 서로 다른 VLAN 간에는 브로드캐스팅(broadcasting)이 차단되므로 VLAN 간에 학습을 통하여 접근을 할 수 없도록 한다.
- 셋째, 각 VLAN 별로 스패닝 트리를 구축하여 전체적인 네트워크 규모에서 볼 때 트래픽의 부하분산이 가능하다.
- 넷째, 하나의 VLAN이 하나의 논리적인 브로드캐스팅 도메인에 해당하므로 네트워크 관리효율이 높다.

각 VLAN은 이더넷 스위치 상에 VLAN 주소표(VLAN address table)를 구축하여 관리되는데 포트마다 고유의 ID를 가지고 그 ID가 포트에 정의된다. 이때 브리지는 하나의 그룹으로 묶여진 랜들을 하나의 주소로 인식하여 그것을 하나의 세그먼트로 인식한다. 그리고 동일한 그룹 ID를 가진 프레임은 세그먼트 간을 이동한다. 아래의 그림은 네 개의 랜을 두 개의 브리지로 연결한 확장 랜인데 이것을 다시 두 개의 VLAN으로 묶은 것을 보인다.

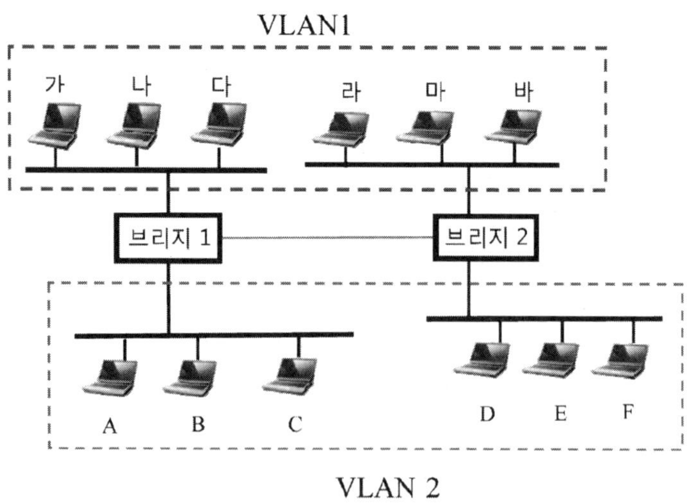

[그림 10.7] 두 개의 VLAN의 구성

원격 VLAN

VLAN은 위와 같이 브리지로 연결된 근거리에서 구성할 수도 있지만 서로 멀리 떨어져 있는 세그먼트에 대해서도 구성할 수 있다. 아래의 그림을 보자.

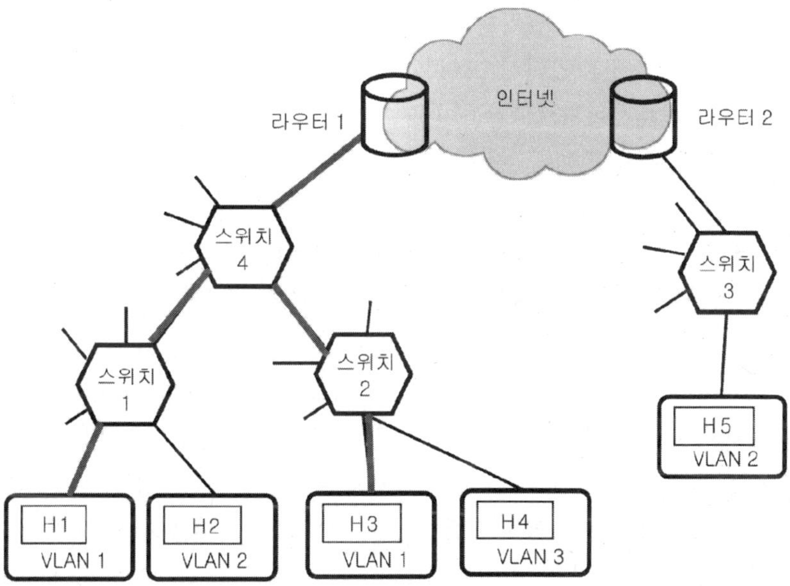

[그림 10.8] 원격 VLAN의 구성

위의 그림에서는 스위치 1에 VLAN 1과 VLAN 2가 연결되어 있고 스위치 2에 VLAN 1과 VLAN 3가 그리고 스위치 3에 VLAN 2가 연결되어 있다. 그림에서 스위치 1과 스위치 2에 각각 연결된 VLAN 1은 서로 약간 떨어진 거리에 있고 스위치 1과 스위치 3에 각각 연결된 VLAN 2는 서로 멀리 떨어진 거리에 있다. 그럼에도 불구하고 이들 VLAN은 같은 VLAN끼리 각각 대도시(VLAN 1의 경우) 혹은 장거리 네트워크(VLAN 2의 경우)를 통하여 하나의 집단으로 묶어서 논리적 서브넷(logical subnet)을 구성함으로써 상호 연결될 수 있다. 따라서 VLAN 1에 속하는 호스트 1(H1)과 호스트 3(H3)은 VLAN 1로 묶여서 상호 같은 세그먼트 간의 통신을 할 수 있고 VLAN 2에 속하는 호스트 2(H2)와 호스트 5(H5)는 VLAN 2로 묶여서 상호 같은 세그먼트 간의 통신을 할 수 있다.

그림에서 라우터 1은 VLAN 1의 기본 라우터(default router)이며 라우터 2는 VLAN 2의 기본 라우터로 지정되는데 이런 경우 스위치 1에 접속된 VLAN 1의 호스트는 자신에게 가장 인접한 라우터를 기본 라우터로 사용하므로 라우팅의 문제가 없으나 스위치 1에 연결된 VLAN 2의 호스트가 데이터를 보낼 경우 일일이 인터넷의 반대편에 위치한 라우터 2까지 가서 라우팅을 받으므로 네트워크의 효율이 떨어진다. 이럴 때를 대비해서 라우터 1이 VLAN 1과 VLAN 2의 기본 라우터의 기능을 할 수 있게 라우터의 구성을 할 수도 있다.

한편, 이와 같은 원격 VLAN의 설계에 있어서 가장 중요한 문제는 서로 떨어진 위치에 있는 여러 대의 호스트들을 어떻게 그룹을 만들어서(grouping) VLAN에 할당하는가 하는 문제와 라우터 및 스위치를 어디에 배치하는가 하는 문제이다.

먼저 그룹화의 문제에 있어서 고려하여야 할 사항으로는 연결할 호스트의 위치와 성격인데 위치에 대해서는 같은 건물이나 지리적 조건을 만족하는 호스트는 기본적으로 같은 VLAN내에 속할 것이다. 한편, 조직의 역할(가령, 기획실, 연구소, 홍보부, 영업부, 공장 등)과 업무의 성격에 따라 왕래가 빈번하거나 업무상 데이터의 교환이 활발한 부서끼리는 같은 VLAN에 그룹화하는 것이 유리하다.

라우터나 스위치의 위치 및 수량의 결정에 대해서는 비용이 결부되는 문제이므로 다양한 요소가 고려되어야 하는데 이 경우에도 상호 오고 가는 데이터의 양(특히 브로드캐스트 트래픽)과 링크 임대 비용을 최소화하도록 설치해야 하는데 이 문제는 이 책의 범위를 벗어나므로 자세한 내용은 참고문헌 [Sung]을 참고하기 바란다.

위의 그림과 같이 이미 라우터나 스위치의 위치가 정해진 경우에 대해서 스패닝 트리에 대해서 말하자면 VLAN 1의 스패닝 트리는 스위치 4를 루트 브리지로 하여 구성되고 라우터 1이 기본 라우터(default router, gateway router, 혹은 designated router)로 지정된다. 그림에서 굵은 선으로 연결된 링크로 구성된 부분이 VLAN 1의 스패닝 트리이다. 반면에 VLAN 2는 각각 라우터 1과 라우터 2에 연결되어 있는데 이 경우에는 VLAN 2가 연결된 지점에서 가장 가까운 위치에 있는 라우터(H2가 있는 VLAN 2는 라우터 1, H5가 있는 VLAN 2는 라우터 2)가 각 위치에서 기본 라우터로 지정된다.

10.2 무선랜의 상호연결

무선랜을 상호연결하는데는 크게 세 가지 목적이 있다.

① 첫째, 가장 큰 목적은 무선랜이 담당하는 영역(셀의 크기)에 제한이 있기 때문에 하나의 셀과 다른 셀에 연결된 단말 간의 통신이나 로밍을 하는 단말에 대해서 지속적으로 연결을 유지해 주기 위해서 분배네트워크(distribution network)라고 불리는 유선네트워크로 무선랜을 상호 연결할 필요가 있다. 이런 네트워크를 확장된 무선랜(extended wireless LAN)이라고 부른다. 이 경우에는 무선랜 간을 주로 유선네트워크로 연결한다.

② 둘째, 그다지 멀리 떨어져 있지 않는 둘 이상의 빌딩 사이에 있는 가입자를 연결하여서 랜 서비스를 공유하고자 하나 유선으로는 연결하기가 힘드는 물리적인 장애물이 있는 공간(가령, 강이나 고속도로 등)을 넘어서 데이터를 전송하고자 할 경우이다.

③ 셋째, 원거리에 있는 사용자에게 광대역랜 서비스를 제공하고자 하는 경우나 전용선보다 싼 가격에 무선네트워크를 제공하고자 할 때이다.

첫 번째 목적에 대한 무선랜 간의 연결은 앞에서 확장 랜의 개념을 소개할 때 이미 보인 바 있다. 아래의 그림은 두 번째 목적에 대한 무선랜 구축의 예이다. 즉, 유선으로는 연결하기가 힘드는 물리적인 장애물이 있는 공간(가령, 강이나 고속도로 등)을 넘어서 데이터를 전송하고자 할 경우이다.

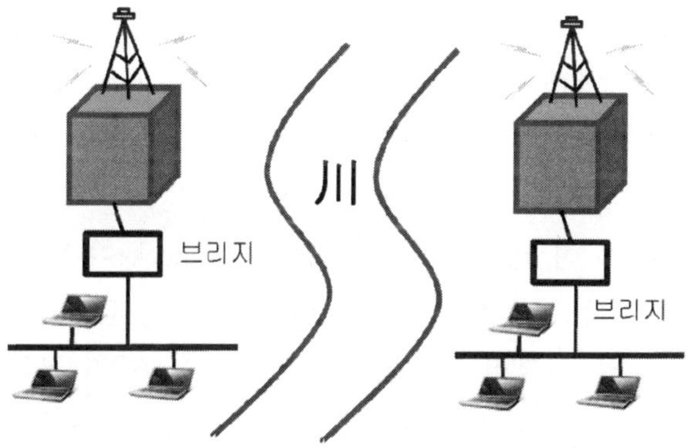

[그림 10.9] 물리적으로 떨어진 유선랜의 무선 연결

위의 그림에서 강을 사이에 두고 각각 하나의 무선랜이 있다. 그 무선랜은 단말을 직접 연결하기도 하고 브리지를 통해서 유선랜을 연결하기도 하는데 그 영역 내에 있는 모든 단말은 무선중계기인 AP(access point)를 통해서 데이터를 주고 받을 수 있다. 그리고 어느 한 쪽의 무선랜에 속한 단말이 다른 한 쪽의 무선랜에 연결된 단말에게 데이터를 보내고자 할 경우에는 이들 AP 간을 연결하는 WiFi링크(또는 다른 무선 기술)를 통해 데이터를 전송한다. 이때 유무선 호스트로부터 발생한 데이터는 건물의 옥상에 있는 무선 송수신 안테나를 통해서 물리적 장애물(여기서는 강)을 넘어서 반대편의 무선 송수신 안테나로 전달되고 그 신호는 반대편의 단말들에게 브로드캐스트된다.

다음 그림은 세 번째의 목적에 부합한 무선랜의 구축 예이다.

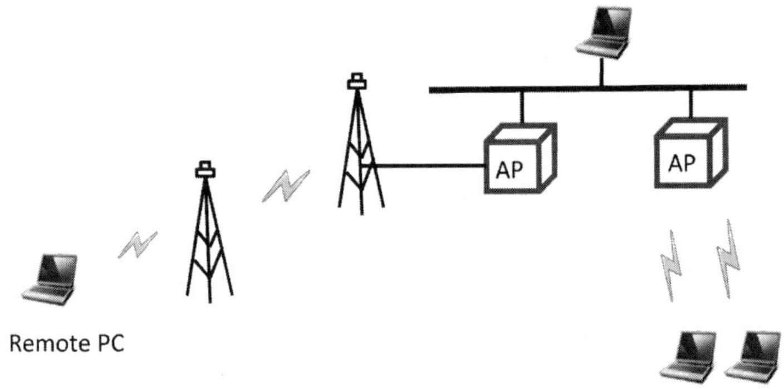

[그림 10.10] 원거리 광대역 무선랜 서비스를 위한 연결

위의 그림에서 맨 왼쪽에 위치한 무선AP의 한쪽은 지향 안테나(directional antenna)를 통해서 멀리 떨어진 단말(remote PC)을 수용하고 유선랜과 연결된 다른 AP는 WiFi 신호를 유선 LAN으로 연결시켜주는 기능을 한다. 이 경우에 두 무선 AP는 무선랜의 가입자가 송신하고 수신하는 모든 트래픽을 처리할 수 있는 충분한 주파수대역을 확보하여야 한다. 즉, AP가 이 네트워크에서 병목(bottleneck)이 되는 아주 중요한 지점이다. 단, 두 AP 사이는 반드시 무선 기술을 이용할 필요는 없고 셀룰러 기술이나 유선인 터넷을 이용할 수도 있다. 그리고 환경에 따라서는 두 AP가 모두 셀룰러 기술을 채용할 수도 있다.

10.3 고찰 문제

1. 유선랜 및 무선랜을 상호 연결하는 목적은 무엇인가?

2. 학습 브리지란 무엇이며 어떻게 동작하는지 설명해보자.

3. 확장 랜에서 루프가 발생하는 원인은 무엇인가?

4. 확장 랜에서 루프를 제거하는 방법에 대해서 수동적인 방법과 알고리즘에 기반한 방법을 설명해보자.

5. 스패닝 트리 알고리즘의 대표적인 알고리즘인 크루스칼 알고리즘의 동작 원리를 설명해 보자.

6. 가상랜이란 무엇인지 정의하고 가상랜의 장단점에 대해서 논해보자.

7. 무선랜을 상호 연결하는 방법에 대해서 요약해보자.

8. 자신이 속한 조직의 무선 랜 구축현황에 대해서 조사하여보자.

제3부

광역네트워크

제11장 광역네트워크와 교환 기술

11.1 광역네트워크

광역네트워크(wide area network, 이하 WAN)는 네트워크가 서비스를 제공하는 영역이 광범위(wide area)한 네트워크(network)를 말한다. 일반적으로 WAN[2)]은 거리로 말하자면 수백 킬로미터에서 수천 킬로미터를 연결하는 네트워크이고 소유 및 운용의 관점에서 보면 하나의 통신 사업자에 의해서 구축된 국가적 규모(nationwide)의 네트워크를 말한다. 즉, 우리나라를 예로 들면 전국적으로 네트워크를 구축하여 운용하는 KT나 SKT가 구축한 국가 규모의 네트워크를 말한다.

WAN은 이미 오래 전부터 존재해 왔는데 대표적인 것이 전화서비스를 위한 공중전화망(public switched telephone network, 이하 PSTN)이다. 그 뒤에 데이터의 전송을 위한 공중데이터망(public switched data network, 이하 PSDN)이 생겨났다. 물론 무선으로도 WAN을 구축할 수 있는데 전국적인 무선 전화 및 데이터 서비스를 제공하는 셀룰러망(cellular network)도 역시 WAN이다.

이처럼 WAN은 네트워크의 규모가 크므로 그만큼 네트워크를 설계, 구축, 운용하는데 비용이 많이 든다. 그래서 개인이나 통신 사업과 관련이 없는 기업이 사적인 통신을 위해서 WAN을 구축하는 것은 사실상 거의 불가능하고 국가가 소유하는 공기업이나 통신 서비스를 전문으로 하는 네트워크 운용 회사(network operating company, 이하 NOC)나 인터넷 서비스 제공 회사(Internet service provider, 이하 ISP)가 구축한다. 우리나라는 초기에 PSTN과 패킷 네트워크 등 대부분의 WAN을 국가가 구축하여 운영하다가 1990년대 이후에 모두 민영화되었다.

한편, 네트워크 운용자가 WAN을 구축할 때나 고객이 WAN을 사용할 때 고려할 사항으로는 서비스를 제공할 영역, 사용하고자 하는 서비스, 전송할 데이터의 양, 필요로 하는 대역폭, 통신 시간, 그리고 통신의 방식 등이 있다.

먼저 서비스를 제공할 영역은 기본적으로는 전국적 규모를 가정한다. 물론 일부 네트워크는 서비스의 초기에는 먼저 대도시부터 시작하여 점진적으로 전국적으로 확대

---

2) 저자 주: 앞에서 LAN을 '랜'으로 표기한 것은 이미 '랜'이라는 어휘가 우리들에게 익숙해졌기 때문인데 그렇다고 WAN을 '왠'으로 표기하려니까 왠지 어색해서 이 책에서는 그냥 WAN으로 표기함.

하기도 한다. 그리고 사용하고자 하는 서비스로는 음성(혹은 비디오) 전화, 데이터(파일) 전송, 비디오 송수신 등의 응용 서비스를 말한다. 예전에는 이들 서비스를 각기 별도의 네트워크를 구축하여 제공하였는데 최근에는 모든 서비스를 패킷교환을 기반으로 하는 IP네트워크 상에서 제공하고 있다.

한편, 전송할 데이터의 양에 대해서는 통신하고자 하는 주체가 개인인지 회사인가에 따라 양이 달라질 것이고 그에 따라 적절한 네트워크 규모를 산정할 필요가 있다. 개인은 대개 DSL이나 케이블 네트워크를 이용하여 WAN에 접속하고 기업은 전용선이나 가상 사설망 서비스를 이용하여 WAN에 접속한다. WAN으로의 접속과 관련된 세부 기술에 대해서는 뒤에서 자세히 다루기로 한다.

필요로 하는 대역폭도 전송할 데이터의 양과 마찬가지로 통신의 주체와 사용 목적에 따라 산정해야 한다. 특히 WAN에 접속하기 위해서는 통신사업자에게 접속료를 지불하여야 하는데 비용은 대역폭의 크기에 비례한다. 따라서 자신이 필요로 하는 대역폭을 정확히 예측할수록 그에 맞는 적절한 대역폭을 가입할 수 있기 때문에 이는 아주 중요한 문제이다. 그러나 이 문제는 이 책의 범위를 벗어나므로 자세한 이야기는 생략한다.

11.1.1 WAN의 분류

WAN을 분류하는 방법은 운용 주체에 따라 분류하는 방법과 동작 원리에 따라 분류하는 방법이 있다. 먼저 WAN의 운용 주체는 크게 두 가지로 나눌 수 있다. 하나는 사설 광역네트워크(private wide area network, 이하 사설 WAN)이고 다른 하나는 공중 광역네트워크(public wide area network, 이하 공중 WAN)이다. 현재 존재하는 대부분의 경우 공중 광역네트워크이다.

사설 WAN은 네트워크를 통신 사업자가 아니라 개인이 소유(기업도 포함. 개인이 네트워크를 소유하고 운용하는 일은 쉬운 일이 아니고 대부분은 기업이 소유)하는 네트워크로서 주로 개인이 소유하는 여러 곳에 분산된 복수의 랜과 이들 랜을 상호 연결하는 장거리 네트워크를 합친 것을 말한다. 사설 WAN은 네트워크의 구축, 운용, 그리고 사용을 개인이 책임진다.

그런데 개인이 소규모의 랜을 구축, 운용할 수 있어도 대규모의 장거리 네트워크를 구축한다는 것은 거의 불가능하다. 가령 여러분이 창원과 목포와 춘천에 각각 빌딩을 가지고 있고 각 빌딩에 랜을 구축해 놓았다고 하자. 그리고 이들 세 군데의 랜을 연결하기 위하여 여러분이 개인적으로 창원-목포-춘천을 잇는 장거리 통신망을 구축한다는 것이 쉬운 일이겠는가? 물론 기술적으로는 불가능하지는 않다. 이들 세 곳을 잇는 광케이블과 도중에 중계 장치를 설치하면 되겠지만 돈이 문제이다! 그래서 일반적으로 기업은 각자 자신의 랜을 구축한 후 장거리 네트워크는 공중 WAN을 이용한다.

한편, 공중 WAN은 통신 사업자가 구축하고 운용하는 네트워크이다. 우리가 현재 사용하고 있는 공중전화망이나 인터넷이 이에 해당한다. 우리나라의 WAN, 특히 공중전화망은 처음에는 국가가 구축하고 운용하였으나 1980년대 중반에 국영기업으로 바뀌었고 그 후 1990년대 후반에 민영화됨에 따라서 일반 기업으로 운용 주체가 변경되어서 지금은 모든 WAN이 일반 기업에 의해서 운용되고 있다.

한편, WAN을 동작 원리에 따라서 나누는 방법은 회선교환과 패킷교환을 취하는 네트워크가 있는데 아래에서 자세히 알아본다.

11.1.2 WAN의 동작 원리

WAN은 앞에서 공부한 랜과는 확연히 다른 성격을 지닌다. WAN의 가장 큰 특징은 접속되는 고객의 수와 분포가 랜과는 차원이 다르다는 것이다. 랜에서는 가까운 거리에 위치한 소규모의 고객이 서로 데이터를 주고받거나 공유하는 것이 주목적이었는데 반해서 WAN에서는 국가적인 규모의 네트워크에 맞게는 수억의 인구(예: 중국, 미국 등)가 네트워크를 이용한다는 점이다. 따라서 WAN에서는 랜에서와 같이 소수의 단말이 하나의 공유 매체 상에서 자율분산적인 동작을 해서는 통신이 거의 불가능하므로 랜과는 완전히 다른 방식으로 동작한다. 즉, WAN에서는 네트워크 전체를 상대로 데이터의 유입이나 트래픽의 흐름을 제어하고 관리하는 중앙집중식 제어장치가 필요하다. 그래서 WAN에서는 네트워크 장비로서 교환기나 라우터와 같은 보다 더 높은 계층에서 데이터의 전송을 제어할 수 있는 장비가 필요하다.

WAN의 운용 방식은 크게 두 가지로 나눌 수 있다. 하나는 교환네트워크(switched network)이고 다른 하나는 전속네트워크(dedicated network)이다.

교환네트워크는 네트워크의 내부에 교환기나 라우터와 같은 네트워크 장비를 갖추어서 송수신자가 데이터를 주고받을 때만 네트워크 자원을 사용하게 함으로써 많은 가입자가 네트워크를 공유하는 방식이고 전속네트워크는 송수신자 간에 항상 접속이 가능한 네트워크 인터페이스를 갖추어서 송수신자의 데이터 전송에 관계없이 항상 송수신자가 연결되어 있는 네트워크를 말한다. 다음 그림은 교환네트워크의 한 예를 나타내고 있다.

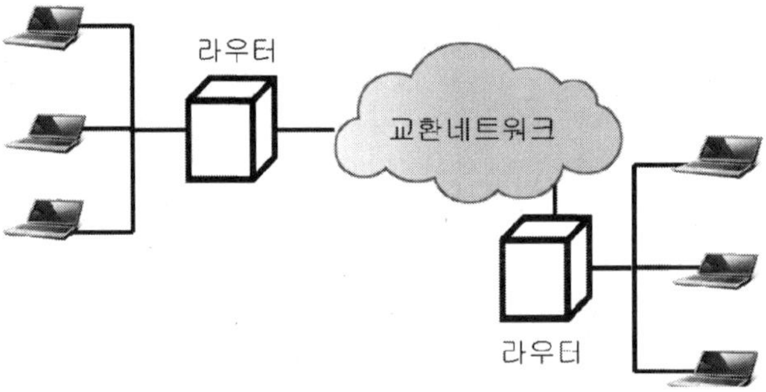

[그림 11.1] 교환 네트워크

교환네트워크는 운용방식에 따라서 회선교환네트워크(circuit-switched network)와 패킷교환네트워크(packet-switched network)가 있다.

회선교환네트워크는 송신과 수신을 하는 가입자에게 단대단(end-to-end)으로 회선(채널이라고도 함)을 단위로 네트워크 자원을 제공하여 정해진 양의 대역폭을 사용자의 통신 지속 시간 동안 고정적으로 제공하는 네트워크이다. 회선교환네트워크의 예로서 공중전화망(PSTN)이 있는데 주로 음성 서비스용으로 사용되었다.

패킷교환네트워크는 가입자에게 채널을 고정적으로 할당하지 않고 가입자가 발생시키는 데이터를 패킷이라는 임의의 크기의 단위로 만들어서 여러 사람이 공유하는 네트워크 자원 상에서 융통성 있게 전달되도록 한다. 패킷교환네트워크의 예로는 IP네트워크가 있는데 주로 데이터계열의 서비스를 제공한다. 최근에는 비디오 전송 등 모든 응용 서비스를 같은 네트워크 상에서 전송하는 것이 기술적으로 가능해지고 또 경제적으로도 더 유리하므로 모든 서비스가 패킷교환을 기반으로 하는 IP 네트워크로 통합되는 것이 추세이다.

아래의 그림은 전송네트워크의 동작 원리를 나타낸 것이다.

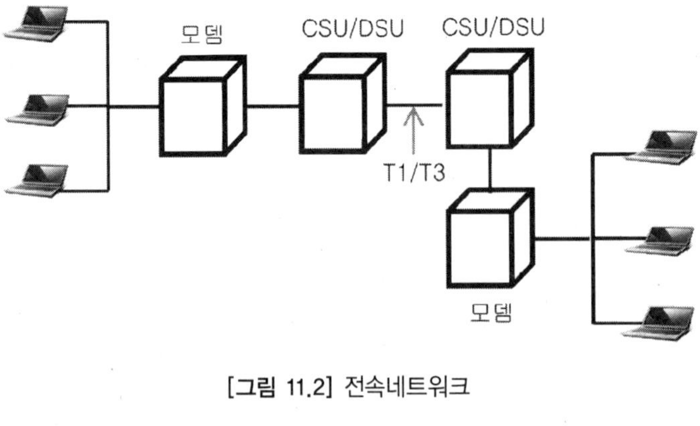

[그림 11.2] 전송네트워크

위의 그림에서 CSU/DSU는 채널 서비스 장비(channel service unit)/데이터 서비스 장비(data service unit)인데 교환기 또는 전용선 장비에 해당한다. 위의 그림에서 볼 수 있는 바와 같이 전송네트워크는 멀리 떨어진 두 지점 간을 일반 개인 고객들과는 물리적 혹은 논리적으로 분리된 회선을 통해서 상시 접속의 형태로 네트워크를 운영한다. 그래서 CSU 간의 링크로서 T1/T3(제공속도: T1=1.544Mbps, T3=45Mbps, 자세한 사항은 12장에서 소개함) 등의 고속 시분할 다중화 장비(time division multiplexer, 이하 TDM)를 사용하여 두 지점 간에 고정적인 대역폭을 제공하고 있다. TDM에 대해서는 제12장에서 자세히 다루기로 한다.

전송네트워크의 예로서는 전용선(leased line)이 있는데 가입자와 네트워크를 연결하는 액세스회선(access link)으로는 DSL을 주로 사용하고 네트워크 내부에서 데이터를 전달하는 트랜스포트회선(transport link)으로는 DS-x(x=0,1,3 등) 회선[3]이 있다.

사실 전송네트워크는 개인 간을 단순히 연결을 하는 것은 아니고 대부분의 경우 통신 사업자가 구축한 네트워크 상에서 개인에게 마치 자신만이 네트워크를 사용하는 것 같은 환경을 만들어주는 기술을 사용하는 것이다. 이들 개별 네트워크에 대해서는 나중에 자세히 다루기로 한다.

앞에서도 이야기한 것처럼 WAN은 랜과는 완전히 다른 성격을 지니고 있어서 고객의 데이터를 전송하는 방식으로 랜에서 사용하는 MAC 프로토콜을 사용할 수 없다. 랜을 대학교 교내의 도로라고 하고 WAN을 고속도로라고 가정하자. 먼저 대학교 교내의 길에는 자동차가 그다지 많이 다니지 않고 또 평소에 자동차가 다니는데 전혀 문제가 없으므로 교내에 신호등을 설치하거나 버스 전용차선을 만들어서 운용할 필요가 없다. 왜냐하면 소수의 차들이 서로 상대방 차의 운전상황을 판단해가면서 자율적으로 운전을 할 수 있기 때문이다.

한편, 고속도로를 생각해보면 거기에는 수십만 대의 차량과 수많은 분기점(인터체인지나 서로 다른 고속도로의 분기점)이 있고 차들이 분기점을 들어오고 나가고 할 것이다. 그래서 차가 그다지 많지 않은 평상시에는 차량이 제어를 받지 않고 인터체인지를 드나들 수 있으나 어떤 인터체인지에서는 차량이 많을 때 인터체인지로 들어오는 차의 양을 조절하기 위하여 진입로 입구에 신호를 달기도 하며(미국의 고속도로에서 이렇게 함) 우리나라의 명절 전후에는 어떤 곳에서는 차량의 진입은 폐쇄시키고 나갈 수 있게만 하고 어떤 차선은 버스 전용차선으로 운용하며 얌체 운전자가 버스전용차선이나 갓길로 달리는 것을 헬리콥터를 동원해서 단속까지 하고 도로상의 전광판이나 스마트폰

---

3) DS는 digital signal을 나타내며 신호를 전달하는 속도에 따라서 0, 1, 3 등의 계위를 정하는데 DS-1은 T1회선과 같은 속도를 제공하는 디지털 전용선을 말함.

에서는 고속도로 별 구간 별 차량 소통상황을 알려주는 등 한국도로공사는 여러 가지 장치를 동원해서 차량의 원활한 소통을 위한 노력을 하고 있다.

이와 같은 모든 현상이 네트워크에서도 일어날 수 있기 때문에 WAN에서는 랜에서 사용하는 데이터링크계층의 기능뿐만 아니라 다른 계층(특히 전송계층 및 네트워크계층)의 제어 기능을 필요로 한다. 그 중에서 라우팅이나 부하 분산 등 네트워크계층의 기능은 제3부의 인터넷에서 다루기로 하고 다중 접속 기술과 같은 데이터링크계층의 기능에 대해서 제12장에서 이야기하기로 한다.

WAN에서 데이터링크계층이 하는 일을 요약하면 다음과 같다. 데이터링크계층의 프로토콜은 회선의 설정(connection establishment), 오류의 검출 및 정정(error detection/correction), 그리고 트래픽 흐름 제어(traffic flow control) 등이 있다. 회선의 설정은 데이터를 보내기 전에 미리 송수신 단말 간에 데이터를 보낼 수 있는 채널을 설정하는 기능으로서 교환기에 내장된 신호 제어(signaling control) 프로토콜을 사용한다. 단, 패킷교환네트워크는 회선의 설정은 하지 않는다. 그리고 오류의 검출 및 정정은 데이터를 전송하는 단위(패킷 등)로 헤더에 정보를 실어서 데이터가 제대로 전달되었는지의 여부를 검지하고 오류가 발생할 경우에는 이를 정정하는 기능으로서 랜에서의 기능과 큰 차이는 없다. 마지막으로 트래픽 흐름 제어는 네트워크의 부하 상태 등을 참고하여 데이터가 너무 과도하게 네트워크로 진입하지 못하게 하거나(예: TCP 프로토콜) 데이터의 전송 경로를 분산시키는 부하 분산 기능 등을 수행한다.

WAN의 데이터링크계층 프로토콜에 대해서 간단히 소개한다. 먼저 WAN은 장거리 전화 네트워크로부터 시작된 기술이기 때문에 회선교환방식의 WAN에서 설명하기로 하자. 회선교환방식의 WAN에서는 랜과 같이 여러 대의 단말이 하나의 물리 매체를 공유하는 방식이 아니라 교환기가 가지고 있는 여러 개의 회선 중에서 각 연결이 하나의 회선을 점유하는 방식으로 출발했기 때문에 MAC 프로토콜이 필요 없다. 그 대신 모든 연결이 점대점(point-to-point, 이하 p2p)으로 연결되는 방식을 취한다.

점대점 연결에는 두 가지가 있다. 하나는 물리적 점대점(physical p2p) 연결이고 다른 하나는 가상의 점대점(virtual p2p) 연결이다. 물리적 점대점 연결은 그야말로 물리적으로 두 컴퓨터를 직접 연결한 네트워크이다. 즉, 컴퓨터와 컴퓨터 혹은 컴퓨터와 프린터를 바로 연결하는 것이다.

한편, 가상의 점대점 연결은 두 컴퓨터 간의 연결점을 구름 모양(이를 클라우드-cloud-라고 부름)으로 표시하는데 구름 모양은 공중교환망(public switched network)을 이용하는 것이 일반적이다. 즉, 어느 한 대의 컴퓨터와 다른 컴퓨터가 교환망을 통해서 서로 연결되는 구조이다. 이때 네트워크의 내부의 구조, 동작 원리, 연결의 방법 등은 중요하지 않다. 하여간 연결이 된다고 가정한다. 중간에 라우터가 여러 개 있어서 이들의 연결을 중개할 수도 있고 라우터 두 대가 이들 컴퓨터를 연결할 수도 있으며 유선네트워크이든 무선네트워크이든 네트워크의 실체에 대해서는 무관심(Don't care)이다. 아래의 그림은 두 가지 p2p방식의 개념을 나타낸 것이다.

(가) 물리적 p2p 연결 (나) 가상의 p2p 연결

[그림 11.3] 물리적 p2p와 가상의 p2p연결

그런데 교환방식의 WAN에서는 교환기의 회선의 수나 대역폭의 크기가 한정적이기 때문에 교환기가 가지고 있는 포트가 모두 점유되면 새로이 연결을 시도하는 고객은 접속할 수가 없다. 이것을 폭주(congestion)라고 하는데 폭주가 일어나지 않도록 하기 위해서는 네트워크를 구성하는 교환기나 라우터 그리고 링크의 용량을 적절히 설계하여야 한다. 그러나 이 기술은 이 책의 범위를 벗어나므로 이 기술에 대해서는 참고문헌 [HLND]를 참고하기 바란다.

한편, WAN에서 네트워크를 적절한 규모로 설계해 놓고 운용한다고 하더라도 네트워크가 고객의 데이터를 수용할 때 한정된 네트워크 자원을 고객들에게 적절한 방법으로 할당하는 기법이 필요한데 이를 다중접속(multiple access)기법이라고 한다. 이에 대해서는 제12장에서 자세히 다루기로 한다.

WAN의 데이터링크계층 프로토콜로서는 세 가지가 있는데 가장 일반적이고 많이 사용하는 프로토콜은 PPP(point-to-point protocol)이다. 그 외에 SDLC(synchronous data link control)와 HDLC(high-level data link control)가 있는데 SDLC는 IBM에서 제정한 프로토콜이고 HDLC는 ISO에서 제정한 프로토콜이다. 이들 세 가지 프로토콜 모두가 기능은 비슷하지만 제정한 주체가 다르다는 것이 차이점이다.

11.2 교환기술

교환 기술(switching technology)은 네트워크를 구성하는 노드(하드웨어 혹은 소프트웨어로 동작하는 장비)가 네트워크 토폴러지 상에서 정의된 데이터의 전송 방향(송신자로부터 수신자가 있는 방향)으로 데이터를 전송하는 경로를 결정하여 그 경로로 데이터를 보내는 기술을 통칭한다. 데이터의 교환은 각 노드마다 독립적으로 일어나며 각 노드가 교환 장비와 입력 포트와 출력 포트를 갖추고 있어서 입력 포트로 들어온 데이터를 적절한 출력 포트로 전달하는 기능을 가진다. 이와 같은 교환 기능을 가진 장비를 교환기(switch)라고 한다.

교환기는 전화망과 같이 규모가 어느 정도 큰 네트워크에서 주로 사용되었는데 우리가 공중전화망을 PSTN(public switched telephone network)이라고 부르는 것도 이와 같이 공중교환망을 구축하여 전화 서비스를 하였던 데서 나온 것이다. 참고로 우리나라가 최초로 개발한 TDX-10(혹은 100) 교환기는 전화 회선 10만(혹은 100만) 회선을 동시에 연결시킬 수 있는 용량을 가졌다.

최근에 들어와서 전화네트워크는 점점 사용의 필요성이 적어지면서 사라지고 그 대신 인터넷 데이터가 네트워크 트래픽의 주된 응용 서비스가 된 까닭으로 이더넷 스위치 등 입력포트의 수가 굳이 수십만 개가 되지 않더라도 처리해야 할 트래픽의 양이 많은 네트워크에서 몇 개의 포트를 연결하여 동시에 여러 대의 노드가 통신을 하도록 하는 기술로서 많이 사용되고 있다. 아래의 그림이 교환네트워크의 개념도이다.

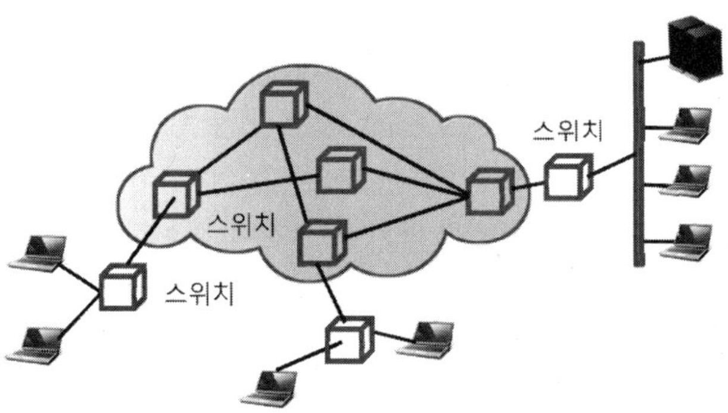

[그림 11.4] 교환네트워크

그림에서 구름 모양으로 된 영역 내에 있는 노드가 교환기이고 구름의 밖에 있는 노드로는 랜의 스위치 혹은 다른 네트워크와의 접속을 위한 라우터 혹은 호스트 등이 있다.

교환기술에는 회선교환(circuit switching)과 패킷교환(packet switching)이 있는데 아래에서 각 기술에 대해서 알아본다.

11.2.1 회선교환 기술

교환 기술을 사용하여 대규모 가입자를 대상으로 한 통신 서비스의 시작은 음성 서비스였다. 음성신호는 앞에서도 설명한 바와 같이 사람의 음성을 나타내는 아날로그신호를 송화기로부터 받은 후 디지털화(digitization)해서 매 125마이크로초(micro second)마다 8 비트의 신호를 샘플링하여서 초당 6만4000비트(즉, 64kbps)의 신호를 생성한다. 따라서 네트워크가 이 음성 신호를 전송하는데 필요한 대역폭은 그 이하도 그 이상도 아닌 64kbps이다. 이것을 고정 비트율(constant bit rate, 줄여서 CBR)이라고 부른다. 이와 같은 배경에서 전화망은 64kbps를 단위로 하는 하나의 통신 채널을 한 명의 고객에게 할당한다. 따라서 N(단, N≥2)명의 전화 서비스 사용 고객이 동시에 네트워크에 접속하도록 하려면 네트워크가 준비해야 할 대역폭은 N×64kbps이다. 즉, N개의 64kbps의 채널(이것을 회선, circuit, 이라고 부른다)이 필요하다. 우리가 앞에서 이야기한 동시에 10만 회선을 처리할 수 있는 TDX-10 회선 교환기에는 동시에 연결해야 할 채널이 10만 개이고 이 교환기의 총 처리대역폭은 6.4Gbps가 된다.

한편, 음성신호는 네트워크 상에서 전송하는 도중에 손상(지연으로 필요한 시간에 재생이 되지 않거나 도중에 데이터가 손실)되면 수신고객의 단말에서 완전한 재생이 불가능한데(즉, 음성의 일부가 이해할 수 없게 되는데) 다행히도 인간의 귀는 그다지 정교하지 못해서 약간의 손상이 일어나도 대화 내용을 이해하는 데에는 문제가 없다.

그러나 음성신호의 지연이 너무 길면 듣는 사람에게 제 시간에 전달이 되지 않기 때문에 음성이 자주 끊어지게 되고 두 사람의 대화가 이루어질 수 없다. 따라서 음성신호의 전달에 있어서 중요한 것은 음성신호가 실시간으로 상대방에게 전달되는 것이다. 이것은 송신자와 수신자 사이에 형성된 통신 채널에 대해서 그 연결이 지속되는 동안 지속적으로 그리고 절대적으로 일정한 대역(64kbps)이 보장되어야 한다는 것을 의미한다. 이것이 회선교환망(circuit-switched network)이 태어난 배경이다. 회선교환망의 동작 원리는 다음과 같다.

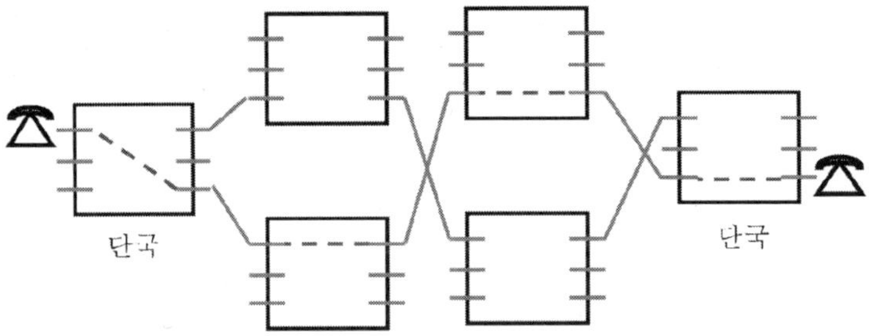

[그림 11.5] 회선 교환망의 동작 원리

그림에서 보는 바와 같이 가정의 전화 가입자는 근처의 전화국(이를 단국, end office, 이라고 부름)에 있는 교환기와 구리선으로 항상 연결되어 있다. 우리가 전화를 걸면 교환기가 수신자의 전화번호를 근거로 하여 네트워크 내부의 경로를 설정하여 두 사람 사이가 연결된다. 위의 그림에서는 왼쪽의 전화기가 연결되어 있는 가장 왼쪽의 전화국의 교환기와 오른쪽의 전화기가 연결된 가장 오른쪽의 교환기 사이에 2개의 교환기(중계국, tandem office)를 통해서 하나의 회선이 설정된 것을 나타내고 있다.

우리가 매달 전화 요금 고지서를 받을 때 '기본료'라고 되어있는 항목이 있는데 사실 그 요금은 '회선 사용료'이다. 즉, 여러분의 집과 전화국 사이에는 여러분이 언제든지 전화를 걸 수 있도록 늘 회선이 연결되어 있기 때문에 그에 대한 사용료이다. 필자는 일본에서 유학하면서 NTT(Nippon telephone and telegraph)의 전화 요금 고지서를 받아보고 거기에 '회선 사용료'라고 적힌 것을 보고 그렇게 적는 것이 일리가 있다고 생각하여 학위를 받은 후 귀국하여 그 당시 우리나라의 단 하나 밖에 없는 전화 회사에 이 이야기를 한 적이 있었는데 필자의 의견은 받아들여지지 않은 채 전화 요금 고지서에는 매달 '기본료'라는 항목으로 되어 있다.

하여간 우리가 친구 집에 전화를 걸기 위해서 친구의 전화 번호를 누르면 그 정보가 교환기에 전달되어서 교환기의 데이터베이스에 저장된 주소 정보에 따라 친구의 집까지의 최적 경로를 탐색하여 친구의 집에 연결을 요청하는 신호가 전달되고 벨이 울리도록 한다.

만약 친구가 전화를 받으면 바로 그 뒤부터 두 대의 전화기 사이에는 회선이 설정되어서 두 사람이 통화를 할 수 있게 되고 두 사람의 음성 정보는 통화가 끝날 때까지 계속 같은 경로를 따라서 전달된다. 물론 친구가 전화를 받지 않으면 회선은 설정되지 않는다. 두 사람의 통화가 끝나면 회선은 해제된다.

한편, 전화 네트워크를 이용해서도 컴퓨터 간의 통신이 가능하다. ADSL이 보급되기 이전에는 전화 회선을 이용하여 데이터통신을 하였다. 이때는 다이얼업모뎀(dialup modem)이라는 장비를 이용하여 PC로부터 생성된 디지털 정보를 아날로그 신호로 바꾸어서 전화망을 통하여 전송하였는데 전화망 회선의 속도가 64kbps밖에 되지 않아서 데이터를 전송하는데 제한이 많았다. 여러분이 전화회선을 이용하여 음악 파일 하나(3M바이트라고 가정)를 다운로드하려고 한다면 시간이 얼마나 걸릴까? 2400만/6만4000=375초=6분15초가 걸린다. 3분짜리 음악 한 곡을 다운로드하기 위해서 6분 15초를 기다려야 한다.

이번에는 3G바이트짜리 영화(비디오)를 전화회선을 이용하여 다운로드하려면 얼마나 걸릴까? 아마 여러분은 적어도 6일(240억/6만4000=37만5000초=140시간 60초=약6일)은 걸려야 성공적으로 다운로드를 받을 것이다. 단, 6일 동안 PC를 절대로 끄지 말아야 한다.

회선교환네트워크는 위에서 설명한 바와 같이 음성 전화 서비스를 제공하는 데는 아주 안정적이고 신뢰성이 있는 기술로서 19세기 말 우리나라에 전화 서비스가 도입된 이래 100여년 간 우리나라의 중추적인 통신 서비스 네트워크 역할을 충실히 수행하였다. 그러나 바로 위에서 예를 보인 것과 같이 인터넷 데이터나 비디오 데이터 등과 같이 데이터의 양이 음성 전화에 비해서 획기적으로 증가한 응용 서비스를 제공하는 데는 문제가 많은 기술이다. 그래서 20세기 말(특히 1995년 이후)에 들어와서 초고속 인터넷을 위한 기술인 패킷교환 기술이 각광을 받기 시작하면서 회선교환네트워크는 몰락의 길을 걷기 시작한다.

11.2.2 패킷교환 기술

우리는 앞에서 회선교환망이 등장한 배경에 대해서 이야기하였다. 한편, 팩스, 파일 전송, 그림 및 비디오 전송 등과 같이 실시간으로 대화를 하는 음성과는 다른 양식의 비실시간(nonreal-time) 정보를 가진 데이터는 어떤 때는 데이터가 순간적으로 많이 생성되기도 하고 어떤 때는 데이터의 양이 적게 생성되는 등 네트워크로 들어오고 나가는 데이터의 양이 불규칙적일 뿐만 아니라 데이터의 크기도 큰 것이 있는 반면에 작은 것도 있다. 또한 A4용지 한 장에 글자만 가득 적힌 문자 파일과 비디오 프레임이 초당 30장씩 표시되는 비디오 파일은 나타내는 정보의 양이 다르다. 따라서 이와 같은 정보가 시간의 흐름에 따라서 계속 네트워크로 전송된다고 할 때 정보가 나타내는 데이터의 양이 계속 변하게 된다. 이와 같은 서비스를 가변 비트율(variable bit rate, 이하 VBR) 데이터라고 부른다. 음성 전화를 제외한 대부분의 인터넷 데이터는 VBR데이터이다.

앞에서도 이야기하였지만 여러분이 친구와 전화를 할 때는 두 사람 중에서 누군가는 말을 하고 누군가는 말을 듣는 과정을 반복하면서 대화를 할 것이다. 사람의 음성은 초당 64kbps의 고정적인 데이터 전송률을 필요로 하므로 64kbps의 채널 하나만을 음성의 전송에 사용한다.

한편, 가변 비트율의 데이터를 회선 교환 기술을 이용해서 전송한다면 어떤 일이 일어날까? 단, 네트워크의 속도는 전화회선네트워크보다 빨라서 데이터든 비디오든 필요한 속도는 제공해준다고 가정하자. 만약 회선교환네트워크에서와 같이 사전에 여러분의 집과 웹 사이트 사이에 고정 속도의 회선을 설정하여 놓고 웹 검색을 한다고 가정해보자. 아마도 여러분은 맨 먼저 웹 사이트에 접속하여 초기 화면이 뜨면(이때 걸린 시간=5초) 전체 화면을 훑어본 후(이때 걸린 시간이 10초) 관심있는 기사(니도 가수가?)의 아이콘을 클릭할 것이다. 그러면 클릭한 기사(니도 가수가?) 가 다시 여러분의 PC 화면에 뜰 것이다(이러는데 3초가 걸렸다).

그런데 갑자기 친구로부터 문자 메시지가 와서 옆에 놓여 있던 스마트폰을 들고 카톡을 하느라 40분을 보냈다. 그리고 난 후 다시 PC에 돌아와서 '니도 가수가?'에서 무슨 일이 일어났는지 기사를 열심히 읽고(이러는데 2분 걸렸다) 다시 이전의 페이지로 돌아가서(이러는데 2초 걸림) 이번에는 관심 있는 가수가 노래하는 비디오 클립을 클릭하여 비디오가 뜰 때까지 기다린 후(버퍼링을 포함하여 8초 정도 걸림) 그 가수의 노래를 들었다(노래의 재생 시간은 3분 45초 소요됨).

만약 이렇게 웹 검색이 진행되었다면 이 네트워크의 효율은 어떻게 될까? 여러분이 네트워크로 데이터를 보내고 받는데 걸린 시간은 4분 3초이고 기사를 읽거나 친구와 카톡하느라 네트워크와 아무런 액션을 취하지 않은 시간은 42분이다. 즉, 42분간 여러분과 웹 서버 사이에 설정된 회선은 유휴(idle) 상태에 있었다. 결국 네트워크의 효율은 4분 3초/46분 3초=243/2763=8.79%. 아주 낮다. 게다가 여러분이 웹 사이트에 요구 메시지를 보낼 때 사용한 데이터의 양(수십 바이트 내외)과 웹 사이트로부터 여러분에게로 전송된 데이터의 양(수만 바이트)에는 엄청난 차이가 있다. 즉, 단위 시간당 소비된 대역폭의 양에는 엄청난 차이가 있다.

따라서 위에서와 같은 산발적인(sporadic) 데이터의 교환을 위해서 여러분의 집과 웹 사이트 사이에 회선교환 기술에 기반한 회선을 설정해서 46분 3초 동안 네트워크 자원을 지속적으로 할당하는 것은 효율적이지 못하다. 이것이 패킷교환망이 탄생한 이유이다.

패킷교환망(packet-switched network)은 응용 프로그램에서 만들어진 데이터를 패킷이라는 단위로 분할한 후 주소와 조립에 관련된 정보를 첨가하여서 네트워크 상에서 패킷 단위로 전송하는 기술이다. 아래의 그림이 패킷 교환기의 개념을 나타낸 것이다.

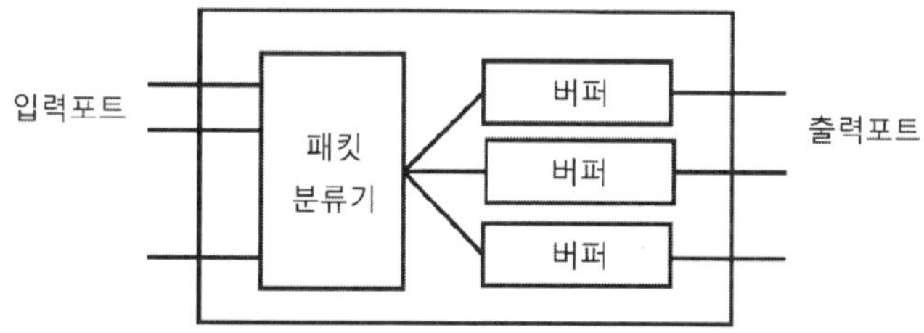

[그림 11.6] 패킷 교환기의 개념도

패킷 교환기에서 입력포트로 들어오는 패킷은 우선 패킷 분류기(packet classifier)에서 패킷에 기재된 정보(예: 수신자의 주소, 패킷의 유형 및 처리 우선도 등)를 바탕으로 적절한 출력 포트로 전달되도록 분류된다.

그런데 서로 다른 입력포트로 들어온 패킷이라고 하더라도 출력포트는 같은 곳으로 전달될 경우도 있으므로 여러 명의 고객으로부터 동시에 같은 출력포트로 패킷을 보내는 경우에 어느 특정 출력포트에서 패킷의 충돌이 일어날 수 있다. 이를 방지하기 위해서 패킷 교환기의 각 출력포트의 출구에는 버퍼가 설치되어있어서 동시에 여러 개의 패킷이 같은 출력포트로 나가더라도 패킷의 충돌이나 손실이 일어나지 않도록 하고 있다.

한편, 사람이 만들어낸 데이터그램(datagram)은 패킷의 일부, 패킷의 묶음, 혹은 여러 개의 패킷의 혼합으로 구성될 수 있는데 전송 도중에 데이터가 손상되면 데이터의 복구가 불가능하므로 수신단말이 이 정보를 받더라도 의미를 알 수 없다. 따라서 이때 중요한 것은 데이터를 오류 없이 전송하는 것이다. 그러나 오류를 없애려고 한다고 오류가 나지 않는다는 보장이 없기 때문에 결국 오류가 났을 때 이것을 해결하는 방법인 재전송(retransmission) 기법이 도입되었다. 이에 대해서는 나중에 다루도록 한다.

패킷교환망에서는 송수신자 사이의 데이터 전송 경로가 패킷마다 다를 수 있다. 그 이유는 모든 패킷을 굳이 같은 경로로 보낼 필요가 없기 때문이기도 하고 또 데이터 트래픽의 특성이 실시간성을 요구하지도 않으므로 송신자와 수신자 사이에 지정된 경로를 정해서 모든 패킷을 같은 경로로 보낼 필요도 없으며 어떤 경로이든 패킷을 송신자에서 수신자로 신뢰성 있게 전달한 후 나중에 재조립을 정확하게 하기만 하면 되기 때문이다. 이를 비연결형 전송(connectionless transfer)이라고 부르는데 이것이 회선교환망과 가장 큰 차이라고 할 수 있다.

패킷교환망은 회선교환망에 비해서 유리한 점이 세 가지가 있는데 다음과 같다.

- 첫째, 네트워크의 대역폭을 최대한 이용할 수 있다. 앞에서도 이야기한 바와 같이 패킷교환네트워크에서는 고객이 데이터를 보낼 경우에 한해서 네트워크의 자원을 사용하므로 여러 명의 고객이 각기 서로 독립적으로 서로 다른 시간에 데이

터를 전송할 때 통계적 다중화(statistical multiplexing) 효과가 발생한다. 따라서 어느 고객이 계속해서 네트워크로 데이터를 내보내지 않는 경우에도 보내야 할 데이터의 양이 많은 다른 가입자가 네트워크 자원을 사용할 수 있어서 회선교환 네트워크에서 문제가 되었던 회선의 효율의 저하를 방지할 수 있고 그로 인하여 네트워크 운영자는 과다접수(overbooking)도 가능하다.

- 둘째, 네트워크의 상황에 따라 패킷의 경로가 유동적이다. 앞에서도 이야기한 것처럼 패킷교환네트워크에서는 송수신자 간에 사전에 데이터의 전송 경로를 고정적으로 설정하고 그 경로를 연결 지속 시간 동안 지속적으로 유지해 줄 필요가 없어서 패킷을 보낼 때마다 그 때의 네트워크의 상황에 가장 적절한 경로로 데이터를 보낼 수 있기 때문이다.
- 마지막으로, 패킷교환망에서는 회선의 설정과 해제 절차가 필요 없다. 그로 인하여 데이터의 전송과 관련하여 사전에 처리해야 할 제어지연이 적다.

대표적인 패킷교환망으로는 X.25네트워크와 IP(internet protocol) 네트워크가 있다. X.25네트워크는 1970년대에 개발된 기술이며 인터넷이 등장할 때까지 ITU-T의 표준이었다. X.25는 OSI 모형에서 제1계층에서 제3계층까지의 서비스를 제공하는데 고객에게 PC 등의 DTE와 모뎀 등의 DCE 사이의 가상회선(virtual circuit, 줄여서 VC)을 제공한다. 그 중에서도 특히 PVC(permanent virtual circuit, 영구적 가상 회선-자세한 내용은 아래에서 기술함)를 제공한다. 사용자의 입장에서 보면 X.25는 p2p연결을 취한다.

한편, X.25는 오래전에 개발된 기술이기 때문에 개발할 당시의 회선 속도인 64kbps만을 제공한다. 앞에서도 이야기했지만 요즘처럼 대역 요구가 큰 네트워크 환경에서는 이 속도로 데이터 전송을 한다는 것은 곤란하다. 1990년대에 들어와서 X.25는 결국 155Mbps급의 속도를 가진 ATM(asynchronous transfer mode) 네트워크에 의하여 대체되었는데 ATM 네트워크가 그 뒤 다시 IP네트워크로 대체되어서 지금은 사용하지 않는 기술이다. 그래서 이들 두 가지 기술에 대해서는 더 이상 다루지 않기로 한다. 한편 IP네트워크에 대해서는 뒤에서 다룰 예정이다.

다만 여기서는 IP네트워크에서 채용하고 있는 교환 기술인 패킷교환 기술에 대해서 알아보기로 한다. 우리가 랜을 공부하면서 느낀 문제점 중에서 랜이 가지는 기술의 한계성으로 인하여 연결될 수 있는 호스트의 수가 제한적이고, 또 서비스를 할 수 있는 거리에도 제약이 있으며 미디어 공유 메커니즘이 가지는 제약으로 다양한 멀티미디어 서비스를 제공할 수 없었음을 잘 알고 있을 것이다. 이와 같은 규모, 지역, 서비스의 제약성을 해결하는 기술로서 가장 유망한 기술이 패킷교환 기술이다. 패킷교환 기술은 데이터를 보내고자 하는 고객(송신자)이 만들어내는 데이터를 패킷(packet)이라는 단위의 데이터로 잘게 분할해서 네트워크를 통해서 수신자에게 전달하는 기술이다.

이렇게 패킷을 단위로 데이터가 네트워크 상을 이동하기 위해서 네트워크 내부에서는 많은 기술을 필요로 하는데 대표적인 기술이 교환(switching) 기술과 전달(forwarding) 기술이다. 지금부터 이들 기술에 대하여 알아본다.

교환 기술

먼저 교환 기술에 대해서 설명한다. 교환이란 여러 개의 호스트를 하나의 하드웨어 스위치(switch)를 통하여 상호 독립적으로 데이터를 주고 받도록 해주는 것을 말한다. 가령, 한강에 다리가 하나 있는데 강의 남쪽에서는 아래와 같은 세 가지 경우의 차들이 있다고 하자.

1. 서울의 서쪽에 위치한 김포공항에서 출발하여 올림픽대로를 따라서 동쪽으로 오다가 강북으로 방향을 바꾸어서 가는 차
2. 서울의 동쪽에 위치한 잠실에서 출발하여 역시 올림픽대로의 반대편 차선을 따라서 서쪽으로 오다가 강북으로 방향을 틀어서 가는 차
3. 강남에서 바로 그 다리를 건너서 강북으로 가는 차

한편, 이 다리를 건넌 후 차들이 가고자 하는 방향이 또 아래와 같은 세 가지 경우가 있다고 하자.

1. 그대로 강북 방향으로 가고자 하는 차
2. 강북 강변도로를 타고 서울의 서북쪽에 위치한 일산 방향으로 가고자 하는 차
3. 강북 강변도로를 타고 서울의 남동쪽에 위치한 구리 방향으로 가고자 하는 차

이때 운전하는 사람들은 각자 지정된 길을 따라서 다리로 진입하여 1km가 넘는 한강 다리를 건너면서 각자 자신이 가고자 하는 방향에 유리한 차선으로 변경하다가 다리가 끝나는 지점에서 세 가지 방향 중에서 각자 자신이 가고자 하는 방향으로 빠져나갈 것이다. 여기서 차들이 다리의 시작과 끝 부분에서 각자 적절한 방향으로 빠져나갈 수 있는 것은 운전자의 판단과 그에 따른 운전으로 가능하다.

네트워크에서도 이와 같은 원리로 스위치에 여러 대의 호스트가 각각 입력과 출력단에 배치되어 있고 복수의 입력단에서 들어오는 트래픽을 복수의 출력단으로 충돌 없이 나가도록 경로를 만들어준다. 물론 그렇다고 입력단과 출력단이 미리 따로 정해지거나 위치상으로 분리된 것은 아니고 그냥 아래의 그림처럼 단순한 스타형 네트워크의 형태를 하고 있다.

[그림 11.7] 하나의 스위치와 그에 연결된 여러 대의 호스트들

그림에서는 호스트의 수가 5개이지만 일반적으로 스위치는 수십에서 수백 개의 입출력 포트를 가지고 있다. 여기서는 편의상 입출력 포트가 각각 4개인 스위치의 데이터 전달 원리를 알아보자. 먼저 스위치는 스위치 매트릭스(switch matrix), 입출력 포트(input/output port), 그리고 스위치 제어기(switch controller)로 구성되어 있다. 아래의 그림과 같이 좌측을 입력포트, 하측을 출력포트로 표시할 수 있다. 그리고 스위치 매트릭스는 가로-세로로 격자(matrix) 모양으로 구성된 하드웨어 연결 단자로 구성되어서 입력포트와 출력포트를 상호 배타적으로 동시에 연결할 수 있다. 스위치 제어기(switch controller)는 스위치 매트릭스의 경로를 제어하는 기능을 가지고 있으며 주로 소프트웨어로 동작한다.

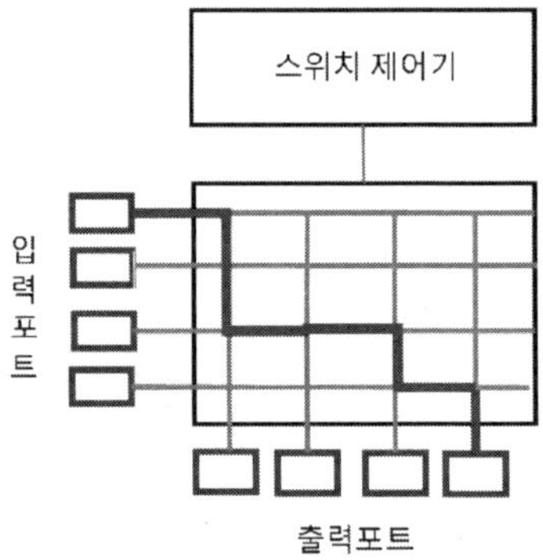

[그림 11.8] 스위치와 입출력 포트

위의 그림에서는 왼쪽의 가장 위쪽에 위치한 호스트와 아래의 가장 오른쪽에 위치한 호스트가 서로 연결되는 모습을 보이고 있다.

한편, 스위치는 하드웨어 장비이기 때문에 하나의 스위치가 연결할 수 있는 호스트의 수에는 한계가 있다. 그리고 입력포트는 같은 종류의 회선일 수도 있고 다른 종류의 회선일 수도 있다. 즉, 어떤 회선은 45Mbps, 또 다른 회선은 155Mps 등으로 구성할 수 있다.

패킷의 전송 원리

지금부터는 패킷의 전송 원리에 대해서 알아보자. 우리가 네트워크에서 패킷을 보내는 원리는 사실 전혀 새로운 것은 아니다. 우리가 편지를 보낼 때 어떻게 하는지 생각해보자. 아마도 대체로 다음과 같은 절차를 따를 것이다.

1. 편지를 쓴다.
2. 봉투에 송수신인의 주소를 쓴다.
3. 집에서 가까운 우체국에 가서 부친다.
4. 집배원이 우체국에서 편지를 가져다가 큰 우체국으로 전달한다.
5. 큰 우체국으로부터 트럭이나 기차, 혹은 급할 때는 비행기를 통해서 수신인이 살고 있는 곳에서 가장 가까운 제법 큰 우체국(집중국이라고 부름)으로 전달된다.
6. 큰 우체국에서 수신인이 있는 곳과 가까운 작은 우체국으로 전달된다.
7. 집배원이 수신인의 집으로 배달한다.
8. 수신인은 편지를 받아서 읽어본다.

우리가 편지를 보낼 수 있는 것은 편지 봉투에 쓰여진 주소와 그 주소에 따라 적절한 경로를 통해서 편지가 전달되는 두 가지 작업의 결과임을 알 수 있다. 우리가 컴퓨터로 데이터를 전송하는 과정도 위의 과정과 거의 같다. 이메일(e-mail)의 전송을 예로 들어보자.

1. 이메일의 내용을 쓴다.
2. 받는 사람의 주소를 쓴다(보내는 사람의 주소는 프로그램으로 자동적으로 기입됨).
3. 메일 전송 버튼을 누른다.
4. 고객의 PC에서 가까운 메일 서버로 전달된다.
5. 네트워크를 따라서 수신인의 메일 서버로 전송된다.
6. 수신인이 메일 서버에 접속하면 메일 서버에서 수신인의 PC로 전달된다.
7. 수신인이 이 메일을 열어서 읽어본다.

위의 과정을 보면 고객이 만들어낸 데이터(패킷)가 네트워크에서 전달되는 메커니즘이 편지를 보내는 과정과 거의 같아서 결국 네트워크에서의 데이터의 전송은 주소 체계(addressing scheme)와 전달 체계(packet transfer scheme)의 두 가지 과정으로 이루어진 것을 알 수 있다. 그 중에서 주소 체계는 인터넷 프로토콜에서 구체적으로 정의해 놓은 기술이므로 나중에 인터넷 프로토콜을 이야기할 때 다루기로 하고 지금부터는 네트워크 내부에서의 패킷의 전달 과정에 대해서 알아보기로 한다. 먼저 아래의 그림을 보자.

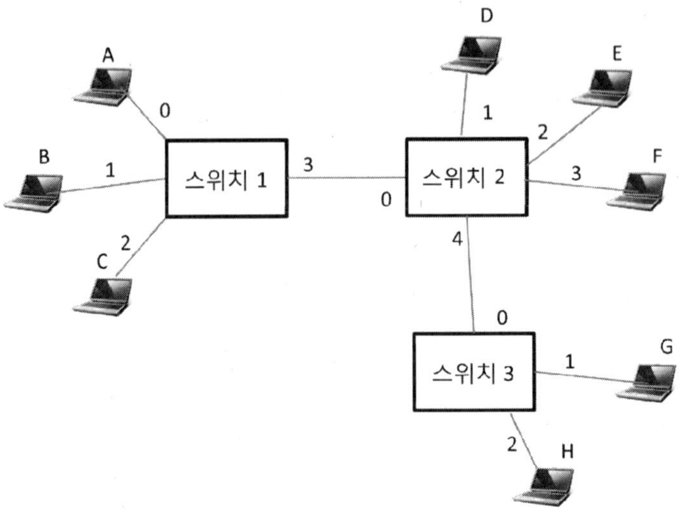

[그림 11.9] 교환네트워크

그림에서 각 링크에는 포트번호가 할당되어 있는데 단말과 스위치 사이에는 하나의 포트번호가 할당되고 스위치와 스위치 사이에는 각기 하나씩 총 2개의 번호가 할당되어 있다. 그리고 이와 같은 포트의 번호를 가지고 패킷의 전달표를 만드는데 스위치 2에 대해서 패킷 전달표(forwarding table)를 만든 것이 아래의 표이다.

[표 11.1] 스위치 2의 패킷 전달표

목적지 호스트	A	B	C	D	E	F	G	H
포트번호	0	0	0	1	2	3	4	4

먼저 수신(목적지) 호스트가 A인 패킷은 스위치2에서 볼 때 포트 번호 0을 따라서 전달해야 호스트 A가 연결되어 있는 스위치 1으로 갈 수 있으므로 패킷 전달표에서 포트번호가 0으로 지정되어 있다. 한편, 수신호스트가 E인 패킷은 그 호스트가 스위치 2에 바로 연결되어 있으므로 포트번호 2로 보내면 바로 전달된다. 이처럼 각 스위치는 자신이 받은 패킷이 가고자 하는 목적지 호스트에 제대로 전달될 수 있도록 다음 스위치로 전달하기 위해서 필요한 포트 정보를 관리하면서 패킷을 전달한다. 그리고 모든 스위치가 이와 같은 일을 독립적으로 수행하여 네트워크 전체적으로 볼 때는 패킷이 송신호스트에서 수신호스트까지 성공적으로 전달되도록 하는 분산 전달 체계(distributed transfer mechanism)을 취하고 있다. 따라서 패킷교환네트워크에서는 네트워크의 어디에도 네트워크 전체의 경로를 관리하는 중앙집중식 패킷 전달 서버가 없으며 오로지 각 스위치의 전달작업만으로 패킷이 전달된다.

한편, 패킷교환네트워크에서 패킷을 전달하는 일은 네트워크계층의 서비스이다. 네트워크계층의 서비스는 크게 연결형(connection-oriented) 서비스와 비연결형(connectionless) 서비스로 나눌 수 있다. 연결형 서비스에서는 패킷을 보내기 전에 송수신 호스트 간에 연결을 설정하는 작업(이것을 handshaking이라고 함)을 거치는 것이고 비연결형 서비스는 그 과정이 없다. 비연결형 및 연결형 서비스의 대표적인 기술이 각각 데이터그램(datagram) 및 가상회선(virtual circuit)이다.

결국 이들 두 가지 기술의 가장 큰 차이는 패킷을 전달할 때 연결을 사전에 설정하느냐 아니냐의 문제인데 그로 인해서 패킷을 전달할 때 서로 다른 정보를 사용한다는 것이다.

이와 같이 네트워크 상에서 패킷을 전달하는 방법은 크게 세가지이며 데이터그램 전송, 가상회선 교환, 그리고 소스 라우팅(source routing)이 있다. 아래에서는 이들 세 가지 기술에 대해서 소개한다.

데이터그램 전송

먼저 데이터그램(datagram) 전송에 대해서 알아본다. 각 패킷은 목적지 호스트의 주소를 가지고 있다. 패킷이 스위치로 들어오면 위에서 소개한 것처럼 그 스위치가 가지고 있는 전달표에 의거해서 패킷을 내보낼 출력포트를 결정해서 내보낸다. 이때 전달표는 일반적으로 주기적(1~5분 간격)으로 갱신되며 노드나 링크의 고장이 발생해도 갱신된다. 전달표는 경로선택 알고리즘에 의거하여 결정된다. 경로선택 알고리즘에 대해서는 나중에 자세히 다루도록 한다.

데이터그램의 특징은 크게 나누어서 세가지인데 다음과 같다.

① 호스트는 보내야 할 패킷이 있으면 사전에 회선 설정을 하지 않고도 언제든지 패킷을 전송할 수 있다.

② 패킷을 보낼 때 네트워크의 사정이 좋은지 나쁜지는 전혀 모르고 그냥 무작정 패킷을 전송(blind packet transfer)한다. 심지어 수신호스트가 켜져 있는지도 모른 채 보낸다. 그럼에도 불구하고 패킷은 거의 정확하게 수신호스트에게 전달되는데 그 이유는 패킷 네트워크에서는 일부의 스위치나 링크에 오류가 발생해도 송수신호스트 간에 경로가 여러 개 존재하므로 건재한 노드나 링크를 통하여 패킷이 전달될 수 있다. 이것을 오류 내성(fault tolerance)이 있다고 한다.

③ 하나의 호스트가 네트워크로 전송한 패킷은 수신호스트까지 도착하는 과정에서 같은 경로를 따라서 전송된다는 보장도 없다. 왜냐하면 전달표는 주기적 혹은 경우에 따라서 언제든지 갱신이 가능하므로 동일한 송수신 단말 간에 여러 개의 패킷이 전송되는 경우에 전달표가 도중에 갱신되면 그로 인하여 경로도 바뀔 수

있기 때문이다. 따라서 패킷의 도착 순서가 수신호스트에서 일그러질 수도 있다. 패킷의 순서 재정렬은 수신호스트의 책임이다.

가상회선 교환

가상회선(virtual circuit, 이하 VC)은 네트워크계층에서의 송수신 호스트 간의 논리적 연결(logical connection)로 정의된다. 네트워크 상의 모든 링크에는 VC번호가 부여되며 패킷이 노드를 지나갈 때마다 VC번호는 바뀐다. 네트워크에서 새로운 VC가 생성되면 전달표에 새로운 번호가 추가되고 VC가 종단되면 그 번호는 전달표에서 삭제된다. 여기서 한 가지 유의해야 할 것은 VC번호가 송수신 호스트 간의 경로 상에서 동일한 번호를 가지지 않고 링크를 지날 때마다 새로운 VC번호가 할당된다는 것이다.

그럼, 왜 VC번호는 계속 바뀔까? 그 이유는 두 가지 정도 있는데 다음과 같다.

① 하나는 각 링크에 다른 VC번호를 씀으로써 VC의 설정이 간단하다. 가령 모든 송수신 호스트 간에 단 하나의 VC번호만 할당한다고 했을 때 규모가 큰 네트워크에서 어떤 VC번호를 다른 호스트가 사용하는지 알아봐야 하고 그러려면 또 노드 간에 메시지를 주고 받아야 되는데 이렇게 한다면 VC번호를 관리하는 일이 복잡해진다.

② 다른 하나의 이유는 VC번호를 각 링크마다 바꿈으로써 VC영역의 길이를 작게 할 수 있다는 것이다. 왜냐하면 하나의 링크에 접속된 호스트의 수는 네트워크 전체의 호스트의 수보다는 훨씬 작기 때문에 그만큼 패킷의 앞에 VC주소를 표시하기 위한 헤더 필드(header field)의 크기가 작아진다.

이제 가상회선 교환 기술에 대해서 알아보자. 가상회선에 기반한 데이터 전송의 원리는 다음과 같다.

① VC 설정(set up): VC설정은 패킷을 보내기 전에 미리 패킷이 지나갈 경로(path)를 설정하는 것이다. 이때 경로정보는 링크와 노드의 정보이다. 사실 패킷교환네트워크의 특징이 회선(연결 경로)의 설정이 없이 패킷을 그 때의 상황에 따라서 전송하는 것이라고 앞에서 이야기했는데 새삼스럽게 다시 패킷교환네트워크에서 회선을 설정한다고 말하는 것이 모순적으로 보일 수 있으나 여기에는 그럴만한 사정이 있다. 패킷네트워크는 당초에 간헐적으로 생성되는 비실시간적 가변 비트율의 데이터의 전송을 위해서 연결 경로를 설정하는 기능에 대해서 그다지 신경을 쓰지 않고 개발되었으나 네트워크가 전송해야 할 미디어의 범위가 대량의 중요한 데이터의 전송, 음성 및 비디오 등 실시간적 고정 비트율의 데이터에까지 확대되면서 네트워크 내부에서의 데이터의 전송이 지속적이고도 안정적으로 제

공될 필요성이 커지게 되면서 가상회선 교환 기술이 관심을 받게 되었다. 다만 가상회선 교환에서는 연결 경로가 전화 회선에서와 같이 물리적으로 고정된 것이 아니고 논리적으로 설정되는 것 때문에 회선교환의 앞에 가상(virtual)이라는 말이 붙었다. 하여간 먼저 각 링크의 VC번호를 정하고 경로상의 노드에 있는 전달표에 이 정보를 적어둔다. 그 다음에는 경로상의 노드와 링크에 네트워크 자원(주로 대역폭)을 예약한다.

② VC가 설정되면 그 VC를 따라서 패킷을 전달(packet transfer)한다.

③ 하나의 연결에 대해서 패킷 전송이 끝나면 그 연결의 VC를 해제(connection release)한다. 이때 송신호스트가 VC의 해제 의사를 밝히면 노드는 수신자에게 그 의사를 전달하고 노드는 전달표에서 그 VC의 번호를 삭제한다.

가상회선에는 각 연결에 대해서 고유의 인식표가 붙여져서 고객과 네트워크 사이에 연결이 설정되면 하나의 세션에 대해서 하나의 VCI(virtual circuit identification)가 할당된다. 그리고 이 VCI는 스위치와 스위치 사이에서만 인식되는 지역적 식별자(local identification)이다.

가상회선의 설정 방법에는 두 가지가 있는데 하나는 영구적 VC(permanent virtual circuit, 이하 PVC)이고 다른 하나는 교환 VC(switched virtual circuit, 이하 SVC)이다. PVC와 SVC의 가장 큰 차이점은 누가 VC를 형성(configuration)하느냐이다. PVC는 네트워크 관리자(network administer)가 형성하고 SVC는 패킷을 송신하고자 하는 호스트가 네트워크에 VC설정 요청을 해서 형성한다. 그래서 PVC를 관리자형성(administratively configured) VC라고 부르고 SVC를 신호형(signalled) VC라고 부른다.

PVC

먼저 PVC에 대해서 알아보자. 아래의 그림은 호스트 A와 호스트 H 사이에 세 대의 스위치가 개입해서 하나의 VC를 구성하고 있는 상황을 나타낸 것이다. 호스트 A가 패킷을 보내겠다고 연결 설정을 요구하면 호스트 A가 보낸 패킷이 사전에 준비된 경로를 따라서 호스트 H에 전달되도록 하는 것이다.

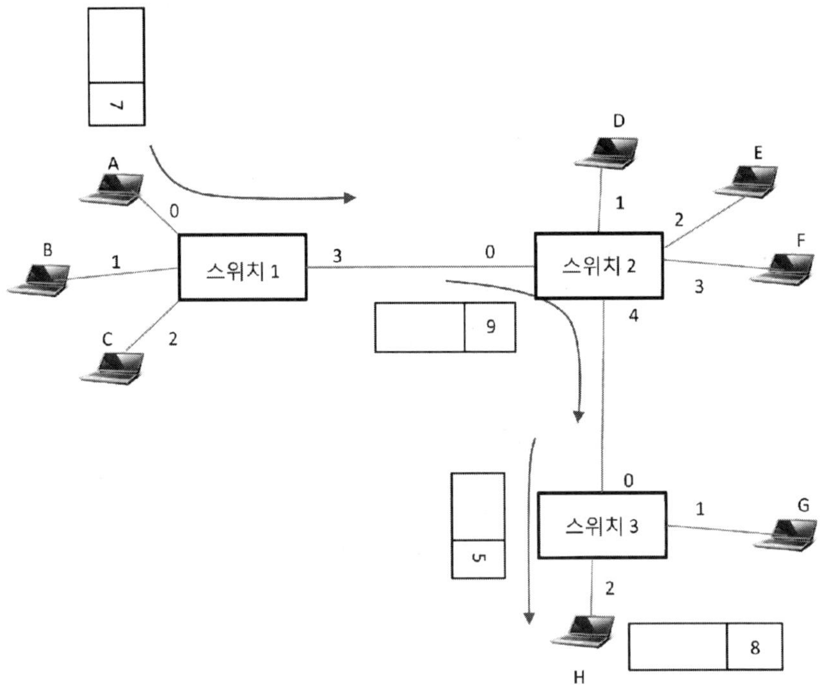

[그림 11.10] PVC의 구성 예

이를 위해서 각 스위치에는 각각 VC표(VC table)가 만들어지는데 아래의 그림이 만들어진 VC표이다.

[표 11.2] PVC의 구성을 위한 스위치별 VC표

스위치 1:

입력 I/F	입력 VCI	출력 I/F	출력 VCI
0	7	3	9
…	..	…	…

스위치 2:

입력 I/F	입력 VCI	출력 I/F	출력 VCI
0	9	4	5
…	..	…	…

스위치 3:

입력 I/F	입력 VCI	출력 I/F	출력 VCI
0	5	2	8
…	..	…	…

SVC

이번에는 SVC에 대해서 알아보자. 이번에도 같은 그림에 대해서 이야기를 전개하면 SVC의 경우에는 네트워크가 사전에 경로를 만들어 두지 않는다. 대신에 데이터의 전송이 필요할 때마다 송신호스트의 요청이 네트워크로 접수되면 그 요구에 의해서 네트워크 관리자가 송수신 단말 간에 연결 경로를 만들어서 데이터를 전달한다.

예를 들어서 호스트 A가 호스트 H에게 패킷을 전송하고자 할 때에는 다음과 같은 순서에 의거해서 진행된다.

1. 호스트 A가 연결 설정 요구(connection request) 메시지를 만들어서 스위치1에게 전송하면 그 메시지가 스위치2, 스위치3으로 전달되어 호스트 H까지 전달된다.
2. 호스트 H가 연결 설정 수락(connection accept) 메시지를 만들어서 스위치3에게 보내고 역으로 스위치2, 스위치1의 순으로 전달되어 결국 호스트 A에게로 전달된다.
3. 각 스위치는 그 연결에 대해서 VC표에 등록을 하고 패킷이 전달될 수 있도록 준비한다. 이때 VC표에 들어가는 정보는 PVC에서와 마찬가지로 입출력 포트번호(in/out port number)와 입출력 VCI(in/out VCI)이다.
4. 호스트 A가 데이터 전송을 마치면 그 호스트는 연결 해제 요구 메시지를 전송하고 이 메시지는 호스트 H까지 전달됨으로써 연결은 해제된다.

지금까지 우리는 데이터그램과 가상회선에 대해서 알아보았는데 아래에 이들 두 기술의 차이점을 비교 요약하였다.

[표 11.3] 데이터그램과 가상회선의 비교

항목	데이터그램	가상회선
연결설정	필요없음	필요함
주소	각 패킷은 송수신 주소를 가지고 있음	각 패킷은 VC번호를 가짐
상태정보	노드는 연결의 상태정보를 가지고 있지 않음	각 VC는 연결에 대한 전달표를 요구함
라우팅	독립적	모든 패킷은 동일 VC를 따라 전송됨
라우터고장의 영향	없음	고장난 노드를 통과하는 모든 VC는 해제됨
서비스품질 보장	어려움	VC설정시에 충분한 대역이 할당된 경우 품질은 보장됨
폭주제어	곤란	VC설정시에 충분한 대역이 할당된 경우 폭주의 영향을 받지 않음

소스 라우팅

소스 라우팅(source routing)은 데이터를 보내는 송신호스트가 데이터의 전송에 관한 모든 책임을 지고 처리하는 방식이다. 이를 위해서 송신호스트는 자신이 보내고자 하는 수신호스트까지의 네트워크 경로 정보를 사전에 모두 알고 있어야 한다. 그런데, 이것이 말이 쉽지 어떻게 호스트가 네트워크에 접속되어있는 모든 호스트의 정보를 가지고 있겠는가?

앞의 예를 계속 들면 호스트 A가 호스트 H로 패킷을 전송할 때 호스트 A의 패킷 헤더에는 그 패킷이 지나가야 하는 경로 상의 스위치의 출력 포트번호가 모두 적혀있다. 위의 예에서 스위치1, 2, 3에 대해서 출력 포트의 번호가 3, 4, 2이므로 이 포트번호가 모두 패킷의 헤더에 적혀있어서(오른쪽에서 왼쪽의 순으로) 패킷이 스위치를 하나씩 지날 때마다 하나의 포트번호가 읽혀지고 읽혀진 포트번호는 맨 뒷자리로 옮기게 되어있다. 그리고 다음 스위치를 지나갈 때에는 그 뒤의 포트번호를 인식하여 결국 그 패킷은 수신호스트인 호스트 H까지 전달된다. 아래의 그림이 이것을 나타낸 것이다.

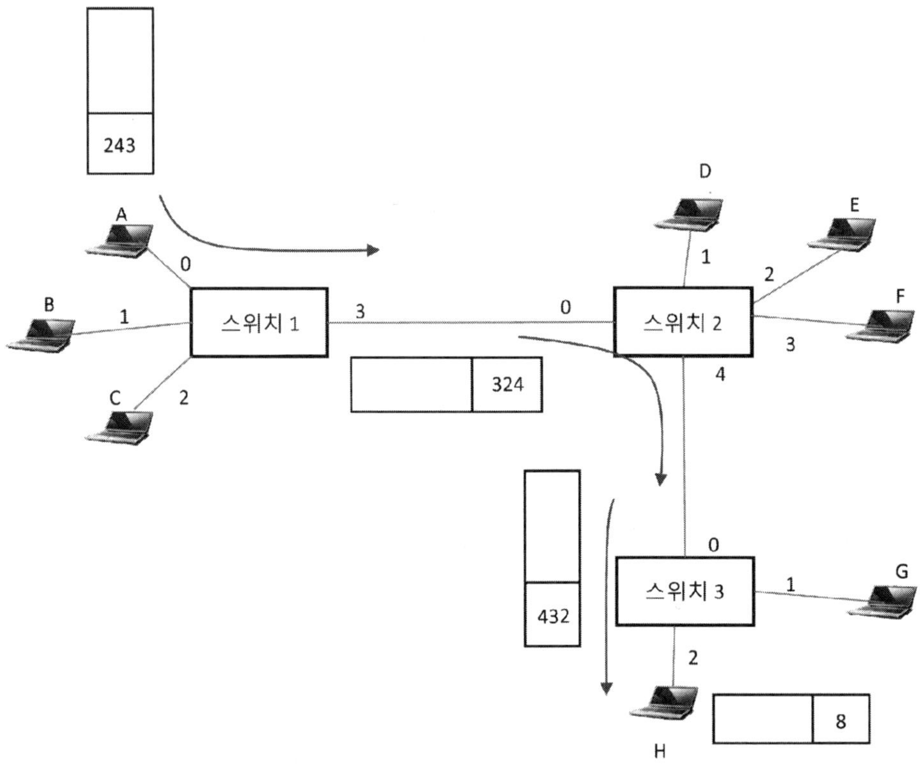

[그림 11.11] 소스 라우팅의 동작

이 방식은 앞에서도 이야기한 바와 같이 대규모 네트워크에서 호스트가 네트워크 내부의 모든 노드의 포트번호를 안다는 것이 여간 번거로운 일이 아니어서 규모의 문제(scalability problem)에 의해서 거의 상용화되지 않고 있다.

다시 VC의 특징을 계속 이야기하기로 한다. VC의 설정에는 연결 설정 요구 메시지가 송신호스트에서 수신호스트까지 갔다가 되돌아오는데 걸리는 왕복 지연(round trip time)이 수반된다. 그리고 만약 패킷의 전송 도중에 VC가 끊어지면 다시 처음부터 새로 VC를 설정하여야 패킷의 전달이 가능하여 복구 지연 시간이 길어진다. 반면에 VC 방식으로 패킷을 보낼 때는 데이터그램으로 패킷을 보낼 때보다 패킷의 헤더에 필요한 정보가 줄어든다. 그리고 사전에 회선을 설정해서 데이터를 전송하므로 네트워크의 트래픽의 증가 여부에 관계없이 일단 회선이 설정된 연결에 대해서는 일정한 속도의 대역을 보장할 수 있어서 고객에 대해서 서비스 품질이 우수하다.

이와 같은 기법을 사용하는 네트워크로는 프레임 릴레이(frame relay)와 비동기식 교환 모드(asynchronous transfer mode, 이하 ATM)의 네트워크가 있는데 아쉽게도 이들 두 방식의 네트워크는 지금은 이 세상에서 사용되지 않는 기술이 되어버렸다. 그럼에도 불구하고 이 기술을 공부하는 이유는 이 기술이 나중에 뒤에서 공부하게 될 MPLS(multiprotocol label switching) 프로토콜의 근간이 되기 때문이다.

11.3 고찰 문제

1. WAN을 운용 주체에 따라 분류하는 방법에 대해서 설명해보자.

2. WAN을 교환 방식에 따라 분류하는 방법에 대해서 설명해보자.

3. 회선교환네트워크의 동작 원리에 대해서 알아보자.

4. 패킷교환네트워크의 동작 원리에 대해서 알아보자.

5. 패킷교환네트워크는 어떤 서비스에 유용하며 그 이유는 무엇인지 설명해보자.

6. 패킷교환기에서 패킷이 목적지까지 전달되는 원리를 설명해보자.

7. 패킷교환네트워크에서 패킷을 전달하는 방법 세 가지에 대해서 동작 원리를 비교 설명해 보자.

제12장 다중화 기술

일반적으로 네트워크는 여러 명의 고객을 대상으로 통신 서비스를 제공한다. 이것은 마치 우리가 장거리 여행을 떠날 때 버스터미널이나 기차역에 가서 목적지로 하는 버스나 기차를 남들과 함께 타고 가는 것과 같은 이치이다. 통신 네트워크에서도 이처럼 특정 지점에 있는 여러 명의 고객을 대상으로 데이터를 전달하는 서비스를 위해서는 그 지점에 있는 여러 명의 고객을 하나의 접속장치로 수용하는 기술이 필요하다. 이 기술이 바로 다중접속(multiple access) 기술인데 지금부터는 이 기술에 대해서 알아보기로 한다.

통신의 역사에서 비교적 오래된 기술의 하나인 전화 서비스를 위한 회선교환 네트워크에서는 네트워크를 설계할 때 고객의 수에 따라서 채널의 수를 계산한다. 즉, 어느 지역에서 전화호를 가장 많이 발생시키는 시간대(이를 최번시-busy hour-라고 함)에 동시에 수용 가능한 고객의 수를 예측하여 그 수요를 충족시켜줄 수 있는 규모의 회선을 바탕으로 전화 교환기의 용량을 설계한다. 그래서 예전의 전화 네트워크에서는 교환기의 용량을 동시에 처리할 수 있는 회선의 수로 나타내기도 하였다. 예를 들면 우리나라가 개발한 전자식 전화 교환기인 TDX-100의 회선용량이 100만 회선이다.

이때 교환기의 용량 설계와 관련된 이론이 트래픽 이론(traffic theory)이며 특히 회선의 설계에 사용된 이론으로서 얼랑 공식(Erlang formula)이라고 하는 것이 있는데 얼랑 공식은 대기행렬(queuing theory)이론을 기본으로 한다. 그런데 회선교환 네트워크뿐만 아니라 대기행렬 이론은 이 책의 범위와 수준을 벗어나므로 여기서는 다루기가 어렵고 이 분야에 관심이 있는 사람은 참고문헌에서 저자의 저서인 '대기행렬의 기초'를 참고하기 바란다.

다만 여기서 알아두어야 할 것은 회선교환 네트워크에서 고객과 네트워크 사이의 접점에서는 하나의 연결에 대해서 하나의 회선(channel, 채널)을 할당하는 것을 기본으로 하는데 전화호가 요구하는 회선의 용량은 일반적으로 64kbps로 저속인데 반하여 실제로 교환기와 교환기 사이의 회선은 아주 고속의 회선으로 연결되어 있다는 것이다. 이 경우에 고속의 회선은 여러 개의 저속 회선을 다중화(multiplexing)하여서 만든다. 예를 들면 64kbps 속도의 전화회선 24개를 하나의 다발로 묶은 것을 T1 회선(회선용량: 1.536Mbps)이라고 한다.

한편, 패킷교환 네트워크에서는 데이터를 처리하는 단위가 회선이 아니라 패킷을 기본으로 하기 때문에 동시에 네트워크에 접속하는 고객의 수와 실제로 네트워크를 통해서 전송되는 데이터의 양에는 직접적인 관계가 없다. 그리고 패킷교환 네트워크에서는 여러 대의 호스트를 네트워크로 연결할 때 앞의 회선교환 네트워크에서와 마찬가지로 여러 대의 호스트를 다중화해서 하나의 대용량 회선(이를 big pipe라고 부름)으로 연결할 뿐 특정 연결에게 고정 용량의 대역을 배타적으로 할당하지도 않는다. 물론 이때 대용량의 회선은 여러 대의 호스트가 원하는 속도를 제공하기에 충분한 용량을 가지고 있어야 한다.

결론적으로 패킷교환 네트워크이건 회선교환 네트워크이건 여러 대의 호스트를 하나의 대용량 회선으로 연결하는 기술을 다중화라고 하며 이 용어는 순수하게 시스템의 측면에서 보는 의미이다.

한편, 고객의 측면에서 볼 때는 대부분의 경우 저속 회선에 연결된 여러 명의 고객이 네트워크의 하나의 고속 회선에 접속되는데 이와 같은 것을 다중접속이라고 한다. 예전에 회선교환을 기반으로하는 네트워크에서는 네트워크 시스템 측면에서 회선을 집선(aggregation)하는 것이 주된 관심이었던 이유로 주로 다중화라는 용어를 많이 사용하였는데 요즘에 들어서는 다양한 종류의 서비스가 동일한 네트워크 프레임워크 상에서 제공되면서 고객의 동시 접속에 관심이 더 커지게 되면서 다중접속이라는 용어를 더 자주 쓰게 되었다. 그래서 이 책에서는 순수하게 시스템을 이야기 할 때는 '다중화'라는 용어를 사용하고 여러 명의 고객을 하나의 링크가 공유할 때는 '다중접속 '이라는 용어를 사용하기로 한다. 다만, 일반적으로는 다중화와 다중접속은 같은 개념이므로 혼용해도 무방하리라 생각된다.

다중화

다중화란 여러 명의 고객으로부터의 연결을 다중화기(multiplexer)라는 장비를 이용해서 받아들인 후에 하나의 전송장비(케이블이나 공중파 등 유무선 회선)를 통하여 여러 고객으로부터의 데이터를 전송하는 기술이다. 아래의 그림이 다중화의 원리를 나타낸 것이다.

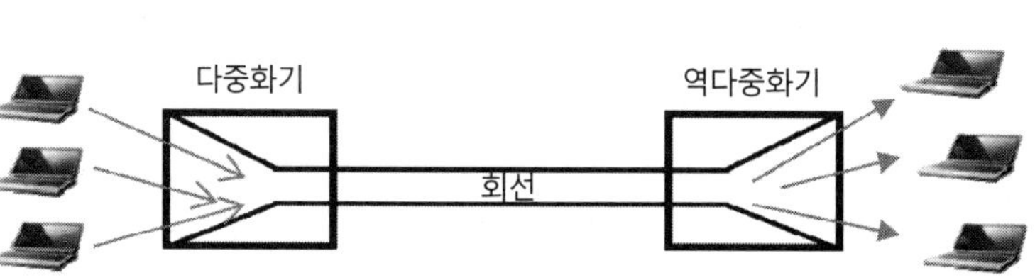

[그림 12.1] 다중화 및 역다중화

위의 그림에서 보는 바와 같이 하나의 회선으로 연결된 다중화기와 역다중화기(demultiplexer)가 왼쪽과 오른쪽에 각각 세 대의 호스트를 연결하고 있다. 이때 왼쪽의 세 대의 호스트에서 각각 독립적으로 생성된 데이터가 오른쪽으로 전송될 때는 다중화기를 통하여 하나의 데이터의 흐름으로 다중화되어서 하나의 전송선로(회선)를 통해 수신 측에 있는 통신장비인 역다중화기로 전달되고 오른쪽의 역다중화기에서는 하나의 다중화된 데이터의 흐름으로부터 각기 지정된 목적지 호스트로 데이터를 분류해서 보낸다.

이때 중요한 문제는 다중화기에서 각 연결로부터의 데이터를 어떻게 받아들여야 할지를 정하는 것이다. 즉, 각 호스트에게 어느 정도의 대역을 할당해야 할지, 어떤 순서로 데이터를 서비스할지, 그리고 어떤 매체를 통해서 전송할지 등 다양한 문제가 있다.

이러한 문제를 해결해주는 기술이 다중화 기술이다. 다중화 기술은 오래 전부터 다양한 방법이 고안되었는데 대표적인 다중화 기술로는 시간분할 다중화(time division multiplexing, TDM), 주파수분할 다중화(frequency division multiplexing, FDM), 파장분할 다중화(wavelength division multiplexing, WDM), 통계적 다중화(statistical multiplexing, SM), 공간분할 다중화(space division multiplexing, SDM), 코드분할 다중화(code division multiplexing, CDM), 직교주파수분할 다중화(orthogonal frequency division multiplexing, OFDM) 등이 있다. 이 중에서 이 책에서는 현재 네트워크에서 많이 사용하고 있는 다중화 기술인 시간분할 다중화, 주파수분할 다중화, 파장분할 다중화, 통계적 다중화, 직교주파수분할 다중화에 대해서 소개한다.

예전에 전화망이 주를 이루었던 시기에 주로 사용한 다중화 기술에는 주파수분할 다중화와 시간분할 다중화가 있었다. 그러다가 데이터 통신을 위한 패킷교환 네트워크의 등장으로 통계적 다중화 기술이 등장하였고 네트워크의 대용량화 및 고속화와 더불어서 동기화된 광네트워크(synchronized optical network, SONET)가 등장하면서 SONET 고유의 다중화 기법이 등장하였고 이어서 네트워크가 광케이블을 중심으로 구축되기 시작하면서 파장분할 다중화 기술이 관심을 받게 되었다. 그리고 최근에 와서 인터넷 및 무선 네트워크에도 광대역화의 필요성이 커지면서 직교주파수분할 다중화도 중요한 기술로 등장하였다. 아래에서 각 기술에 대해서 이야기한다.

12.1 주파수분할 다중화

주파수분할 다중화(frequency division multiplexing, FDM)는 임의의 크기를 가지는 주파수 대역을 여러 개의 작은 대역의 채널(혹은 부대역-subcarrier-이라고도 부름)로 분리해서 각 부대역에 각각 다른 호스트로부터 생성된 신호를 실어서 보냄으로써 각 부대역을 사용하는 고객은 통신을 수행하는 동안 다른 고객과는 독립적으로 데이터를 전송하는 기술이다. FDM은 하나의 주파수 대역을 동시에 여러 명의 고객이 나누어서 사용할 수 있게 한다. 따라서 이와 같은 기술을 네트워크의 고객 접속 측면에서 보면 주파수(frequency)를 나누어서(division) 여러 명의 고객(multiple)이 동시에 접속(access)할 수 있다고 하여 이를 주파수분할 다중접속(FDMA, frequency division multiple access)이라고 부른다.

FDMA의 예를 들면 하나의 안테나가 사용할 수 있는 대역폭이 10MHz라고 할 때 이 대역을 100개의 100kHz 채널로 분리하여 각 채널을 각각 다른 고객에게 사용하도록 하는 것이다. 따라서 이 기술은 원래 소요대역폭(required bandwidth)이 그다지 크지 않은 통신 서비스(예: 초기의 이동 전화)에 사용할 목적으로 개발되었다.

이 기술은 주로 아날로그 데이터 전송에 사용되던 기술인데 음성신호를 전송하기에도 적합하여 음성신호를 전송할 수 있는 크기로 주파수대역을 나누어서 각 영역을 하나의 채널로 사용할 수 있다. 일반적으로 사람의 음성신호는 300~3400Hz 사이에 걸쳐서 신호를 형성하는데 이를 손상 없이 담을 수 있도록 4kHz를 하나의 대역 단위로 하여 이것을 하나의 채널의 크기로 정한다. 다음 그림은 FDM의 주파수 할당방식을 나타낸 것이다.

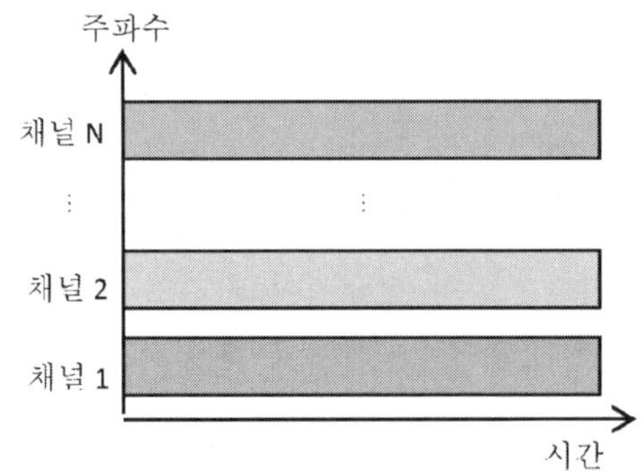

[그림 12.2] FDM의 주파수 할당

그림에서도 볼 수 있듯이 FDM은 서로 다른 고객에게 서로 독립적인 주파수 대역을 할당하여 데이터를 상호 배타적으로 전송할 수 있도록 하였다. 가장 전형적인 예가 라디오 및 TV의 방송 주파수이다. 우리가 음악을 듣기 위하여 FM 라디오의 주파수를 돌리거나 TV프로그램을 시청하기 위하여 채널을 선택하면 늘 같은 채널에서 같은 방송국의 음악이나 TV프로그램을 듣거나 볼 수 있는 것도 바로 이처럼 특정 주파수 대역을 특정 방송국에게 배타적으로 사용하도록 할당(예: KBS 라디오 제1FM은 93.9MHz, MBC TV는 11번 채널 등)한 것 때문이다.

아래의 그림은 각 고객으로부터 생성된 신호가 주파수축 상에서 서로 다른 대역에 다중화되는 모습을 나타낸 것이다. 하나의 고객의 신호(여기서는 음성을 나타내고 있으나 어떠한 신호든지 상관 없음)는 300~3400Hz의 대역을 가지고 있으며 이와 같은 신호 세 개가 다중화되어 주파수축 상의 60~64, 64~68, 68~72kHz의 대역을 통해서 전송되는 모습을 나타내고 있다.

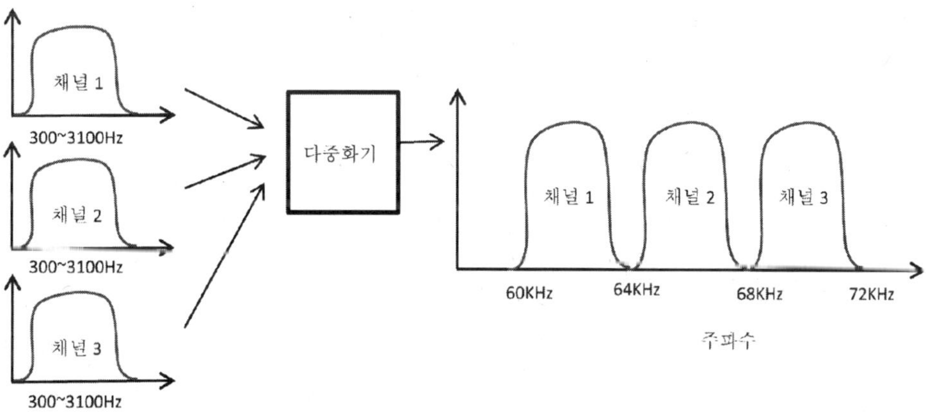

[그림 12.3] FDM의 채널 할당

최근에는 제4세대 무선통신용으로 주파수를 할당하면서 통신업체 간에 주파수 확보 경쟁이 심해져서 주파수를 할당받는데 천문학적인 액수를 지불하였다(예, LTE용 주파수 20MHz에 1조원, 2011년 기준)는 이야기를 듣곤 하는데 그 이유가 통신 회사로서는 일단 한 번 주파수를 할당 받으면 사용 계약이 만료될 때까지 그 주파수를 계속 사용해서 통신 서비스를 할 수 있고 그 결과 막대한 수익을 낼 수 있기 때문에 그와 같은 천문학적인 액수를 제시하는 것이다. 즉, 무선통신 사업자에게 있어서 주파수 자원의 확보는 엄청나게 중요한 문제이다.

일반적으로 FDM에서 채널을 만드는 방법은 주파수 대역에서 처음에는 60Hz로부터 시작하여 4060Hz까지를 하나의 채널로 할당하고 그 다음에는 신호가 서로 간섭을 일으키지 않도록 보호대역(guard band)으로 500Hz를 두고 그 뒤에 4560Hz부터 8560Hz까지를 또 하나의 채널에 할당한다. 그 후에도 주어진 주파수 대역 내에서 계속 같은 방법으로 채널을 할당한다.

채널의 그룹화와 속도 향상

그런데 음성신호는 4kHz로 충분히 데이터의 전송이 가능하지만 그보다 더 많은 대역을 요구하는 신호(가령, 큰 용량의 파일이나 대역을 많이 필요로 하는 비디오 등)는 4kHz 크기의 채널 하나로 보내기에는 부족할 경우가 있다. 그래서 고안된 것이 여러 개의 채널을 묶어서(channel bonding) 큰 주파수 대역을 만드는 방법인데 예를 들면 다음과 같다.

① 기본 그룹(primary group): 4kHz 크기의 채널을12개 묶어서 48kHz의 채널을 만듬
② 2차 그룹(secondary group): 48kHz짜리 채널의 다발을 5개 묶어서 240kHz의 큰 다발을 만듬
③ 3차 그룹(tertiary group): 240kHz의 채널 다발을 5개 묶어서 1200kHz의 더 큰 다발을 만듬
④ 4차 그룹(quaternary group): 300개의 4kHz의 채널 다발을 3개 묶어서 900개의 4kHz의 다발을 만듬

아래의 표는 채널 그룹화의 결과를 요약한 것이다.

[표 12.1] 채널의 그룹화

그룹(group)	주파수대역(kHz)	채널의 수(4kHz 단위)
기본(primary)	60~108	12
2차(secondary)	312~552	60
3차(tertiary)	812~2,044	300
4차(quaternary)	8516~1만2338	900

FDM의 특징

FDM의 장점으로는 네 가지 정도가 있는데 다음과 같다.

- 첫째, 심벌(신호)의 길이가 채널의 지연 확산 길이보다 더 크면 심벌 간 간섭이 작게 된다. 즉 FDM과 같이 고속의 채널을 여러 개의 저속 채널로 분할하면 심벌의 길이가 길어지기 때문에 그로 인해서 자연적으로 심벌의 길이가 채널의 지연 확산 길이보다 더 커지게 될 터이므로 심벌 간의 간섭(inter-symbol interference)이 작아져서 신호의 왜곡이 일어날 가능성이 작아진다.
- 둘째, FDM은 아날로그 전송 시스템을 기반으로 하는 기술이어서 TDM에 비해서 채널의 구성을 위한 부가적인 정보(overhead)가 적게 필요하다.
- 셋째, FDM은 다른 다중화방식에 비해서 구현이 간단하다.

- 넷째, FDM은 각 고객에게 일정한 양의 부반송파를 고정적으로 할당하므로 고객이 일단 네트워크으로의 접속이 허용만 된다면 그 고객이 네트워크를 사용하는 동안에 네트워크의 대역자원을 안정적으로 사용할 수 있다.

한편, FDM은 결정적인 단점이 있는데 다음과 같다.

- 첫째, FDM은 뒤에서 설명할 예정인 TDM에 비해서 셀(cell)을 구축하는데 비용이 많이 든다.
- 둘째, 전력증폭기(power amplifier)의 비선형 효과(nonlinear effect)로 인하여 성능이 떨어진다.
- 셋째, 주파수의 효율에 관한 문제이다. 이는 위의 장점 중에서 네 번째 항목과 배치되는 문제인데 가령 어떤 고객이 주파수를 할당받고서도 그 주파수를 사용하지 않는다면 그 주파수는 어느 누구에게도 다시 할당할 수 없기 때문에 주파수 자원이 유휴 상태가 된다.

12.2 시간분할 다중화

앞에서 공부한 FDM이 하나의 주파수 대역을 잘게 나누어서 여러 명의 고객에게 배타적으로 사용하도록 분할한 다중반송파(multi-carrier) 전송방식이라면 지금부터 이야기하는 시간분할 다중화(time division multiplexing, 이하 TDM)는 하나의 반송파(single-carrier)를 여러 명의 고객이 서로 다른 시간에 사용하게 하는 기술이다. 즉 TDM은 하나의 주파수 자원의 사용과 관련하여 시간축 상의 공간(이를 프레임-frame-이라고 부름)을 분리해서 여러 대의 송신 기기에게 할당하여 데이터를 전송하는 기술이다. 이를 위해서 고속 전송로의 하나의 프레임을 여러 개의 이산적인 시간 구간(이를 슬롯-slot-이라고 함)으로 나누어서 각 슬롯에 서로 다른 고객의 정보를 싣는다. 예를 들면 1초짜리 시간 구간을 100등분하여 0.01초씩 각 고객에게 할당한다면 한 명의 고객이 볼 때 1초마다 0.01초가 전송하는 양 만큼의 데이터를 네트워크로 전송할 수 있다는 것이다.

앞에서 우리가 대역폭의 차이를 이야기할 때 예를 든 것처럼 100Mbps짜리 회선과 1Mbps짜리 회선은 하나의 비트를 전송하는데 필요한 시간이 100배 차이가 난다. 즉 100Mbps 회선은 초당 1억비트를 전송하고 1Mbps 회선은 초당 백만 비트를 전송하는데 이를 달리 말하면 100Mbps 회선은 1비트를 전송하는데 1억분의 1초가 걸리고 1Mbps 회선은 1비트를 전송하는데 백만분의 1초가 걸린다. 이때 만약에 가정마다 1Mbps의 대역폭을 할당하여 인터넷을 사용하게 한다고 하고 이런 가정 100가구를 묶어서 하나의 100Mbps 회선으로 접속시킨다면 각 가정의 고객에게 제공되는 대역폭이 1Mbps이므로 100명의 고객은 마치 자기 혼자만 1Mbps의 대역폭을 사용하고 있는 듯한 느낌을 받을 것이다. 이와 같은 것을 가능하게 한 것이 TDM이다.

이 기술 역시 음성신호의 전송과 관련이 있는데 우리가 아날로그 음성신호를 디지털 신호로 바꿀 때 음성이 만들어낸 아날로그 신호를 초당 8000번 샘플링(sampling)한 후 각 샘플에 대해서 1바이트의 디지털 정보로 표시한다고 하면 초당 6만4000비트(즉, 64kbps)의 정보가 생성된다. 즉, 매 125μsec마다 1바이트의 정보를 만든다는 이야기이다. 따라서 TDM을 사용하는 네트워크 장비는 한 명의 전화 고객에게 매 125μsec마다 1바이트의 정보를 전송하도록 타임 슬롯을 할당하기만 하면 된다. 그리고 이는 음성 채널 하나에 64kbps의 전송 능력이 필요하다는 것을 말한다.

TDM은 전용선과 제2세대 무선통신 기술인 GSM이 사용한 기술이다. 아래의 그림은 TDM의 원리를 나타낸 것이다.

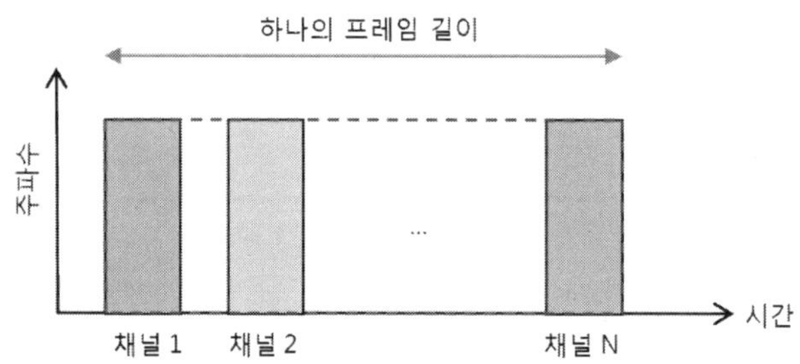

[그림 12.4] TDM의 시간 할당

위의 그림에서 보듯이 TDM에서는 주파수 대역은 모든 고객에게 공통으로 사용하게 하는 대신에 시간 축 상의 하나의 프레임에 해당하는 시간 구간을 여러 개의 채널에게 할당하여 어느 한 순간에는 어느 한 고객의 데이터를 전송한다. 그러나, 앞에서 우리가 대역폭의 크기와 단위 비트 당 전송 시간의 차이를 예를 들어서 설명한 바와 같이 일반적으로 네트워크의 속도가 고객이 필요로 하는 대역보다 워낙 빠르기 때문에 고객이 볼 때는 자신이 필요한 시간 주기(time period)에 필요한 만큼의 주파수를 사용할 수 있으므로 이 또한 자신만이 네트워크를 사용하는 것과 같은 효과를 준다.

아래의 그림은 TDMA(time division multiple access) 기술을 이용해서 네트워크가 각 고객으로부터 신호를 받아서 전송하는 모습을 나타낸 것이다.

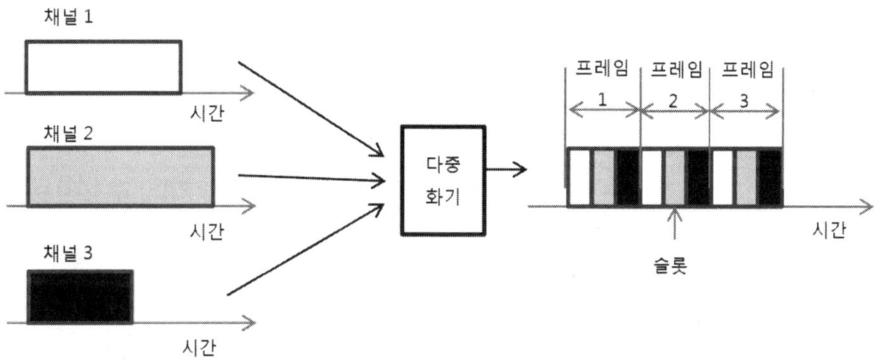

[그림 12.5] TDM의 데이터 전송

위의 그림에서 보듯이 왼쪽에 위치한 3개의 노드로부터 발생된 신호는 시간축 상에서 각 노드에게 사전에 지정해 놓은 위치의 고정된 크기의 슬롯에 의해서 전송된다. 이때 전송 스케줄링의 단위는 프레임이라고 불리는 복수(위의 그림에서는 3개)의 슬롯의 덩어리이며 매 프레임마다 각 노드에서 생성된 데이터가 주기적으로 전송된다.

TDM은 위에서 설명한 것처럼 일정한 길이의 프레임 상에서 각 노드가 보낼 수 있는 데이터의 양이 고정되어 있기 때문에 주기적으로 일정한 크기의 데이터를 생성하는 응용 프로그램의 전송에 아주 유용하다. 이렇게 말하면 얼른 떠오르는 서비스가 바로 전화이다. 전화는 앞에서도 이야기하였지만 초당 6만4000비트를 전송하는데 이때 매 125μs마다 1바이트(8비트)의 데이터를 위의 프레임 내에 있는 하나의 채널로 전송하면 그 고객은 자신만 혼자서 64kbps의 회선을 사용하는 것과 같은 착각을 할 정도로 음성신호가 지연 없이 전송되게 되고 하나의 프레임에 24개의 채널이 있다면 24명의 고객이 동시에 통화를 할 수 있다는 이야기가 된다.

TDM 채널의 그룹화와 속도 향상

그런데 만약 위에서 예를 든 것과 같이 프레임의 길이가 오직 24개의 채널로만 이루어져 있는데 24명 이상의 고객을 서비스하려면 어떻게 해야 할까? TDM에서도 전송 능력을 향상시키는 방법이 있다. 이때는 레벨(level)이라는 단위로 채널을 묶는데 그 방법은 아래와 같다.

① 첫 번째 레벨(1st level): 64kbps의 채널을 32개 묶어서 2048kbps의 대역을 만드는데 이것을 E1 채널(유럽에서 부르는 이름)이라고 부른다. 단, 북미지역은 64kbps의 채널을 24개 묶어서 1544kbps의 대역을 만드는데 이를 T1채널이라고 한다.

② 두 번째 레벨(2nd level): 첫 번째 레벨의 채널을 4개 묶어서 8192kbps의 대역을 만들며 이것을 E2 채널이라고 부른다.

③ 이렇게 반복하면 점점 더 큰 대역의 채널을 만들 수 있다. 아래의 표는 이것을 나타낸 것이다.

[표 12.2] TDM 채널의 그룹화

레벨	채널 명칭	대역폭(kbps)	채널의 수(64kbps 단위)
1	E1	2048	32
2	E2	8192	128
3	E3	3만2768	512
4	E4	13만1072	2048

TDM에도 장단점이 있는데 다음과 같다.

- 가장 큰 장점으로는 위에서 FDM과 TDM의 차이를 설명할 때 말한 것처럼 FDMA가 하나의 가용 주파수대역을 여러 명이 나누어 가지는 것이라면 TDMA는 하나의 가용 주파수대역을 한 명의 고객이 모두 사용할 수 있으므로 고객이 사용할 수 있는 주파수대역폭이 FDM에 비해서 훨씬 넓다.
- TDM은 각 고객에게 일정한 양의 타임 슬롯을 고정적으로 할당하므로 고객이 일단 네트워크에 접속만 된다면 그 고객이 네트워크를 사용하는 동안에 네트워크의 대역자원을 안정적으로 사용할 수 있다.

TDM의 단점은 다음과 같다.

- TDM의 동작 원리에서도 이야기하였지만 하나의 프레임을 여러 개의 슬롯으로 이산화(digitization)하여 운영하는 것으로 인하여 송신기와 다중화기(혹은 수신기와 역다중화기)의 동기화에 소요되는 부가적인 정보(오버헤드)가 커진다.
- 할당된 슬롯의 효율에 관한 문제인데 이는 위의 장점 중에서 두 번째 항목과 배치된다. 가령 어떤 고객이 슬롯을 할당 받고서도 그것을 사용하지 않는다면 그 슬롯은 어느 누구에게도 다시 할당할 수 없기 때문에 자원의 낭비가 발생한다.

12.3 SONET

SONET(synchronized optical network)은 TDM을 기반으로 하는 물리계층의 표준이다. 이 기술은 광섬유(optical fiber) 상에서 빛을 통하여 데이터를 전송하는 방법을 기반으로 하며 송신단에서의 데이터의 생성은 펄스레이저(pulse laser)나 발광다이오드(LED)를 이용한다.

SONET은 1985년 미국의 벨코어(BELLCORE)라는 연구소에서 개발하였는데 이 기술을 개발한 계기는 고객과 디지털교환기 사이 혹은 디지털교환기 간에서 전화 서비스를 제공하기 위함이었다. 그 중에서도 특히 광케이블로 구성된 네트워크 상에서 디지털교환기 간에 음성 데이터를 전송하기 위함이었다. 즉, SONET은 주로 전화망에서 교환기 간의 회선인 트렁크 회선(trunk line)으로 사용하려고 개발하였는데 보통 트렁크 회선은 저속(64kbps)의 음성 전송용 채널을 여러 개 묶어서 구성하는 것이 일반적이다. 당초에는 64kbps의 전화회선 24개를 묶어서 1.544Mbps의 DS-1(digital signal-1)신호를 전송하려고 개발하였다.

SONET은 전화 신호의 샘플링 시간 간격과 같이 매 125마이크로초(μs)마다 한 번씩 프레임을 채우도록 프레임의 전송 속도를 결정하였는데 앞의 제5장에서도 이야기한 것처럼 하나의 프레임의 크기가 810바이트로 정해져서 SONET에서 하나의 프레임이 처리하는 기본적인 대역폭이 51.84Mbps(8000×810×8=5184만bit/sec)가 되며 이 속도를 제공하는 회선을 STS-1(synchronous transport signal-1) 회선이라고 부른다고 앞에서 이야기한 바 있다. 이와 같은 사정으로 인하여 DS-1을 28개 결합함으로써 SONET의 프레임 속도를 맞출 수 있는데 이것을 DS-3(digital signal-3) 회선이라고 하며 이 회선은 672개의 음성 전화 회선을 제공할 수 있다.

SONET의 채널 그룹화

SONET은 미국이 정한 이름이고 이 기술이 나중에 국제표준이 됨에 따라 SDH(synchronous digital hierarchy)로 알려지게 되었다. SONET과 SDH에서는 대역폭의 단위를 각각 OC(optical carrier) 및 STM(synchronous transfer mode)이라는 단위로 표시하는데 아래의 표는 이들 두 신호간의 이름과 대역폭의 크기 사이의 관계를 비교 정리한 것이다.

[표 12.3] SONET과 SDH의 대역폭

SONET 신호	SDH 신호	대역의 크기
OC-1	STM-0	51.84Mbps
OC-3	STM-1	155.52Mbps
OC-12	STM-4	622.08Mbps
OC-24	-	1.244Gbps
OC-48	STM-16	2.488Gbps
OC-96	STM-32	4.976Gbps
OC-192	STM-64	9.953Gbps
OC-768	STM-256	3만9813.12 Gbps

앞의 표에서 SONET의 신호를 나타내는 이름으로서 OC를 사용하였는데 이 이름은 광신호(optical signal)를 전송하는 회선(carrier)을 나타내는 이름이고 전기적 신호(electrical signal)를 전송하는 회선을 나타낼 때는 STS를 사용한다. 즉 OC-N은 STS-N과 같은 전송 속도를 가진다.

SONET의 네트워크 구조

SONET의 네트워크 구조는 ADM(add drop multiplexer)로 구성되는 링 네트워크이다. 그 이유는 SONET이 빛을 매체(media)로 하여 신호를 전송하는 장치이기 때문에 네트워크의 구조가 닫힌 구조(closed loop architecture)인 것이 열린 구조일 때보다 더 유리하다. 아래의 그림은 SONET을 기반으로 하는 링 구조의 네트워크를 나타낸 것이다.

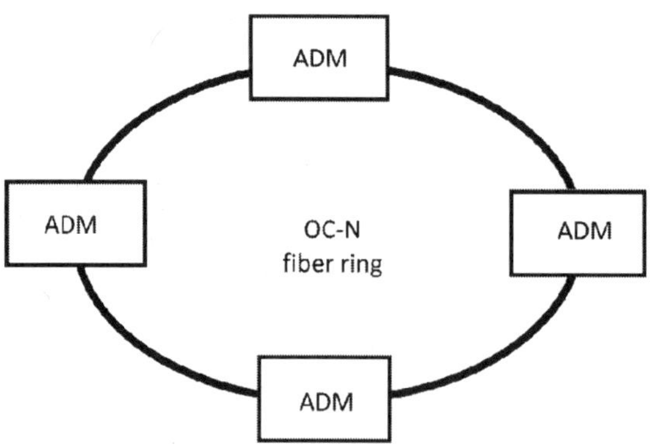

[그림 12.6] SONET 링의 구조

아래의 그림은 ADM의 세부 구조를 나타낸 것이다.

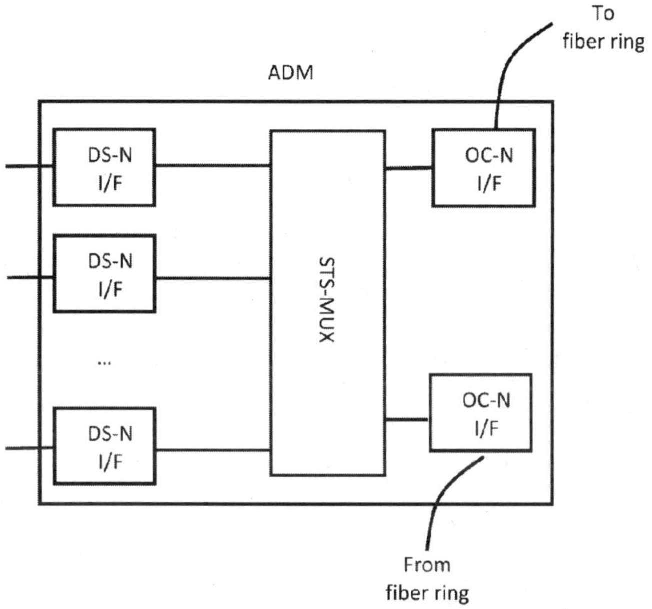

[그림 12.7] ADM의 구조

ADM은 고객으로부터 들어오는 DS-N(digital signal-N, 단, N=1, 3) 회선 혹은 다른 SONET 링으로부터 들어오는 OC-N(N=24 이상) 회선을 다중화(multiplexing)하거나 그와 반대로 SONET 링에서 고객이나 다른 링으로 나가는 OC-N 회선을 역다중화(demultiplexing)하는 기능을 담당하는데, 앞의 기능을 Add라고 하고 뒤의 기능을 Drop이라고 하며 이들 두 기능을 동시에 가지고 있다고 하여 ADM이라고 불린다. 이때 다중화기의 출력포트의 회선은 OC-N으로 구성하고 입력포트의 회선은 일반적으로 DS-1이나 DS-3 회선으로 구성되나 링을 상호 연결하기 위해서 OC-N 포트도 연결한다.

앞의 그림에서 각 광케이블에서 네트워크로 들어오는 데이터는 다중화장치(ADM)에 의해서 다중화된 후 장거리 네트워크를 통해서 목적지로 전송되는데 ADM 사이의 거리가 너무 먼 경우에는 빛의 세기가 약해지므로 빛의 세기를 원래의 신호와 유사하게 증폭시켜주는 증폭기(repeater)가 도중에 필요하다. 그리고 데이터가 목적지 근처에 도착하면 이번에는 역다중화기(그림에서는 STS-MUX 라고 일괄적으로 표시하였으나 일반적으로 다중화기와 역다중화기는 같은 곳에 동시에 존재함)를 통해서 각 파장으로 분할된 후 고객이 연결된 단말로 전송된다.

12.4 통계적 다중화

고객의 컴퓨터로부터 생성되는 데이터(특히, 텍스트나 파일 등)는 산발적으로 생성되는 경우가 대부분이다. 따라서 여러 대의 호스트나 노드로부터 규칙 없이 도착하는 데이터를 기존의 TDM이나 FDM 등으로 전송하게 되면 매 순간마다 매체의 사용 상황이 크게 다를 수 있다.

이와 같은 문제를 해결하기 위해서 각 고객에 대해서 확실히 매체가 점유된다는 보장은 없지만 시시각각으로 변화하는 네트워크 내부의 연결의 수와 패킷의 수가 변화하는 것을 반영하여 통계적(statistically, 사실은 확률적)으로 매체가 점유되는 다중화 방식을 고안하였는데 이것을 통계적 다중화(statistical multiplexing, SM)라고 부른다.

통계적 다중화는 TDM이나 FDM과 같이 송신호스트와 네트워크 다중화 장비 사이에 시간 혹은 주파수의 동기를 맞추어서(synchronization) 미리 지정된 시간 혹은 주파수에 신호를 싣는 것이 아니고 전송 매체의 시간적 공간에서 빈 자리에 호스트로부터 도착하는 데이터를 먼저 오는 순서대로(first-come-first-served, FCFS, 즉, 비동기적으로) 차곡차곡 채워서 전송하는 기술이다.

이 기술은 ATM(asynchronous transfer mode) 네트워크에서 처음 사용되기 시작하여 그 후 IP네트워크에서도 사용하게 되었다. 다음 그림은 SM의 동작 원리를 나타낸다.

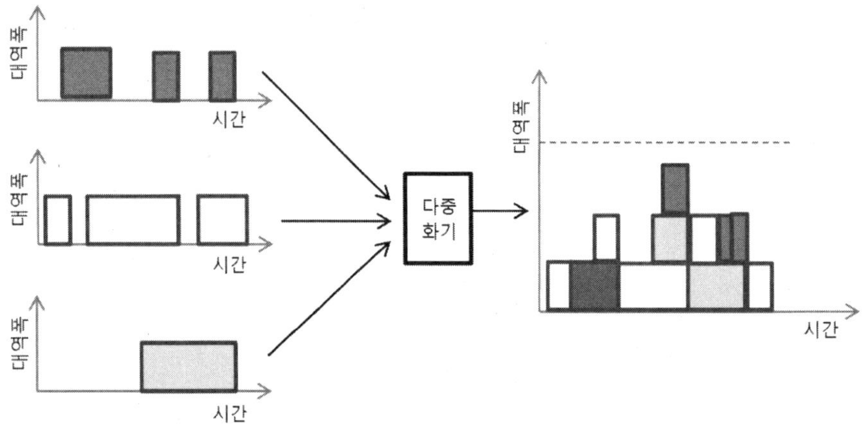

[그림 12.8] SM의 다중화

위의 그림에서는 세 대의 단말로부터 각기 독립적으로 도착하는 데이터를 다중화기가 FIFO(first in first out, 들어온 순서대로 내보냄, 위의 FCFS와 같은 의미)로 서비스하는 것을 나타내고 있다.

SM의 장점은 다음과 같다.

- 네트워크의 자원을 비동기적으로 앞에서부터 채워나가는 방식을 취함에 따라서 무엇보다도 회선의 사용 효율이 높다. 특히 데이터 트래픽과 같이 패킷이 여러 고객으로부터 산발적으로 도착할 경우에 네트워크 자원이 허용하는 범위 내에서 데이터의 전송을 융통성 있게 할 수 있다.
- 여러 명의 고객 중에서 어느 누구에게 대역 자원이 절대적으로 할당되지 않기 때문에 데이터 트래픽이 월등히 많은 사용자 환경에서는 고객의 동적 사용 행태에 적응적으로 대역 자원을 할당할 수 있다.

한편, 동전에는 언제나 양면이 있는 것처럼 SM에도 단점은 있다.

- 대역 자원을 특정 고객에게 절대적으로 할당하지 않기 때문에 이기적인 고객이 계속해서 많은 양의 데이터를 내보내면 다른 고객이 한정된 대역 자원을 사용할 수 없게 되기도 하고 그로 말미암아서 네트워크의 서비스품질이 저하되기도 한다. 이 문제를 해결하기 위해서 개발된 기법이 연결접속제어(connection access control), 트래픽흐름제어(traffic flow control), 서비스품질제어(quality of service control) 등 다양한 네트워크 제어 기법이 있는데 이 문제는 이 책의 수준을 벗어나므로 자세한 사항은 참고 문헌을 참고할 것을 권한다.

12.5 파장분할 다중화

파장분할 다중화(wavelength division multiplexing, WDM)는 기본적으로 광네트워크(optical network)를 전제로 개발된 기술이다. 광네트워크에서 하나의 광섬유 내를 통과하는 빛의 파장을 서로 다르게 하여 여러 개의 빛이 서로 간섭을 받지 않고 전송되도록 하는 기술이다.

아래의 그림이 WDM의 기본 원리를 나타내는 것인데 그림에서는 세 대의 단말로부터 만들어진 데이터를 각기 서로 다른 파장($\lambda_1 \sim \lambda_3$)의 신호로 만들어서 파장조합기(wavelength combiner)라고 불리는 입력장치로 받아들인 후 각기 다른 파장의 빛이 서로 충돌을 일으키지 않고 하나의 광섬유(shared fiber)를 통과해서 파장분리기(wavelength splitter)라고 불리는 장치에 도착한다. 그 후 각 신호는 파장분리기에서 각기 다른 파장으로 분리된 후 목적지 수신단말로 도착한다.

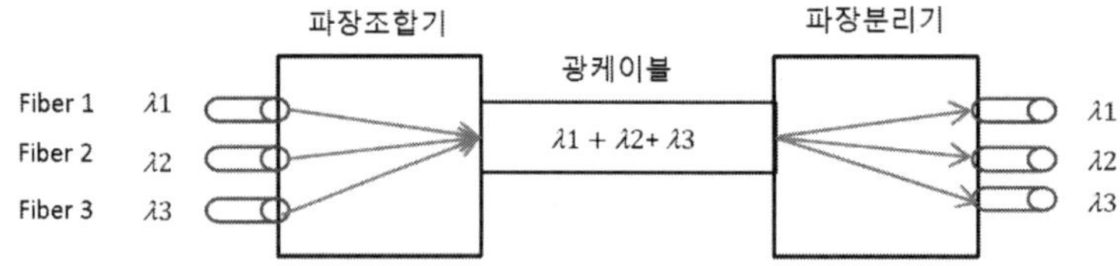

[그림 12.9] 파장분할 다중화기

아래의 그림은 파장분할 다중화기가 파장을 다중화하는 모습을 나타낸 것이다. 그림에서 보는 바와 같이 각기 다른 고객의 단말을 연결한 광섬유로부터 생성된 각기 다른 데이터 신호는 서로 중복되지 않는 파장으로 변조된 후 이들 서로 다른 파장은 파장다중화기를 통해서 하나의 광섬유로 입력된다. 따라서 각 파장은 상호 간섭을 일으키지 않고 광섬유 속을 지나갈 수 있다.

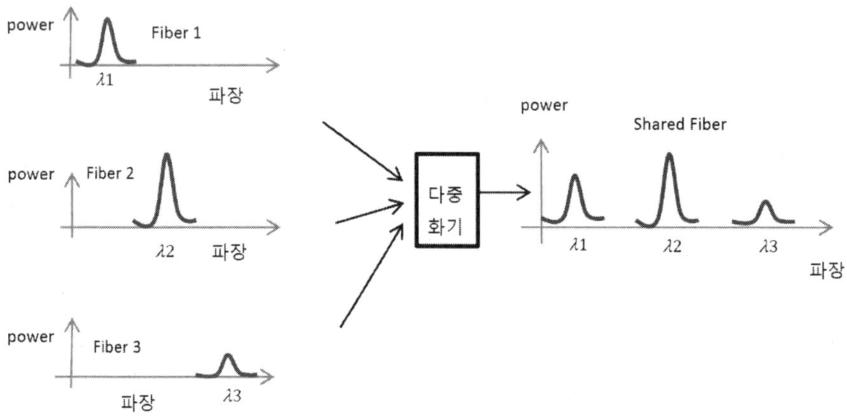

[그림 12.10] 파장의 다중화

WDM의 장점은 다음과 같다.

- 서로 다른 신호가 서로 다른 파장에 실려서 유리관을 통과하므로 신호 간에 간섭이 일어나지 않고 마치 혼자서 전송되는 듯이 깨끗하게 수신단으로 전송된다.
- 빛의 속도가 워낙 빨라서 신호의 전달 지연(propagation delay)이 거의 없다.

한편, WDM의 단점은 다음과 같다.

- 데이터를 광신호로 바꾸어주는 장치를 송수신단 간의 네트워크 입출력 장치에 설치해야 한다.
- WDM 장비가 단대단으로 네트워크 전체에 구성되어 있지 않을 경우에는 전기신호를 광신호로 그리고 광신호를 다시 전기신호로 변환하는 장치를 필요로 한다.
- 광섬유의 가격이 금속선에 비해서 비싸다.

- 광섬유는 유리로 만든 관이므로 설치 및 유지 관리를 할 때 유리관이 파손되지 않도록 주의해야 한다.

WDM은 일반적으로 WAN의 전달망(backbone network)을 구축할 때에 사용된다.

12.6 직교주파수분할 다중화

직교주파수분할 다중화(orthogonal frequency division multiplexing, OFDM)는 다중화(multiplexing)라는 단어는 들어있으나 사실은 지금까지 우리가 위에서 이야기 해온 것과 같은 다중화 기술이 아니다. OFDM은 원래는 디지털 변조 기술(digital modulation technique)로서 개발되었다. 즉, OFDM은 하나의 통신채널 상에서 비트열(bit stream)을 고속으로 전송하는 기술이다. OFDM은 1966년 미국의 벨 연구소(Bell Laboratories)가 개발한 후 1971년 디지털 푸리에 변환(digital Fourier transform) 기술의 개발로 경제적인 구현이 가능해지고 1980년에 개발한 고속 푸리에 변환(fast Fourier transform) 기술을 이용하여 구현의 복잡도가 크게 줄게 되어 그 이후로 고속 디지털통신에 널리 응용되게 되었다.

고속의 디지털신호를 무선채널을 통해서 전송할 때 신호의 길이(symbol period)가 채널의 지연 확산(delay spread)보다 크면 문제가 없으나 그 반대의 경우에는 원래의 신호에 간섭이 발생하여(inter-symbol-interference, 이하 ISI) 신호에 왜곡이 생기는데 OFDM 기술은 이 문제를 해결하는데 아주 유용하다. OFDM의 동작 원리는 다음과 같다.

먼저, 주파수 영역 상에서 정의된 하나의 고속 디지털신호(high rate digital signal)를 직렬/병렬 변환(serial to parallel conversion)하여 M개의 저속의 디지털신호(low rate digital signal)의 블록(block)으로 변환한다. 이렇게 하면 신호의 길이도 M배 늘어나므로 신호의 길이가 채널의 확산 길이보다 더 길어지고 그로 인하여 ISI가 일어나지 않는다.

다음에는 이처럼 변환된 신호를 푸리에 역변환(inverse Fourier transform)하여 시간축 상의 신호로 바꾼다. 그 후 각 OFDM 신호의 앞에 보호신호(guard signal)를 붙여서 다중경로전파(multi-path propagation)에 의한 ISI를 소거한다. 그리고 병렬/직렬 변환기(parallel to serial converter)를 통과시켜서 다시 신호를 직렬 비트열로 바꾼다.

마지막으로 주파수 변조를 하여서 안테나를 통하여 송신하면 왜곡이 없는 깨끗한 신호를 전송할 수 있다. 반면에 수신기는 위와 반대의 과정을 거쳐서 신호를 수신한다.

OFDM 기술은 유무선 네트워크에서 많이 사용된 기술인데 가상 가까이시 발견할 수 있는 곳은 가정의 유선 고속 인터넷 접속 기술인 ADSL이다. ADSL에서 G.DMT라고 하는 디지털 변조 기술이 있는데 이 기술이 바로 OFDM을 기반으로 하고 있다. 이 경우 높은 주파수 영역에 신호를 실어서 긴 구리선을 통하여 전송하면 신호의 감쇄가 커지는데 OFDM이 이와 같은 문제를 방지해주기 때문에 ADSL 모뎀에서 사용되었다.

OFDM 기술은 전력선 기반의 홈네트워크에서도 사용되었는데 이는 주로 집안 전체의 이더넷을 구성할 때 이더넷의 길이를 늘이면 채널에 잡음이 크게 되는 문제가 발생하는데 이를 해결하기 위해서였다. 그리고 OFDM 기술은 IEEE 802.11 a/g/n WLAN과 IEEE 802.16 WiMAX 네트워크에서도 사용된다. 하여간 OFDM은 신호가 잡음으로부터 방해를 받으면 곤란한 모든 통신 환경에서 유용한 기술이다.

OFDMA

직교주파수분할 다중접속(OFDMA, orthogonal frequency division multiple access)은 무선 네트워크에서 대역의 고속화를 도모하기 위하여 개발된 다중사용자 채널접속 기술(multi-user channel access method)로서 간단히 말하면 OFDM과 TDMA 기술을 합친 것이다. OFDMA는 심벌(symbol)이라고 불리는 시간축 상의 자원과 부반송파(sub-carrier)라고 불리는 주파수축 상의 자원을 2차원 행렬(matrix)과 같은 모양으로 조합하여 같은 시간축 상에서 동시에 여러 개의 부반송파에 신호를 실을 수 있어서 동시에 여러 대의 컴퓨터로부터 생성된 데이터를 각기 다른 부반송파에 실어서 전송하기 위한 직교주파수분할 다중화 기술이다.

좀 더 구체적으로 설명하면 OFDMA에서는 가용한 주파수 대역과 시간의 곱으로 이루어진 프레임(frame)이라는 것을 정의하는데 하나의 프레임이 가용한 주파수대역은 1.25, 5, 10, 20MHz 등의 크기로 정의되며 가용한 시간의 크기는 보통 10ms로 정의된다.

하나의 프레임이 가용한 주파수 대역이 10MHz라 하자. 이 주파수 대역(frequency band)을 일단 15kHz의 부대역(subband 혹은 subcarrier)으로 분할하고 15kHz의 부대역 12개를 묶어서 180kHz의 주파수 대역(이것을 carrier라고 부르자)을 만들 수 있다.

그리고 하나의 프레임이 가용한 시간축 상의 구간이 10m초일 때 이 구간을 길이가 0.5ms인 슬롯 단위로 구분한다. 이때 하나의 슬롯 내에는 7개의 심벌(symbol)이 들어 있는데 하나의 심벌의 길이는 71.4마이크로초(μs)이며 6비트의 데이터를 실을 수 있다. 이 경우에 하나의 부대역과 하나의 심벌로 구성된 공간의 단위를 자원요소(resource element, 이하 RE)라고 부른다.

한편, 180kHz의 주파수 대역(carrier)와 0.5ms의 슬롯이 이루는 하나의 2차원 공간을 자원블럭(resource block, 이하 RB)이라고 부른다. 결국 하나의 RB는 12개의 부대역과 7개의 심벌로 구성된다. 그리고 이 RB가 OFDMA에서 정의되는 자원의 최소 단위가 된다.

일반적으로 하나의 고객 단말(user device)에게 할당되는 자원의 최소의 단위는 2RB인데, 즉 주파수 대역이 180kHZ이고 시간 길이가 1ms(2개의 슬롯에 해당)인 2차원 공간을 하나의 부 프레임(subframe)이라고 부른다.

OFDMA 프레임의 구조

아래의 그림은 위에서 가정한 조건(10MHz와 10m초)에 대한 OFDMA 프레임의 구조를 나타낸 것이다.

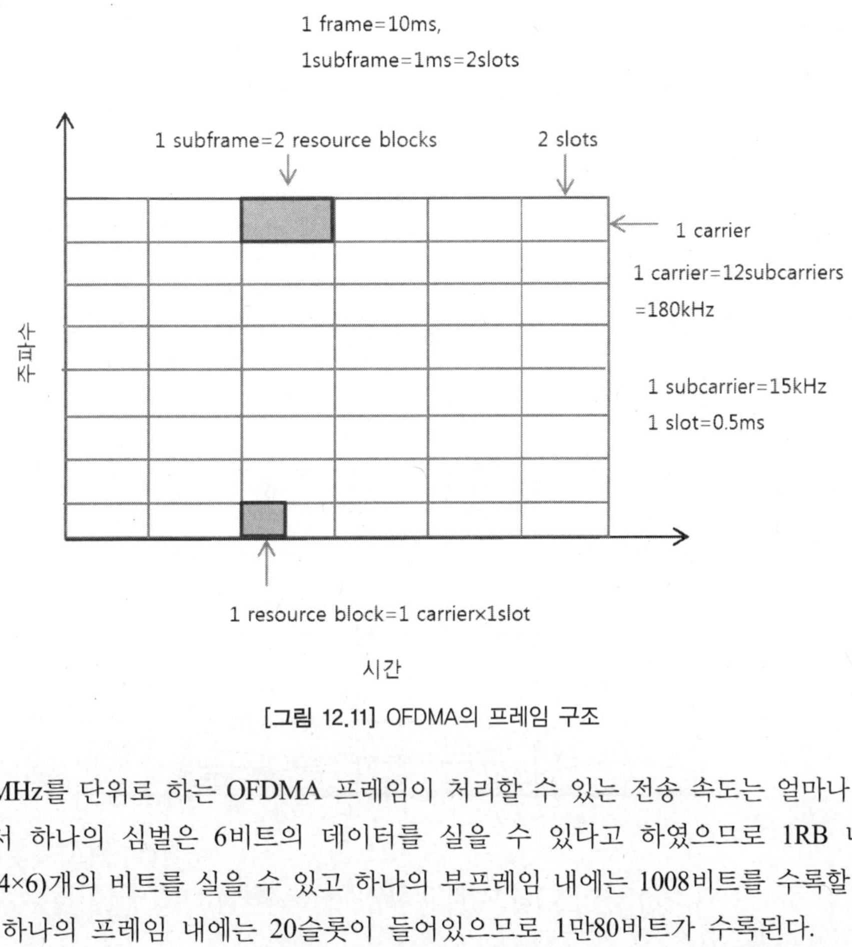

[그림 12.11] OFDMA의 프레임 구조

10MHz를 단위로 하는 OFDMA 프레임이 처리할 수 있는 전송 속도는 얼마나 될까? 앞에서 하나의 심벌은 6비트의 데이터를 실을 수 있다고 하였으므로 1RB 내에는 504(84×6)개의 비트를 실을 수 있고 하나의 부프레임 내에는 1008비트를 수록할 수 있으며 하나의 프레임 내에는 20슬롯이 들어있으므로 1만80비트가 수록된다.

그런데 하나의 프레임의 길이가 10ms이면 초당 전송 속도는 100프레임이므로 초당 데이터 전송 속도는 100만8000비트, 즉 초당 약 1Mbps가 된다. 그런데 10MHz의 대역 속에는 이러한 블럭이 55개가 존재하므로 하나의 프레임의 총 대역폭은 55Mbps에 해당한다.

만약 OFDMA 프레임 하나의 주파수대역폭이 20MHz이면 그 프레임의 총 대역폭은 110Mbps이다.

우리는 앞에서 정의한 2개의 자원블록(2RB)을 부프레임이라고 부르고 이것이 네트워크가 고객에게 할당하는 자원의 최소 단위로 정의하였는데 이 단위를 기준으로 고객에게 네트워크 자원을 할당한다면 네트워크는 하나의 프레임 속에 있는 여러 개의 부프레임을 여러 명의 고객에게 적절히 할당함으로써 동시에 여러 명의 고객을 대상으로 데이터를 전송할 수 있게 된다.

OFDMA의 자원 할당

자원블록을 고객에게 할당하는 방법은 연속해서 블록을 할당(contiguous allocation, 연속할당)하거나 분산해서 블록을 할당(distributed allocation, 분산할당)하는 방법이 있는데 연속할당이 구현이 간단하고 고객당 자원의 할당 상황을 쉽게 파악할 수 있어서 상용 네트워크에서 선호되고 있다. 한편 분산할당은 주파수 할당 상황을 숨기는데 효과적이어서 군용통신에서 선호하는 방식이다. 아래의 그림은 블록을 연속할당하는 개념을 이용한 OFDMA의 자원 할당 원리를 나타내고 있다.

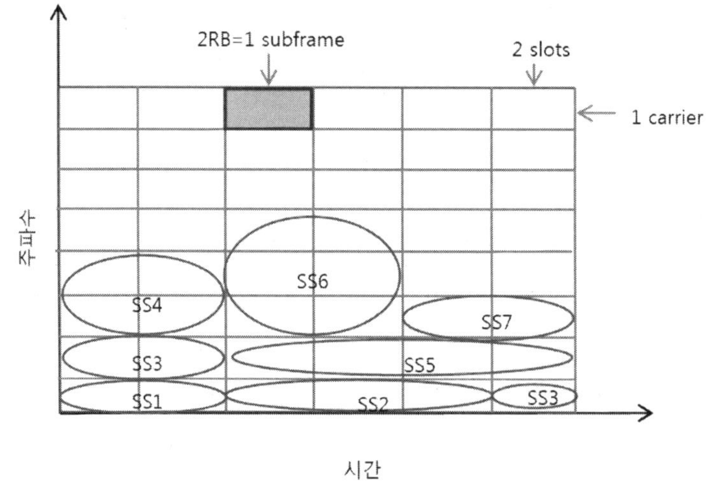

[그림 12.12] OFDMA의 자원 할당

가입자 단말(subscriber station 이하 SS)에 대해서 자원을 할당하는데는 기본적인 방침이 있는데 먼저 각 SS가 생성하는 데이터를 하나의 OFDMA 블록에 맞게 분할한다. 그리고 각 SS에 대해서 프레임 내에서 시간축 상의 자원을 먼저 할당하고 그 뒤 주파수축 상의 자원에 대해서 할당하는 것을 원칙으로 하나 경우에 따라서는 시간축 상의 맨 끝에 남은 심벌의 수가 SS가 요구하는 자원의 수를 만족하지 못할 경우가 있으므로 가능하면 하나의 SS에 대해서는 인접하는 부프레임을 할당한다. 그림에서 SS4와 SS6이 이와 같은 경우에 해당한다.

OFDMA는 서로 다른 고객에게 서로 다른 양의 무선자원을 할당함으로써 서비스품질의 차별화(differentiated quality of service)를 구현할 수 있어서 최근의 멀티미디어 통신 환경에서 음성, 비디오, 데이터 등 다양한 응용 서비스를 대상으로 서로 다른 양의 자원을 할당하는데 아주 유용하게 쓰이는 기술이다. 따라서 OFDMA 기술을 사용하면 우리가 랜에서 복수의 고객을 접속시키기 위해서 고민했던 MAC 프로토콜과 같은 복잡한 매체접속 중재 절차가 필요 없다. OFDMA에서의 서비스품질 차별화 기술은 이 책의 범주를 벗어나므로 참고문헌을 참고하기 바란다.

12.7 고찰 문제

1. 다중화와 역다중화의 개념에 대해서 정의해보자.

2. FDM의 주파수 할당방식을 설명하고 이 방식의 장단점에 대해서 논해보자.

3. FDM의 채널의 그룹화방식에 대해서 설명해보자.

4. TDM의 동작 원리를 설명하고 이 방식의 장단점에 대해서 논해보자.

5. TDM에서 전송 능력을 향상시키는 방법에 대해서 설명해보자.

6. SONET 기술의 개발 배경과 대역폭의 단위를 정하는 방법에 대해서 설명해보자.

7. SONET의 구조와 ADM의 역할에 대해서 설명해보자.

8. 통계적 다중화의 개념을 설명하고 기존의 TDM이나 FDM과의 차이를 설명해보자.

9. WDM의 동작 원리를 설명하고 이 방식의 장단점에 대해서 논해보자.

10. OFDMA의 동작 원리 및 프레임 구조에 대해서 설명해보자.

제13장 대도시 네트워크

대도시 네트워크(metropolitan area network, 이하 MAN)은 대도시 영역에서 통신 서비스를 제공하는 네트워크이다. 즉, 대도시 내에 산재해 있는 고객들을 연결하는 네트워크이다. 그런데 대도시에는 다양한 고객이 존재한다. 가정 고객이 있는가 하면 관공서나 빌딩 혹은 대학교나 대규모 공단과 같이 랜을 가지고 있는 고객도 있다. 따라서 MAN은 네트워크의 규모나 지리적 위치에서 볼 때 랜과 WAN의 중간에 위치하며 도시 내의 다양한 통신 서비스를 제공할 뿐만 아니라 다양한 유형의 네트워크를 상호 연결하는 개념의 네트워크이다. 아래의 그림은 랜, MAN, 그리고 WAN 간의 관계를 나타내고 있다.

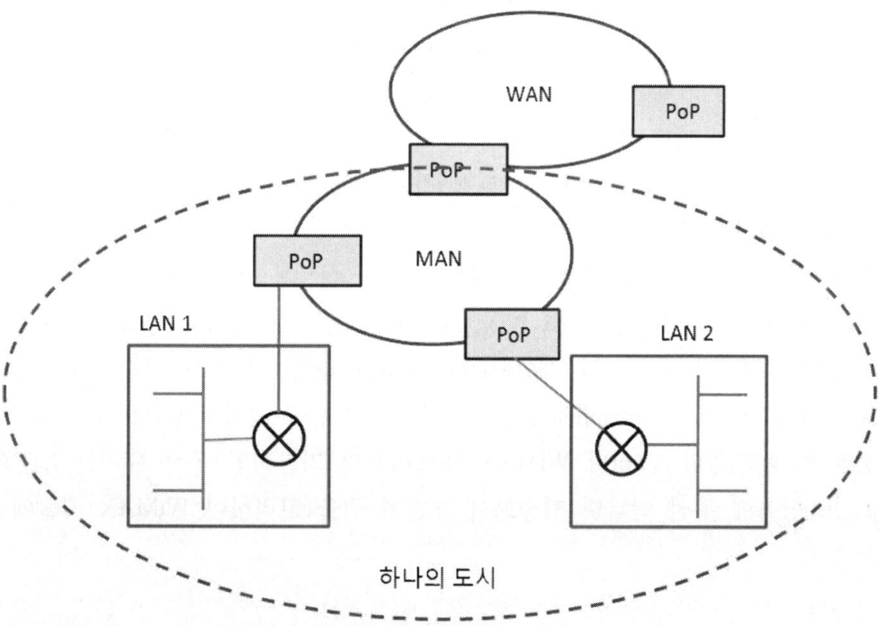

[그림 13.1] LAN, MAN, 그리고 WAN 간의 관계

위의 그림에서 PoP(point of presence)은 통신사업자 소유의 네트워크 장비가 위치한 곳으로서 MAN을 구축하는 기술에 따라 장비가 제공하는 기능이 다르다.

MAN

MAN은 동작 기술로 볼 때는 랜에 가깝지만 네트워크가 서비스를 제공하는 지리적 규모는 WAN에 가까운 네트워크이다. 따라서 소위 박쥐와 같은 신세의 네트워크인데 그로 인해서 맡은 역할은 중요하면서도 대중들로부터 크게 주목을 받지 못하는 약간은 애매한 위치에 있다.

그럼에도 불구하고 MAN이 대도시 내에서 일어나는 모든 통신을 담당해야 할 만큼 중요한 역할을 하고 있으므로 이 기회에 MAN에 대해서 알아두는 것도 좋을 것이다.

MAN은 당초에 고속의 데이터 전송과 넓은 영역의 서비스라는 두 가지 목적을 가지고 출발했기 때문에 전송은 광통신 기술을 기반으로 하고 있다. MAN의 표준을 유선 MAN과 무선 MAN의 두 영역으로 나눌 때 유선 MAN에는 FDDI, DQDB(dual queue dual bus), 메트로 이더넷(Metro Ethernet), RPR(resilient packet ring) 등이 있고 무선 MAN에는 WiMAX(worldwide interoperability for microwave access)와 셀룰러 이동 통신(cellular mobile communication) 네트워크가 있다.

먼저 유선 MAN에 대해서 기술의 추세를 보면 FDDI는 랜의 확장된 개념으로 사설 네트워크 용으로 사용되었고 DQDB와 메트로 이더넷이 공중 네트워크(public network)로 사용되었다. 초기에는 랜 기술과 유사한 FDDI와 DQDB가 주목을 받았으나 이더넷과 광통신 기술의 발달로 인하여 지금은 메트로 이더넷과 RPR이 대세이다. 그래서 여기서는 유선 MAN의 대표적인 기술로서 최근 주목을 받고 있는 메트로 이더넷과 RPR에 대해서 소개하기로 한다.

한편, 무선 MAN에 대해서는 과거에는 셀룰러 이동통신이 이동 전화 서비스를 위주로 하는 네트워크의 역할을 맡고 WiMAX가 무선 인터넷 접속을 담당할 것으로 여겨졌다. 그러나 최근에 들어와서 제4세대(4th generation) 이동통신 기술인 LTE(long-term evolution)가 스마트폰(smartphone)과 밀접하게 결합됨에 따라서 WiMAX 기술이 고객의 외면을 받게 되었다. 그러나 WiMAX 네트워크의 기본적인 동작 원리는 LTE와 거의 같고 또 당초에 무선 인터넷 기술로서 개발된 점을 고려하여 WiMAX 기술에 대해서 소개한다.

13.1 메트로 이더넷

메트로 이더넷(Metro Ethernet)은 이더넷 표준에 기반한 대도시 규모의 네트워크로서 개인 고객이나 기업 고객을 보다 더 큰 규모의 네트워크인 WAN이나 인터넷에 접속시키기 위한 대도시 접속망(metropolitan access network) 역할을 담당한다.

대도시에 접속망을 구축하는 방법은 여러 가지가 있으나 주로 이더넷 기술을 바탕으로 MAN을 구축한다. 그 이유는 앞에서 이야기한 것처럼 대부분의 랜이 이더넷을 기반으로 동작하므로 이더넷 랜에 연결된 고객을 이더넷을 기반으로 하는 MAN에 연결하는 것은 네트워크 연동의 측면에서 볼 때 쉬울 뿐만 아니라 이더넷 자체가 가격면에서도 아주 유리하므로 MAN에서 이더넷을 사용하는 것은 네트워크 사업자나 고객에게 있어서 여러 가지 측면에서 유리하다.

메트로 이더넷은 L2/L3(layer2/layer3) 스위치를 광케이블을 통해서 연결하여 구축하는데 네트워크의 토폴러지는 링(ring), 계층이 있는 스타형의 일종인 허브 & 스포크(hub & spoke), 완전 혹은 부분 메시(full or partial mesh) 등 다양한 모양으로 구성할 수 있다. 이들 다양한 토폴러지 가운데서 전송기술이 광케이블에 기반한 점을 고려하면 가장 이상적인 구조는 역시 링이다. 우리가 앞에서 SONET 기술을 공부하면서 소개한 ADM이 링의 둘레에 연결되어 있는 링형 구조이다.

메트로 이더넷의 특징으로는 다음과 같은 것이 있다.

- 인터페이스가 SONET/SDH보다 훨씬 저렴함
- 고객의 네트워크와 접속이 용이함
- 네트워크를 코어(core), 분배(distribution), 액세스(access) 등 다양한 계위로 구성 가능함

한편 일반적으로 하나의 도시에 대해서 메트로 이더넷을 구축하는 방안으로는 도시를 한 바퀴 도는 링을 연결하여 데이터를 한 쪽 방향으로 전송하는 것이 가장 기본적인 구조이다. 그런데 여기서 한 가지 주의해야 할 점으로는 규모가 큰 대도시에 단 하나의 링으로 구축하는 것은 상당한 위험을 각오해야 한다. 먼저 아래의 그림을 보자. 창원은 그림에서 점선으로 표시된 과거 창원, 진해, 마산의 세 도시를 통합하여 인구 110만 명의 대도시(metrocity)가 되었다. 따라서 창원시의 MAN을 하나의 링으로 구축하면 아래의 그림에서 굵은 선으로 연결된 링과 같다.

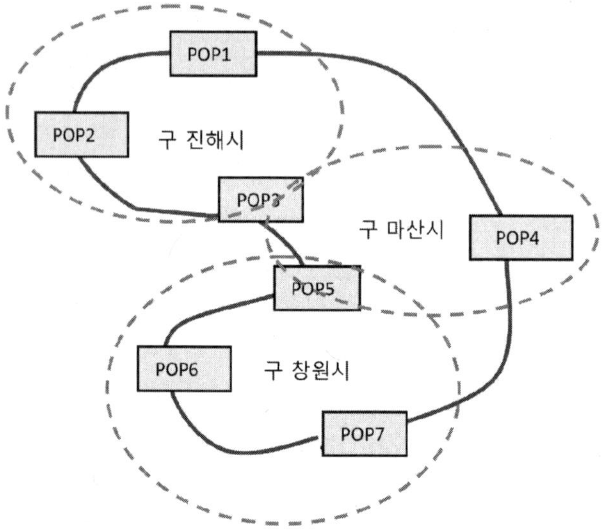

[그림 13.2] 창원시의 메트로 이더넷 링 구조(단일링의 경우)

그림에서 PoP은 ISP의 액세스 네트워크 사이트(access network site, 즉 고객의 단말을 접속하는 지점)인데 쉽게 말하면 가입자 트래픽을 집선하는 장치이다. 즉, SONET의 ADM(add drop multiplexer)과 같은 역할을 한다.

위의 그림에서 보는 바와 같이 창원을 그림의 굵은 색으로 표시한 단 하나의 링으로 연결하는 것은 문제가 있다. 가령 구 창원시의 PoP7 에서 구 마산의 PoP4로 데이터를 전달하고자 하는데 링이 시계방향(구 창원→진해→마산 방향)으로 회전해서 전송된다고 하면 구 창원의 PoP7으로 들어와서 구 마산의 PoP4로 향하는 모든 데이터는 이 링을 거의 한 바퀴 회전한 다음에야 목적지에 도달하게 된다. 그에 따라서 라우팅의 효율성도 떨어질 뿐만 아니라 일시적으로 트래픽이 급증하였을 때 링크 전체에 폭주(congestion)가 일어날 가능성도 크고 어느 한 영역에서 링크나 노드의 고장이 일어날 경우 도시 전체의 연결이 끊어질 우려가 있다. 물론 링을 이중으로 구성하므로 FDDI에서처럼 비상용 링으로 고장 난 부분을 제외하고 남은 노드와 링크를 이용해서 임시로 다시 링을 만들 수는 있지만 하여간 이렇게 넓은 도시를 단 하나의 링으로 구성하는 것은 상당히 무모한 일이다.

한편, 대부분의 경우 데이터의 교환은 거리나 생활권에 의존해서 그 양이 결정되는데 예를 들면 진해 지역에 사는 사람은 그 지역의 사람과 데이터를 교환할 확률이 높고 멀리 떨어진 사람과 데이터를 주고받을 확률은 낮다. 이것을 인접성(proximity)이라고 한다. 따라서 이와 같은 지리적 상호연관성을 고려하지 않은 채 네트워크를 하나의 큰 덩어리로 구성할 경우에 데이터의 전송 효율이 낮아질 수 있다.

다중링 메트로 이더넷

이와 같은 문제를 예방하기 위하여 일반적으로 메트로 이더넷을 구축할 때 하나의 도시를 몇 개의 권역으로 나누어서 여러 개의 링을 구성하여 상호 연결하는 구조를 취하는데 그것을 다중링 메트로 이더넷(multi-ring metro Ethernet)이라고 한다. 아래의 그림이 이를 나타낸 것이다.

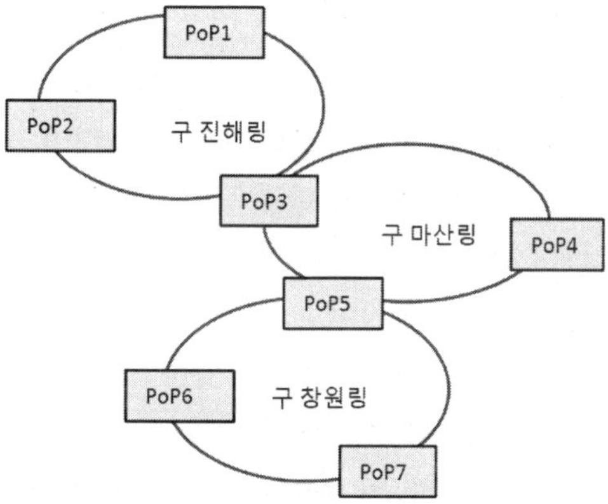

[그림 13.3] 3개의 링으로 구성한 창원의 MAN

위의 그림에서 만약 마산링의 PoP4에서 구 창원링의 PoP7으로 데이터를 보낸다고 하자. 이때 링이 정상적으로 동작할 때 데이터는 PoP4→PoP5→PoP7으로 전달된다. 그런데 PoP4와 PoP5에서 링크가 끊어지는 사고가 발생할 경우 데이터는 아래의 그림과 같이 PoP4→PoP3→PoP5→PoP7으로 전달된다. 그림 13.4는 이것을 나타낸 것이다. 따라서 비록 어느 하나의 링의 링크가 끊어지더라도 끊어진 링크를 제외한 나머지 링크를 통해서 데이터의 전달이 가능하다.

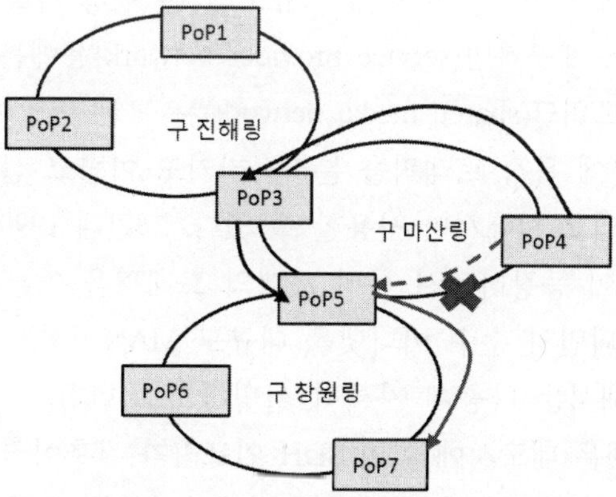

[그림 13.4] PoP4와 PoP5 사이의 링크가 끊어진 경우 데이터의 전달 경로

메트로 이더넷에서 링크는 일반적으로 광케이블을 사용하여 물리적 계층에서 동작하므로 제2계층 프로토콜인 이더넷의 MAC 프로토콜을 인식하지 못한다. 따라서 데이터 프레임이 이더넷 프레임 구조에 기반하더라도 서비스 제공 방식은 최선형 서비스(best effort service) 구조를 취하므로 다양한 멀티미디어 데이터를 하나의 링 상에서 전달하는 경우에 개별적으로 요구하는 서비스 품질은 보장할 수 없다.

그리고 메트로 이더넷은 대규모의 가입자를 수용하는 특성으로 인하여 계층화 구조(hierarchical architecture)로 구축하는 경우가 많은데 앞에서 특징을 요약할 때 말한 것처럼 액세스망(access network), 분배/집선망(distribution/aggregation network), 코어망(core network) 등으로 나눌 수 있다. 위의 그림에서 링이 코어망이다.

메트로 이더넷의 액세스망은 고객의 단말을 네트워크의 PoP으로 접속시키는 첫 번째 관문으로서 고객의 단말을 ADSL, ONU(optical network unit)나 게이트웨이(gateway), 혹은 라우터 등으로 연결한다.

한편, 액세스망을 코어망으로 연결시키는 역할을 담당하는 분배망은 OLT(optical line terminal)나 스위치 등으로 수동형 광 네트워크(passive optical network) 기술을 이용하여 구성한다. 마지막으로 코어망(core network)은 기존의 IP/MPLS 백본망을 사용하거나 단순히 이더넷 전송망으로 구성할 수 있다.

메트로 이더넷의 구현 방법

메트로 이더넷은 하부 계층인 물리적 매체를 무엇을 사용하느냐에 따라서 순수 이더넷(pure Ethernet), SDH 기반 이더넷(Ethernet over SDH), MPLS 기반 이더넷(Ethernet over MPLS), 파장분할 기반 이더넷(Ethernet over DWDM) 등 다양한 기술의 조합으로 구현할 수 있다.

순수 이더넷은 오직 L2 스위치만으로 구성하는데 그로 인하여 구성이 간단하고 가격도 저렴하다. 그러나 이더넷이 원래 소규모의 랜 구성 기술이므로 대규모의 가입자를 연결하는 서비스 제공자망(service provider network)용에는 적합하지 않다. 왜냐하면 공유 미디어 네트워크(shared media network)는 모든 단말이 하나의 미디어를 공유하는 형태이기 때문에 특정 트래픽을 분리시키기도 어렵고 신뢰성이나 규모의 면에서 불리하므로 소규모의 도시에서만 사용할 수 있다. 그런데 1990년대에 들어와서 가상랜(virtual LAN) 기술이 등장하면서 특정 고객의 트래픽을 다른 고객의 트래픽으로부터 분리시킬 수 있게 되면서 순수 이더넷을 대규모 MAN에서도 사용할 수 있게 되었다. 가상랜 기술에 대해서는 나중에 자세히 설명하기로 한다.

SDH 기반 이더넷은 대도시에 이미 SDH 인프라가 갖추어졌을 때 사용하면 좋다. 다만 SDH가 대역 관리나 계층화 측면에서 융통성이 없으므로 이 점은 불리하다고 할 수 있다. SDH 기반 기술의 가장 큰 장점은 SDH가 가지고 있는 고유의 특성인 고장으로부터의 회복 기법(failure protection mechanism, 50ms 이내에 고장으로부터 복구가 가능함)을 이용한 고도의 신뢰성이다. 반면에 SDH 기반 이더넷은 가격(특히 장비 가격)이 비싼 것이 단점이다. 그리고 트래픽 제어도 아주 제한적이다. 그래서 등장한 것이 기존의 이더넷 스위치를 SDH 코어링(core ring)의 에지(edge) 부분에 연결하여 트래픽 제어와 가격의 삭감을 시도한 것이다.

MPLS 기반의 이더넷은 ISP(Internet service provider)의 백본 네트워크가 가지고 있는 MPLS 프로토콜 기능을 이용한 이더넷 구성 방법이다. 가입자는 100base-TX(구리선)나 100base-FX(광케이블) 등의 이더넷 인터페이스를 통하여 네트워크에 연결되며 고객의 이더넷 프레임이 백본망의 MPLS 터널(tunnel)을 통하여 전송된다. MPLS 터널은 레이블 분배 프로토콜(label distribution protocol)과 자원 예약 프로토콜인 RSVP-TE(resource reservation protocol-traffic engineering) 기술을 이용해서 동작하는 기술로서 이에 대해서는 나중에 자세히 기술하기로 한다. 한편, MPLS 기반 이더넷은 신뢰성이 뛰어나고 규모의 문제도 없어서 대규모 메트로 이더넷의 구축에 유리하나 QoS의 제공에 따른 비용이 비싼 것이 단점이다.

아래의 표는 이상 언급한 것에 대해서 메트로 이더넷의 구현 방식별 장단점을 비교한 것이다.

[표 13.1] 메트로 이더넷의 구현 방식 비교

방식	장점	단점
Pure Ethernet	구현비용 저렴	신뢰성 낮고 소규모로 제한
Ethernet over SDH	기존의 SDH와 정합 용이	SDH의 계위구조 때문에 대역폭 사용의 유연성이 부족
Ethernet over MPLS	구현비용 비쌈	신뢰성 높고 대규모 구현 가능
Ethernet over DWDM	성능 최고	구현비용 비싸고 광네트워크 기반

메트로 이더넷 포럼에서는 메트로 이더넷에 대하여 세 가지 네트워크 서비스 유형을 정의하였는데 E-VPL(Ethernet virtual private line), E-LAN, E-Tree이다.

E-VPL은 점대점(point-to-point) 이더넷 가상회선(virtual connection) 서비스로서 기존의 전용선 서비스(leased line service)와 같은 개념의 기술이다. 즉, 네트워크 상의 떨어진 두 지점 간을 코어 네트워크 상에서 가상회선으로 연결하여 도중에 어느 누구도 네트워크에 끼어들어서 데이터를 보낼 수 없도록 마치 두 지점의 고객만이 데이터를 보내는 경로를 독점하는 것과 같은 효과를 얻도록 해준다. 이 기술은 줄여서 E-Line이라고도 부른다.

E-LAN 서비스는 이더넷 가상사설 랜(Ethernet virtual private LAN) 서비스인데 다중점 대 다중점(multipoint-tomultipoint) 이더넷 가상회선 서비스이다. 따라서 메트로 이더

넷 상에서 기존의 랜과 같이 가상적으로 버스를 설정하여 여러 명의 고객이 랜에서 데이터를 보내는 것과 같은 효과를 가져다 준다. 이 서비스는 이더넷 가상사설 랜 서비스(Ethernet virtual private LAN service)로도 불린다.

E-Tree 서비스는 이더넷 가상사설트리(Ethernet virtual private tree) 서비스라고도 불리는데 이 서비스는 루트 대 다중점(root-to-multipoint) 이더넷 가상연결 회선으로서 멀티캐스트 서비스용으로 사용된다. 따라서 계층의 가장 위에 위치한 루트 노드로 데이터가 전달되면 나머지 노드들로 같은 데이터를 복사하여 멀티캐스트 전송한다. 이 경우는 이더넷 상의 어느 지점에 비디오 서버가 있고 그 비디오 콘텐츠를 메트로 이더넷 상의 여러 고객에게 멀티캐스트하려는 경우에 서버가 접속된 PoP 으로 데이터가 전달되면 나머지 노드들로 같은 데이터를 복사하여 멀티캐스트 전송한다.

13.2 RPR

RPR(resilient packet ring)은 직역하면 '복원력이 있는 패킷링'이라는 의미인데 그렇다고 우리나라 말로 "복원력이 있는 패킷링"이나 "알피알"이라고 쓰려니까 이상하여 부득이하게 RPR이라고 부르기로 한다. 여기서 복원력이 있다고 하는 것은 링의 노드가 고장 나거나 링크가 끊어지는 일이 발생해도 복원이 된다는 의미이다. 복원이 되는 이유는 아래에서 설명하기로 하고 먼저 RPR의 탄생 배경부터 알아보기로 하자.

RPR은 IEEE 802.17에서 권고한 패킷 기반의 데이터 전송을 위한 국제 표준인데 기본적인 네트워크의 구조는 메트로 이더넷과 같으나 메트로 이더넷의 단점 중 하나인 서비스 품질 제공의 불확실성을 극복하기 위해서 조금 더 업그레이드된 기술을 사용하여 고안되었다. 그래서 네트워크 토폴로지는 메트로 이더넷과 마찬가지로 링형을 기본으로 하나 다양한 멀티미디어 서비스를 제공하기 위하여 메트로 이더넷에서는 없었던 MAC 프로토콜을 첨가하고 또 링의 광케이블의 수도 늘려서 충분한 대역폭과 고장 발생 시 재빠른 복구가 가능하게 되었다. 아래의 그림은 RPR의 구조를 나타낸 것이다.

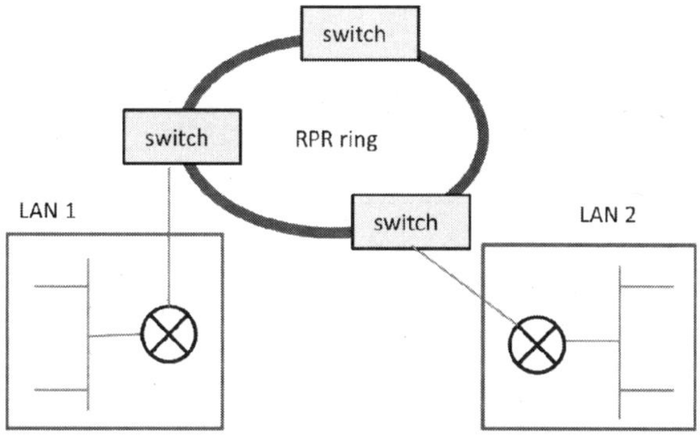

[그림 13.5] RPR 네트워크의 구조

그림에서 RPR이 메트로 이더넷과 다른 것은 MAN을 구성하는 노드가 PoP에서 스위치(switch)로 바뀌었다는 것이다. RPR에서는 노드가 하드웨어 스위치인 이유로 포트의 수가 여러 개이다. 그로 인하여 링 내의 채널의 수(물리적인 링의 수)도 여러 개를 설치할 수 있다. 그림에서 링을 앞의 메트로 이더넷보다 더 굵게 그린 이유는 RPR이 여러 개의 링을 가지고 있다는 것을 나타내기 위함이다. 그리고 링 상에는 RPR 스위치라고 하는 하드웨어 스위치 패브릭(switch fabric)을 장착하여 마치 두 PoP 간을 스위치로 연결한 것 같은 효과를 가져다 준다. 이를 위해서 링 내의 채널의 개수도 최소한 4개 이상(반은 송신/수신용으로 각각 사용하고 나머지 반은 비상용으로 사용하거나 평상시에도 사용 가능) 확보하여 서로 다른 채널끼리는 어느 방향으로든지 데이터를 전송하도록 하여 PoP 간에 최단 경로로 데이터를 전송할 수 있다. 즉, 양방향 통신이 가능하다.

RPR에서 패킷의 다중화는 통계적 다중화 기술을 기반으로 하고 있어서 비동기적으로 발생되는 비연결형 데이터의 전송에 유용한 기술이며 채널의 대역은 1Mbps 단위로 세분해서 할당이 가능하므로 다양한 대역 요구에 유연하게 대응할 수 있다.

한편, 노드나 링크에 고장이 일어날 때에는 노드 간의 빈번한 제어 정보의 교환으로 고장 발생 후 50밀리초 이내에 고장이 감지된다. 그리고 고장이 감지되면 고장이 난 주변의 노드는 상호 고장의 인지 하에 트래픽을 2차 경로(혹은 방향)로 재라우팅(rerouting)시킨다. 특히 고장의 발생 시 트래픽을 고장이 난 노드나 링크의 반대 방향으로 보내도록 모든 노드에게 알리는데 이러한 기술을 조종(steering)이라고 부른다.

RPR의 MAC 프로토콜

RPR의 MAC 프로토콜은 일반적으로 예약(reservation)과 경쟁(competition) 기반의 매체 접속 방법을 사용하는데 서비스 크래스(class of service)는 A, B, C의 세 가지 유형을 정의한다. 그리고 클래스별로 아래와 같은 방법으로 데이터를 수용한다.

[표 13.2] RPR의 서비스 클래스별 데이터 서비스 방법

크래스	서비스 보장 파라미터	대역 할당 방법	응용 서비스
Class A	최고 데이터 속도 및 단대단 최소 지연 보장	고정 속도의 대역을 예약 할당	TDM 회선 서비스 실시간 응용 서비스
Class B	최소 데이터 속도 및 단대단 지연 상한 보장	경합 할당을 기본으로 하되 최소 대역(committed rate)은 보장하고 나머지(excess rate)는 잔여 대역을 추가로 제공함	스트리밍 서비스 웹/게임 등의 데이터 서비스
Class C	데이터 속도나 지연에 대한 보장 없음	Class A와 B에 할당하고 남은 대역을 놓고 경합함	파일 전송, 이메일 등

한편, RPR은 제1계층의 프로토콜과는 무관하므로 TDM에 기반하는 SONET이나 이더넷 상에서 어디에서든 동작이 가능하여 후방 정합성(backward compatibility)이 좋다.

13.3 와이맥스

최근에 와서 대도시 규모로 인터넷 무선 접속 네트워크를 구축함에 따라 고객은 언제 어디서든지 웹 검색(web browsing), 오디오/비디오 파일의 다운로드(audio/video file download), 그리고 페이스북(facebook)이나 카카오 톡(Kakao talk) 등 다양한 소셜 네트워크 서비스(social network service)를 즐길 수 있게 되었다. 이것이 가능해진 기술이 바로 와이맥스(WiMAX)인데 이 기술은 정부와 국내의 ISP 업체가 주도하여 국제 표준을 개발한 것으로 우리나라에서는 이 기술을 이용하여 2006년 6월에 KT와 SK텔레콤이 세계 최초로 와이브로(WiBro, wireless broadband)라는 이름으로 서비스를 하였다. 2007년 12월에 있은 대통령 선거에서 당선한 이명박 후보가 지지자들에게 가는 모습을 달리는 바이크에서 중계하여 일약 유명해진 일화가 있다.

그러나 이 기술은 세계 최초로 상용화를 시작한 뒤 12년 만인 2018년을 마지막으로 역사속으로 사라지게 되었다.

와이맥스가 사라지게 된 이유는 여러 가지가 있다. 사실 와이맥스는 IMT-2000 기술의 일환으로 개발되었는데 이 기술이 개발되는 도중에 IMT-2000 기술의 장기적 진화(long-term evolution, LTE)를 목표로 한 차세대 무선네트워크 기술로서 LTE의 개념이 등장했고 현재 이 기술이 무선통신망의 사실상 표준이 되었기 때문이다. 와이맥스가 시장에서 LTE기술에 시장의 주도권을 내준 이유는 또 있는데 스마트폰의 등장과 함께

휴대폰 제조회사들이 LTE 대응 단말의 개발에 집중하는 바람에 와이브로 서비스만을 위한 단말의 투자에 어느 회사도 선뜻 뛰어들지 않았던 것도 있다.

이 책에서 이미 시장에서 사라진 기술을 많은 지면을 할애하여 소개하는 이유는 크게 두 가지이다. 하나는 이 기술이 비록 사업의 실패로 끝나기는 하였으나 우리나라가 주도적으로 개발한 몇 안되는 무선통신 기술 국제 표준이라는 것이고 다른 하나는 이 기술과 현재 사실상 전 세계의 무선통신 시장을 평정한 LTE가 거의 같은 방식으로 동작하는 기술이라는 것이다.

와이맥스의 접속모드

와이맥스는 고객과 인터넷을 연결하는 가입자 접속 네트워크로서의 기능뿐만 아니라 대도시 어디에서도 무선 인터넷을 접속할 수 있는 무선 MAN으로의 기능을 수행한다. 이를 위하여 와이맥스는 세 가지 접속 모드(mode)를 정의하였는데 점대다중점(point-to-multipoint, 이하 PMP), 그물(mesh 혹은 multi-hop), 그리고 다중 홉 릴레이(multi-hop relay, 이하 MHR)가 있으며 특징을 요약하면 다음과 같다.

① PMP 모드는 하나의 기지국이 모든 단말을 수용하는 구조인데 그로 인하여 인구가 밀집한 대규모의 도시에서 이 기술을 사용하기에는 도달 거리나 수용 가능한 단말의 규모 면에서 제약이 따른다.

② 그물 모드는 각 단말이 상호 직접 통신을 할 수 있는 점에서는 효율적이나 이렇게 하려면 모든 단말이 노드의 역할을 하는 기능을 갖추고 있어야 한다.

③ 다중 홉 릴레이 모드는 기지국(BS, base station)과 중계국(RS, relay station)을 갖추고 있어서 기지국이 바로 단말을 수용할 수도 있고 경우에 따라서는 기지국으로부터 일정한 거리 내에서 중계국을 여러 개(병렬 혹은 직렬로) 배치하여 기지국이 도달할 수 없는 거리까지 가입자 단말을 수용할 수 있게 함으로써 대규모 접속 네트워크를 구축하게 한다.

아래에 이들 세 가지 모드 중 PMP 및 그물 모드의 네트워크 접속 구조를 나타낸다. MHR 구조는 뒤에서 소개한다.

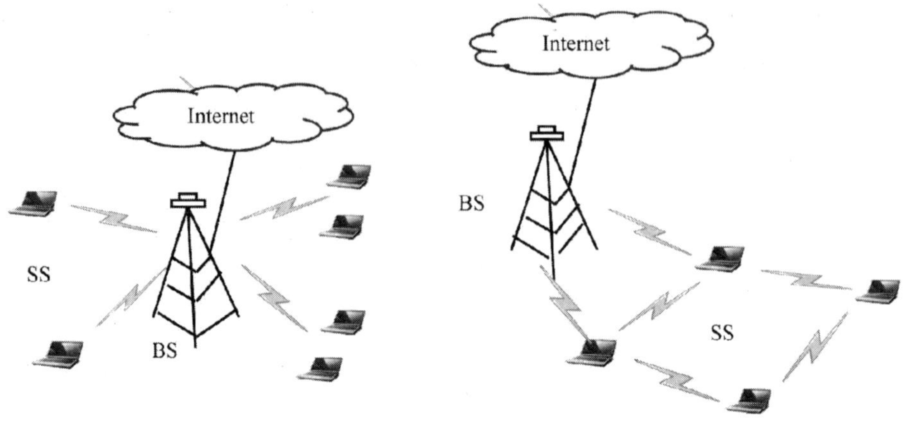

(가) PMP 모드　　　　(나) 그물 모드

[그림 13.6] PMP 및 그물 모드의 와이맥스 네트워크 구조

우선 와이맥스의 기술적 배경에 대해서 공부하기로 한다. 와이맥스는 IEEE 802.16으로 표준화되어 있으며 802.16d, 802.16e, 802.16j의 세 가지의 버전을 가지고 있다. 802.16d는 고정 와이맥스(fixed WiMAX)라고 하고 나머지 2개는 이동 와이맥스(mobile WiMAX)라고 부른다. 이들 중에서 가장 나중의 버전이 가장 일반적이고 포괄적인 기술을 가지고 있으므로 지금부터는 802.16j 와이맥스 네트워크를 중심으로 이야기를 전개한다.

802.16j 와이맥스 네트워크에서는 여러 대의 SS(subscriber stations)가 BS에 직통으로 연결되거나 RS를 통하여 연결되는데 이들을 결정하는 요소는 단말의 위치나 수용하고자 하는 가입자의 규모 등 다양한 요소에 따라 정해진다. 이때 BS는 와이맥스 시스템의 가장 핵심적 요소로서 셀 내의 여러 명의 고객으로부터의 트래픽을 다중화하고 네트워크로부터 고객으로 들어오는 하향 트래픽을 역다중화(demultiplexing)하는 역할을 한다.

반면에 RS는 BS와 SS의 중간에 위치해서 BS가 직접 수용할 수 없는 영역의 고객을 수용함으로써 BS의 고객 접속 영역을 확장시키는 역할을 하는데 SS로부터의 트래픽을 다중화하여 BS로 전달하거나 그 반대 방향에서는 BS로부터의 하향 트래픽을 역다중화하여 SS에 분배하는 역할을 한다. 결국 BS와 RS의 조합으로 와이맥스 네트워크는 다중 홉 릴레이 방식의 동작을 하게 된다. 아래의 그림은 다중 홉 릴레이 모드로 동작하는 와이맥스 네트워크의 개념적 구조를 나타낸 것이다.

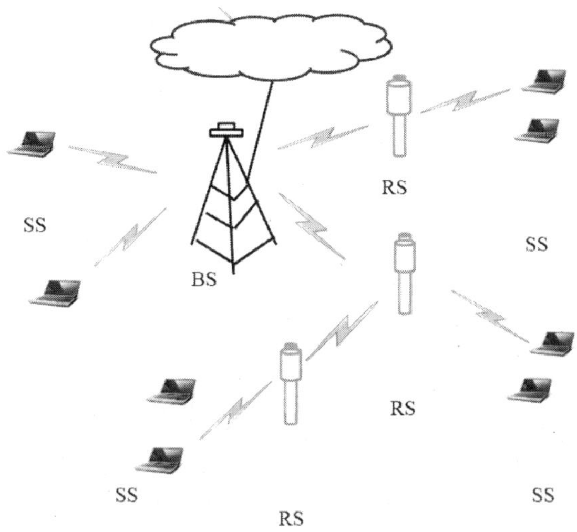

[그림 13.7] MHR 와이맥스의 네트워크 구조

와이맥스의 동작 원리

와이맥스 네트워크의 동작 원리를 소개하면 다음과 같다. 앞에서도 이야기한 바와 같이 대부분의 경우에는 고객 단말이 RS와 접속을 하고 BS는 RS로 수용된 집합적 트래픽(aggregated traffic)을 수용하는 것이 시스템 전체의 효율이 좋기 때문에 지금부터는 RS가 고객의 단말을 수용한다고 가정하고 RS를 중심으로 동작을 설명한다. 다음 그림이 와이맥스 네트워크에서 가장 핵심적인 두 요소인 RS와 BS의 기능적 구조를 나타낸 것이다.

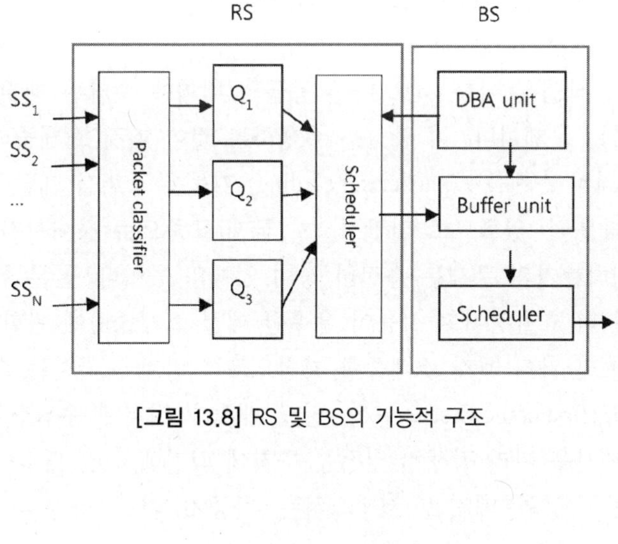

[그림 13.8] RS 및 BS의 기능적 구조

와이맥스는 기본적으로 연결 지향적(connection-oriented)으로 동작을 하며 따라서 연결을 단위로 네트워크에 접속한다. 즉 고객이 하나의 응용 프로그램을 구동시키기 위해서는 네트워크와 연결을 단위로 하여 대역을 요구하여 그 요구에 기반하여 대역을 할당 받고 그에 따라서 데이터를 전송한다는 의미이다.

그리고 와이맥스는 하나의 공유 무선자원을 여러 대의 단말이 경합을 벌여서 접속해야 하므로 MAC 프로토콜을 필요로 하며 따라서 송수신 단말의 주소로 정의되는 각 연결에 대해서 무선자원을 어떻게 할당할지를 정의한다. 그리고 무선자원의 할당은 예약(reservation) 혹은 경쟁(contention)기반으로 이루어진다.

RS와 BS의 동작은 다음과 같다. 고객의 단말이 데이터를 업로드(upload)하기를 원하면 각 단말은 우선 RS에게 요구하는 대역폭에 대한 정보(bandwidth request)를 전송한다. 그러면 RS는 자신이 관할하고 있는 모든 단말로부터 받은 요구대역을 기반으로 RS의 버퍼의 상태와 각 단말이 요구하는 서비스 품질 요구를 기반으로 하여 계산된 집합적 소요대역(aggregated bandwidth request)을 BS에게 요구한다.

BS는 다시 자신이 관할하고 있는 모든 RS로부터 받은 대역 요구를 기반으로 동적대역 할당(dynamic bandwidth allocation, 이하 DBA) 알고리즘을 수행하여 각 RS에게 대역 사용 허가(bandwidth grant)를 보낸다. 단 이 알고리즘은 표준화가 되어있지 않고 BS 및 RS의 제조자 혹은 네트워크 운용자의 정책에 의해서 결정된다.

한편, BS로부터 대역 사용 허가를 받은 RS는 이것을 다시 자신이 관할하고 있는 각 단말에게 배분한다. RS의 패킷 서비스는 다음과 같이 이루어진다. RS가 각 단말로부터 패킷을 받으면 RS는 이들 패킷을 미리 정해진 몇 가지 QoS 등급(class)에 의거하여 각 패킷을 별도로 준비된 해당 등급의 버퍼에 수납한다. 위의 그림에서는 QoS 등급을 세 가지로 가정한 것을 보였는데, Q1, Q2, Q3 가 각각 고, 중, 저 등급(high, medium, low priority)에 해당한다.

RS의 마지막 작업은 이들 서로 다른 등급의 버퍼에 수납된 패킷을 BS에게 어떻게 전송하는가 하는 문제이다. 이 작업을 수행하는 것이 패킷 스케줄러(packet scheduler)이다. 그런데 패킷 스케줄링(packet scheduling) 기능은 장비를 개발하는 업체마다 구현하는 방법이 다를 수 있으므로 일괄적으로 국제 표준으로 정해지지가 않고 패킷을 어떻게 스케줄링하는가의 문제는 순전히 장비 업체의 몫이다. 물론 학계나 연구자들 사이에서는 보다 더 효율적이고 성능이 우수한 패킷 스케줄링에 관한 연구가 아주 활발한데 대표적인 몇 가지 패킷 스케줄링 기법으로는 먼저 도착하는 순서대로 패킷을 서비스하는 FCFS(first-come-first-served), 일단 패킷을 버퍼에 수납한 후 주기적으로 각 버퍼에 있는 패킷을 미리 정해진 일정한 규칙에 의거해서 각 단말에게 가중치를 부여해서 서로 다른 양의 패킷을 서비스하는 가중치 기반 공정 서비스(weighted fair service), 혹은 응용 서비스의 특징에 따라서 실시간 서비스의 패킷을 비실시간 서비스의 패킷보다 절대적으로 우선적으로 서비스하는 엄격한 우선순위 서비스(strict priority service) 등 다양한 종류가 있으나 이 문제는 이 책의 범위를 벗어나므로 참고문헌을 참고하기를 권한다.

한편, 와이맥스 시스템은 MAC 계층에서 패킷을 받아들일 때 OFDMA를 기반으로 동작하는데 OFDMA의 기본적인 동작 원리는 앞에서 이미 설명한 바 있다.

와이맥스 시스템은 두 가지 모드로 동작하는데 투명 모드(transparent mode)와 비투명 모드(nontransparent mode)가 있다. 투명 모드는 프레임의 오버헤드를 줄여서 네트워크의 수율(throughput)을 높이는 방법으로 사용되고 비투명 모드는 프레임의 오버 헤드는 그대로 두는 대신에 서비스 범위를 늘리는데 사용된다. 따라서 투명 모드는 주파수를 BS와 RS에 대해서 따로 할당하고 비투명 모드는 주파수를 BS와 RS가 공유한다. 여기서는 비투명 모드를 중심으로 이야기를 전개한다.

비투명 모드의 RS는 가입자 단말을 수용하는 접속 노드(access node)의 기능뿐만 아니라 BS에 트래픽을 중계하는 릴레이 노드(relay node)의 기능도 가지고 있으므로 비투명 모드의 프레임의 구조도 이와 같은 특징을 반영해서 설계하여야 한다. 아래의 그림이 비투명 모드의 프레임 구조이다. 그림에서 가로축은 시간을 나타내고 세로축은 주파수를 나타낸다.

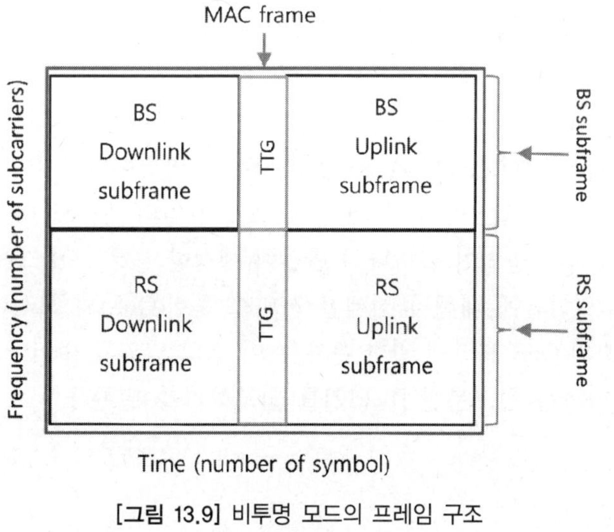

[그림 13.9] 비투명 모드의 프레임 구조

앞의 그림에서 프레임의 주파수 영역은 BS 부프레임(BS subframe)과 RS 부프레임(RS subframe)으로 나누어지는데 이때 각 영역의 크기는 BS와 RS가 수용하고 있는 트래픽의 규모에 따라서 정한다.

그리고 BS 부프레임은 다시 상향 부프레임(uplink subframe)과 하향 부프레임(downlink subframe)으로 나누어진다. 그리고 상향 부프레임은 다시 상향 접속 영역(uplink access zone, BS와 SS 간)과 상향 릴레이 영역(uplink relay zone, BS와 RS 간)으로 나누어지고 하향 부프레임은 다시 하향 접속 영역(downlink access zone, BS와 SS 간)과 하향 릴레이 영역(downlink relay zone, BS와 RS 간)으로 나누어진다.

RS 부프레임은 BS에서와 마찬가지로 다시 상향 부프레임과 하향 부프레임으로 나누어진다. 그리고 상향 부프레임은 다시 상향 접속 영역(uplink access zone, SS에서 RS 방향)과 상향 릴레이 영역(uplink relay zone, RS 에서 BS 방향)으로 나누어지고 하향 부프레임은 다시 하향 접속 영역(downlink access zone, RS에서 SS 방향)과 하향 릴레이 영역(downlink relay zone, BS에서 RS 방향)으로 나누어진다. 이때 BS 부프레임 및 RS 부프레임의 상하향 부프레임 사이에는 전송 변환 간격(transmit transition gap, TTG)이 위치한다.

지금까지 소개한 영역은 고객의 데이터를 전송하는데 사용된다. 한편, WiMAX의 MAC 프레임에는 데이터 수납을 위한 공간 이외에 제어정보를 수납하는 공간도 필요한데 대표적인 것이 상하향 MAP과 프레임 제어 헤드이다.

하향 MAP은 프레임의 헤더에 위치하여 모바일 단말에게 자신이 할당될 주파수자원을 알려준다. 반면에 상향 MAP은 옵션으로 사용된다. 그리고 프레임 제어 헤더(FCH, frame control header)는 프레임을 제어하기 위하여 사용된다.

한편, 한 가입자가 하나의 단말에서 동시에 여러 개의 연결을 생성할 수도 있는데 이때 자원을 할당하는 방법은 크게 두 가지 유형이 있다. 첫 번째 유형은 연결 단위로 할당(grant per connection, GPC)하는 방법이고 다른 하나는 모든 연결로부터 요청된 자원의 양을 합쳐서 할당(grant per SS, GPSS)하는 방법이다.

네트워크 사업자의 입장에서 볼 때는 GPSS가 자원의 관리도 더 쉽고 오버헤드도 적게 들므로 선호하는 방법이나 하나의 단말이 생성한 응용 프로그램의 성격이 서로 다를 경우에는 각 연결에 대해서 섬세한 서비스 품질(QoS)의 보장이 어렵다는 문제는 있다. 와이맥스의 QoS 보장에 관한 문제는 이 책의 범위를 벗어나므로 생략하고 이에 대한 자세한 사항은 참고문헌 [Lee12]를 참고하기를 권한다.

마지막으로 가장 일반적인 와이맥스의 시스템 규격을 다음 표에 요약한다.

[표 13.3] 와이맥스의 시스템 규격

항목	내용
주파수 스펙트럼	6GHz 이하
채널 대역	1.25~20MHz 사이에서 선택적 사용 가능(1.25, 5, 10, 20MHz 중 택일)
주파수 도달	비가시 거리(NLOS, non line of sight)
다중화 및 변조방식	OFDMA 2048 QPSK, 16 QAM, 64 QAM
이동성	자동차(시속 120km까지)
셀 반경	2~5km
셀당 수율	1. 파라미터의 가정 - 채널당 가용 대역폭=20MHz - Subcarrier spacing=10.94kHz → 부반송파의 수=1684(20MHz대역에서 이론적으로는 1828개까지 분할가능하나 실제 사용가능한 부반송파는 1684개 정도) - OFDM symbol duration=91.4μsec, Cyclic prefix=11.4μsec → Symbol당 전송 시간=OFDM symbol duration + Cyclic prefix =102.8μsec - 심벌당 비트의 수=6(최대 변조율(64QAM) 적용시) 2. 무선링크의 대역폭=$6\times1684/(102.8\times10^{-6})$=9828만7938bps≈100Mbps

13.4 고찰 문제

1. MAN의 정의와 역할에 대해서 조사해보자.

2. 메트로 이더넷이 MAN에서 실제로 가장 널리 사용되는 이유를 조사해보자.

3. MAN에서는 일반적으로 하나의 도시를 단 하나의 링으로 구축하지 않고 몇 개의 권역으로 나누어서 여러 개의 링을 구성하여 상호 연결하는 구조를 취하는데 그 이유와 장점을 기술하라.

4. 메트로 이더넷은 일반적으로 계층화 구조로 나타내는데 각 계층의 역할과 동작 원리를 기술하라.

5. 메트로 이더넷의 세 가지 네트워크 서비스 유형인 E-VPL, E-LAN, E-Tree에 대해서 각각 동작 원리와 특징을 비교 분석해보자.

6. RPR이 메트로 이더넷과 다른 점이 무엇인지 RPR의 대표적인 특성 몇 가지를 열거하면서 설명해보자.

7. RPR의 MAC 프로토콜에 대해서 설명해 보자.

8. 와이맥스의 세 가지 접속 모드에 대해서 구조와 동작 특징을 비교 설명해보자.

9. 와이맥스에서 RS와 BS의 역할 및 동작 원리를 설명해보자.

10. 와이맥스의 비투명 모드의 동작 원리를 설명해보자.

11. 와이맥스의 시스템 규격을 간단히 요약해보자.

제4부

인터네트워크

제14장 인터넷의 개요

인터넷(Internet)은 서로 다른 종류의(heterogeneous) 네트워크를 상호 연결(internetworking) 한 것을 의미하여 원래는 인터네트워크(internetwork)라고 부르나 줄여서 인터넷이라고 부른다. 여기서 서로 다른 종류의 네트워크라는 것은 네트워크를 구성하는 장치의 물리적 특성, 구조적 차이, 프로토콜 등 동작 특성을 의미하는데 이들은 결국 OSI 7계층의 관점에서 볼 때 하부 계층의 특성, 즉 물리 계층과 데이터링크 계층의 특성을 말한다. 따라서 인터넷이란 네트워크의 하부 계층(lower layer)의 특성에 무관(independent)하게 어떠한 네트워크든지 상호 연결이 가능하여 데이터를 주고받는 시스템 간에 모든 형태의 데이터 교환을 제공할 수 있는 상호 연결된 네트워크(internetworking of networks)를 의미한다.

아래의 그림을 보면 하나의 이더넷과 하나의 FDDI 가 라우터 1을 매개로 하여 서로 연결되어 있고 다른 하나의 이더넷이 다시 이들과 p2p 네트워크로 연결되어서 하나의 인터네트워크를 만들고 있는데 이와 같은 것이 인터넷이다.

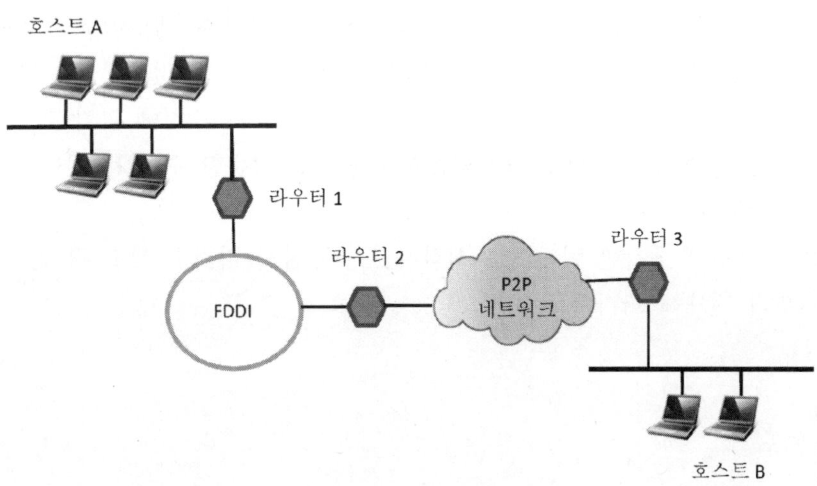

[그림 14.1] 인터넷의 예

한편, 위의 그림을 OSI 프로토콜 모형을 바탕으로 나타낼 수도 있다. 위의 그림에서 인터넷의 양단에 위치하는 호스트 A와 호스트 B를 연결하는 경로를 따라서 서로 연결된 네트워크의 기능을 OSI 계층 프로토콜 스택(stack)으로 나타내면 다음의 그림과 같은데 이와 같은 모형을 개발자의 이름을 따서 인터넷의 칸-서프 프로토콜 모형(Kahn-Cerf protocol model)이라고 부른다.

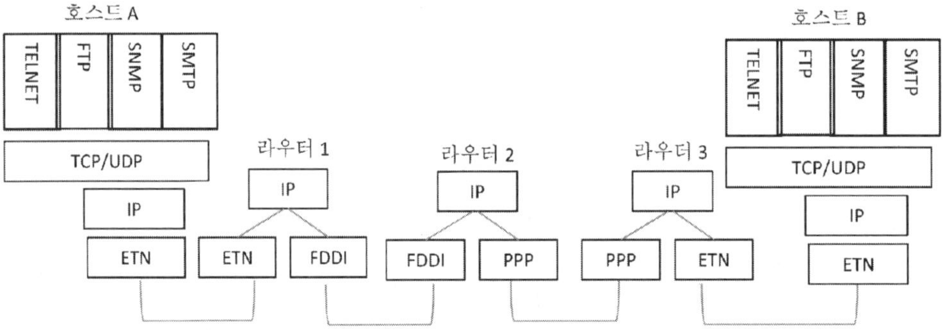

[그림 14.2] 인터넷의 칸-서프 프로토콜 모형

그런데 위의 그림에서 호스트 A와 호스트 B는 각각 이더넷에 연결되어 있고 이들 두 노드 간에 데이터를 주고 받기 위해서 호스트 A에서 출발한 데이터가 호스트 B까지 전달되는 경로는 먼저 라우터 1을 통과하여 FDDI 네트워크를 거친 후 다시 라우터 2로 들어가고 그 후에는 p2p(point-to-point) 네트워크를 통과한다. 이어서 데이터는 라우터 3을 거친 후 이더넷을 따라서 최종 목적지인 호스트 B에 도착한다.

한편, 위의 그림에서 호스트 쪽에는 일곱 가지 계층(그림에서는 계층 5에서 7까지를 하나의 덩어리로 표현함)의 프로토콜 기능이 장착된 반면에 네트워크 장비에는 세 가지 계층(제 2 및 3계층과 물리계층) 기능만 장착되어 있는 것을 볼 수 있다.

이처럼 모든 노드(호스트와 라우터)가 공통의 IP프로토콜 하에 각기 다른 하부 프로토콜 기능을 탑재하고도 상호 연결되어서 데이터를 전송할 수 있는 것이 인터넷의 가장 큰 특징이다.

처음부터 너무 심각한 이야기로 시작하였는데 잠시 머리도 식힐 겸 인터넷 주변의 이야기부터 전개해 나가기로 하자.

14.1 인터넷의 발전사

인터넷은 40여 년의 역사를 가지고 있는데 탄생부터 현재까지의 발전사는 다음과 같다.

- 1960년대 초 미국 국방성(department of defense, 이하 DoD) 산하의 고등연구국(advanced research projects agency, 이하 ARPA)은 당시 동서냉전의 중심이던 소련(Soviet union)으로부터의 핵 공격 위협에 대비하기 위하여 국방 연구와 관련한 데이터를 미국 국토 내의 여러 군데에 복제해서 저장하면서 데이터를 관리하는 분산시스템에 관한 연구를 하고 있었는데 그 과정에서 적의 어떠한 공격에도 견딜 수 있는 튼튼한 네트워크(fault-tolerant network)를 구축하기로 하여 ARPAnet(advanced research project agency network)이라는 패킷교환 네트워크를 개발하였다. 이 개념을 개발한 사람은 ARPA에 근무하는 로버트 테일러(Robert Tayler, 1932~2017)이다. 1965년 NASA에서 국방부 산하의 고등연구계획국(ARPA)로 자리를 옮긴 그는 1966년 인류의 역사를 바꾼 큰 시도를 하게 된다. 당시 그는 메사추세츠주 보스톤과 캘리포니아주의 버클리, 그리고 샌타모니카에 있는 세 대의 컴퓨터를 관리하느라 꽤나 애를 먹고 있었다. 왜냐하면 ARPA의 본부가 미국의 수도 워싱턴에 있었는데 이들 세 대의 컴퓨터가 워싱턴의 본부와는 직접 연결되어 있지만 나머지 서로들 간에는 너무 멀리 떨어져 있어서 자료를 공유하기도 어렵고 그로 인해서 서로 무슨 일을 어떻게 진행하고 있는지 서로의 역할을 알기가 어려웠다. 그래서 그는 당시 ARPA의 소장이던 찰리 헤르크펠트에게 세 컴퓨터를 서로 직접 연결하면 좋겠다고 요청했는데 이것이 바로 받아들여져서 그는 당장 세 대의 컴퓨터를 케이블로 연결하였는데 이것이 세계 최초의 인터넷이었다.
- 그 후 ARPAnet의 개념을 사용해서 대학 및 연구소 간의 인터넷이 탄생하였는데 4개의 호스트(UCLA, UC Santa Barbara, University of Utah, Stanford Research Institute(SRI))로 구성하였다. 지구 상에서 첫 번째로 인터넷을 사용한 민간인은 미국의 로스앤젤레스에 위치한 UCLA의 찰리 클라인(Charley Kline)인데 그는 자신의 컴퓨터에서 스탠포드대학 내의 SRI에 있는 컴퓨터에 Log on(login이라는 글자를 쳐야 함)하려고 LO까지는 잘 쳤는데 G라는 글자를 치자마자 SRI의 컴퓨터가 다운되는 일이 벌어져서 접속에 실패하였다는 일화가 전설처럼 전해져 내려오고 있다. 그 이후의 인터넷의 진화를 아래에 간략한다.
- 1972년 래리 로버츠(Larry Roberts)가 최초의 이메일 프로그램을 제안하였다.

- 1973년 ARPAnet은 처음으로 미국 밖의 국제회선으로 연결되었는데 이때 연결된 곳이 영국의 UCL(University College London)과 노르웨이의 Royal radar est이다.
- 1979년 이메일(e-mail)을 통한 온라인(on-line) 토론방인 Usenet이 등장하였다.
- 1982년 TCP/IP 개념이 탄생하였고 Internet이라는 이름이 이때 처음 등장하였다.
- 1984년 DNS(domain name server)의 개념이 탄생하였다. 그리고 인터넷 상에 연결된 호스트의 수가 처음으로 1000대를 돌파하였다.
- 1986년 인터넷의 표준을 제정하는 단체인 IETF(Internet engineering task force) 회의가 처음으로 소집되었고 미국의 국립과학재단(NSF, national science foundation, NSF)이 미국 내에 있는 다섯 곳의 슈퍼컴퓨터(super computer)를 연결하여 NSFnet을 만들었다. NSFnet은 처음에는 연구용 네트워크로 출발하였으나 나중에 상용 인터넷의 백본 네트워크(backbone network)로 발전하게 된다.
- 1990년 ARPAnet은 운영을 멈추고 본격적인 상용 인터넷의 시대가 시작되었다. 1991년 8월 6일 팀 버너스-리(Tim Berners-Lee)에 의해서 WWW(world wide web)가 개발되었다[4].
- 1993년 NSFnet이 상용망으로 발전하였다. 이때 최초의 웹 브라우저(web browser)인 Mosaic와 Netscape가 등장하였다.
- 1995년 마이크로소프트(Microsoft)가 개발한 Windows 95의 발매로 컴퓨터 프로그래밍 언어를 모르는 일반인이 인터넷을 사용할 수 있게 되는 인터넷의 대중화 시대가 시작되었다. 한편으로 NSFnet은 다시 연구용 네트워크로 돌아가고 인터넷 백본망은 상용으로 남게 된다.
- 1996년 전 세계 약 4000만명의 가입자가 인터넷에 연결되었다.

우리나라의 인터넷 발전사

우리나라는 흔히 세계적인 IT강국이라고들 한다. 그럼 우리나라에서 인터넷을 처음 사용한 것은 언제일까? 이야기는 1982년 3월 15일로 거슬러 올라간다. 경북 구미시에 위치한 전자기술연구소(현재의 한국전자통신연구원, ETRI)에서 연구원 한 명이 컴퓨터의 자판에 있는 Enter 키를 눌렀고 그는 "(통신망에) 붙었다, 로그인(login) 성공!"이라고 소리쳤다. 그는 이날 처음으로 구미에 있는 컴퓨터에서 서울대학교에 있는 컴퓨터까지 원거리 접속(remote login)에 성공한 것이다. 이로써 우리나라는 미국에 이어서 세계에서 두 번째로 인터넷 연결에 성공한 나라로 기록되게 되었다. 우리나라 최초의

[4] 일설[참고문헌, 오츠]에 의하면 버너스-리 이전에 1989년 유럽원자핵연구기구(CERN)에서 가속기의 데이터 및 방대한 실험결과를 연구원들 사이에 공유하기 위해서 WWW를 개발하였다고도 하나 공식 개발자는 버너스-리로 알려져 있다.

인터넷은 SDN(system development network)이라고 불렸는데 개발을 주도한 사람은 당시 KAIST 교수였던 전길남 박사이다.

그런데 우리나라가 개발한 당시의 인터넷은 국내에 있는 컴퓨터 간에 데이터를 옮기는 수준에 머물렀었는데 해외와 접속할 수도 없었던 이유는 미국이 자국의 인터넷에 접속을 허용한 것이 그로부터 4년 뒤인 1986년이기 때문이다.

한편, 지금처럼 온 국민이 인터넷을 사용하게 된 것은 1994년 6월 KT가 코넷(KORNET)이라는 인터넷 서비스를 시작하면서부터인데 그 당시 평균 전송 속도는 9600bps였고 월 이용료는 4만원이었다. 지금은 기가급 광랜도 월 이용료가 2만원 정도인 것을 생각하면 호랑이 담배 피우던 시절과도 같은 이야기이다. 이때는 사진 한 장을 다운로드 받는데 10분 이상 걸리곤 했는데 그래서 인터넷을 '참고 기다린다'는 뜻으로 '낀터넷'이라고도 불렀다.

요즘은 어디를 가더라도 인터넷이 연결되어 있고 세계에서 유례없는 인터넷 게임방을 창조한 나라이기도 하지만 국내 최초의 인터넷 카페는 1995년 서울 홍익대 부근에 있는 '넷스케이프'이다. 그 후 1999년 우리나라에서 처음으로 ㈜하나로통신(나중에 SK텔레콤에 합병됨)이 ADSL 서비스를 시작하면서 가정마다 초고속 인터넷이 연결되는 시대가 열렸다.

다시 인터넷의 초기로 돌아가서 ARPAnet 개발 당시의 네트워크에 대한 요구 사항은 사실은 지금도 인터넷에 거의 그대로 적용되고 있는데 그래서 ARPAnet의 네트워크 요구 사항을 아는 것은 인터넷의 동작 원리를 이해하는데 도움이 될 것이다. ARPAnet의 네트워크 요구 사항은 다음과 같다.

① 어느 한 지점의 고장이나 외부로부터의 공격으로 인하여 네트워크가 끊기지 않아야 한다. 즉, 네트워크에서 어느 한 지점이 그 네트워크의 유일한 경로(핵심 부분 또는 외나무 다리)가 되지 않아야 한다.

② 송신지와 목적지 간에는 데이터를 전송할 수 있는 경로가 여러 개 있어야 한다.

③ 데이터의 재라우팅(rerouting)을 쉽게 할 수 있어야 한다. 이 조항은 위의 두 조항을 만족한다는 조건에서 성립한다. 즉, 네트워크의 어느 한 부분에서 링크가 끊기거나 노드가 고장이 나도 바로 다른 경로로 데이터를 우회 전송(reroute)할 수 있어야 한다.

④ 어떤 유형의 네트워크에도 어떤 유형의 컴퓨터든지 연결할 수 있어야 한다.

⑤ 중앙집중식 제어 및 관리를 금한다. 왜냐하면 만약 적이 중앙집중식 제어/관리 장치를 공격하면 네트워크 전체의 제어/관리가 마비되기 때문이다.

ARPAnet은 서로 다른 네트워크 장비의 상호 연결이 가능한 프로토콜의 개발과 랜 기술의 등장 시기가 묘하게 일치한 것이 상용화의 계기가 되었다. ARPAnet 개발 당시에는 이러한 네트워크를 동작시키기 위한 프로그램을 그냥 네트워크 제어 프로토콜(network control protocol)로 불렀는데 이것이 나중에 프로토콜이라는 이름으로 발전했고 지금은 인터넷 프로토콜(Internet protocol, IP)이라고 불리게 되었다. 아래에서 인터넷 프로토콜에 대해서 자세히 알아보자.

14.2 인터넷 프로토콜

인터넷 프로토콜은 다양한 유형의 단말이 다양한 유형의 네트워크 상에서 데이터를 원활하게 주고 받는데 필요한 기능을 정의한 통신방식 혹은 규칙을 말하는데 지금까지 약 40여개의 세부 프로토콜이 개발되었다. 그 중에서 IP(Internet protocol), TCP(transmission control protocol), UDP(user datagram protocol), ICMP(Internet control message protocol), Telnet, FTP(file transfer protocol), SMTP(simple message transfer protocol), SNMP(simple network management protocol) 등이 널리 사용되고 있다. 이들 각 프로토콜에 대해서는 나중에 설명이 필요할 때 자세히 다루기로 하고 여기서는 간단히 기능만 정의한다.

- IP: 서로 다른 네트워크 및 하드웨어의 상호 접속 기능 제공
- TCP: 단말(terminal equipment, 이하 TE) 사이에 응용프로그램(application program)이 신뢰성 있게 전달되는 기능 제공
- UDP: TE 간에 비연결성(connectionless) 전송기능을 제공
- ICMP: 노드 간에 데이터의 전송 시에 발생하는 오류 제어 및 감시 메시지를 교환하게 하는 기능 제공
- Telnet: TE가 호스트 PC에 원격접속(remote login)을 가능하게 하는 기능 제공
- FTP: 단순한 파일전송 프로그램
- SMTP: 메시지 교환용 프로그램
- SNMP: 서로 다른 네트워크 간의 관리기능 제공

인터넷의 서비스 개념은 비교적 단순하다. 즉, 고객이 어떠한 종류의 네트워크에 연결되었는지의 여부와 무관하게 모든 사람이 투명한 서비스(transparent service)를 받도록 하자는 것이 인터넷의 가장 기본적인 서비스 개념이다. 이처럼 단순한 철학을 실천하기 위해서 IP 서비스 모형은 가능한 한 간단하게 정의하였는데 그것은 주소 체계(addressing)와 데이터전달체계(data forwarding)의 두 가지 기능이다. IP 네트워크의 주소 체계와 데이터전달체계에 대해서는 나중에 자세히 알아보기로 하고 먼저 IP 프로토콜의 기본적인 정의에 대해서 알아보자.

IP 프로토콜(사실은 IP 안에 프로토콜이라는 말이 포함되어 있어서 그냥 IP라고 부르는 것이 옳으나 통상적으로 이렇게 부름)은 비연결형모드(connectionless mode)에서 동작하는 OSI 제3계층의 프로토콜이다. 따라서 송신자가 데이터그램(datagram)을 전송할 때 사전에 연결 설정을 할 필요가 없이 패킷이 생성될 때마다 데이터그램을 전송한다. 따라서 데이터의 전송이 아주 간단하다.

이와 같은 성질은 IP 네트워크의 가장 큰 장점인데 그러나 이와 같은 단순함으로 인해서 전송이 실패하더라도 그것을 회복할 방법이 없어서 서비스의 신뢰성(reliability)이 떨어진다. 그래서 인터넷 서비스를 최선형서비스(best effort service)라고 부른다.

IP는 TCP 패킷에 대해서 주소를 할당하고 일정한 양식(format)에 의거해서 데이터를 수납하는(encapsulate) 기능을 정의한다. IP는 네트워크의 상태는 의식하나 연결은 유지하지 않는(connectionless) 프로토콜이다. 이와 같은 성질을 상태적(stateful)이라고 하며 데이터가 도착해야 하는 최종 수신지(end point 혹은 destination)는 알 수 있으나 도중의 전송 경로(path)는 정의되지 않음을 의미한다.

IP는 전송장비에 무관하게(transport independent) 동작하며 비연결형(connectionless) 데이터 전송을 하고 고장에도 강하며(fault tolerant) 어떠한 목적지에도 전달이 가능한(routable) 전송 능력을 가지는 프로토콜이다. 따라서 IP의 상위계층에서 인진힌 데이디의 전송을 가능하게 해주는 방법이 필요하게 되었는데 다시 말하면 하부 네트워크의 성능에 관계없이 항상 신뢰성 있는 단대단(end-to-end) 연결을 보장해주는 프로토콜이 필요하게 되었다. 이를 위한 것이 TCP 프로토콜(TCP 안에 프로토콜이라는 말이 포함되어 있으나 통상적으로 그렇게 부름)인데 TCP 프로토콜에 대해서는 뒤에서 별도로 다룬다. 결론적으로 IP는 단말에게 신뢰성 있는 데이터의 전송에 대한 책임을 미루고 네트워크의 기능을 최소화한 프로토콜이다.

IP 데이터그램의 구성

IP 데이터그램(datagram)의 구성은 24바이트의 헤더(header, 데이터그램의 다양한 정보를 기입하는 20바이트 영역과 옵션으로 들어가는 4바이트 영역)와 가변 길이의 몸통(body 혹은 payload)으로 구성되어 있는데 몸통은 TCP 세그먼트(segment)로부터 내려온 정보이다. TCP 세그먼트의 구조에 대해서는 나중에 뒤에서 자세히 다루기로 한다. IP 패킷은 다음과 같은 구조를 하고 있다.

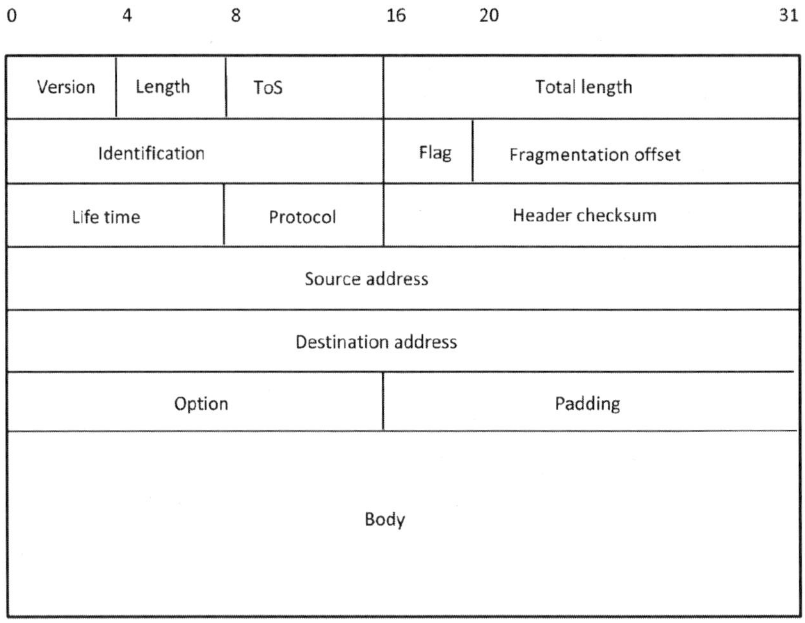

[그림 14.3] IP 패킷의 구조

위의 그림에서 IP 패킷은 4바이트에 해당하는 32비트(비트의 일련번호는 편의상 0에서 31까지로 표기함)를 하나의 워드(word)로 하여 가로-세로 이차원으로 표시하는데 각 영역에서 정의된 정보는 다음과 같다.

① 첫 번째 워드

- VS(version): 프로토콜의 버전(version), IPv4 혹은 IPv6
- Length: 헤더의 길이(길이는 워드 단위로 표시됨)
- ToS: 서비스의 유형(type of service), 패킷 전달 지연, 서비스 속도, 데이터 전달의 신뢰성 등의 서비스 요구 조건을 규정
- Total length: 헤더를 포함하는 데이터그램의 전체 길이를 규정(최대 6만5536바이트)

② 두 번째 워드

- ID(identification): 수신자로 하여금 데이터그램의 조각(fragment)의 재조립(reassembly)을 허용하는 영역(같은 데이터그램의 조각의 ID는 같은 값을 가지게 함)
- Flag: 데이터그램을 작은 크기의 패킷으로 분할할 때 그것이 마지막 패킷인지 아닌지를 구별하기 위한 영역(마지막 패킷에는 0, 그렇지 않으면 1로 설정)
- Offset(flagment offset): 조각의 시작을 알리는 정보

③ 세 번째 워드

- Life time: 패킷의 네트워크 내에서의 패킷의 잔여 수명 시간(time to live, TTL)을 나타내는 영역으로서 라우팅 프로토콜을 수행할 때 패킷이 통과할 수 있는 홉(hop)의 수를 지정하는 정보. 단, 기본값(default)은 64로 설정됨
- Protocol: 상위 계층의 프로토콜 정보(예: TCP는 6으로, UDP는 17로 설정됨)
- Header Checksum: 오류 정정을 위한 정보

④ 네 번째 워드: 송신호스트의 주소(source address) 정보

⑤ 다섯 번째 워드: 수신호스트의 주소(destination address) 정보

⑥ 여섯 번째 워드: Option(가변 길이)과 Padding(길이가 짧은 몸통의 길이를 보정하기 위함) 정보

⑦ 일곱번째 워드 이하: 몸통

한편, 서로 다른 네트워크 프로토콜은 서로 다른 패킷 양식(packet format)을 가지고 있고 패킷의 최대 길이도 다르다. 가령, 이더넷은 패킷의 최대 길이가 1500바이트인 반면에 FDDI는 4500바이트이며 지금은 거의 쓰지 않지만 ATM 네트워크는 패킷(셀이라고 부름) 길이가 53바이트에 불과하다. 인터넷은 서로 다른 성질의 네트워크가 상호 연결되어 있기 때문에 그냥 두면 서로 다른 패킷의 길이를 처리하는데 문제가 발생한다. 그래서 어떤 사람은 가능한 한 패킷의 길이를 작게 하여 모든 네트워크에 대해서 최대 길이에 도달하지 않도록 하자고 주장하기도 했지만 그러면 패킷의 길이를 가장 작게 하여야 하므로 패킷의 전송 효율이 떨어진다.

패킷의 분할과 조립

위에서 언급한 문제를 해결하는 가장 효과적인 방법은 패킷이 네트워크를 지날 때마다 그 네트워크가 지원하는 패킷의 길이에 맞게 큰 패킷은 작은 패킷으로 분할하고 작은 패킷은 보다 큰 패킷으로 묶어서 전송하는 분할 및 조립(fragmentation and reassembly) 방법을 사용하는 것이다. 앞에서 우리가 보여준 인터넷의 그림으로 이와 같은 상황에서 어떤 일이 일어나는지 살펴보자.

앞의 그림 14-1에서 호스트 A가 연결된 네트워크는 이더넷이므로 최대 패킷 길이가 1500바이트이다. 따라서 호스트 A는 상위계층에서 만들어진 데이터그램을 패킷으로 만들어서 네트워크로 전송할 때 가능하면 1500바이트씩 잘라서 전송한다. 여기서는 임의로 패킷의 길이가 1400바이트라고 가정하자. 호스트 A에서 출발한 패킷은 이더넷을 통해서 라우터 1을 통과하여 FDDI 네트워크인 네트워크 3로 들어간다. FDDI는 최대 패킷의 길이가 4500바이트이므로 별 문제없이 1400바이트짜리 패킷을 받아들일 수 있다.

그래서 이 패킷은 FDDI링을 돌아서 라우터 2로 들어가서 이번에는 p2p 네트워크인 네트워크 4에 도착한다.

그런데 이 네트워크는 최대 길이가 512바이트에 불과하여 1400바이트짜리 패킷을 2개의 512바이트짜리 패킷과 하나의 376바이트짜리 패킷의 총 3개의 패킷으로 나누어서 전송한다. 그 후 이 데이터는 라우터 3를 거친후 네트워크1을 따라서 최종 목적지인 호스트 B에 도착하는데 이때는 이더넷을 지나가므로 처리 가능한 패킷 길이가 다시 1500바이트이다. 그러나 네트워크의 중간에서 512바이트짜리 패킷 2개와 376바이트짜리 패킷 하나를 조립하려면 시간이 걸리므로 조립은 하지 않고 그냥 그대로 이더넷을 지나서 호스트 B에 도착하도록 한다. 즉, 수신호스트가 작은 패킷을 원래의 크기로 재조립한다.

그런데 송신노드가 데이터그램을 계속 보내면서 각 데이터그램에 대해서 이처럼 중간에서 분할이 일어난 경우 수신노드는 도대체 어디서 하나의 데이터그램이 시작해서 끝나는지 어떻게 알 수 있을까?

해답은 패킷의 헤더에 있다. 우리가 앞에서 패킷의 구조를 공부하면서 플래그(flag)라는 영역이 있었음을 기억할 것이다. 일반적으로 분할되지 않은 데이터그램의 패킷은 <flag=0>으로 설정되어 있다. 반면에 분할된 데이터그램의 패킷에는 맨 마지막 패킷을 제외한 모든 패킷에 대해 <flag=1>로 설정된다. 따라서 수신노드는 이 영역의 정보를 읽어보고 그 패킷이 분할된 데이터그램의 맨 마지막 패킷임을 알게 된다.

예전에 ATM 네트워크를 인터넷의 백본 네트워크로 사용할 때는 ATM의 셀의 크기에 제한이 있어서 호스트가 보낸 패킷을 인터넷의 백본망에서 분할하는 것이 당연한 것처럼 여겨졌다. 그러나 최근에 들어서는 패킷을 분할하는 것이 과연 좋은지에 대한 논의가 한창 진행 중이다. 특히 랜과 MAN이 이더넷을 기반으로 하는 네트워크로 구축되는 경우가 거의 대부분을 차지하면서 호스트가 내보내는 패킷의 길이도 1500바이트를 최대로 하는 경향으로 바뀌고 있어서 2012년에 조사한 자료에 의하면 IP 네트워크에서 패킷을 분할하는 비율이 0.046%정도(2000년에는 0.15%였음)인 것으로 알려졌다. 즉 과거에 비해서 분할되는 패킷의 비율이 현저히 줄었음을 알 수 있다.

일부 연구에 의하면 패킷을 분할하는 것은 네트워크의 성능저하에 주요 요소로 알려져 있다. 그래서 많은 호스트(2012년 기준 85.1%)는 IP 헤더에 DF(Don't Fragment) 비트를 설정하여 패킷의 분할이 일어나지 못하도록 명시적으로 요구하고 있다. 단, IPSec 패킷은 DF를 설정하지 않는데 그래서 아직도 15% 정도의 패킷에는 DF 비트가 설정되어 있지 않다.

물론 그렇다고 무조건 큰 패킷을 네트워크로 보낼 수 있는 것은 아니다. 라우터가 패킷을 받아 보았을 때 너무 큰 패킷이라고 판단되면 일단 그 패킷을 삭제(drop)시키고 난 뒤 "패킷 분할이 필요하나 DF 비트가 설정되어 있음(Fragmentation required but DF bit is set)"이라는 ICMP 메시지를 송신호스트에게 보내는데 그 메시지를 받은 송신호스트는 프레임의 크기를 작게 해서 다시 보내야 한다.

14.3 고찰 문제

1. 인터넷의 어원과 정확한 정의를 내려보자.

2. 인터넷의 칸-서프 프로토콜 모형이란 무엇인가?

3. 인터넷의 발전사를 요약해보자.

4. 인터넷이 가져야 할 가장 기본적인 요구사항을 나열해보자.

5. 인터넷 프로토콜이란 무엇인지 간단히 정의해보자.

6. IP 패킷의 구조를 그려서 각 영역이 나타내는 정보에 대해서 설명해보자.

7. 인터넷에서 패킷의 분할과 재조립이 필요한 이유를 설명하고 분할과 재조립이 일어나는 과정을 설명해보자.

제15장 인터넷 주소 체계

IP 네트워크에서 송수신 단말 간에 데이터를 주고받기 위해서 필요한 가장 기본적인 조건은 송 수신 단말에 고유의 주소(unique address)를 할당하는 것이다. 지금부터는 IP 네트워크의 주소 체계에 대해서 알아보자. 이를 위해서 먼저 알아야 할 것은 IP 프로토콜에는 2개의 버전이 있는데 IPv4(version 4)와 IPv6(version 6)이다. 이들 두 버전의 가장 큰 차이는 주소 체계와 보안 체계가 다른 것인데, 이 책에서는 주소 체계를 중심으로 공부하자. 먼저 인터넷 주소 체계의 기본 원리를 간단히 알아본 후 각 버전의 특징에 대해서 알아보자.

IP 네트워크에서 주소 체계의 기본은 어떠한 호스트도 네트워크 상에서 같은 주소를 갖지 않는다는 것이다. 이것은 마치 개인에게 유일한 주민등록번호를 할당하는 이치와 같다. 인터넷은 전 세계의 모든 컴퓨터를 연결하는 네트워크이므로 IP주소는 모든 호스트에 대해서 유일(unique)하게 정의되었는데 이와 같은 이유로 인터넷의 주소 체계를 지구적 주소 체계(global address system)라고 부른다. 다만, 인터넷의 주소가 전지구적으로 모든 호스트에 대해서 유일하게 정의되려면 누군가가 주소를 관리해 주어야 하는데 국제 인터넷 주소 관리기구로는 1998년 11월 설립된 ICANN(The Internet Corporation for Assigned Names and Numbers)이 있고 국내에서는 한국인터넷진흥원(KISA)이 이 일을 담당한다.

IP 주소는 호스트에 대한 주소라기 보다는 네트워크 인터페이스(network interface, 즉 호스트가 연결되는 포트)에 대한 주소이다. 하나의 호스트는 하나의 포트를 통하여 네트워크에 연결되므로 하나의 호스트에게는 하나의 IP 주소가 할당되며 네트워크 장비(예: 라우터나 스위치)에게는 2개의 주소가 할당된다. 왜냐하면 네트워크 장비에는 입력 포트와 출력 포트가 있기 때문이다.

IP 주소는 그 주소가 의미하는 영역에 따라서 크게 두 그룹으로 나누어지는데 네트워크 주소(network address)와 호스트 주소(host address)이다. 네트워크 주소는 호스트가 연결되어 있는 네트워크에 대한 주소이고 호스트의 주소는 각 호스트에게 할당되는 주소이다. IP 주소는 OSI 7계층 프로토콜의 네트워크 계층에서 동작하며 MAC 주소와는 독립이다.

지금부터는 각 버전에 대한 주소 체계를 알아본다.

15.1 IPv4의 주소 체계

IPv4(IP version 4)는 1980년에 제정된 프로토콜이다. 그 당시 지구 상의 인구는 약 45억 명으로 추산되었는데 이를 바탕으로 하여 IPv4의 주소 체계는 적어도 40억 여개의 독립적인 주소를 표시할 수 있도록 32비트의 길이(32비트는 총 42억9496만7296개의 주소를 할당할 수 있음)로 정의되었다.

그런데 IP 주소를 32비트의 이진수로 나타내면 길이도 길뿐만 아니라(0 혹은 1이 32개 일렬로 표시되는 상황을 상상해보면 쉽게 알 수 있음) 사람들이 외우기도 어려울 것이다. 그래서 32비트의 IP 주소 영역을 하나의 영역당 8비트씩 총 4개의 블록(block)으로 나누어서 표시하였으며 하나의 영역의 이진수의 값은 십진수로 표기하였다. 예를 들면 192.168.136.28과 같이 나타낸다.

IP 주소를 십진수로 표기하는 이유는 사람이 이해하기 쉽도록 하기 위해서이다. 우리가 가지고 있는 신용 카드의 정보(특히 카드번호)는 디지털 신호로 되어 있으므로 그 속을 들여다 보면 이진수의 비트열(bit stream)로 구성되어 있는데 이것을 만약에 0과 1의 조합으로 썼다고 생각 하면 우리가 인터넷에서 물건을 산 후 카드로 결제할 때 수많은 0과 1을 기입하여야 하는데 이것이 불편함은 쉽게 짐작할 수 있다. 그래서 신용 카드 번호는 우리가 쉽게 기억하거나 읽을 수 있도록 16개의 숫자로 되어 있고 또 그냥 붙여 놓으면 읽고 외우기도 복잡하여서 4개의 숫자를 4 개의 그룹으로 나누어서 기입한다. IP 주소도 이와 같은 원리를 따랐다.

한편, 32비트의 이진수는 두 부분으로 나누어져서 앞에는 네트워크 주소를 나타내고 뒤에는 호스트의 주소를 나타낸다고 하였는데, 여기서 네트워크 주소란 호스트가 접속하는 네트워크의 인터페이스 주소이고 호스트 주소는 PC 등 기기가 연결되는 포트의 주소이다.

그런데 전세계적으로 PC와 인터넷이 보급되기 시작하면서 IP 주소의 길이에 대해서 네트워크와 호스트 양쪽에 각기 예상하지 못한 일이 벌어졌다. 먼저 호스트의 주소에 대해서 이야기를 하면 IPv4의 제정 당시에는 PC가 요즘처럼 이렇게 많이 사용되리라고는 상상하지 못했고 또 홈네트워크라는 개념마저도 없는 시대여서 네트워크에는 오직 컴퓨터만 연결된다고 생각했고 그래서 IP 주소도 컴퓨터에만 할당하면 된다고 생각하였을 뿐 냉장고, 오디오/비디오 기기, 각종 센서, 심지어 보일러나 전등 등 가정 내에 있는 모든 가전 제품이 네트워크에 연결될 줄은 몰랐기 때문에 1인당 하나의 주소만 있으면 전 세계의 모든 컴퓨터를 연결할 수 있다고 생각했다.

그러나 최근에는 댁내에 여러 대의 컴퓨팅 기기가 존재하고 모든 가전 제품이 네트워크에 연결될 수 있는 환경이 조성되었고 게다가 센서 네트워크(sensor network)의 빌달로 지구 상의 모든 사물에 센서를 달 수 있게 되었을 뿐만 아니라 지구 상의 인구도 70억을 돌파(2012년 11월 14일에 70억을 돌파하였다고 함)하였기 때문에 1인 1 PC는 고사하고 1인당 하나의 주소도 할당할 수 없는 시대가 되었다. 즉, 주소 고갈의 우려가 생기게 되었다.

한편, 네트워크 주소에 대해서도 상황의 변화가 일어났다. 인터넷이 상용화된 초기에는 네트워크의 주소용으로 하나의 옥텟(1 Octet=8비트, 256개의 네트워크를 연결할 수 있음) 길이의 IP 주소 체계를 유지해 왔는데 시간이 지나면서 연결되는 네트워크의 수가 점점 늘어감에 따라 네트워크 주소의 영역을 하나의 옥텟에서 3개의 옥텟(24bit)까지, 그리고 호스트 주소의 영역은 그와는 반대로 줄여서 사용하게 되었다. 이처럼 IP 주소를 네트워크용과 호스트용으로 나누어서 사용하는 것을 네트워크 주소의 계층화(classification of address)라고 부르는데 32비트의 주소 영역 중에서 네트워크 주소와 호스트 주소에 어떻게 할당할지를 정의한다.

네트워크 주소의 계층화

네트워크 주소의 계층화 방법으로 처음에는 IP 주소 영역에서 네트워크에 임의의 개수를 할당하고 나머지를 호스트 주소로 할당하였는데, 초기의 인터넷에서는 대부분 하나의 네트워크에 호스트의 수가 수천 개에 불과한 이유로 결국 호스트의 주소 영역이 많이 필요 없음을 알게 되었다. 그래서 취한 방법이 IP 주소의 클래스를 A, B, C, D, E의 다섯 가지로 정의하자는 것이었다. 그 중에서 클래스 D는 멀티캐스트 용이고 클래스 E는 나중에 쓸 필요가 있을 때를 대비한 클래스이다. 아래의 그림은 다섯 개의 클래스 중에서 A, B, C, D 클래스의 주소 영역의 특성을 나타낸 것이다. 단, 괄호안의 숫자는 주소의 길이(단위: 비트)를 나타낸 것이다.

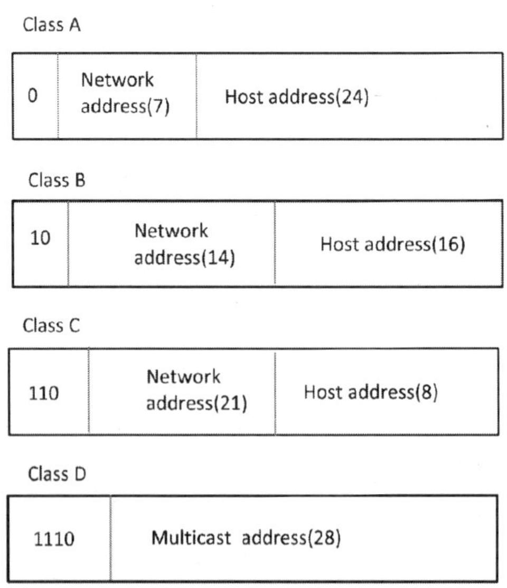

[그림 15.1] IP 주소의 클래스

위의 그림에서 보듯이 각 클래스 별로 주소 영역을 사용하는 길이가 다른데 내역은 다음과 같다.

① 클래스 A 주소는 맨 앞의 비트가 0으로 고정되고 그 다음의 7비트를 네트워크의 주소로 사용하고 나머지 24비트를 호스트의 주소로 사용한다.
② 클래스 B 주소는 맨 앞의 두 비트가 10으로 고정되고 그 다음의 14비트를 네트워크의 주소로 사용하고 나머지 16비트를 호스트의 주소로 사용한다.
③ 클래스 C 주소는 맨 앞의 세 비트가 110으로 고정되고 그 다음의 21비트를 네트워크의 주소로 사용하고 나머지 8비트를 호스트의 주소로 사용한다.
④ 클래스 D 주소는 맨 앞의 네 비트가 1110으로 고정되고 그 다음의 28비트를 멀티캐스트 주소로 사용한다.

이렇게 함으로써 각 클래스의 주소는 네트워크와 호스트에게 할당할 수 있는 주소의 개수가 각기 다르게 정의되었는데 아래의 표는 IP주소의 클래스별 특징을 요약한 것이다.

[표 15.1] IP주소의 클래스 별 특성

클래스	주소 체계	주소 영역	네트워크 주소의 길이(비드)	네트워크 주소의 수(개)	호스트 주소의 수(개)
A	0XXX ~	0.0.0.0~127.X.Y.Z	8(7)	128	1677만7216
B	10XX ~	128.0.0.0~191.X.Y.Z	16(14)	1만6384	6만5536
C	110X ~	192.0.0.0~223.X.Y.Z	24(21)	209만7152	256
D	1110 ~	224.0.0.0~239.X.Y.Z	28(24)	–	–
E	11110 ~	240.0.0.0~247.X.Y.Z	–	–	–

(단, 위의 표에서 X, Y, Z의 값은 0~ 255이고 괄호 안의 숫자는 실효길이을 나타냄)

위의 표에서 볼 수 있듯이 IP 주소는 클래스 별로 사용할 수 있는 네트워크 주소와 호스트 주소의 수가 다르다. 따라서 주소도 클래스별로 사용할 수 있는 환경이 다르다. 예를 들면, 클래스 A의 주소는 네트워크의 수는 작은 반면에 호스트의 수가 많으므로 가입자의 수가 많을 것으로 예상되는 WAN 에서 주소를 할당하는 용도로 사용하는 것이 유리하며 클래스 C의 경우는 반대로 네트워크의 수는 아주 많은 반면에 호스트의 수가 작으므로 소형 랜에서 주소를 할당하는 용도로 사용하는 것이 유리하다. 그리고 클래스 B의 경우는 그들 두 가지 클래스의 중간 정도의 규모를 가지고 있으므로 대규모 랜에서 주소를 할당하는 용도로 사용하기에 적합하다.

주소 고갈의 문제와 해결책

지구 전역을 상대로 인터넷을 생각하면 네트워크의 수가 아주 많을 것인데 그렇다고 네트워크의 주소의 수를 많게 할당하면 하나의 네트워크에 연결할 수 있는 호스트의 수가 줄어들고 그 반대도 성립한다. 이를 IP 주소 고갈(starvation)의 문제라고 부르는데 이런 문제가 발생하는 가장 근본적인 원인은 당초에 IP 주소의 길이를 32비트로 정한 것이었다.

사실 1987년에 몇 명의 전문가가 '멀지 않아 지구 상의 네트워크의 수가 10만 개를 넘을 것'이라고 예측하였을 때 거의 대부분의 IT 전문가들은 콧방귀를 뀌었다고 한다. 그런데 그 말이 나온지 10년도 되지 않은 1996년에 10만 번째 네트워크가 인터넷에 연결되고 말았다.

이와는 별도로 앞에서 규정한 네트워크 주소의 클래스에 대해서 호스트의 수에 대해서도 말이 많았다. 클래스 A의 호스트 주소의 수인 1677만7216개를 모두 쓸 만한 조직은 거의 없을 뿐만 아니라 반대로 호스트 주소의 수가 256개인 경우는 반대로 주소가 부족할 것이라는 것이었다. 그래서 대부분의 조직은 6만5536개의 호스트 주소를 가지는 클래스 B 주소 체계가 적당하다고 여기게 되었다. 심지어 그만한 규모가 되지 않는 조직도 '언젠가는 우리 조직이 클거야!'라고 생각하면서 너도 나도 클래스 B 주소 체계를 달라고 아우성이었다. 그러나 사실 거의 과반수 이상의 조직에서 실제로 사용하는 호스트의 주소의 규모는 50개도 채 되지 않았다고 한다.

이유야 어찌되었건 모든 조직에게 클래스 B 네트워크 주소를 할당하면 결국 주소가 고갈되는 문제가 발생한다. 그래서 이 문제를 해결하는 방법을 고안하였는데 지금까지 제시된 것은 세 가지가 있다. 우선 기존의 주소 길이를 그대로 유지하면서 해결할 수 있는 방법으로는 무계급 도메인간 라우팅(classless inter-domain routing, 줄여서 CIDR으로 부르고 'cider'로 발음함)과 가변 길이의 서브네트 매스크(variable length subnet mask)를 사용하는 방법(이것을 subnetting이라고 부름)이 있다. 다른 한가지 방법은 기존의 주소 체계를 완전히 바꾸는 방법인데, IP주소의 길이를 128비트로 늘리는 것이다. 이것이 바로 IPv6인데 이에 대해서는 나중에 다루기로 한다.

CIDR

먼저 CIDR에 대해서 알아보자. 1993년 인터넷 프로토콜의 표준화 단체인 IETF(Internet engineering task force)는 RFC 1519에서 CIDR을 제정하였는데 그 이유는 인터넷이 전지구적 공공재(public utility)가 된 후 주소 공간이 수백만 개의 조각으로 나누어짐에 따라서 인터넷 주소에 단 세 가지의 크래스를 정해서 고정된 길이의 네트워크 주소와 호스트 주소로 구분하는 것은 효율성이 떨어지게 된 것이었다. 극단적인 경우에 두 개의 호스트를 가지는 네트워크에 대해서도 클래스 C의 주소를 할당해야 하는데 이 경우 주소의 효율은 0.78%(2/256) 에 불과하고 만약 네트워크 내의 호스트 수가 257개라면 클래스 B의 주소를 할당해야 되고 이 경우에도 효율은 0.39%(257/6만5535) 밖에 되지 않는다.

대부분의 네트워크 내에는 호스트의 수가 256개는 넘을 가능성이 크므로 결국 IP 주소가 클래스 B인 네트워크의 수가 거의 대부분일 것이다. 반면에 하나의 AS(autonomous system) 내의 호스트의 수가 6만5536 개에 근접하지 않는 네트워크에 대해서는 무조건 클래스 B의 네트워크 주소를 할당할 것이 아니라 하나의 네트워크를 여러 개의 작은 네트워크로 분리하여 여러 개의 클래스 C 주소를 할당하는 것이 더 효율적일 것이다. 그러면 256개의 주소를 단위로 하여 네트워크 주소를 분리할 수 있다.

CIDR은 이처럼 주소를 효율적으로 분배하려는 목적과 그에 따라서 라우터가 알아야 하는 라우팅 정보의 양을 최소화하기 위해서 만들어진 프로토콜이다. 이를 위하여 CIDR은 주소 클래스 간의 고정된 경계를 없애버렸다. 그렇게 하여 남은 주소 공간을 호스트가 사용할 수 있도록 하자는 것이다. 반대로 만약 어느 조직이 호스트용으로 2000개의 주소공간을 필요로 한다면 이것을 2048개의 주소를 가지는 블록으로 구성하고 나머지를 네트워크 주소용으로 사용할 수 있다.

한편, CIDR에 라우팅이라는 말이 들어간 이유는 CIDR이 같은 네트워크 주소를 가진 패킷에 대해서 경로를 집단화(route aggregation)하여 전달표(forwarding table) 내에서 하나의 엔트리(entry)만을 사용하여 패킷을 서로 다른 여러 네트워크에 도달하게 한다는 것에서 유래된 것이다.

가령 어느 AS 가 16개의 클래스 C 주소에 해당하는 규모의 호스트를 가지고 있다고 하자. 이때 이 네트워크에서는 클래스 C 네트워크 주소를 임의적으로 분배하지 않고 연속적인 클래스 C 주소로 된 블록으로 분배한다. 클래스 C 네트워크 주소 체계를 따르는 192.4.16~192.4.31까지의 네트워크 주소를 생각해 보면 이 주소의 이진수 표시는 앞에서부터 20번째 비트까지 모두 11000000-00000100-0001의 비트열을 가진다. 이것을 네트워크 주소가 가지는 공간이라고 생각하면 이 길이의 네트워크 주소는 클래스 B와 클래스 C가 가지는 주소 공간의 중간쯤에 해당한다. 그리고 이로 인해서 할당할 수 있는 호스트의 주소의 수도 이들 두 클래스의 중간에 위치한다.

CIDR에서는 네트워크 주소(이것을 prefix라고 부름)의 길이가 임의로 지정될 수 있으므로 이것을 표현하기 위하여 IP 주소에 새로운 기호를 도입하여야 하는데, 네트워크 주소의 마지막 부분의 뒤에 /N(단, N은 네트워크 주소의 비트의 수)으로 표현한다. 일반적으로 CIDR을 사용하는 주소의 표기는 주소의 번호를 4개의 블록으로 나타내고 그 뒤에 네트워크 주소가 차지하는 길이를 지정하는데 주소의 양식은 아래와 같다.

CIDR을 사용하는 IP의 주소 = vvv.xxx.yyy.zzz/N

여기서 N은 네트워크 주소 영역의 길이를 나타내므로 네트워크 주소 이외의 주소 공간에 대해서는 호스트의 주소를 할당할 수 있고 호스트의 수를 블록(block)이라고 하고 블록의 크기는 2^{32-N}이다. 가령 CIDR을 사용하는 IP의 주소가 199.239.136.0/24일 경우 네트워크 주소가 차지하는 비트의 길이가 24비트이고 나머지 8비트에 대해서 호스트의 주소를 나타내는데 그 블록의 크기가 2^{32-24}(2^8=256)을 나타낸다. 이 경우에 호스트에게 할당되는 주소는 199.239.136.0에서 199.239.136.255까지이다.

서브네팅

서브네팅(subnetting)은 IP 주소를 효율적으로 사용하기 위해서 네트워크와 호스트의 주소가 차지하는 영역을 임의의 크기로 지정하도록 고안된 것인데 이렇게 하는 이유는 두 가지가 있다.

첫 번째는 고정적인 주소 크기의 네트워크가 비효율적이라는 것이다. IP 주소의 본래 목적은 IP 주소의 네트워크 주소가 하나의 물리적 네트워크를 유일하게 식별하는 것임은 앞에서도 이야기한 바 있다. 그런데 만약 내부에 아주 많은 수의 내부 네트워크(subnetwork)를 가진 아주 큰 규모의 네트워크를 가진 조직이 있다고 생각해보자. 그러면 그 조직에서는 각 내부 네트워크마다 최소한 하나의 클래스 C 네트워크 주소가 필요하다. 그리고 또 호스트의 수가 256개를 넘는 내부 네트워크는 클래스 B 네트워크 주소를 필요로 한다. 그런데 조직이 점점 비대해지면서 조직 내부 네트워크의 거의 대부분에서 노드의 수가 256개를 초과하면 클래스 C 네트워크를 클래스 B의 네트워크로 바꾸어야 한다. 그러나, 클래스 B의 네트워크 수도 약 1만6000개(=2^{14}개)밖에 되지 않으니 이것마저도 곧 고갈될 수도 있다. 여기에 고정적인 크기의 네트워크 주소를 할당하는 비효율성이 존재한다. 결국 물리적 네트워크마다 하나의 네트워크 주소를 할당하는 것에 문제가 있고 보다 효율적인 네트워크 주소 할당이 필요함을 알 수 있다.

두 번째는 하나의 도메인을 여러 개의 부도메인으로 분리하여 소규모의 네트워크를 운용하는 방법(이것을 subnetting이라고 함)으로서 서브네팅은 할당되는 네트워크 주소의 수를 줄이는 것을 목적으로 하고 있다. 이를 위해서 하나의 IP 네트워크 주소를 여러 개의 물리적 네트워크에 할당하는데 이것을 서브넷(subnet)이라고 한다. 서브네팅의 두 번째 이유는 가령 한 회사가 수천 개의 네트워크 기기를 가진다고 해도 그 모든 기기를 같은 네트워크 주소 체계로 관리하는 것은 전체의 네트워크의 속도를 느리게 하는 원인이 될 수 있다. 이럴 때는 회사가 관리하는 하나의 도메인(domain)을 여러 개의 독립적인 부도메인(subdomain)으로 분리하여 클래스 C보다 더 작은 규모의 네트워크를 운용하는 것이 더 낫다.

서브네팅은 클래스 A, B, C 의 모든 네트워크에 대하여 적용할 수 있는데 원래 호스트에 할당될 하나 또는 그 이상의 비트를 네트워크 주소에 할당함으로써 네트워크 주소의 길이를 늘리는 방법이다. 예를 들면 다음과 같다. 클래스 B 주소인 144.23.0.0이 서브네팅하기 이전에는 다음과 같다고 하자.

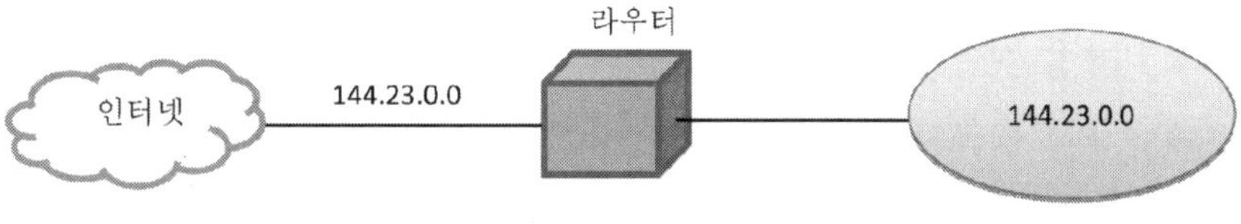

[그림 15.2] 서브네팅 이전의 주소 할당 예

위의 네트워크에 대하여 서브네팅을 도입하면 다음과 같다.

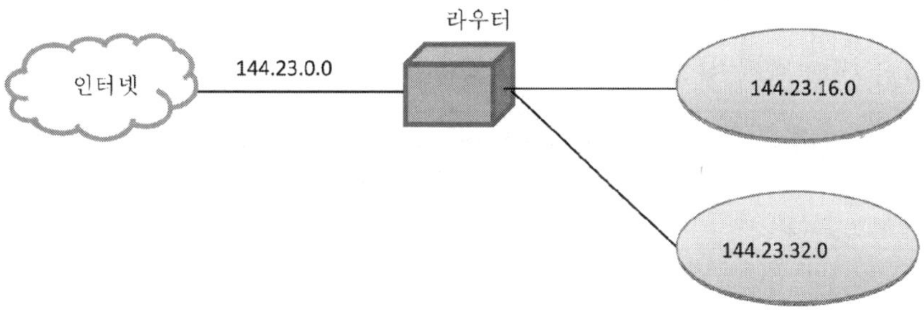

[그림 15.3] 서브네팅 이후의 주소 할당 예

이때 네트워크의 외부에서는 그림 15-3에서 라우터로 연결된 두 네트워크가 같은 IP 주소인 144.23.0.0을 가지는 것처럼 보이지만 라우터는 두 네트워크의 네트워크 주소가 다르게 할당되어 있는 것을 알고 있고 인터넷에서 전달된 패킷이 두 네트워크 중에서 어느 네트워크로 가야 하는지도 알고 있다.

여러 개의 서브네트워크가 하나의 네트워크 주소를 공유하도록 하기 위해서 각 서브넷 상의 모든 노드에게 같은 서브넷 매스크(subnet mask)를 사용하게 한다. 서브넷 매스크는 IP 주소에서 네트워크를 나타내는 부분을 표시하는 수단이다. 고전적인 IP 주소 체계에서는 같은 네트워크에 있는 모든 호스트는 같은 네트워크 주소를 가지지만 서브네팅된 네트워크에서는 같은 네트워크에 있는 모든 호스트는 같은 서브넷 주소를 가진다. 결국 같은 네트워크 주소를 가진 호스트가 다른 물리적 네트워크 상에 있을 수도 있다는 뜻이다.

한편, 서브넷이 만들어지면 라우터는 호스트 주소의 어느 부분을 네트워크 주소로 정해야 할 지 결정해야 한다. 이것이 바로 서브넷 매스크라고 불리는 32비트의 숫자이다. 한 서브넷 상의 모든 호스트에게는 같은 서브넷 매스크로 구성되며 각 서브넷에는 하나의 서브넷 매스크가 존재한다. 이때 네트워크 주소는 1, 호스트 주소는 0으로 정해지는데 결국 서브넷 매스크는 네트워크 주소가 16비트이고 4비트를 서브넷 매스크 주소로 쓰는 경우 아래에서 보이는 것과 같이 연속되는 20개의 1과 연속되는 12개의 0으로 구성된다.

서브넷 매스크 = 11111111 11111111 11110000 00000000

서브넷된 네트워크의 주소를 정하는 방법은 다음과 같다.

- 입력: IP 주소와 서브넷 매스크
- 계산: 두 주소의 논리적 AND 연산
- 출력: 서브넷된 네트워크 주소

위의 방법에 대한 예를 들어보면 아래의 표와 같다.

[표 15.2] 서브넷 매스크를 사용한 네트워크 주소의 결정

주소	십진수	이진수
IP 주소	144.28.16.17	10010000 00011100 00010000 00001001
서브넷 매스크	255.255.240.0	11111111 11111111 11110000 00000000
서브넷된 네트워크 주소	144. 28. 16. 0	10010000 00011100 00010000 00000000

위의 표로부터 당초에 '네트워크 주소+호스트 주소'로 구성된 IP 주소는 서브넷 매스크와 결합된 뒤에 '네트워크 주소+서브넷 주소+호스트 주소'의 세 영역으로 구분된 주소 구조를 가지게 된다.

주소의 해석과 할당

고객의 호스트 상에서 응용 프로그램에 의해서 만들어지는 IP 데이터그램은 호스트를 정의하는 IP 주소를 가지고 있는데 이것을 논리적 주소(logical address)라고 부른다. 그런데 호스트나 라우터의 물리적 인터페이스는 물리적 주소(physical address, 예를 들면 이더넷 주소)를 가지고 있고 데이터링크 계층에 있는 하드웨어는 네트워크 계층의 IP 주소를 이해하지 못한다. 어떤 컴퓨터가 이더넷에 접속되어 있을 경우 이더넷의 주소는 48비트로 되어 있고 인터넷의 IP 주소는 32비트로 되어 있다.

그럼 IP 주소는 어떻게 데이터링크 계층(L2)의 주소로 해석될 것인가? 한 가지 방법은 IP 주소를 물리 주소로 매핑시키는 구성 파일(configuration file)을 네트워크 내에 두는 것이다. 다만 호스트의 수가 수 천 대에 이르는 조직 내에서 이 방법을 사용하면 그 정보를 관리하는 일이 여간 복잡하지 않을 것이다.

다른 한 가지 방법은 데이터를 송신하고자 하는 호스트가 목적지 호스트의 IP 주소를 가진자가 누구인지 네트워크 상에 묻기 위해서 브로드캐스트 패킷을 생성해서 전송하는 방법이다. 그러면 그 패킷은 네트워크 내의 모든 호스트에게 전달될 것이고 그 중에서 해당 호스트는 자기가 송신호스트가 찾고 있는 호스트라며 자신의 물리적 주소를 적어서 답을 보낼 것이다. 이로써 송신호스트는 자신이 보내고자 하는 수신호스트

의 IP 주소가 가지는 물리적 주소를 알게 된다.

IPv4에서는 이처럼 주소 체계를 해석하기 위해서 호스트의 물리적 주소를 탐색하고 응답을 주고받는 과정을 규정한 프로토콜로서 주소해석 프로토콜인 ARP(address resolution protocol)가 있다.

ARP의 동작 원리를 설명하기 위하여 아래의 그림을 참고하기로 한다.

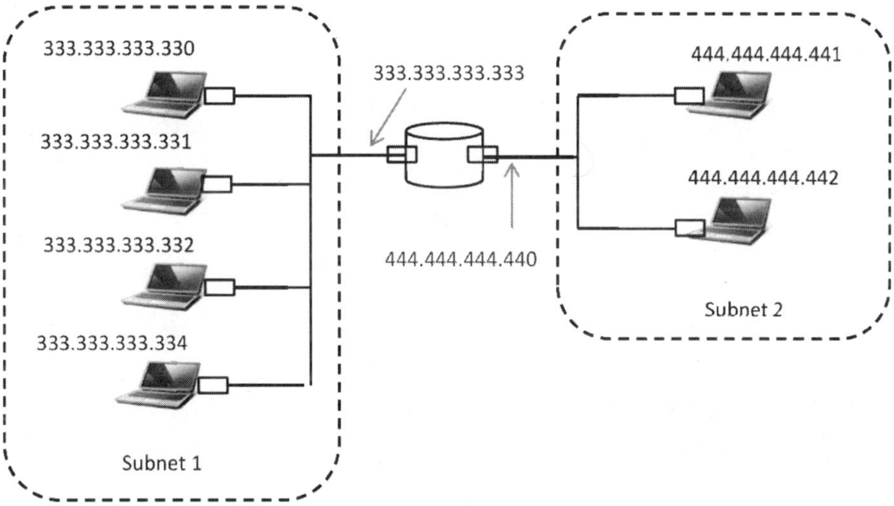

[그림 15.4] 하나의 라우터로 연결된 두 개의 서브넷

위의 그림에서 각 노드(호스트 혹은 라우터)의 네트워크 인터페이스에 하나의 IP주소가 할당되어 있고 노드와 링크 사이에 있는 어댑터에는 고유의 MAC주소가 있다(단, 그림에서는 혼란을 피하기 위하여 MAC주소는 나타내지 않음). 이때 만약 서브넷 1(subnet 1)에 있는 IP주소 333.333.333.330를 가지는 노드(송신노드라고 하자)가 같은 서브넷에 있는 IP주소 333.333.333.332를 가지는 노드(수신노드라고 하자)에게 데이터그램을 보낼 경우를 생각해 보자. 이 경우에 두 노드는 같은 서브넷 상에 위치하므로 송신노드는 어댑터에게 데이터그램을 보낼 때 수신노드의 MAC주소도 적어서 보내야 한다. 그러면 송신노드의 어댑터는 수신노드의 MAC주소를 포함하는 링크계층 프레임(link layer frame)을 만들어서 서브넷 상으로 내보낸다.

여기서 문제는 송신노드가 수신노드의 MAC주소를 어떻게 아느냐 하는 것이다. 이를 위해서 필요한 것이 호스트의 IP주소를 MAC주소로 해석하는 프로토콜인 ARP이다. 아래에서 ARP의 동작 원리를 설명한다.

각 노드의 어댑터에는 ARP 모듈(ARP module)이라는 것이 있는데 이는 서브넷 상에 있는 임의의 IP주소를 입력으로 하여 그에 해당하는 MAC주소로 매핑시켜 출력해주는 역할을 한다. 가령, 위에서 IP주소 333.333.333.330를 가지는 송신노드가 수신노드의 IP

주소인 333.333.333.332를 담은 패킷을 ARP 모듈에게 보내면 ARP 모듈은 수신노드의 MAC주소가 담긴 패킷을 되돌려주는 것이다. 따라서 ARP 모듈은 동일한 서브넷 상에 존재하는 노드에게 IP주소를 그에 해당하는 MAC주소로 해석해주는 기능을 한다.

이와 같은 기능을 위해서 각 노드(호스트나 라우터)에는 메모리에 ARP 표(ARP table)를 가지고 있는데 아래의 표는 하나의 예로서 333.333.333.330의 IP주소를 가지는 노드가 가지고 있는 ARP표를 나타낸 것이다.

[표 15.3] ARP 표의 예

IP 주소	MAC 주소	TTL
333.333.333.331	80-E1-1F-67-1B-0C	11:12:00
333.333.333.332	5B-99-BC-88-69-C1	11:34:00

위의 표에서 나타낸 것처럼 ARP표는 등록된 노드의 IP주소와 MAC주소, 그리고 이 표의 내용의 생존기간(time to live, TTL)으로 구성된다. TTL의 길이는 생성후 보통 20분 정도이다.

이번에는 333.333.333.330의 IP주소를 가지는 노드(송신노드)가 서브넷 내의 다른 노드(가령 IP주소가 333.333.333.334, 수신노드)에게 데이터그램을 보내고자 하는 경우를 가정하자. 이를 위해서 송신노드는 수신노드의 IP주소로부터 그의 MAC주소를 받아야 하는데 만약 그 수신노드가 ARP에 등록되어 있지 않을 경우에는 어떻게 해야 할까? 이 경우에도 송신노드는 ARP 프로토콜을 사용하여 그 노드의 주소를 해석해야 한다. 순서는 다음과 같다.

① 송신노드는 ARP QUERY 패킷을 만든다. 이 패킷 안에는 서브넷 상의 모든 노드들에게 자신이 알고자 하는 노드의 IP주소에 해당하는 MAC주소를 묻는 내용과 그 패킷을 MAC 브로드캐스트 주소인 FF-FF-FF-FF-FF-FF로 보내달라는 요구사항을 기입한다.

② 송신노드는 그 패킷을 어댑터에게 송신하고 어댑터는 그 패킷을 서브넷 내의 모든 노드에게 브로드캐스트한다.

③ 해당 IP주소를 가진 노드가 그 패킷을 받으면 그 메시지를 보낸 송신노드(이를 querying node라고 부름)에게 ARP RESPONSE 패킷을 보낸다. 물론 그 패킷 안에는 송신노드가 요구한 노드의 MAC주소가 들어있다.

④ ARP RESPONSE 패킷을 받은 노드는 자신의 ARP표에 그 MAC 주소를 기입함으로써 ARP표를 갱신한다.

⑤ 마지막으로 송신노드는 새로이 갱신된 ARP표를 보고 자신이 보내고자 했던 데이터그램을 보낸다.

한 가지 알아두어야 할 ARP의 특징으로는 ARP가 플러그 & 플레이(plug & play)로 동작한다는 것과 노드가 네트워크를 이탈하면 ARP표의 내용에서 그 노드에 대한 정보도 삭제된다는 것이다.

이번에는 서로 다른 서브넷 상에 위치한 노드 간에는 어떻게 주소를 해석해서 데이터를 전송하는지 알아보자. 먼저 호스트와 라우터에 대해서 다음과 같은 사실을 알자. 하나의 호스트에는 하나의 ARP 모듈, 하나의 IP주소, 그리고 하나의 어댑터가 존재한다. 그리고 하나의 라우터에 만약 두 개의 포트가 있다고 하면 그 라우터에는 두 개의 ARP모듈, 두 개의 IP주소, 그리고 두 개의 어댑터가 존재한다.

서브넷 1에 있는 IP주소 333.333.333.330을 가지는 호스트(송신호스트)가 서브넷 2(subnet 2)에 있는 IP주소 444.444.444.441의 IP주소를 가지는 호스트(수신호스트)에게 데이터그램을 보내는 경우를 생각하자. 이때 송신호스트는 자신의 어댑터에게 적절한 MAC주소를 기입한 데이터그램을 보낸다. 이 경우 깜짝 퀴즈 하나:

퀴즈: MAC주소는 누구의 MAC주소를 기입할까?

① 수신호스트의 MAC주소

② 자신이 접속되어있는 라우터의 MAC주소

답은 ②번이다. 왜냐하면 만약 수신호스트의 MAC주소를 그대로 기입한 데이터그램을 어댑터에게로 보내면 이 MAC주소는 서브넷 내에 존재하는 노드의 MAC주소와 매칭이 되지 않기 때문에 어댑터는 상위계층인 네트워크층으로 보내려고 하지 않는다. 따라서 송신호스트는 자신이 접속되어있는 라우터의 MAC주소를 기입하는 것이다.

자신이 접속되어있는 라우터의 MAC주소를 기입한 패킷은 그 라우터에서 제3계층으로 올라가게 되고 이를 받은 라우터는 자신이 가지고 있는 전달표(이에 대해서는 다음장에서 자세히 설명함)를 기반으로 그 데이터가 444.444.444.440의 IP주소를 가진 인터페이스로 전달되어야 한다는 것을 알고 해당하는 어댑터로 데이터그램을 보낸다. 여기서 어댑터는 그 데이터그램 내의 헤더에 있는 MAC주소 영역 란에 수신노드의 MAC주소를 처음으로 기입한다.

아래의 그림은 ARP 패킷의 양식이다.

0	8	16　　　　　　　　　　31
HardwareType		ProtocolType
Hlength=48	Plength=32	Operation
SourceHardwareAddr(bytes 0~3)		
SourceHardwareAddr(bytes 4~5)		SourceProtocolAddr(bytes 0~1)
SourceProtocolAddr(bytes 2~3)		TargetHardwareAddr(bytes 0~1)
TargetHardwareAddr(bytes 2~5)		
TargetProtocolAddr(bytes 0~3)		

[그림 15.5] ARP 패킷의 양식

위 그림에서 프레임의 맨 위 쪽에 있는 숫자는 앞에서부터 계산되는 비트의 순서번호인데 0에서 시작하여 31으로 끝난다. 이 규칙은 지금부터 이 책에서 나오는 모든 프레임의 구조에서 같은 원리로 적용된다.

한편, 그림에서 각 영역이 나타내는 의미는 다음과 같다.

- Hardware type은 물리적 네트워크의 유형을 나타내는 것으로 이더넷이나 FDDI 등에 대한 정보가 들어있다.
- Protocol type은 대개가 IP로 지정될 것이고,
- Hlength는 제2계층 하드웨어 주소의 길이를 지정하며,
- Plength는 제3계층의 프로토콜의 주소 길이를 지정하며,
- Operation은 메시지가 요구(request) 메시지인지 응답(reply) 메시지인지를 지정하며,
- 그 아래의 영역은 송신호스트(source-소스-라고 부름) 하드웨어 주소, 소스 IP 주소, 수신호스트(target-타깃-라고 부름) 하드웨어 주소, 타깃 IP 주소 등으로 구성되어 있다.

앞에서도 이야기했듯이 인터넷 상의 모든 컴퓨터는 각기 고유의 IP 주소를 가진다. 그리고 인터넷 상의 호스트의 수가 늘어남에 따라서 IP 주소의 고갈 문제도 일어날 수 있다. 반면에 호스트의 실제 주소를 굳이 외부에 알릴 필요는 없다. 따라서 IP 주소의 고갈 문제를 방지하고 호스트의 주소를 네트워크의 외부에 알리지 않기 위한 보안 기술로서 네트워크 주소 번역(network address translation, 이하 NAT)이 있다.

네트워크 주소 번역

네트워크 주소 번역의 기본은 IP주소와 그 상위계층의 포트번호 간에 주소를 매핑시키는 것이다. 이를 위해서 두 정보를 관리하는 서버로서 NAT 관리자(NAT managaer)를 두어야 한다. NAT 기능은 아래의 그림과 같이 주로 특정 조직의 네트워크와 공중 IP네트워크 사이에 위치한 방화벽(fire wall)에 장착되어서 실행된다. 따라서 홈네트워크나 랜과 같은 경우에 공중인터넷의 연결 구조에서 홈네트워크의 가장자리에 위치한 홈 라우터(home router)에 NAT 기능이 장착되어 있다.

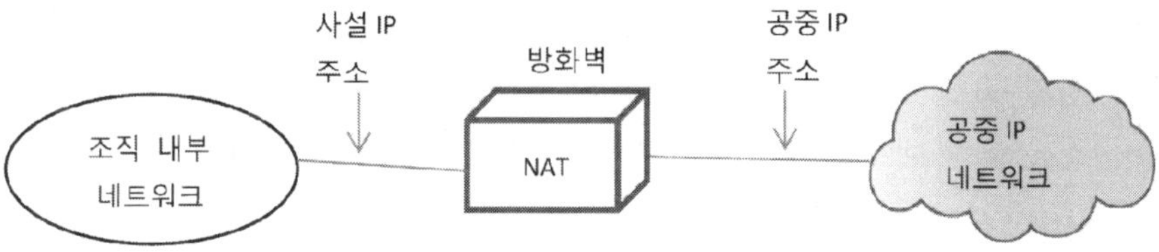

[그림 15.6] NAT의 위치

NAT의 동작 원리를 알아본다. 라우터는 각자 고유의 IP 주소를 가지는데 이 주소는 ISP로부터 할당받고 이 주소는 외부 네트워크에 알려져 있다. 한편, 조직 내부의 네트워크에 연결된 컴퓨터는 조직 내부의 라우터로부터 각자 내부에서만 통용되는 지역적(local) IP 주소를 할당받는다. 이 주소는 네트워크 내부에서만 사용되고 외부로는 노출되지 않으므로 다른 조직에서도 이 주소와 같은 주소를 할당할 수 있고 그로써 주소의 활용도가 높아진다.

이와 같은 상황에서 조직 내부의 어느 컴퓨터가 인터넷(외부 네트워크)으로 접속하면 그 컴퓨터의 IP 주소는 내부의 IP 주소가 아닌 그 컴퓨터가 접속되어있는 라우터의 IP 주소로 표시된다. 따라서 조직의 출입구에 방화벽(firewall)을 설치해 두고 NAT를 이용하면 조직 내부의 컴퓨터는 외부의 공격이나 해킹으로부터 보호를 받을 수 있다.

한편, NAT를 사용함으로써 호스트가 외부로는 인터넷 상에서 자신을 나타내는 유일한 IP 주소(public IP address, 공식적 주소)를 가지고 내부로는 조직 내에서 인식할 수 있는 임의의 IP 주소(private IP address, 사설 주소)를 사용할 수 있다. 사설 주소의 주소 영역은 다음의 표와 같다.

[표 15.4] 사설 주소의 영역

CIDR	서브넷 매스크	주소 범위
10.0.0.0/8	255.0.0.0	10.0.0.1 ~ 10.255.255.254
172.16.0.0/12	255.255.240.0	172.16.1.1 ~ 172.31.255.254
192.168.0.0/16	255.255.0.0	192.168.0.1 ~ 192.168.255.254

NAT는 호스트에게 각각 유일한 공식적 IP 주소를 할당하는데 예를 들면 다음과 같다.

IP주소가 192.168.1.100인 호스트(이름을 hoony라고 하자)는 IP 주소가 216.239.57.99인 호스트(www.papa.com이라고 하자)에게 메시지를 보낸다고 가정한다.

그러면 hoony가 연결되어있는 조직의 NAT는 hoony가 보낸 패킷의 송신자 IP주소를 hoony가 연결되어있는 조직의 네트워크의 방화벽의 주소(208.23.110.22로 가정함)로 바꾸어서 송신한다. 그리고 이 메시지가 hoony로부터 papa.com에게로 보낸 것이라는 것을 기록한다.

한편, hoony로부터 메시지를 받은 papa.com은 hoony의 요구에 대한 응답 메시지를 hoony의 방화벽의 IP 주소인 208.23.110.22으로 송신한다. 왜냐하면 papa.com에 전달된 메시지의 송신자 주소가 방화벽의 IP주소인 208.23.110.22로 되어있기 때문이다.

한편, 같은 조직 내에 있는 IP 주소가 192.168.1.107인 joony는 IP 주소가 207.46.134.190인 호스트(www.kichi.com이라고 하자)에게 메시지를 보낸다. 이때에도 NAT는 패킷의 송신자 주소를 방화벽의 주소인 208.23.110.22로 바꾸어서 송신한다. 그리고 이 메시지가 joony로부터 kichi.com에게로 보낸 것을 기록한다. 그리고 kichi.com은 joony에 대한 응답 메시지를 역시 joony가 속해 있는 방화벽의 주소인 208.23.110.22로 송신한다.

잠시 뒤, 방화벽은 216.239.57.99(이 호스트는 papa.com)로부터 온 응답 메시지를 받는다. 이때 당연히 메시지는 수신자 주소가 방화벽의 주소로 되어 있으므로 방화벽(주소= 208.23.110.22)으로 전달된다. 그리고 방화벽은 216.239.57.99로부터 응답이 오기를 기다리는 호스트가 hoony임을 알고 있으므로 메시지의 최종 수신지의 주소를 hoony의 실제 주소인 192.168.1.100로 바꾸어서 패킷을 전송한다.

네트워크 상의 모든 호스트는 각자 고유의 IP 주소를 가져야 한다는 것은 이미 앞에서 이야기하였다. 그리고 IP 주소는 대개 네트워크의 구조에 의해서 결정된다. 그러기 위해서 각 호스트는 새로 네트워크에 접속되면 자신의 IP 주소가 할당되고 그에 따라 주소가 구성(configure)되어야 한다. 그리고 그 주소는 서브넷의 주소 영역 내에서 할당된다. 그런데 호스트를 만들 때 미리 주소를 할당할 수는 없다. 따라서 IP 주소는 필요할 때에 구성되어야 한다.

DHCP

IP 주소는 각 PC에게 고정적으로 할당될 수도 있지만(이렇게 할당된 주소를 정적 IP 주소-static IP address-라고 함), 호스트의 수가 증가함에 따라 주소가 부족할 수도 있고 또 할당된 주소가 거의 사용되지 않을 가능성도 크며 주소를 할당하는데 복잡도가 증가한다. 그래서 사용자의 수가 큰 규모의 조직에서는 IP 주소를 동적으로 할당할 필요가 있다. 이것을 담당하는 프로토콜을 DHCP(dynamic host configuration protocol-

동적 호스트 구성 프로토콜)라고 하는데 DHCP는 그 네트워크에 접속된 모든 호스트에게 IP 주소의 정보(configuration information, 이는 하드웨어 주소 정보임)를 제공하여 주소를 자동으로 할당한다. 따라서 하나의 관리영역(domain, 여기서 도메인이란 통신 사업자로 볼 수 있다)에는 적어도 하나 이상의 DHCP 서버가 있어야 한다. 그리고 주소의 추출은 호스트가 네트워크에 새로이 연결되거나 부팅(booting)될 때 자동적으로 발생한다.

DHCP의 주된 기능은 IP 주소 할당이지만 또 다른 기능은 기본 게이트웨이(default gateway)의 주소 할당, 구성(configuration) 정보의 만기 관리, 도메인 이름(domain name) 관리, DNS(domain name server) 주소 관리 등이다. 이를 위해서 DHCP는 서버를 가지고 있는데 IP 네트워크 상에 존재하는 서버 컴퓨터이다. 보통 파일 서버가 DHCP 서버 기능을 하기도 하는데 다기능 라우터도 이 기능을 가지고 있다.

기존의 서버 OS(operating system)는 내장된(built-in) DHCP 서버 기능을 보유하고 있다. 따라서 네트워크 서버에 DHCP기능을 설정하기 위해서는 서버의 DHCP기능을 가동시키고 세팅을 하면 된다.

한편, 소규모의 네트워크에서는 굳이 DHCP 서버를 가지고 있지 않아도 되는데 DHCP 전달 대리인(relay agent)을 통해서 주소를 할당 받을 수도 있다. 아래의 그림은 이 경우의 호스트와 DHCP 서버 사이의 연결 구조를 나타내고 있다. 그림에서 DHCP 릴레이(relay)가 이와 같은 역할을 수행한다.

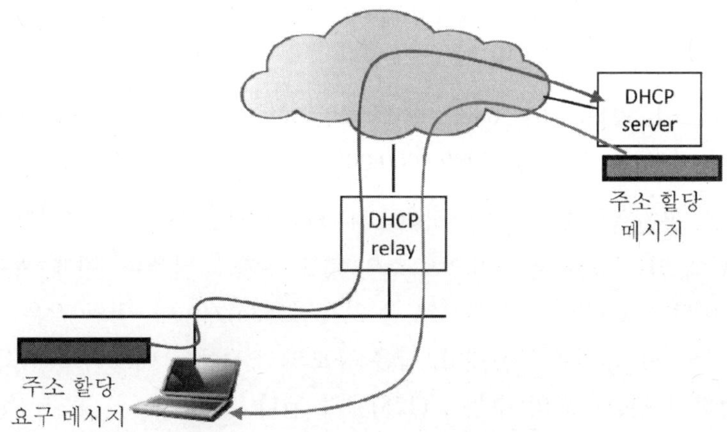

[그림 15.7] DHCP 서버와 호스트의 연결

15.2 IPv6의 주소 체계

IPv6의 주소 체계는 IPv4의 주소 체계를 확장시킨 인터넷 주소 체계의 개선(upgrade)된 버전이다. IPv6의 가장 큰 특징은 IP 주소의 길이를 기존의 32비트에서 128비트로 획기적으로 늘린 것이다. 이 경우 가능한 이론상의 주소의 수는 3.4×10^{38}개(저자 주: 이게 도대체 얼마지??)이다.

IPv6는 주소를 자동으로 구성(autoconfigure)할 수 있고 각 네트워크 인터페이스에 하나 이상의 주소도 할당할 수 있다. 물론 IPv6에서는 IPv4의 프로토콜도 수용하므로 후방호환성(backward compatibility)이 보장된다. 그리고 QoS 보장 기능의 보강책으로서 플로우 레이블링(flow labeling)을 통하여 개선된 라우팅 기능으로 주소만으로도 정확한 서브넷 상의 호스트에 패킷이 오류 없이 전달되도록 한 것도 IPv6의 특징 중의 하나이다.

IPv6의 주소 체계는 각각 64비트의 네트워크주소와 호스트주소 영역으로 구성되어 있다. 주소 영역은 IPv4보다 두 배나 더 많은 8개의 영역으로 구분되어 있으며 하나의 영역은 16비트로 구성되어있다. 이들 8개의 영역 중에서 앞의 세 영역은 광역의 주소(global prefix)용으로 쓰고 그 뒤의 한 영역은 서브넷 주소용으로 쓰며 나머지 4개의 영역을 호스트 주소용으로 사용한다. IPv6에서도 CIDR을 사용하여 네트워크 주소의 크기를 지정함으로써 주소 할당을 효율적으로 할 수 있는데 그로 인하여 라우팅표에 주소나 경로를 짧은 정보로 기입할 수 있는 부가적인 이점도 있다. 아래에서 CIDR을 사용한 네트워크 주소 지정의 예를 보인다.

주소의 범위: 2011:0db8:3c4d:0000:0000:0000:0000:0000~2011:0db8:3c4d:ffff:0000:0000:0000:0000

위의 주소 공간을 CIDR을 사용하여 2011:0db8:3c4d::/48로 표시할 수 있다. 이때 주소의 맨 뒤에 있는 48이 네트워크 주소의 비트 수를 나타낸다. 이때 서브네트의 수는 나머지 16비트로 표시할 수 있으므로 총 2^{16}(6만5536)개이다. 이와 같은 경우는 대체로 큰 규모의 조직을 상대로 사용한다. 작은 규모의 조직에는 네트워크 주소의 비트 수를 57로 설정하면 서브네트의 수는 2^{7}(128)개가 된다.

IPv6의 데이터그램 포맷

IPv6의 데이터그램은 다음과 같은 형식을 가진다.

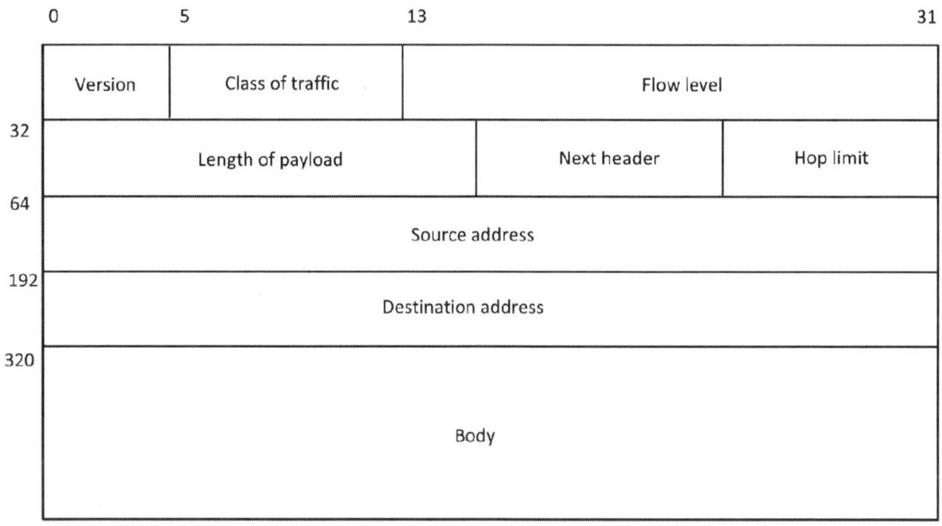

[그림 15.8] IPv6의 데이터그램 구조

위의 그림에서 각 영역의 의미는 다음과 같다.

- Version: 0110으로 지정되어 v6를 나타낸다.
- Class of traffic: 패킷의 우선순위를 지정한다.
- Flow level: QoS의 레벨을 지정하는데 v4의 ToS에 해당한다(아직 사용하지 않음).
- Length of payload: 몸통의 길이를 바이트 단위로 표시한다.
- Next header: v4의 프로토콜 영역에 해당되는 정보를 나타낸다.
- Hop limit: 허용되는 홉의 수로서 v4에서의 TTL에 해당한다.
- Source address: 송신호스트의 IP 주소를 나타낸다.
- Destination address: 수신호스트의 IP 주소를 나타낸다.
- Body: 데이터 몸통을 나타낸다.

IPv6 프로토콜에서의 ARP

IPv6 프로토콜은 ARP로 NDP(neighbor discovery protocol, 이웃 탐색 프로토콜)를 사용하는데 이웃 탐색(neighbor discovery)이란 라우터가 자신과 인접하는 라우터를 찾는 것으로서 router advertisement, router solicitation, echo request/reply, neighbor advertisement/solicitation 등의 ICMP 메시지를 사용하여 네트워크의 구성 요소를 찾는다.

NDP의 기능은 다음과 같다.

- Address resolution: 호스트가 시작하거나 요구할 때 네트워크의 주소를 알려줌.
- Autoconfiguration: 라우터를 자동으로 세팅시킴.

- Next hop determination: 호스트가 데이터를 보내면 NDP는 그 데이터의 헤더를 분석하여 라우터를 거치는지 아니면 바로 전송 가능한지를 판단하는데 수신호스트의 주소가 해당 네트워크 영역(link-local)내에 속하지 않으면 다음 홉(next hop)이 될 라우터를 선택함.
- Redirection: 지정된 루트가 최상의 경로인지를 분석하여 만약 더 좋은 경로가 있으면 데이터를 그 경로로 보낼 수 있게 함.
- Router discovery & selection: 네트워크 상에 어떤 라우터가 있는지 지속적으로 탐색하여 정보를 갱신함.

Host Identity Protocol

HIP(host identity protocol)는 임의의 네트워크 내부에 있는 호스트를 외부로부터 보이지 않게 하는 보안대응 프로토콜이다. 따라서 이 기술은 보안을 중요시하는 기업의 컴퓨터 네트워킹에 아주 유용한 기술이다. HIP는 TCP/IP 네트워크로부터 완전히 격리된 소위 스텔스(stealth) 네트워크를 구축하는 것으로 실현된다. 스텔스 네트워크를 구축함으로써 얻을 수 있는 장점으로서는 먼저 호스트가 서브네트 등 네트워크의 경계를 넘어서도 이전에 실행된 안전한 접속이 끊어지지 않고 계속된다는 것이다. 그리고 두 번째 장점으로서는 호스트의 ID(호스트의 IP주소라고 보면 됨)가 보장된다는 점이고 마지막으로 통신내용도 보호가 된다는 것이다.

HIP가 가지는 가장 큰 특징은 단말을 식별하는 호스트 ID로서 통상의 IP 주소 영역에서의 호스트주소 대신 고도로 암호화된 독자적인 호스트 ID(이것을 HID라고 부르자)를 사용한다는 것이다. 그리고 단말은 그 HID를 white list 방식으로 운용함으로써 단말을 외부로부터 은폐시킬 수 있다.

한편, 단말의 위치 정보(이것을 locater라고 부른다)는 IP 주소의 네트워크 ID를 사용하므로 기존의 TCP/IP 에서 처럼 단말의 이동성이 그대로 보장된다. 아울러서 단말 간의 데이터 통신도 암호화되므로 단대단(end-to-end)의 신뢰성 높은 통신이 보장된다.

HIP의 역사는 아주 짧은데 다음과 같다.

- 2000년 미국 해군이 드론의 보안 통신용 기술로 HIP를 개발했다.
- 그 후 독일의 지멘스와 스웨덴의 에릭슨이 이 기술을 상용화했다.
- 2015년 인터넷 표준화 기구인 IETF는 HIP의 구조와 프로토콜 사양으로서 RFC 4423과 5201을 각각 정의했다.

아래의 그림은 HIP의 프로토콜 스택을 나타낸 것이다. 그림에서 상자의 밖에 있는 정보는 그 계층이 가지고 있는 정보이다. 그림에서도 보이듯이 기존의 TCP/IP프로토콜 스택에서는 전송계층에서 IP 포트 정보가 들어있고 네트워크계층에서는 IP 주소가 들어있는 반면에 HIP가 추가된 프로토콜 스택에는 전송계층과 네트워크계층 사이에 호스트 ID계층이 추가되고 그에 따라서 기입되는 정보도 전송계층에서 HID 포트 정보가 들어가고 호스트 ID계층에는 HID가 들어가고 네트워크계층에서는 그대로 IP 주소가 들어있다.

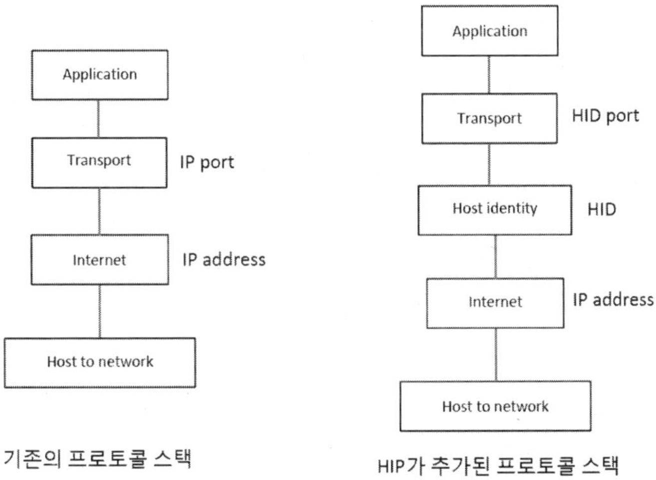

[그림 15.9] TCP/IP와 HIP가 추가된 프로토콜 스택 구조

위의 그림에 새로이 등장한 HID에 대해서 설명한다. HID는 RSA2048 bit의 공개키를 사용하여 암호화한 호스트 ID(HID) 및 호스트 ID tag(HIT)를 사용한다. HIP의 경우 단말의 위치정보의 IP 주소는 사용 환경에 따라서 계속 변하게 되지만 HID는 일단 암호화되면 그대로 계속 사용한다. 따라서 HIP는 IP 주소가 변할 수 있는 단말이 계속해서 이동하는 모바일 기기나 멀티호밍(multi-homing)이 필요한 환경에서 아주 유용하게 사용된다.

미국의 항공기 제작회사인 보잉이 HIP를 도입한 이유가 바로 여기에 있는데 보잉의 항공기 제작공장은 면적이 아주 넓고 그에 따라서 지역 네트워크가 분리되어 있을(subnetted) 경우가 많다. 이 경우에 종업원이 모바일 단말을 들고 공장 내의 이곳 저곳을 돌아다닐 때 subnet의 경계를 지나는 경우가 흔한데 HIP를 사용하면 일단 최초에 한 번만 모바일 단말을 로그인하기만 하면 그 다음부터는 이동 위치에 무관하게 매번 로그인하지 않아도 네트워크 접속이 계속 유지되므로 아주 유용하다고 할 수 있다.

15.3 고찰 문제

1. IP 주소의 표기 방법과 그렇게 정한 이유를 설명해보자.

2. IPv4와 IPv6의 주소 체계의 차이점을 비교 설명해보자.

3. 네트워크 주소의 계층화 방법에 대해서 설명하고 각 계층의 특징을 설명해보자.

4. 인터넷 주소의 고갈 문제를 해결하는 방법에 대해서 설명해보자.

5. 네트워크 주소 번역이란 무엇인지 그리고 어떻게 실현하는지 설명해보자.

6. ARP의 동작 원리를 간략해보자.

7. 동적 호스트 구성 프로토콜이란 무엇이며 동작 원리를 설명해보자.

제16장 IP 라우팅

IP 네트워크의 라우팅(routing)은 송수신자 간에 IP 패킷이 전송될 경로(route)를 탐색하는 것을 의미한다[5]. 그리고 IP 네트워크에서 패킷이 전달될 경로를 탐색하는 프로토콜을 IP 라우팅 프로토콜(routing protocol)이라고 한다.

많은 사람들이 라우팅과 포워딩(forwarding, 수신자 쪽으로 패킷을 보내는 것을 의미하는 용어로서 '전달'이라고 부르기로 함)의 차이를 모르거나 혼동하는 경우가 많은데 라우팅 프로토콜에 대해서 알아보기 전에 먼저 라우팅(routing)과 포워딩(forwarding)의 차이부터 정의하고 이야기를 전개해 나가고자 한다.

두 개념의 차이를 간단히 말하면 라우팅은 경로를 탐색하는 작업이고 포워딩은 데이터그램을 목적지로 전달하는 작업이다. 그리고 데이터그램의 전달은 전달표(forwarding table)라고 부르는 표에 의거해서 이루어지는데 라우팅은 전달표를 만드는 과정에 해당한다. 그리고 이와 같은 라우팅과 전달을 수행하는 장비가 라우터(router)이다. 아래에서는 먼저 라우팅 프로토콜에 대해서 이야기를 한 후 전달에 대해서 이야기하기로 한다.

라우팅 프로토콜은 라우팅표(routing table)를 만들기 위한 사전작업이다. 그리고 라우팅표는 전달표를 만들기 위한 사전 작업이다. 아래의 표는 라우팅표와 전달표의 차이를 나타내고 있다.

[표 16.1] 라우팅표와 전달표의 비교

(가) 라우팅표

목적지 네트워크번호	다음 홉 주소
2	123.23.12.9

(나) 전달표

목적지 네트워크번호	출력 인터페이스번호	MAC주소
2	0	2:0:1c:e2:a:1:3

위의 표에서 보듯이 라우팅표는 데이터가 가고자 하는 네트워크(목적지 네트워크)의 번호(network number)와 그 네트워크로 가기 위한 라우터(이를 '다음 홉-next hop-'이라고 부름)의 주소를 표시하고 있다. 즉, 라우팅표는 패킷이 현재 위치한 라우터에서 볼 때

5) 필자는 가능하면 정보통신 용어를 우리나라 말로 표현하려고 노력하므로 우리나라 말로 '경로 탐색'이라고 쓰고 싶은 마음은 있으나 일반적인 관습이 이미 '라우팅'으로 굳어져 있어서 이 책에서도 그냥 '라우팅'이라고 쓰기로 한다.

수신단말 쪽으로 향하는 경로의 다음 번(next) 위치에 있는 노드(hop)의 IP 주소를 나타내는 것이 주된 목적이다.

반면에 전달표는 목적지 네트워크 번호와 패킷을 그 다음 노드로 전달하기 위한 네트워크의 출력 인터페이스 번호 그리고 그 인터페이스의 MAC 주소를 표시하고 있다. 따라서 라우팅표는 패킷의 전달을 위한 경로를 나타내는 논리적인 성격을 띠고 전달표는 실제로 패킷이 전달되는 물리적 경로의 성격을 띤다. 그러나 대부분의 경우 이들 두 표를 혼용해서 사용하고 있는데 라우팅표를 전달표라고 부르는 경우가 대부분이다.

라우팅 프로토콜에는 두 가지 종류가 있는데 하나는 도메인 내부에서의 라우팅 프로토콜(intra-domain routing protocol)이고 다른 하나는 서로 다른 도메인 간의 라우팅 프로토콜(inter-domain routing protocol)이다. 이들 두 라우팅 프로토콜을 분류하는 기준은 라우팅 프로토콜이 어느 한 도메인의 내부에서 작동하느냐 아니면 서로 다른 도메인 사이에서 작동하느냐이다. 단, 라우팅 도메인(routing domain)은 모든 라우터가 같은 관리 제어하에 있는 하나의 네트워크를 말한다. 따라서 도메인 내부 라우팅 프로토콜은 특정 통신회사의 네트워크 영역 내부에서 작동하는 라우팅 프로토콜이고 도메인 간 라우팅 프로토콜은 서로 다른 통신회사 간의 라우팅을 관장하는 프로토콜이다.

지금부터는 도메인 내부 라우팅 프로토콜을 중심으로 동작 원리에 대해서 알아보자. 라우팅 프로토콜은 네트워크의 내부에 있는 라우터 간에 패킷을 전송하는 경로를 정하는 것에 관심이 있으므로 인터넷 상에 연결된 호스트들은 관심의 대상이 되지 않고 오로지 라우터가 서로 연결된 네트워크 토폴러지를 기본으로 한다. 그래서 네트워크를 그래프로 나타내는데 라우터는 노드(node, 그래프 이론에서는 vertex라고 부름)로 링크는 에지(edge)로 표현한다. 아래의 그림과 같이 6개의 노드가 부분 그물(partial mesh)망으로 연결되어 있는 네트워크가 있다고 하자.

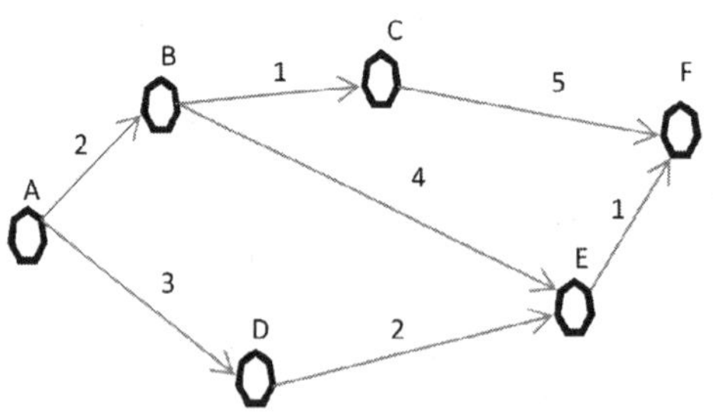

[그림 16.1] 네트워크 그래프의 예

그림에서 노드는 영어 알파벳으로 표기하였으며 에지의 위에 적힌 숫자는 그 링크의 비용(패킷이 그 링크를 통하여 전달되는데 소요되는 비용)을 나타내는 가중치(weight)이다. 가중치는 노드 간의 거리, 링크에서 사용 가능한 대역폭, 링크 상을 흐르는 트래픽의 양, 링크 상에서의 패킷 전달 비용 등 다양한 관점에서 정할 수 있는데 여기서는 그냥 패킷을 전달하는데 드는 비용이라고 생각하면 되겠다. 어떤 네트워크의 그래프에는 링크에 아무런 숫자가 적혀있지 않은 것도 있는데 이 경우에는 모든 링크의 가중치가 같다는 것을 의미한다. 여기서 라우팅 프로토콜이 해야 할 일은 네트워크의 모든 노드 간에 최소 비용(minimum cost)으로 패킷을 전달하기 위한 최적의 경로(optimal path)를 찾아내는 일이다.

라우팅 알고리즘에는 정적 라우팅 알고리즘(static routing algorithm)과 동적 라우팅 알고리즘(dynamic routing algorithm)이 있다. 정적 라우팅 알고리즘은 비실시간(off-line)에서 한 번 경로가 결정되면 그 이후로는 경로를 바꾸지 않는 것을 말한다. 즉, 정적 라우팅 알고리즘은 일단 두 노드 간에 패킷의 전달 경로가 정해지면 노드나 링크의 트래픽의 양이나 동작 상황에 관계 없이 패킷이 계속해서 그 경로를 따라서 전달되는 것이고 동적 라우팅 알고리즘은 네트워크의 상황에 따라서 동적(주기적 혹은 주문 기반)으로 경로를 결정하는 프로토콜이다. 따라서 정적 라우팅 알고리즘은 데이터의 전달을 중심으로 하는 컴퓨터 네트워크의 운용에 있어서 융통성과 효율성이 떨어지므로 거의 사용하지 않고 대부분의 상용 라우팅 알고리즘은 동적 라우팅 알고리즘을 사용한다. 아래에서 대표적인 동적 라우팅 알고리즘에 대해서 소개한다.

16.1 동적 라우팅 알고리즘

대표적인 동적 라우팅 알고리즘으로는 거리벡터 알고리즘과 링크상태 알고리즘이 있다. 아래에서 두 가지에 대해서 알아본다.

16.1.1 거리벡터 알고리즘

거리벡터(distance vector) 알고리즘은 인접하는 노드(라우터) 간에 거리 정보를 상호 교환하여 그 정보를 수신한 노드는 최소 거리를 가지는 경로를 목적지까지의 경로로 인식하는 알고리즘이다. 이 알고리즘은 개발자의 이름을 따서 벨만-포드 알고리즘(Bellman-Ford algorithm, 이하 BFA)이라고도 부른다. 아래의 그림을 보자. 모든 링크는 가중치가 같게 설정되어 있다고 가정하여 링크에 가중치를 기입하지 않았다(모든 링크의 가중치는 1로 가정). 이때 모든 노드에 대해서 최소 거리 경로를 결정하는 것이 이 알고리즘의 임무이다.

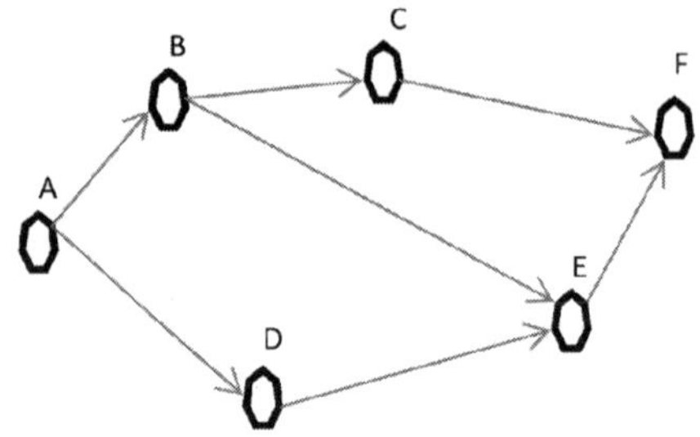

[그림 16.2] 가중치가 1인 네트워크 그래프의 예

BFA는 모든 노드에 대해서 각자 다른 모든 노드까지의 거리를 나타내는 벡터를 가지도록 하고 있다. 즉, 이 알고리즘은 중앙집중식 알고리즘이 아니고 분산 알고리즘(distributed algorithm)이다. 이를 위해서 우선 각 노드에 대해서 인접표(adjacency table)를 작성한다. 인접표란 자기 자신에 대해서는 0을 할당하고, 두 노드가 서로 인접하고 있으면 1, 그렇지 않으면 ∞를 할당한다. 아래의 표는 위의 그림에 대한 인접표이다.

[표 16.2] 그림 16.2에 대한 인접표

노드	각 노드까지의 거리					
	A	B	C	D	E	F
A	0	1	∞	1	∞	∞
B	1	0	1	∞	1	∞
C	∞	1	0	∞	∞	1
D	1	∞	∞	0	1	∞
E	∞	1	∞	1	0	1
F	∞	∞	1	∞	1	0

이번에는 위의 그림에서 각 노드에 대해서 라우팅표를 작성해야 하는데 노드 A와 노드 F 간에 존재하는 모든 노드에 대해서 경로를 탐색하기로 한다. 탐색의 첫 번째 단계는 네트워크의 가장 왼 쪽에 위치한 노드 A와 인접해 있는 노드 B 및 D까지의 거리를 아는 작업인데 작업의 결과는 다음과 같다.

[표 16.3] 노드 A에 대한 첫 번째 경로 탐색 후의 라우팅표

목적지	거리	다음 홉
B	1	B
C	∞	–
D	1	D
E	∞	–
F	∞	–

두 번째 탐색 단계에서는 노드 B 혹은 D 중에서 어느 노드든지 상관 없이 한 노드가 자신과 인접한 노드에 대해서 거리를 알고 있으므로 위의 표에서 얻은 것과 같은 방법으로 노드 B 및 노드 D 에 대한 라우팅표를 만들 수 있다. 그리고 위의 그래프에서 왼쪽에서 오른쪽으로 한 단계씩 나아가면서 맨 마지막 노드까지 이와 같은 작업을 반복하면 모든 노드가 자신과 인접 노드와의 거리에 대한 정보를 알게 된다. 모든 노드에 대해서 인접 노드와의 거리를 알게 되면 결과적으로 노드 A로부터 나머지 모든 목적지 노드로의 라우팅표는 다음과 같다.

[표 16.4] 노드 A로부터 모든 목적지 노드에 대한 라우팅표

목적지	비용	다음 홉
B	1	B
C	2	B
D	1	D
E	2	B, D
F	3	B, D

위의 표로부터 우리는 노드 A로 들어온 패킷이 노드 B로부터 F까지 가기 위한 최적 경로에 대한 비용 정보와 그 패킷이 지나갈 다음 노드가 무엇인지를 알 수 있다.

한편, 위의 표에서 노드 A와 노드 E(혹은 노드 F) 사이에는 2개의 경로가 존재하는데 실제로 네트워크에서 라우팅 프로토콜을 수행하면 패킷이 전송되는 경로는 하나 이상도 존재할 수 있다. 이와 같은 현상은 위에서와 같이 송수신 노드 간의 링크의 전체 비용 정보가 거리나 대역폭 등과 같이 정량적으로 정의되지 않고 노드를 하나 지날 때 비용이 1씩 증가하는 경우에 발생할 확률이 더욱 크다. 나중에 위와 같은 토폴러지에서 비용 정보를 달리 표현했을 때 어떤 결과가 나오는지 보일 예정이다.

위와 같은 방법으로 모든 노드가 자기 자신으로부터 인접하는 다른 노드까지의 비용 정보를 가지는 라우팅표를 얻게 되면 그 결과 우리가 알 수 있는 네트워크 전체의 비용 정보는 다음과 같다.

[표 16.5] 모든 노드에 대한 루트별 비용 정보

노드	각 노드까지의 거리					
	A	B	C	D	E	F
A	0	1	2	1	2	3
B	1	0	1	2	1	2
C	2	1	0	3	2	1
D	1	2	3	0	1	2
E	2	1	2	1	0	1
F	3	2	1	2	1	0

그러나 여기서 한 가지 알아 두어야 할 것은 이와 같은 표는 네트워크 내부의 어디에도 실제로는 존재하지 않는다는 것이다. 이것은 다만 우리가 이해를 돕기 위해서 가상적으로 만들어 본 것이다.

위에서 우리는 거리벡터 알고리즘을 이용하여 최소 거리 경로를 구하는 방법을 알았다. 그런데 네트워크의 상황이 늘 좋은 것만은 아니고 노드나 링크에 고장이 나거나 트래픽이 한 쪽으로 집중되어서 라우팅표를 새로 만들어야 할 때가 있을 것이다. 즉, 라우팅표를 재구성(renewal)해야 하는데 여기에도 크게 두 가지 방식이 있다.

하나는 주기적 재구성(periodic renewal)이고 다른 하나는 필요할 때 마다 재구성(triggered renewal)하는 것이다. 주기적 재구성은 일정한 시간마다 주기적으로 라우팅표를 재구성하는데 주기는 네트워크 운용자가 정할 수 있다. 그리고 필요가 있을 때마다 라우팅표를 재구성하는 방식은 네트워크의 어느 부분(링크 혹은 노드)에서 고장이 나거나 트래픽이 특정 경로로 비정상적으로 쏠리는 등 경로를 재구성해야 할 필요가 있으면 라우팅표를 재구성한다.

아래의 그림과 같이 노드 C와 노드 F 사이의 링크가 절단되면 어떻게 해야 할까?

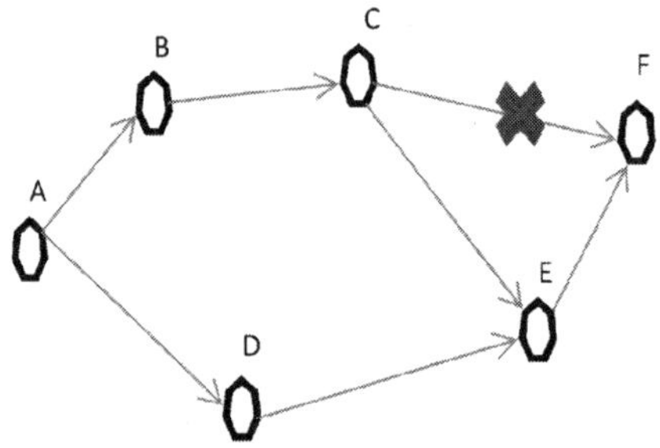

[그림 16.3] 네트워크의 링크 절단

이때에는 노드 C가 자신과 인접한 노드 F 간의 인접표를 1에서 ∞로 변경한다(노드 F도 노드 C 간의 인접표를 1에서 ∞로 변경). 그러면 이 정보가 그 앞에 있는 노드들로 전파되어서 그 링크를 통해서 목적지 경로를 탐색하던 노드들이 다른 노드를 통해서 경로를 설정해 나간다.

거리벡터 알고리즘의 한 가지 예로서 라우팅 정보 프로토콜(routing information protocol, 이하 RIP)을 소개한다. RIP는 가장 역사가 오래된 라우팅 알고리즘으로서 IETF RFC 1058로 표준화되었으며 주기적(30초 단위)으로 라우팅표를 갱신한다. 이 알고리즘은 IP 네트워크에서 가장 널리 사용되는 라우팅 프로토콜로서 프로토콜이 간단하다는 것이 가장 큰 장점이다.

RIP로 동작하는 라우터는 서로 인접한 라우터에게 자신을 통해서 다른 라우터로 데이터를 전달할 때 드는 비용을 주기적으로 가르쳐 준다. 여기서 비용 정보는 홉(hop)의 수이며 최적 경로(optimal route)는 홉의 수가 최소인 경로이다. 이를 위해서 라우터 간에 서로 정보를 교환하는 패킷이 필요한데 그것을 RIP 패킷이라고 한다.

RIP 패킷이 가지고 있는 정보는 네트워크의 주소와 다른 네트워크까지의 거리(홉의 수)인데 그 구조는 다음과 같다.

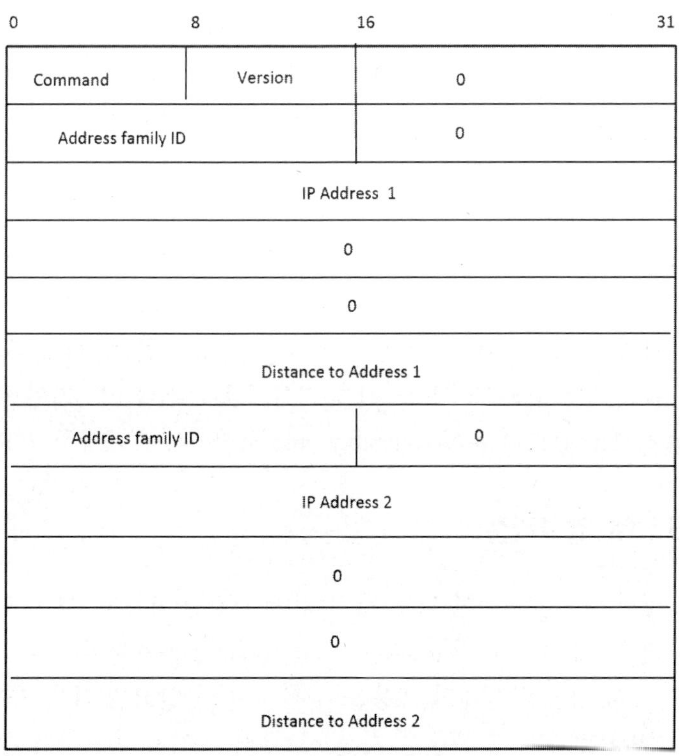

[그림 16.4] RIP 패킷의 프레임 구조

각 영역이 의미하는 바는 다음과 같다.

- Command는 그 패킷이 요구패킷인지 응답패킷인지를 나타낸다. 요구패킷은 라우터에게 라우팅표를 보내달라고 요구하는 메시지이고 응답패킷은 주기적으로 라우팅표를 갱신하거나 요구에 대한 응답을 하는 패킷이다. 요구메시지는 1, 응답메시지는 2이다.
- Version은 RIP프로토콜의 버전을 나타낸다. RIP는 1, RIP-2는 2이다.
- 0으로 표시되는 부분은 실제로는 사용하지 않는 영역인데 RIP의 초기 표준과의 후방호환성을 위해 준비한 것이다.
- Address family ID(AFI)는 RIP가 다양한 프로토콜의 라우팅 정보를 전송하기 위해서 고안된 것이어서 프로토콜에 의해서 정의되는 주소의 유형을 나타내기 위해서 마련된 것이다. 참고로 IP의 AFI는 2이다.
- IP address 는 IP주소와 그에 대한 거리정보를 기입하는 영역이다. 위의 그림에서는 단 두 개의 IP 주소에 대해서 거리정보를 나타내고 있는데 실제로는 최대 25개까지 기입 가능하다.
- Distance to address x 는 현재의 라우터에서 address x까지의 경로에 대한 거리이다.

RIP는 네트워크 내에서 송수신 노드 간의 최소 경로를 정할 때 패킷이 통과해야 하는 홉의 수로 계산하여 찾아내는데 최대 홉의 수의 기본값이 15로 설정되어 있는 것으로 봐서는 이 프로토콜이 규모가 그다지 크지 않는 네트워크에 적용되는 것을 가정한 것 같다. 사실 이 프로토콜을 대규모의 네트워크에서 사용하려면 네트워크 전체의 완벽한 거리 정보를 얻어야 하는데 그러려면 경로를 결정하는데 걸리는 시간(이를 수속시간-convergence time-이라고 부름)이 너무 길다. 그리고 또 모든 라우팅 정보를 모든 노드에게 알려주어야(브로드캐스트해야) 하므로 네트워크의 부하가 커지게 된다.

그러나, 실제로 이 프로토콜이 도메인 내부 라우팅 프로토콜로 사용된다는 점을 생각하면 하나의 네트워크 내에서 송수신 노드 간에 라우터를 15개나 지나가야 하는 경우는 거의 없다고 봐야 하므로 규모의 문제(scalability problem)는 사실 걱정할 필요가 없을 것이다.

16.1.2 링크상태 알고리즘

링크상태 알고리즘은 송수신 노드 간의 최단 경로를 결정할 때 링크의 상태와 비용을 기반으로 한다. 링크상태 라우팅(link state routing) 프로토콜은 네트워크 내부의 모든 링크에 대해서 링크의 상태와 비용을 사전에 미리 알고 있다는 가정으로부터 시작한다. 이를 기반으로 모든 노드들은 자신으로부터 목적지 노드까지 최단 경로가 무엇인지를 찾아나가는 작업을 수행한다.

링크상태 라우팅 프로토콜의 예로서 개방형 최단경로 우선(open shortest path first, 이하 OSPF) 알고리즘이 있다. 최단경로(shortest path)는 최소비용(minimum cost, minimum weight)을 가지는 경로로 결정된다. 이때 비용과 관련된 정보로서는 거리벡터 라우팅 알고리즘에서와 마찬가지로 경유해야 하는 네트워크의 수, 데이터 전달 시간, 사용 가능한 대역폭, 링크의 부하, 실제로 패킷을 전송하는데 드는 비용 등 다양한 파라미터를 기준으로 결정할 수 있다. 이와 같은 비용을 적절히 정의함으로써 네트워크는 특정 링크로 트래픽이 집중되는 현상을 예방할 수 있기에 이 문제는 네트워크 엔지니어링(network engineering)에 있어서 아주 중요한 문제이다.

최소비용의 경로를 찾기 위해서 각 라우터는 자신이 관리하는 인접 라우터 간의 링크상태를 알려주며 링크상태에 대하여 변화가 발생할 경우 그 정보가 점진적으로 다른 라우터로 전달된다. 또한 이 알고리즘이 제대로 동작하기 위해서는 링크의 상태를 모든 노드에게 신뢰성 있게 알리는 방법이 필요하고 또 그 정보로부터 최적의 경로를 계산하는 방법도 고안되어야 한다.

링크상태 라우팅 알고리즘의 특징은 비교적 빨리 경로를 탐색할 수 있다는 점과 경로 탐색에 소요되는 패킷의 양이 적다는 점, 그리고 동시에 둘 이상의 다중경로를 사용함으로써 부하를 분산시키고 오류로부터의 저항성(fault resistance)을 높일 수 있다는 것이다. 또한 네트워크의 토폴러지가 변경되었을 때나 링크의 절단 등 네트워크에 오류가 발생하였을 때 빨리 대응할 수 있다.

물론 이렇게 하기 위해서는 각 노드가 자신의 링크에 대한 비용정보를 담은 패킷을 인접하는 라우터에게 알려주어야 한다. 그로 인하여 각 노드가 가져야 할 정보가 꽤 많아야 될 것이고(단, 네트워크의 부하를 경감하기 위해서 비용정보는 일단 한 번 전송된 경우에는 그 뒤로 전송할 필요가 없고 정보가 네트워크 운영자에 의해서 수정되거나 어떠한 이유로 변경되는 경우에만 갱신시킴) 그에 따라서 네트워크의 규모가 커지면 그만큼 링크의 상태에 대한 경우의 수가 많아지므로 규모가 아주 큰 네트워크에서는 불리할 수도 있다. 또한 경로의 계산을 각 라우터에서 분산적으로 계산함에 따라서 데이터의 일관성(consistency)이 떨어질 가능성도 존재한다. 그리고 모든 라우터가 동일한 정보를 소유해야 하는 단점도 있다.

한편, 경로를 탐색하기 위해서 두 가지 작업이 필요한데 하나는 경로 계산(path computing)이고 다른 하나는 링크의 상태를 알리는 신뢰성 있는 전달 방식인 신뢰성 있는 쇄도(reliable flooding, 이하 RF)이다. 먼저 신뢰성 있는 쇄도를 위해서 각 노드는 링크상태 패킷(link state packet, 이하 LS 패킷)을 생성한다. LS 패킷은 주기적으로 생성하기도 하고 링크나 노드의 고장으로 인한 토폴러지 상의 변화가 일어나면 생성하기도 한다. 그리고 신뢰성 있는 쇄도를 위해서는 패킷의 순서 번호(sequence number) 및 잔여 수명(time to live) 정보가 필요하다. 경로 계산을 위해서 필요한 정보는 LS 패킷을 생성한 노드의 번호와 그 노드의 주변 노드에 대한 정보 및 비용 정보이다.

아래의 그림은 LS 패킷의 쇄도 과정을 나타낸 것이다. 먼저 노드 A는 자신의 거리 정보를 인접 노드인 노드 B와 노드 D에게 전달한다. 그러면 이들 두 노드는 자신이 정보를 받은 노드를 제외한 다른 인접 노드인 노드 C와 노드 E에게 자신과의 거리 정보를 전달하고 그 정보가 마지막으로 노드 F에게 전달됨으로써 네트워크 내의 모든 노드가 링크의 거리 정보를 가지게 된다.

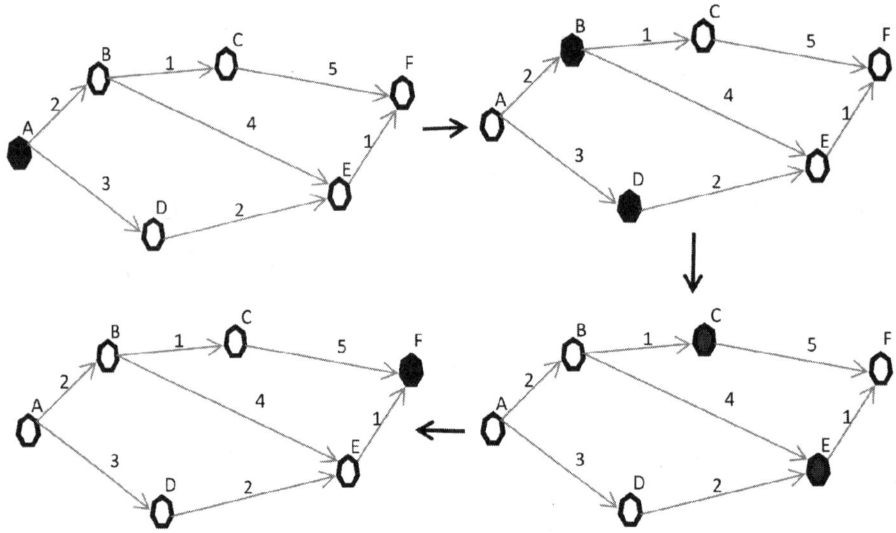

[그림 16.5] LS 패킷의 쇄도 과정

경로의 계산은 최단경로 알고리즘을 사용한다. 여기서는 최단경로 알고리즘 중에서 가장 널리 사용되는 딕스트라 알고리즘(Dijkstra algorithm)을 소개한다. 앞에서 가정했던 토폴러지에서 링크에 비용 정보를 가지는 네트워크를 가정한다.

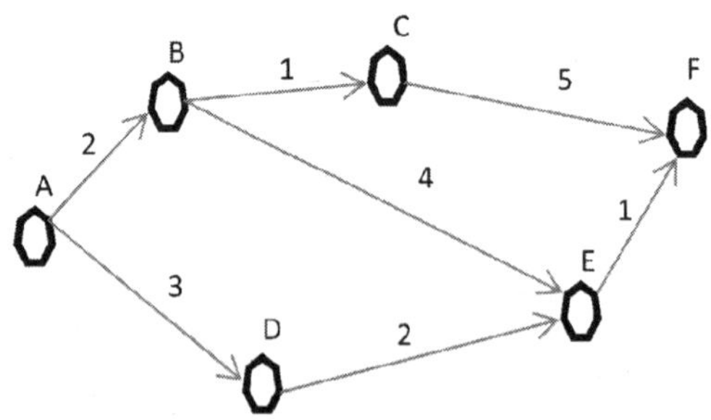

[그림 16.6] 링크 비용을 가진 네트워크

위의 그림에서 6 개의 노드가 그림에서와 같이 부분 그물망으로 연결되어 있다. 그리고 링크 상의 숫자는 그 링크를 통과하는데 필요한 비용이다. 최단경로 알고리즘을 이용한 경로 탐색은 아래의 표와 같다.

[표 16.6] 그림 16.5에 대한 경로 탐색

단계	탐색 노드	노드 A에서 다른 노드까지의 거리						노드 A에서 다른 노드까지의 경로
		A	B	C	D	E	F	
1	A	0	2	∞	3	∞	∞	A→B : fixed A→D : fixed
2	B	0	2	3	3	6	∞	-
3	D	0	2	3	3	5	∞	A→B→C : fixed A→D→E : fixed
4	C	0	2	3	3	5	8	-
5	E	0	2	3	3	5	6	-
6	F	0	2	3	3	5	6	A→D→E→F : fixed

여기서 한가지 알아둘 것은 네트워크에서 사용하는 라우팅 프로토콜에 따라서 데이터의 전달 경로가 달라진다는 것이다. 아래의 그림을 보자.

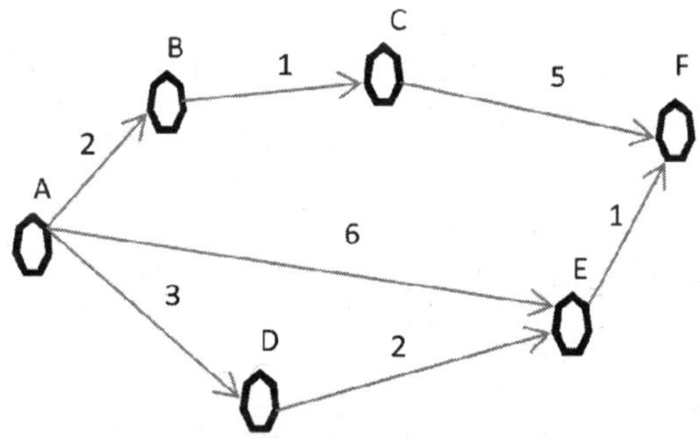

[그림 16.7] 어떤 네트워크 그래프

위의 그림에서 노드 A에서 노드 F로 가는 경로를 결정할 때 거리벡터 라우팅 프로토콜을 사용하여 경유하는 노드의 수를 비용으로 정했을 때는 노드 A에서 노드 F로 가는 최단 경로가 A→E→F(누적 홉 수=2)이다. 반면에 OSPF를 사용하는 링크상태 라우팅 프로토콜을 사용하면 노드 A에서 노드 F로 가는 최단 경로는 A→D→E→F (누적 비용=6)이다. 따라서 두 프로토콜은 각기 다른 경로를 최단경로로 지정한다.

최근에는 링크의 속도가 너무나 빨라서 사실 물리적인 전달 거리는 그다지 중요하지 않고 노드를 많이 거칠수록 노드에서의 데이터 처리 시간(패킷의 헤더를 읽고 버퍼에 저장하고 링크로 내보내는 모든 시간의 합)이 많이 걸리므로 경유하는 노드의 수가 적은 경로가 유리할 수도 있다. 그리고 대부분의 응용 프로그램이 필요로 하는 대역폭이 커지는 추세를 감안하면 앞으로는 홉의 수보다도 사용 가능한 대역폭이 큰 경로가 더 선호의 대상이 될지도 모른다.

16.2 데이터그램의 전달

지금부터는 IP네트워크에서 데이터그램을 전달하는 프로토콜(datagram forwarding protocol)에 대해서 알아보자. 데이터그램을 전달하는 방법은 라우터가 가지고 있는 라우팅표(routing table)에 의거한다. 라우팅표는 <network number, next hop>의 두 가지 정보를 가지고 있는데 데이터그램의 전달 원칙은 다음과 같다. 먼저 노드가 이전의 노드로부터 패킷을 받으면 헤더에 있는 목적지 주소를 분석한다.

① 목적지 주소(destination address)의 네트워크 주소(network number)가 라우터 자신의 인터페이스 주소(이 정보는 전달표에 있음) 중의 하나이면 패킷을 그 인터페이스로 전달한다.
② 목적지 주소의 네트워크 주소가 라우터 전달표에 있는 주소이면 그에 따라 패킷을 다음 홉 라우터로 전달한다.
③ 위의 두 가지에 해당하지 않으면 기본 라우터(default router)로 전달한다. 단, '기본 라우터로 전달한다'는 것은 그 패킷이 다른 도메인의 네트워크에 있다는 것을 의미한다.

우리가 앞에서 가정하였던 서로 다른 네트워크로 구성된 인터넷(아래의 그림 참조)에 대해서 위의 방법을 적용해보자.

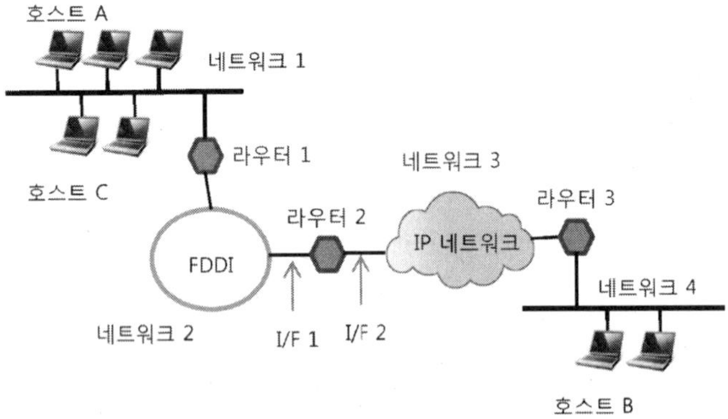

[그림 16.8] 인터 네트워크

① 호스트 A가 호스트 C에게 패킷을 보내는 경우 두 호스트는 같은 네트워크(네트워크 1) 내에 있으므로 그 패킷은 이더넷의 주소 해석방식을 이용해서 네트워크 1상으로 바로 전달되며 라우터 1은 송수신 호스트가 모두 자신의 포트에 연결되어있다고 인식하여 특별한 행동은 취하지 않는다. 다만, 네트워크 토폴로지가 이더넷이 아니고 스타라면 호스트 C에게 그 패킷을 전달한다.

② 호스트 A가 호스트 B에게 패킷을 보낸다고 가정하고 그 패킷이 라우터 2(R2)에 도달하였다고 하자. 그러면 라우터 2는 자신이 가지고 있는 라우팅표를 보고 그 패킷을 어디로 보내야 할지를 판단한다. 그런데 R2의 패킷 라우팅표는 아래의 표와 같으므로 그 패킷의 다음 홉은 라우터 3임을 알게 된다.

[표 16.7] R2의 패킷 라우팅표

네트워크번호	다음 홉
1	라우터1
2	I/F 1
3	I/F 2
4	라우터 3

IPv4는 라우팅 기능으로 유니캐스트(unicast), 브로드캐스트(broadcast), 지향 브로드캐스트(directed broadcast), 그리고 멀티캐스트(multicast) 등을 제공한다. 아래의 그림은 이와 같은 송신 방법에 대하여 IPv4를 기반으로 하는 네트워크의 라우팅의 예를 나타내고 있다.

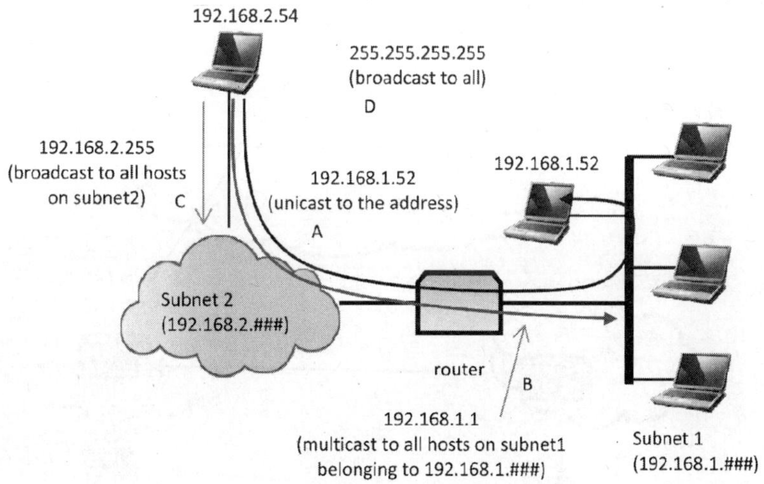

[그림 16.9] IPv4 라우팅의 예

위의 그림에서 네 가지 경우를 보이고 있는데 각 경우에 대해서 간단히 설명하면 다음과 같다.

① A: IP 주소가 192.168.2.54인 노드로부터 IP 주소가 192.168.1.52인 노드에게 유니캐스트

② B: IP 주소가 192.168.2.54인 노드로부터 서브넷 1 내에서 IP 주소가 192.168.1에 속한 노드들에게 멀티캐스트

③ C: IP 주소가 192.168.2.54인 노드로부터 IP 주소가 192.168.2.###인 서브넷 2에 속한 모든 노드들에게 브로드캐스트

④ D: IP 주소가 192.168.2.54인 노드로부터 모든 노드로 브로드캐스트

16.3 모바일 라우팅

지금까지 우리는 호스트가 유선 IP 네트워크에 접속하는 경우를 가정한 라우팅 프로토콜에 대해서 공부하였다. 그러나, 모바일 호스트(mobile host, MH)의 보급이 급증하면서 누구든지 스마트폰이나 노트북 등 모바일 단말로 인터넷에 접속할 수 있게 되었다. 따라서 지금부터는 모바일 호스트에 대한 라우팅 프로토콜에 대해서 알아보기로 한다. 먼저 모바일 호스트가 네트워크 상에서 움직일 때 어떤 일이 일어나는지 알아보기 위해서 아래와 같은 그림을 가정하자.

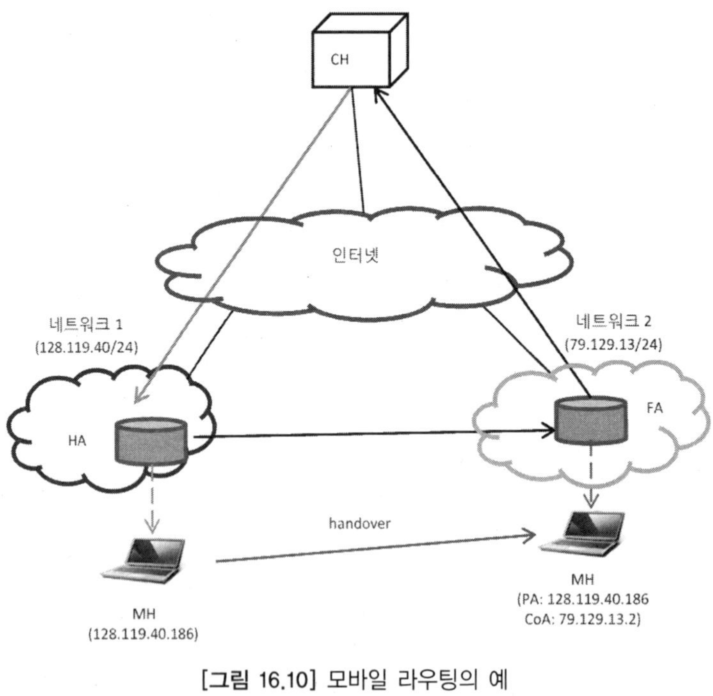

[그림 16.10] 모바일 라우팅의 예

그림에서 보는 바와 같이 어떤 MH가 네트워크 1에 무선으로 접속되어 인터넷의 다른 곳에 있는 호스트(그림에서 CH라고 표시한 노드로서 corresponding host-교신호스트-의 의미임)와 데이터를 주고받는다고 가정하자. 이때 네트워크 1을 우리가 주목하는 모바일 호스트의 정박 네트워크(home network)라고 부른다. 단, 이때의 정박 네트워크는 우리가 제2장에서 공부한 그 '홈네트워크'가 아니고 모바일 가입자가 머물러(정박하고, homing하고)있는 네트워크라는 의미에서 사용하는 용어이다.

일반적으로 모바일 단말(mobile terminal, 즉, mobile host를 의미)은 집 주소(home address)라고 부르는 IP 주소(위 그림에서 MH의 IP주소=128.119.40.186)를 가지고 있는데 이 주소는 모바일 단말이 정박하고 있는 네트워크(IP주소=128.119.40/24)에서 할당받은 주소이다. 이 주소는 모바일 단말이 한 번 할당받으면 그 후 계속해서 자신의 항구적 주소(permanent address, 이하 PA)로 사용한다. 이때 단말의 IP 주소에서 네트워크 주소 부분은 자신이 등록되어 있는 홈 에이전트(home agent, 이하 HA)의 주소를 사용한다. 따라서 모바일 호스트가 다른 호스트로부터 데이터를 받을 때는 항상 이 HA를 통해서 데이터를 받는다. 즉, 모바일 호스트가 인터넷에 접속하여 웹 검색을 할 때 모든 메시지는 이 HA를 통해서 주고받는다.

만약 네트워크 1에 접속해서 데이터를 주고받던 MH가 자기의 접속 영역에서 벗어나서 다른 곳(위 그림에서 네트워크 2)으로 움직였다(roaming)고 가정하자. 그런데 MH와 데이터를 주고받던 호스트 CH는 MH가 어디로 갔는지를 알지 못한다. 그래서 CH는 계속해서 MH의 예전 주소(128.119.40.186)로 패킷을 보내고 그 패킷은 HA에게로 도착한다.

그러면 다른 곳으로 움직인 MH는 데이터를 받을 수 없게 되므로 곤란한 일이 발생한다. 이를 해결하기 위해서 모바일 호스트는 네트워크 상에서 다른 곳으로 움직이면 반드시 자신이 움직인 곳의 방문지 에이전트(이를 foreign agent라고 부름, 이하 FA)에게 자신이 새로 그 영역에 도착했다는 신고를 해야 한다. 한편, HA와 FA는 주기적으로 AAM(agent advertising message)를 교환하면서 서로의 존재를 인식하고 있다.

MH가 로밍하면 다음의 절차에 의해서 주소를 새로이 할당받는다.

① MH가 FA에게 AAM 메시지를 요구한다. 이때 MH는 자신의 원래 주소(128.119.40.186)를 FA에게 가르쳐 준다.

② FA는 새로운 호스트가 자기의 영역 안으로 들어왔다고 판단하고 그 호스트가 속해 있던 HA에게 MH로부터 받은 AAM을 전달함과 동시에 그 정보를 MH에게도 전해준다.

③ FA는 새로 들어온 MH에게 CoA(care of address, 이것은 FA의 주소임-그림에서는 79.129.13.2)를 할당한다.

④ 이로써 로밍을 한 MH는 자신의 원래의 IP주소(128.119.40.186)와 새로이 로밍해서 받은 IP주소(79.129.13.2)를 가지게 되었다.

이렇게 해서 모바일 호스트의 이전 등록(roaming registration)은 끝난다. 이제는 HA가 다른 곳으로 옮겨 간 호스트(MH)에게 패킷을 전달하는 방법에 대해서 알아본다.

① 교신 호스트(CH) 로부터 다른 곳으로 가버린 호스트(MH)를 향한 패킷이 HA에 도착하면 HA는 프록시(proxy) ARP 프로토콜을 통해서 그 패킷에 당초의 주소 대신에 MH의 새로운 IP 주소(79.129.13.2)를 기입(이 과정을 encapsulate라고 부름)한 뒤 그 패킷을 FA에게 전송한다.
② FA는 CoA가 기입된 패킷을 해체하여(이것을 decapsulate라고 부름) 그에 매칭되는 PA 주소(즉 MH의 원래 주소인 128.119.40.186)로 그 패킷을 전달한다.

한편, MH가 원래의 접속 지점에서 다른 곳으로 이동(handover)한 경우 앞에서 설명한 절차에 따라서 등록을 마치고 나면 MH는 CH로부터 도착한 패킷에 대해서 응답 패킷을 보낼 때 처음 자신이 접속되어 있던 HA를 통해서 보내는 것이 아니라 바로 CH에게 패킷을 보낸다. 그런데 이때 MH는 여전히 자신의 PA(128.119.40.186)를 송신자 주소로 하는 ACK 패킷을 보내게 되는데 그러면 CH는 계속해서 예전의 주소(결국 HA에게)로 패킷을 보낸다. 그러면 HA는 또 앞에서 이야기한 과정을 반복해서 수행할 것이다. 즉, HA만 중간에서 바빠 죽게 생겼다. 이와 같은 문제를 삼각 라우팅 문제(triangle routing problem, 이하 TRP)라고 한다.

MH가 다른 곳으로 이동했다면 MH와 CH는 둘이 직접 패킷을 전송 해야지 이처럼 HA를 사이에 두고 삼각형 모양으로 패킷을 돌려받아서야 되겠는가? 이 문제를 해결하기 위한 방안이 CH에게 MH의 새로운 주소인 CoA를 알게 해주는 것이다.

이를 위해서 HA는 MH가 다른 네트워크로 이동한 후 앞에서 기술한 절차에 따라서 신규 등록을 마치면 CH에게 <MH의 PA, MH의 CoA > 정보가 담긴 메시지를 보낸다. 즉, CH가 그 동안 통신을 하던 MH가 다른 곳으로 이동했다는 것을 알려주는 것이다. 그러면 CH는 자기와 데이터를 주고 받던 MH가 다른 곳으로 옮겼다는 것을 알게 되고 그 후에 전송하는 패킷은 MH의 CoA로 주소를 바꿔서 전송하게 된다. 그러면 그 패킷은 MH가 있는 FA에게로 바로 전달되고 FA는 MH에게 전달해준다.

16.4 고찰 문제

1. 라우팅과 전달의 차이에 대해서 설명해보자.

2. 인트라 도메인 라우팅 프로토콜과 인터 도메인 라우팅 프로토콜의 차이는 무엇인가?

3. 거리벡터 라우팅 알고리즘의 동작 원리를 설명해보자.

4. 링크상태 라우팅 알고리즘의 동작 원리를 설명해보자.

5. 모바일 단말에 대한 라우팅 프로토콜의 특징은 무엇인가?

6. 모바일 라우팅 프로토콜에서 단말이 다른 영역으로 이동했을 때 패킷을 전달하는 알고리즘의 동작 원리를 설명해보자.

제17장 명시적 라우팅과 MPLS

명시적 라우팅(explicit routing)이란 IP 패킷을 전달하는 경로를 앞 장에서 소개한 IP 라우팅 프로토콜처럼 최단경로가 아니고 네트워크 운영자가 명시적으로 지정하여 그 루트를 통해서 패킷이 전달되도록 하는 기술이다.

한편 MPLS(multi-protocol label switching)란 '다중 프로토콜 레이블 교환'의 약어인데 다양한('다양한'을 multiple로 표기한 것에 의문이 들기는 하지만 당시 엔지니어들이 '여러 종류의'라는 뜻을 나타내려고 고민한 것 같음) 프로토콜 상에서 동작하는 네트워크에 대해서 하부계층(특히 L1 및 L2)의 프로토콜에 관계없이 패킷을 레이블(label)이라고 불리는 식별자(identifier)에 의거하여 교환하는 기술을 말한다. 그래서 이름에 다중 프로토콜(multi-protocol)과 레이블(label)이라는 단어가 들어 있다.

그런데 MPLS에서는 패킷의 전달경로를 네트워크 운용자가 명시적으로 지정할 수 있어서 MPLS를 이야기할 때 항상 등장하는 기술이 명시적 라우팅이며 기술자들 사이에서는 MPLS와 명시적 라우팅 프로토콜은 동의어(synonym)로 취급되기도 한다. 아래에서 명시적 라우팅에 대해서 간단히 소개한 뒤 MPLS에 대해서 자세히 알아보기로 한다.

17.1 명시적 라우팅

명시적 라우팅의 등장 배경은 IP 라우팅 프로토콜에 의거한 패킷 전송의 문제점 극복책으로 등장했다. 기존의 IP 라우팅 프로토콜이 네트워크의 동적 변화를 반영하는 점에서는 좋을지 모르나 전화나 비디오 전송 등과 같이 데이터의 양이 비교적 평활(smooth)한 트래픽을 고정적인 데이터율(constant bit rate)로 서비스하는 경우 등과 같이 서비스품질의 보장이 안정적이고 지속적으로 제공되어야 하는 서비스에게는 그다지 바람직한 방법이 아니다. 또 기존의 IP 라우팅 프로토콜을 사용할 경우에는 네트워크 운용자가 패킷을 특정 경로로 보내고 싶거나 송수신 노드 간에 빠르고 안정적으로 패킷이 전송될 수 있는 경로가 있음에도 불구하고 네트워크의 상태(최단 경로 등)에 따라서 결정되는 경로로 송신된다. 또 최근에는 인터넷 상에서 실시간 비디오나 게임 어플리케이션 등 지연에 아주 민감한 데이터의 전달이 많아지고 기업을 대상으로 VPN (virtual private network, 가상 사설망) 서비스를 제공하는 일이 흔한데 이와 같은 서비스품질 요구조건이 다른 어플리케이션의 등장은 당초 비실시간 데이터의 전달을 가정하여 개발된 IP 라우팅 프로토콜로는 도저히 고객이 요구하는 서비스품질을 보장할 수 없게 되었다. 그리고 지역에 따라서 특별한 이벤트가 일어나거나 트래픽이 특정 경로로 집중되는 경우 다른 경로에는 트래픽이 많이 흐르지 않음에도 불구하고 최단경로가 아니라는 이유로 부하의 불균형이 일어나는 경우도 흔하다.

이와 같은 문제를 해결하기 위해서 패킷을 전달하는 경로를 네트워크 운영자가 명시적으로 지정하여 네트워크의 상황에 영향을 받지 않고 고객에게 안정적인 서비스품질을 보장하고 트래픽 부하 불균형의 문제를 해소할 수 있게 되는데 명시적 라우팅을 위한 기술로 개발된 것이 MPLS이다.

17.2 MPLS

MPLS는 위에서도 이야기한 것처럼 OSI 7계층에서 네트워크 계층 아래의 프로토콜에 상관없이 패킷 전달 경로를 지정하는 기술로서 패킷 전달을 위한 동작 원리는 IP 프로토콜의 기본 원리와 같아서 주소 체계와 라우팅 기법으로 이루어져 있다. 단 MPLS가 IP 프로토콜과 다른 점은 라우팅(routing)과 패킷 전달(packet forwarding)이 분리되어 있다는 점이다.

MPLS의 특징은 크게 두 가지가 있는데 다음과 같다.

① MPLS에서는 레이블(label)이라는 20비트 길이의 지역적 식별자(local identification)를 사용하여 연결(flow)마다 레이블이 할당되고 라우터는 그 레이블에 의거하여 라우팅을 한다. 이와 같이 정해진 라우팅 경로를 레이블 교환 경로(label switched path, LSP)라고 부른다. 레이블은 가상 회선(virtual circuit)과 유사한 개념이다.

② MPLS에서는 패킷 전달 기능을 하드웨어적으로 구현해서 패킷의 전달 속도가 빠르다.

그럼 MPLS는 어떻게 생겨났을까? MPLS의 역사가 길지는 않은데 1996년에 네트워크 장비 업체인 Cascade Com, Cisco, IBM, Ipsilon, Toshiba 등의 회사가 공동으로 개발하였다. 즉 MPLS는 네트워크 장비 업체가 주도해서 개발한 것이다. 그 후 1997년에 인터넷 표준화 단체인 IETF에서 MPLS 작업 그룹(working group)을 만들어서 본격적인 표준화 자업을 벌였다.

MPLS는 아래에서 자세히 설명하겠지만 IP 데이터그램 전달의 융통성(flexibility)과 가상 회선(virtual circuit, VC)이 가지는 안정적인 경로의 장점을 살려서 IP 코어 네트워크(core network) 내에서 연결별로 서로 다른 라우팅 경로를 명시적으로 지정하여 가상 사설망과 같은 신뢰성 있는 패킷의 전달뿐만 아니라 서비스품질에 대한 차별화가 가능하다. 그래서 MPLS는 동작의 기본이 명시적 라우팅을 통한 목적지 기반 패킷 전달(destination-based packet forwarding)이다. 그리고 이와 같은 기능은 IP 네트워크 내에서 터널링(tunneling)을 통해서 구현된다.

MPLS에서는 패킷의 전달 경로를 사전에 미리 정해놓은 정책에 의거해서(policy-based) 정한다. 다음 그림을 보면서 설명하기로 한다.

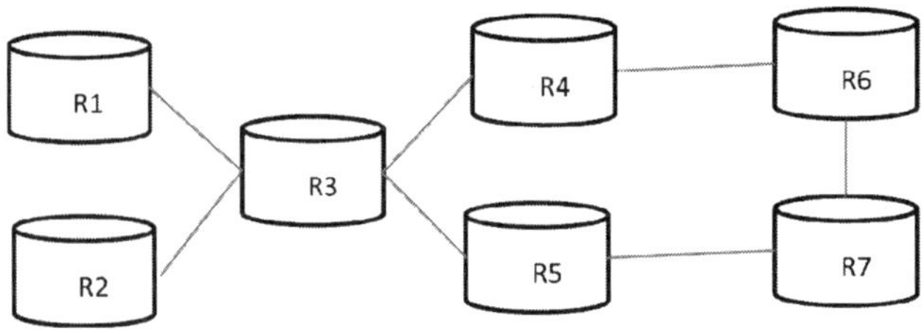

[그림 17.1] 물고기 네트워크

먼저 위와 같은 네트워크 구조를 물고기 네트워크(fish network)라고 하는데 그 이유는 네트워크의 모양에서 왼쪽이 꼬리이고 오른쪽이 몸통이라고 생각하면 마치 물고기처럼 생겼다고 해서 붙여진 이름이다.

위의 그림에서 R1과 R2가 동시에 R7에게 패킷을 보낸다고 가정하자. 이 때 링크의 가중치가 같다면 기존의 최단 경로 라우팅 알고리즘에 기반한 경로를 따를 경우 R1, R2 에서 R7으로 가는 패킷은 모두 R3와 R5를 거치는 아래쪽의 경로를 따라 전달될 것이다. 왜냐하면 이 경로가 패킷이 경유하는 홉의 수가 가장 작기(즉, 최단 경로이기) 때문이다.

그러나, R4와 R6으로 구성된 위쪽의 경로는 패킷이 지나가지 않고 그냥 쉬고 있다. 이와 같은 현상은 결국은 일부 라우터는 바쁘게 일을 하고 어떤 라우터는 좋은 위치(?) 덕분에 그냥 쉬고 있는 네트워크 내부의 트래픽의 부하 불균형(traffic load unbalancing)을 가져오게 된다. 이 문제를 해결할 수 있는 것이 MPLS이며 MPLS는 레이블 스위칭 기술을 기반으로 동작한다.

레이블 스위칭

MPLS가 동작하기 위해서 라우터는 특별한 기능을 가져야 하는데 그것이 바로 레이블 스위칭(label switching)이다. 레이블 스위칭은 범용 라우터에 추가적으로 레이블에 기반한 스위칭 기능을 부여한 것인데 이를 위해서 각 패킷에 대해서 레이블이라는 식별자(identification)를 추가로 부여한다. 그리고 이 레이블은 패킷의 헤더에 심헤더(shim header)라는 영역을 추가로 붙인 것인데 총 32비트의 길이를 가진다.

심헤더의 내역을 살펴보면 20비트의 레이블, 3비트의 Exp(experimental, 패킷에게 서비스 크래스를 부여하기 위함), 1비트의 stack(레이블을 여러 개 할당하는 경우에 최종 레이블에게는 1을 그 이전의 레이블에게는 0을 할당함), 8비트의 TTL(이 정보는 패킷의 잔여 수명 시간을 나타내는 것으로 IP 헤더의 정보를 복사해서 붙임)로 구성된다. 그리고 하나의 패킷에 레이블이 여러 개 붙는 경우를 가정하여 여러 개의 심헤더를 하나의 패킷에 붙일 수 있는데 이처럼 여러 개의 심헤더를 붙인 것을 스택(stack)이라고 부른다.

MPLS에서는 패킷이 네트워크 내부의 라우터를 통과할 때마다 레이블의 값을 바꾸는데 이것을 레이블 교환(label swapping)이라고 부른다. 그리고 레이블의 값이 각 노드에서 고정적으로 정의되고 패킷이 전달되는 경로가 레이블의 값의 교환에 의해서 정의되므로 송신노드에서 수신 노드까지의 단대단 경로(end-to-end path)는 첫 번째 노드에서 정해진 레이블의 값에 의해서 유일(unique)하게 결정된다. 이와 같은 경로를 레이블 교환 경로(label switched path, 이하 LSP)라고 부른다.

한편 라우터가 명시적 라우팅을 수행하기 위해서는 네트워크를 통과하는 패킷에게 위에서 정의한 LSP를 할당할 수 있어야 하는데 이러한 작업은 레이블 탐색표(label look-up table) 혹은 레이블 전달 정보 저장(label forwarding information base, 이하 LFIB)이라는 표를 통해서 정의된다. 이 표는 앞에서 일반적인 IP 라우팅 프로토콜에서 정의한 전달표와 같아서 LSP에서 다음 홉을 지정하는데 필요한 정보를 가지고 있다.

LFIB는 네트워크 운용자가 수동으로 정의하거나 레이블 분배 프로토콜(label distribution protocol, 이하 LDP)에 의해서 자동으로 정의될 수 있다. LFIB는 다음과 같이 패킷별로 라우터로 들어오고 나가는 인터페이스에 대해서 입출력 레이블을 할당하는 정보를 가진다.

{input interface, input label, output interface, output label}

MPLS에서는 라우팅에 관여하는 모든 라우터가 레이블 교환 기능을 가져야 하는데 그래서 이러한 라우터를 레이블 교환 라우터(label switched router, 이하 LSR)라고 부르며 가장 먼저 패킷을 접수하는 입력단 LSR에서 최종 목적지에 기반해서 패킷을 분류하고 LSP를 지정한다.

지금부터는 몇 가지 시나리오를 가정해서 MPLS에 기반한 패킷 전달 방법에 대해서 알아보자.

Case study

1. R1의 단말에 의해서 만들어진 패킷을 10.1.1/24와 10.2.2/24로 전달할 경우 아래의 그림을 보자.

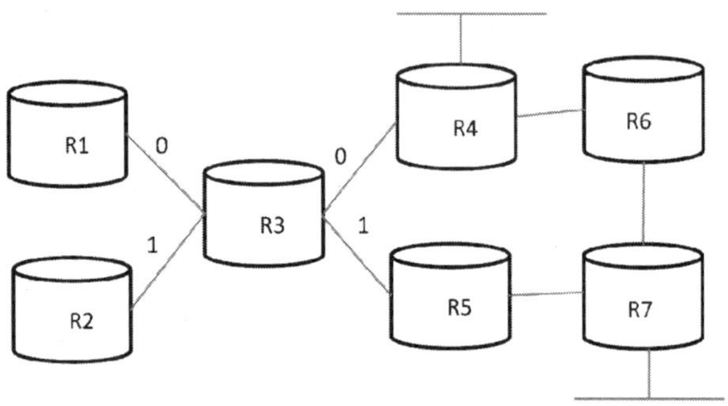

[그림 17.2] 네트워크의 예

MPLS가 동작하지 않는(기본적인 IP 라우팅 프로토콜로 동작하는) 네트워크에서는 라우터마다 목적지 네트워크 주소(prefix)에 적절한 출력 인터페이스(interface)의 번호를 지정하여 패킷이 목적지로 향하도록 한다. 위의 그림에서 R1에 접속된 단말에 의해서 만들어진 패킷이 R4에 연결된 네트워크 10.1.1/24와 R7에 연결된 네트워크 10.2.2/24로 전달되는 경우 그 패킷은 일단 R1에서는 둘 다 인터페이스 0을 통해 R3로 전달된다. 그 후 R3에서는 10.1.1/24로 향하는 패킷은 인터페이스 0으로 전달하고 10.2.2/24로 향하는 패킷은 인터페이스 1로 전달한다. 아래의 표 17-1과 17-2는 각 라우터에서 이와 같은 동작을 나타내는 전달표이다.

[표 17.1] R1의 전달표

prefix	interface
10.1.1	0
10.2.2	0

[표 17.2] R3의 전달표

prefix	interface
10.1.1	0
10.2.2	1

한편, 위의 그림에서 R1에 접속된 단말에 의해서 만들어진 패킷을 MPLS에 기반하여 전달하는 경우에 대해서 알아보자. 이 때 10.2.2/24로 향하는 패킷을 위의 네트워크에서 위쪽 경로(R4→R6→R7)를 통해서 전달하고 싶을 경우에는 R3에서 패킷 전달표를 작성할 때 10.2.2/24로 향하는 패킷을 인터페이스 0으로 나가도록 명시한다. 아래의 표는 이와 같은 동작을 나타내는 전달표이다.

[표 17.3] R3의 전달표

prefix	interface
10.1.1	0
10.2.2	0

이때 MPLS가 장착된 라우터에서는 R3의 LFIB를 다음과 같이 작성한다.

[표 17.4] R3의 LFIB

input interface	input label	output interface	output label
0	11	0	21
0	12	0	21

위의 표를 보면 기존의 일반적인 라우팅에서 관리하는 IP 주소는 사라지고 없고 오직 인터페이스 번호와 레이블(label)이라는 항목만으로 전달표가 구성된다. 즉, 10.1.1을 목적지로 하는 패킷에는 11의 레이블을 붙이고 10.2.2를 목적지로 하는 패킷에는 12의 레이블이 붙여져 있다(저자 주: 레이블은 연결마다 유일하게 지정됨). 그리고 R3는 각 패킷에 대해서 새로운 레이블(이 경우에는 21)을 할당하고 이 사실을 이전의 라우터(R1)에게 알려준다. 그러면 R1은 원격 레이블(remote label)이라는 항목으로 할당된 레이블을 지정한다. 즉 R1의 전달표를 다음과 같이 바꾼다.

[표 17.5] R1의 변화된 전달표

prefix	remote label	interface
10.1.1	11	0
10.2.2	12	0

2. R1의 단말에 의해서 만들어진 패킷을 R3에서 R4 및 R5로 각기 다른 경로를 통해 전달하는 경우

이번에는 R3에서 R4 및 R7로 전달될 패킷이 각기 다른 경로를 통해 전달되는 경우에 대해서 알아보자. 즉, R4로 전달될 패킷은 위의 경로를 취하고 R7로 전달될 패킷은 아래의 경로를 따르도록 경로를 지정하려고 한다. 이 경우에 레이블의 전달을 위해서 R4 및 R7은 다시 새로운 레이블을 할당하는데 10.1.1을 목적지로 하는 패킷과 10.2.2를 목적지로 하는 패킷에 각각 21과 31을 할당했다고 하자. 그러면 이 레이블이 R3에 전달되고 R3의 전달표는 다음과 같이 갱신된다.

[표 17.6] R3의 갱신된 전달표

prefix	label	interface	remote label
10.1.1	11	0	21
10.2.2	12	1	31

그리고 난 뒤 해당 라우터(R3)는 이 레이블에 의거하여 패킷을 목적지로 향하는 다음 노드(R4 및 R5)로 전송한다.

3. 두 라우터로 들어온 패킷을 하나의 라우터로 다중화하는 경우

앞의 경우에서는 하나의 노드 R1으로부터 R4 및 R7의 각기 다른 수신자 노드 간에 서로 다른 경로를 따르는 명시적 라우팅을 소개하였는데 어떤 경우에는 두 라우터로 들어온 패킷을 하나의 라우터로 다중화하려는 경우도 있을 것이다. 이런 경우에도 LSP를 지정함으로써 경로를 명시적으로 지정할 수 있는데 앞의 그림에서 R1 및 R2에 연결된 단말로부터 네트워크로 들어온 패킷을 R3에서 다중화해서 위쪽의 경로(R4 → R6)를 통해서 R7로 전달하는 경우를 예로 들자. 이 경우는 앞에서 예로 들었던 R1과 R2로부터 생성된 패킷을 위쪽의 경로(R4 → R6)를 통해서 R7으로 전달하려는 경우에 해당되는 상황이다. 이때는 R3의 LFIB를 다음과 같이 바꾸면 된다.

[표 17.7] R3의 LFIB

input interface	input label	output interface	output label
0	11	0	21
1	12	0	21

4. R1/R2에서 만들어진 패킷을 R4와 R6를 통하여 각기 R8과 R9로 보낼 경우

이번에는 각기 서로 다른 입력 LSR로 들어온 패킷이 네트워크 내부에서의 전달을 거친 후 각기 서로 다른 출력 LSR로 분기되어 나가는 경우를 예로 들어보자. 이를 위해서 이번에는 앞에서 예로 들었던 토폴러지보다 조금 더 복잡해진 경우인 다음 그림을 예로 들자.

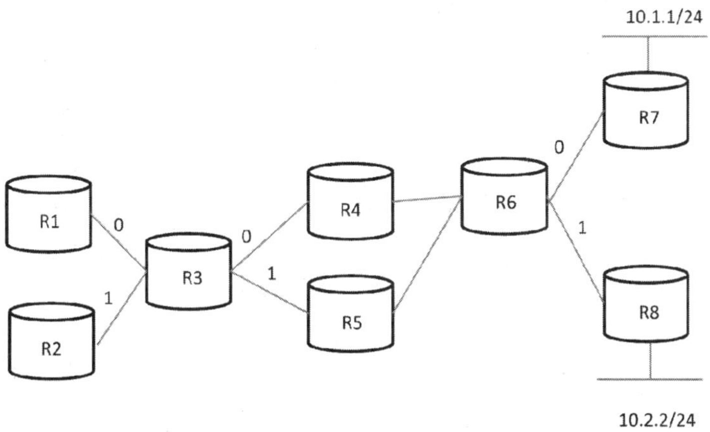

[그림 17.3] 더듬이를 가진 곤충 모양의 네트워크

위의 그림에서 R1과 R2로 들어온 패킷이 각각 R7과 R8에 연결된 단말로 전달되어야 하는 경우에 기존의 IP 라우팅 프로토콜을 채용하면 R3에서 위쪽의 경로인(R4 → R6)를 거칠 수도 있고 아래의 경로인(R5 → R6)을 거쳐서 갈 수도 있다. 왜냐하면 어느 경로든 거치는 홉의 수가 같기 때문이다.

그런데 R5에 다른 곳으로부터 들어온 트래픽으로 인해서 이미 링크의 부하가 높거나 부하 분산(load balancing)의 의미에서 네트워크 운영자가 위의 경로로 터널을 설정하여 패킷을 보내고자 하는 경우가 있다. 이 경우에 LFIB를 작성하는 방법을 소개한다. 이해를 쉽게 하기 위하여 정해진 경로(위의 경로)를 통과하는 라우터들로만 구성된 경로 그래프를 그려보면 다음과 같다.

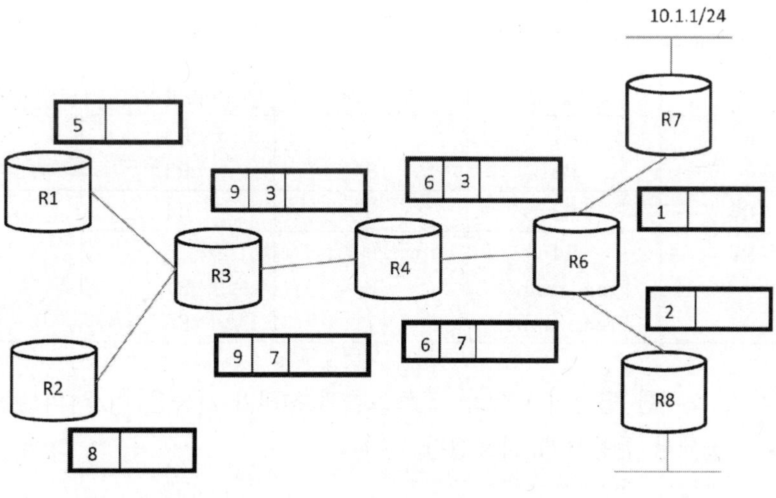

[그림 17.4] 명시적 라우팅 경로 상의 노드 구성

위의 그림에서 각 라우터의 약간 오른쪽에 나타낸 것이 레이블이 부착된 패킷이다.

① R1에서는 10.1.1/24로 향하는 패킷에 5라는 레이블을 부착했고 R2에서 10.2.2/24로 향하는 패킷에 8의 레이블을 붙였다.

② R1과 R2의 두 라우터로부터 나오는 모든 패킷은 R3로 들어간 후 (R3→R4→R6)를 따르는 공통의 경로를 통과하게 되는데 이 구간이 터널(tunnel)이 설정된 구간이다. 따라서 이 구간을 통과하는 동안 이들 패킷은 같은 링크를 사용하게 되므로 이 터널을 지정하는 또 다른 레이블을 할당하는데 우선 R3와 R4 사이의 링크를 통과할 때 할당받은 것이 9번 레이블이다.

③ 한편, 서로 다른 플로우로부터의 패킷이 동일한 터널 내를 통과할 때 공통의 터널 레이블 이외에 추가로 플로우별로 별개의 레이블을 배정받는데 R1 및 R2로부터의 패킷에 대해서 각각 3과 7의 레이블을 할당하였다. 그리고 이제부터는 터널을 빠져나갈 때까지 이 레이블은 변하지 않는다.

④ 패킷이 R4에 도착하면 앞에서 할당받은 터널 레이블인 9가 6이라는 새로운 터널 레이블로 바뀐다.

⑤ 패킷이 R6에 도달하면 패킷은 R7과 R8로 각기 다른 경로로 전달되어야 하는데 이때 터널에 대한 레이블은 떼어내서 버리고(이를 pop이라고 함) 하나의 레이블만 남게 되는데 R7로 향하는 패킷은 레이블 1을 할당 받고 R8로 향하는 패킷은 레이블 2를 할당받았다.

결국 R1과 R2를 출발한 패킷은 R3에서 R6 사이의 터널을 통과 한 후 R7과 R8에 무사히 도착하게 된다. 이를 위해서 각 LSR은 LFIB를 관리하여야 하는데 다음과 같다.

[표 17.8] 경유 노드에서의 LFIB의 정보

LSR	input I/F	input label	output I/F	output label
R3	R1	5	R3	9,3
	R2	8	R3	9,7
R4	R3	9	R4	6
R6	R4	6	-	-
	From tunnel	3	R7	1
	From tunnel	7	R8	2

지금까지 소개한 명시적 라우팅 프로토콜과 MPLS 기능은 이 책의 뒤에서 소개될 IP-VPN 기술에서 유용하게 사용된다.

17.3 고찰 문제

1. 명시적 라우팅 프로토콜이 등장한 배경은 무엇이며 동작 원리는 무엇인가?

2. MPLS란 무엇인지 간단히 정의해보자.

3. 레이블 스위칭 기술의 개념에 대해서 설명해보자.

4. LSP의 개념에 대해서 설명해보자.

제18장 멀티캐스트

지금까지 우리는 고객이 인터넷 상에 존재하는 웹사이트에 접속하여 데이터를 검색(web browsing)하거나 두 호스트 간에 파일을 주고 받는(file transfer) 등 송수신자 간에 일대일(point-to-point)로 데이터를 전송하는 네트워크 환경에 대해서 공부했다. 그런데 최근에 들어서 네트워크의 대역폭이 증가하고 네트워크 장비의 고도화와 고객 단말의 지능화로 인하여 인터넷 상에서 같은 내용의 데이터를 여러 명의 고객에게 전송하는 서비스에 대한 수요가 급격히 늘고 있다.

이와 같은 서비스는 다양한 종류가 있는데 아래와 같이 크게 세 가지로 분류된다.

① 데이터 공유 애플리케이션(shared data application): 오디오/비디오 회의(audio/video conferencing), 원격 교육(remote distance learning), 다자간 화상 회의(multi-person video conference) 등

② 스트리밍 미디어(streaming media): 주문형 비디오(video on demand, 이하 VoD), 인터넷 TV(IPTV) 등

③ 기타: 소프트웨어의 업그레이드를 위한 대량 데이터 전송(bulk data transfer)이나 웹 캐시의 업그레이드(web cache upgrading), 다자간 게임(multiplayer gaming) 등

이상에서 보인 서비스에서 같은 내용의 데이터를 여러 명의 고객에게 전송하는 방법으로는 세 가지가 있는데 유니캐스트(unicast), 브로드캐스트(broadcast), 그리고 멀티캐스트(multicast)이다.

먼저 고객의 수가 많지 않고 일회적인 데이터의 전송이라면 유니캐스트를 써서 보내는 것도 고려해 볼 만하다. 그런데 고객의 수가 상당한 규모라면 유니캐스트는 네트워크 내에 많은 트래픽을 유발할 수 있으므로 그다지 효율적이지 못하다. 이 경우에는 브로드캐스트나 멀티캐스트를 사용할 필요가 있는데 그 중에서 브로드캐스트는 네트워크에 연결되어 있는 모든 고객에게 데이터를 전송하는 것이고 멀티캐스트는 가입자 인증 절차나 요금제 가입 등 네트워크 사업자와의 계약에 의하여 지정된 특정한 그룹에 속한 고객에게만 같은 내용의 데이터를 전송하는 기술이다. 그런데 브로드캐스트와 멀티캐스트는 이처럼 데이터를 받는 사람의 범위만 다를 뿐 실제로 네트워크에서 데이터가 전송되는 방법은 거의 같다. 따라서 여기서는 멀티캐스트에 대해서 알아본다.

18.1 멀티캐스트

멀티캐스트 서비스의 유형으로는 일대다(one-to-many) 통신과 다대다(many-to-many) 통신이 있는데, 앞의 예는 인터넷 라디오 방송, IPTV, 소프트웨어 업데이트 등이 있으며 뒤의 예로는 원격 오디오/비디오 회의(audio/video teleconference), 온라인 멀티플레이어 게임(online multiplayer game), 분산 시뮬레이션(distributed simulation) 등이 있다.

일반적으로 다자간 화상 회의(multi-person video conference)는 멀리 떨어진 여러 명의 사람이 회의를 할 경우 서로 왕래하는 비용(시간적 및 물질적 비용)을 절약하고자 이미 30여년 전부터 알려진 기술로서 기업에서 주로 사용하는 서비스이다. 이때 회의의 내용을 모든 사람이 공유해야 하므로 같은 내용의 비디오 화면을 동시에 여러 곳에 흩어져 있는 회의 참가자에게 멀티캐스트할 필요가 있다. 그리고 IPTV와 같이 여러 곳에 흩어져 있는 고객이 동일한 TV 콘텐츠에 접속하여 실시간으로 프로그램을 시청하는 경우에도 해당 고객에게 같은 내용의 데이터를 전송해야 한다. 또 기업에서 외부에 알려지면 곤란한 비밀스러운 내용이 담긴 파일을 여러 곳에 분산되어 있는 회사의 구성원들에게 전송하려고 할 때나 저작권이 담긴 멀티미디어 콘텐츠를 특정한 가입자에게만 전송해야 하는 경우도 있다.

이처럼 같은 내용의 데이터를 여러 명의 고객에게 일대일로 전송(unicast)하려면 전국 규모의 네트워크를 운용하는 통신사업자로서는 엄청난 양의 트래픽을 네트워크에게 부과하는 결과를 가져오므로 효율면에서 적당하지 않다. 즉, 화상회의 고객이나 콘텐츠 사업자(contents provider) 혹은 기업 고객으로부터 받은 같은 내용의 데이터를 동시에 여러 명의 가입자에게 전송할 때 통신사업자(internet service provider, 이하 ISP)는 자신의 네트워크 내에서 가장 효율적인 방법으로 데이터를 고객까지 전송하는 방법을 강구해야 한다. 이와 같은 경우에 사용하는 방법이 멀티캐스트이다.

멀티캐스트는 인증(authentication) 절차를 통하여 사전에 등록된 폐쇄된 고객그룹(closed user group)에게만 데이터를 전송하는 기술이다. 멀티캐스트는 크게 세 가지 계층에서 정의할 수 있는데 응용계층, 네트워크계층, 그리고 물리계층이다.

응용계층의 멀티캐스트

응용계층(application layer)의 멀티캐스트는 같은 내용의 콘텐츠나 데이터를 특정 그룹에 속한 고객에게 송수신자 간에 일대일 연결을 통해서 전송하는 방식이다. 우리가 하나의 이메일을 동시에 여러 명에게 전송한다면(가령, 동호회 모임의 안내 등) 이것이 바로 응용계층의 멀티캐스트에 해당한다.

그런데 이 방식은 고객에게 데이터를 전송하는 방법이 유니캐스트를 사용하므로 사실 멀티캐스트라고 할 수 없으나 같은 내용의 데이터를 여러 명의 고객에게 전송하므로 어쨌든 멀티캐스트에 속한다. 그러나 이 방법의 문제는 네트워크의 효율이 낮다는 것이다.

네트워크계층의 멀티캐스트

네트워크계층(network layer)의 멀티캐스트는 네트워크계층의 인터넷 프로토콜인 라우팅 기술을 이용하여 동시에 여러 명에게 보낼 데이터를 송신측에서 단 한번만 전송한 후 적절한 위치에서 패킷을 복사해서 해당 고객에게 배포함으로써 같은 내용의 데이터를 전송할 수 있도록 하는 기술이다. 이 기술이 일반적으로 멀티캐스트라고 부르는 기술이다.

네트워크계층의 멀티캐스트에서는 서로 다른 장소에 있는 고객에게 같은 패킷을 보내기 위해서 처음 송신호스트가 보낸 패킷을 네트워크의 어디에선가 복제하여 고객이 위치한 각기 다른 경로로 데이터를 전달한다. 그렇게 함으로써 전체적으로 네트워크를 통해 흐르는 트래픽의 양을 줄일 수 있다. 패킷을 복사를 하는 장소나 서버를 설치하는 위치에 대한 자세한 내용은 이 책의 범위를 벗어나므로 관심이 있는 사람은 저자의 논문 [Lee09]를 참고하기 바란다.

물리계층의 멀티캐스트

물리계층(physical layer)의 멀티캐스트는 특별한 기술 없이 같은 내용의 데이터가 단순히 물리적 링크를 따라서 해당 호스트에게 전달되는 방식인데 이더넷 랜에서의 데이터 전달 방식이 바로 이에 해당한다. 그러나, 네트워크의 규모가 랜이 수용할 수 있는 크기를 벗어나는 경우에는 이 방식을 사용하는데에 여러가지 제약이 따른다.

위에서 다룬 세 가지 멀티캐스트 기술 가운데 진정한 의미에서 멀티캐스트에 해당하고 또 네트워크에 가장 중요하고도 정교한 기술을 요구하는 방식은 네트워크계층의 멀티캐스트이므로 지금부터는 이에 대해서 집중해서 알아보기로 한다.

18.1.1 멀티캐스트의 개요

그러면 멀티캐스트는 어떻게 이루어지는지 알아보자. 먼저 송신자가 위치한 장소에서부터 모든 단말에게 각각 패킷을 보내는 방법이 있다. 그런데 이것은 앞에서도 이야기했듯이 효율적이지 못하다. 가령 창원의 어떤 아파트 단지에 사는 주민 100명이 같은 인터넷 서비스 회사의 IPTV에 가입된 고객이라고 하고 이들이 최근에 출시된 비디오를 동시에 본다고 하자. 이때 이 회사의 비디오 서버가 서울에 위치해 있다고 하자. 이 경우 이 회사에서 100명의 주민 각각에게 같은 비디오를 따로 보낸다면 서울에서 창원까지 100편의 비디오를 각각 전송해야 하는데 이래서야 비효율적이지 않겠는가?

이 문제를 해결하기 위해서 서울에 있는 인터넷 서비스 회사는 한 편의 비디오를 창원의 지점으로 보내고 창원의 지점에서 고객이 살고 있는 각 아파트 단지로 그 비디오를 멀티캐스트로 전달하면 더 효율적일 것이다.

그러면 이 회사는 어떻게 비디오를 전달할까? 먼저 송신자는 멀티캐스트 주소(인터넷 서비스 회사의 창원 지점의 IP 주소)로 하나의 비디오 데이터를 보낸다. 그러면 창원 지점에서는 그 패킷을 받아서 고객이 위치한 아파트 주민의 IP 주소로 동시에 전송한다.

인터넷에서 멀티캐스트를 수행하기 위해서 핵심적인 기능은 두 가지인데 하나는 멀티캐스트 패킷을 받을 수신자에게 주소를 할당하는 것이고 다른 하나는 멀티캐스트 서비스를 받을 고객에 대한 그룹 관리(multicast service group management)이다.

멀티캐스트 주소 체계는 IP의 버전에 따라 다른데 아래에 간단히 요약하였다.

① IPv4에서는 앞에서 소개한 IP 주소 체계에서 클래스 D 주소 체계를 사용한다. 즉, 총 32비트의 주소영역 중에서 맨 앞의 4비트는 1110이고 나머지 28비트를 그룹 식별자(ID)로 사용한다.

② IPv6에서는 총 128비트의 긴 주소영역 중에서 8비트(모두 1)는 멀티캐스트 인식용 prefix, 4비트는 flag(주소할당을 영원히 또는 아닌지를 나타냄), 4비트는 scope(주소 적용 영역으로서 단일 subnetwork인지 글로벌네트워크인지를 나타냄), 그리고 나머지 112비트는 그룹 ID로 사용한다.

한편 멀티캐스트 그룹(multicast group)을 만드는 과정은 두 가지 단계가 필요하다. 하나는 고객의 호스트가 자신이 접속되어 있는 라우터를 통해서 멀티캐스트 그룹에 가입하는 것이고 다른 하나는 고객을 수용하는 라우터가 멀티캐스트를 주관하는 라우터(local multicast router) 의 멀티캐스트 그룹에 가입하는 것이다. 이 작업은 멀티캐스트 프로토콜을 통해서 수행된다.

18.1.2 멀티캐스트 프로토콜

IP 네트워크 상에서 네트워크계층의 멀티캐스트를 위한 프로토콜은 IGMP(Internet group management protocol)와 멀티캐스트 라우팅 프로토콜로 구성된다. IGMP는 고객의 호스트와 지역에 위치한 멀티캐스트 라우터 간에 멀티캐스트 그룹 가입을 위한 프로토콜이다. 그리고 지역의 멀티캐스트 라우터와 원격의 멀티캐스트 라우터 간은

PIM(protocol independent multicast)이라고 불리는 멀티캐스트 라우팅 프로토콜을 사용하여 멀티캐스트 서버에서 복수의 멀티캐스트 고객으로 향하는 데이터를 전송한다.

먼저 IGMP에 대해서 간단히 소개하고 이어서 실질적인 멀티캐스트라우팅 프로토콜인 PIM에 대해서 섹션을 달리해서 자세히 다루기로 한다.

IGMP

IGMP는 호스트가 자신이 접속된 라우터에게 자신의 응용 프로그램(application program)이 멀티캐스트 그룹에 가입하기를 원한다는 메시지를 전달하는 기능을 가지고 있다. IGMP는 IETF RFC 3376으로 규정되어 있다. IGMP의 메시지는 세 가지 유형이 있는데 각 유형의 메시지의 기능은 아래와 같다.

① Membership_query: 이 메시지는 라우터가 자신이 관리하고 있는 호스트에게 특정 멀티캐스트 그룹에 가입할 의사가 있는지를 묻는 메시지이다. 단, 경우에 따라서는 호스트가 자발적으로 이 메시지를 발생시켜서 라우터에게로 보냄으로써 멀티캐스트 그룹에 가입할 수도 있다.

② Membership_report: 이 메시지는 Membership_query 메시지에 대한 응답으로서 호스트가 라우터에게 보내는 메시지이다.

③ Leave_group: 이 메시지는 호스트가 라우터에게 자신이 더 이상 멀티캐스트 그룹에 가입하고 싶지 않아서 탈퇴하겠다는 의사를 전하는 메시지이다. 이 메시지는 선택사항(option)이다. 일반적으로 라우터는 주기적으로 Membership_query 메시지를 호스트에게 보내서 멀티캐스트 그룹에 가입할지를 묻는데, 호스트로부터 일정 시간(time out)이 지나도 답이 없으면 가입할 의사가 없는 것으로 간주하고 자동적으로 가입된 그룹에서 제외시킨다. 이것을 부드러운 상태(soft state)라고 부른다.

IGMP의 동작 원리는 비교적 간단한데 절차는 다음과 같다.

① 고객에 인접한 멀티캐스트 기능을 가진 라우터가 멀티캐스트 그룹에 가입할 의향이 있는지를 묻는 Membership_query 메시지를 모든 호스트에게 브로드캐스트로 보낸다.

② Membership_query 메시지를 받은 호스트는 자신이 멀티캐스트 그룹에 가입하고 싶은지 아닌지 의향을 담은 메시지(Membership_report)를 라우터에게 보낸다.

③ 라우터는 가입을 원하는 고객만 모아서 멀티캐스트 그룹을 만든다. 그리고 라우터는 호스트들이 어느 그룹에 속해 있는지를 정기적인 질의를 하거나 변화가 생긴 호스트가 라우터에게 그 사실을 알려서 그룹 정보는 계속 갱신될 수 있다.

④ 그 후 라우터는 인접 라우터에게 변화된 정보를 전파한다.

IGMP는 IPv4에서 동작하며 IPv6에서는 ICMPv6(Internet Control Message Protocol version 6) 메시징을 사용하는 멀티캐스트 청취자 탐색(multicast listener discovery)이라는 방법을 사용한다.

18.2 멀티캐스트 라우팅 프로토콜

IP 네트워크에서 멀티캐스트 라우팅을 수행할 때 가장 기본적인 원칙은 패킷을 원하는 호스트에게만 보낸다는 것이다. 그리고 모든 라우터가 멀티캐스트 그룹에 가입된 호스트를 가지고 있지는 않으므로 가능하면 멀티캐스트 그룹에 가입한 호스트를 가진 라우터(이를 멀티캐스트 라우터, 이하 MR, 이라고 함)에게만 멀티캐스트 패킷을 보내는 것이다. 따라서 멀티캐스트 라우터의 핵심목표는 MR만을 연결하는 트리를 구성하는 것이다.

그런데 MR만을 연결하는 트리를 구성하는 것이 쉽지 않다. 왜냐하면 어떤 경우에는 MR이 서로 다른 일반 라우터들을 거쳐야만 연결이 가능한 경우도 있기 때문이다. 이럴 때를 대비해서 각 라우터는 먼저 네트워크 내에서 모든 라우터를 포함하는 스패닝 트리를 구성하여야 하고 이어서 멀티캐스트 서비스만을 위한 또 다른 스패닝 트리(이것을 멀티캐스트 트리-multicast tree-라고 함, 이하 MT)를 만들어야 한다. 왜냐하면 멀티캐스트의 속성상 모든 라우터에 패킷을 전송할 필요는 없으므로 스패닝 트리 중에서 멀티캐스트 서비스를 제공해야 할 트리를 만들어서 네트워크 내에서 멀티캐스트 서비스를 원하는 모든 호스트에 한해서 패킷을 전달해야 하기 때문이다. 이 경우 패킷은 MT에게만 전달된다.

MT 구성법

MT를 만드는 방법은 결국은 멀티캐스트를 위한 경로를 탐색하는 것이므로 우리가 앞에서 IP 라우팅 프로토콜에서 공부한 라우팅 알고리즘을 사용하되 목적에 맞게 약간의 변경이 필요하다.

한 가지 방법은 가장 간단한 라우팅 알고리즘인 링크 상태 라우팅 알고리즘을 사용하는 것이다. 각 라우터는 호스트가 속해 있는 그룹의 네트워크 구조를 알고 있으므로 멀티캐스트 패킷이 전달될 경로의 맨 끝에서 시작해서 루트 라우터(root router, 멀티캐스트 패킷을 전송할 라우터) 쪽으로 향해 나아가면서 그룹에 속하지 않는 모든 라우터를 제거한 뒤 남는 것이 바로 MT이다.

한편, 거리 벡터에 기반한 라우팅의 기본적인 개념은 역경로 전송(reverse path transfer)이다. 즉, 자신이 관리하고 있는 호스트가 아무 그룹에도 속하지 않는 라우터가 루트 라우터로부터 멀티캐스트 그룹 가입 여부를 묻는 메시지를 수신했을 때 자신은 멀티캐스트 트리에서 제거해 달라는 메시지(이것을 prune message라고 함)를 보내서 멀티캐스트 그룹으로부터 제외시켜 달라고 요청한다. 그러면 루트 라우터는 이러한 라우터들을 모두 제거한 나머지 라우터들로 MT를 구성한다.

그런데 거리 벡터에 기반한 멀티캐스트 라우팅의 단점으로는 규모의 문제(scalability problem)가 있다. 예를 들면 그룹 내의 멤버의 수가 n명이고 그룹의 수가 m인 네트워크가 있다고 하자. 이 경우 이 네트워크에는 그룹마다 n개의 MT가 필요하고 전체로는 nm개의 MT가 있어야 하는데 n과 m이 아주 큰 수라면 모든 MT를 저장하기 위한 공간도 필요하고 MT를 관리하기 위한 처리 시간도 많이 걸린다.

IP 네트워크에서 멀티캐스트를 제공하기 위해서 기존의 유니캐스트 라우팅 프로토콜을 확장한 새로운 라우팅 프로토콜도 개발되었는데 크게 두 가지 유형이 있다. 하나는 위에서 이야기한 거리 벡터 멀티캐스트 프로토콜(distance vector multicast routing protocol, 이하 DVMRP)이고 다른 하나는 프로토콜에 무관한 멀티캐스트(protocol independent multicast, 이하 PIM)이다. 여기서 '프로토콜에 무관'하다는 말은 '이 프로토콜이 기존의 IP 네트워크에서 사용하는 어떤 유니캐스트 라우팅 프로토콜에도 의존하지 않는다'는 것을 의미한다. 좀 더 자세히 말하면 패킷의 전달 경로를 정함에 있어서 IP 네트워크의 라우팅 프로토콜에 무관하게 오로지 join 메시지가 지나는 경로에 의해서 결정된다는 것이다. 따라서 정확히 말하면 PIM은 유니캐스트 라우팅 프로토콜과 무관한 프로토콜이다.

DVMRP는 앞에서 공부한 거리 벡터에 기반한 라우팅 프로토콜을 멀티캐스트용으로 확장한 개념으로서 최초의 멀티캐스트용 라우팅 프로토콜이다. 그러나 이 프로토콜은 기존의 거리 벡터에 기반한 라우팅 프로토콜을 사용하는 관계로 앞에서 규모의 문제를 예로 든 것처럼 멀티캐스트 라우터가 멀티캐스트를 위한 경로 정보를 탐색하기 위해서 인접 노드 간에 패킷을 주고받는데 이 작업으로 인하여 네트워크 내에 패킷이 넘쳐날(flooding) 위험성이 있다.

실제 현장에서는 PIM을 많이 사용하는데 이 방식에 대해서 알아보자.

PIM

PIM은 두 가지로 나눌 수 있다. 하나는 PIM-SM(sparse mode)으로서 멀티캐스트를 원하는 라우터의 수가 비교적 적은(sparse) 경우에 사용하는 방식이고 다른 하나는 PIM-DM(dense mode)으로서 멀티캐스트를 원하는 라우터의 수가 비교적 많은(dense) 경우에 사용하는 방식이다. 그런데 실제로는 PIM-DM은 규모의 문제(scalability problem)로 인해서 잘 사용되지 않고 PIM-SM이 주로 사용된다.

먼저 PIM-DM에 대해서 간략히 언급하고 PIM-SM에 대해서 자세히 알아보자.

PIM-DM에서는 송신자가 네트워크 상의 모든 라우터에게 멀티캐스트 패킷을 보낸다(이를 flooding이라고 부름). 그러면 자기가 관리하는 고객이 멀티캐스트 그룹에 속하지 않은 라우터는 leave/prune 메시지를 송신자에게 보내고 송신자는 그에 따라서 그 라우터에는 패킷을 보내지 않는다. 이와 같은 일이 많이 일어나는 경우에는 결국 flooding을 함으로써 네트워크의 소중한 대역만 낭비하는 결과를 초래하게 되는데 그로 인하여 이 방식은 대규모의 네트워크에서는 적합하지 않고 기업 네트워크 등과 같은 LAN에서 주로 사용한다.

PIM-SM의 동작 원리

PIM-SM은 WAN상에서 IP 멀티캐스트용으로 개발되었으며 1998년에 IETF RFC 2362로 제정되었다. PIM-SM은 멀티캐스트 서비스를 받고자 하는 고객이 IP네트워크 상에서 낮은 밀도로(sparsely) 분포된 상황을 가정하고 있다. 그래서 컨텐츠의 배송이 pull mode(고객이 컨텐츠를 필요할 때 요구하는 방식)로 동작하도록 고안되었다. 그로 인하여 네트워크에 부과되는 트래픽의 양이 비교적 적고 네트워크의 규모가 커도 서비스 제공에 문제가 없는 대신에 고객이 멀티캐스트 그룹에 가입(join)하는데 시간이 조금 더 걸린다.

PIM-SM에서는 앞에서 소개한 DVMRP보다 훨씬 간편한 방법으로 MT를 구성한다. DVMRP에서는 라우터가 스패닝 트리를 만든 후 다시 불필요한 라우터들을 제거하여 멀티캐스트 그룹을 위한 MT를 생성해야 하는데 반해서 PIM-SM에서는 멀티캐스트 그룹에 가입하고자 희망하는 각 라우터는 랑데뷰 지점(rendezvous point, 이하 RP)이라고 부르는 멀티캐스트 서비스의 중심(center)에 있는 라우터(rendezvous router, 이하 RR로도 표기함)에게 'join' 메시지를 전송하여 멀티캐스트 트리에 가입한다. 따라서 네트워크에 걸리는 부하가 훨씬 경감된다.

PIM-SM은 두 가지 종류가 있는데, 공유트리(shared tree)를 가지는 PIM과 송신자트리(source-specific tree)를 가지는 PIM이 있다. 공유트리는 모든 호스트가 사용할 수 있고 송신자트리는 여러 대의 호스트에게 멀티캐스트 전송을 하고자 하는 특정 호스트만 사용한다. 일반적으로는 공유트리가 정상적인 동작 모드(normal operation mode)이다.

공유트리 구성법

다음의 네트워크 토폴러지에 대해서 공유트리를 만드는 방법을 소개한다.

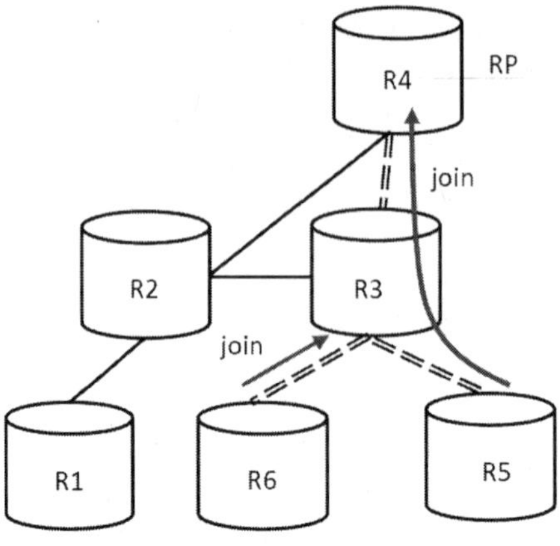

[그림 18.1] 공유트리의 구성

공유트리에 의한 PIM은 우선 네트워크 상에서 멀티캐스트 기능을 담당할 루트 노드(root node, 위의 그림에서는 RP에 해당)를 지정한다. RP의 위치는 네트워크 서비스 사업자가 관리하고 있는 네트워크의 구조에 따라서 결정되는데 대부분이 지리적 위치에 의해서 결정될 때가 많다. 우리나라의 경우 대부분의 서버가 서울에 집중되어 있는데 영호남 지방으로 패킷을 멀티캐스트하려면 일단은 서울에서 대전까지는 하나의 경로로 전송될 것이다. 그 다음에 대전에서부터 영남과 호남으로 나뉘어져서 각기 다른 방향으로 전송될 것이다. 따라서 이때에는 영남과 호남이 갈라지는 대전에 RP가 위치할 가능성이 가장 크다. 물론 RP가 대구나 광주에 위치할 수도 있다.

RP는 데이터를 가지고 있는 송신자와 고객의 호스트 사이에서 중재자(intermediate device) 역할을 하는데 데이터는 반드시 하나의 서버로부터만 제공될 필요는 없고 여러 곳에서 RP로 전달될 수도 있다. 네트워크 도메인 내의 모든 라우터는 RP의 IP 주소(이를 '유니캐스트 주소'라고도 부름)를 알고 있다. R5와 R6이 멀티캐스트 그룹에 가입하고자 하여 join 메시지를 유니캐스트로 R3로 보내면 이 메시지는 RP로 지정된 R4에 도착한다. 그러면 R4와 R5 그리고 R4와 R6 간에는 멀티캐스트를 위한 공유트리(multicast forwarding tree라고도 부름)가 생성된다.

한편, join 메시지가 지나가는 경로에 있는 모든 라우터는 그 메시지를 읽어 보고 공유트리의 전달표(*,G)를 생성하는데, 이때 'G'에는 그룹의 이름을 지정하고 '*'은 패킷이 전달되는 범위가 모든 송신자에 해당함을 의미한다.

이처럼 여러 대의 라우터가 RP를 향해서 join 메시지를 보내면 공유트리에 가지(branch)가 계속 첨가되는데 이 경우에 이미 형성된 트리의 일부분은 join 메시지를 받을 필요가 없으므로 위의 그림에서 R5가 join 메시지를 보내서 형성된 공유트리의 링크에서 R6가 join 메시지를 보내면 그 메시지는 R3까지만 전달해도 된다. 그래서 위의 그림에서 join 메시지의 화살표가 R3까지만 연결되어 있다. 위의 그림에서 이중점선으로 그려진 부분이 이렇게 해서 생성된 공유트리이다.

그런데 어떤 경우에는 공유트리에 속하지 않은 다른 라우터(가령 R1, 이를 designated router라고 부름, 이하 DR)에 연결된 호스트가 멀티캐스트 그룹(예: R5 및 R6에 있는 멀티캐스트 그룹)으로 메시지를 보내고자 할 일도 있을 것이다. 이때는 메시지를 보내고자 하는 호스트가 자신이 보내고자 하는 멀티캐스트 그룹에게 그들의 주소를 목적지 주소로 하는 패킷을 만들어서 R1에게 보낸다.

그런데 R1과 RP 사이에는 멀티캐스트를 위한 공유트리가 형성되어 있지 않으므로 R1은 RP에게 자신이 보내고자 하는 멀티캐스트용 패킷을 PIM 등록(Register) 메시지에 넣어서(이것을 패킷을 포장(encapsulate)해서 마치 차가 터널을 통과하듯이 패킷이 특정 경로를 따라서 전송된다고 하여 '터널링'이라고 한다) RP에게로 보낸다. 이 경우 DR(위의 그림에서 R1에 해당)에서 RP까지 전달되는 패킷의 헤더에는 멀티캐스트 그룹의 주소(G)와 RP의 주소(RP)를 붙여서 터널을 통해서 전달되며 RP에서 다른 라우터로의 전달은 멀티캐스트 그룹의 주소에 의하여 전달된다.

한편, RP는 그 패킷을 받아서 멀티캐스트 그룹의 주소를 읽은 후 그 패킷을 공유트리로 보낸다. 그 뒤 그 패킷은 R3로 전달될 것이고 R3는 자신이 알고 있는 라우터인 R5와 R6에게 그 패킷을 전달한다. 결국 R1에서 R5/R6로 보내는 멀티캐스트 패킷은 R1 → R2 → R4 → R3 → R5/R6의 경로로 전달된다. 아래의 그림은 이 상황을 나타내고 있다.

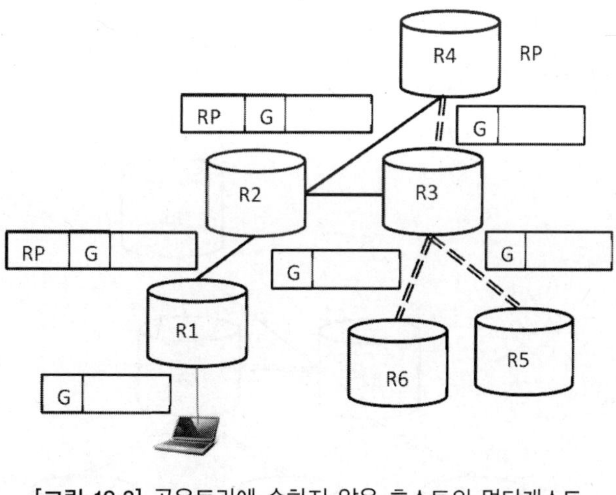

[그림 18.2] 공유트리에 속하지 않은 호스트의 멀티캐스트

송신자트리에 의한 멀티캐스트

앞에서 이야기한 터널링 과정을 수행하기 위해서 라우터는 패킷을 포장하고(encapsulation) 해체하는(decapsulation)하는 과정에서 처리시간도 많이 걸리고 패킷에 헤더를 더 붙이는 만큼 데이터의 양도 늘어나는 단점이 있다. 따라서 절차가 복잡한 터널링은 생략하고 R1에서 RP로 처음부터 멀티캐스트 패킷으로 보내는 것이 더 낫다는 생각을 하여 고안된 것이 송신자가 접속되어 있는 라우터와 RP 사이에서 패킷이 전달되는 경로 상에 있는 모든 라우터에게 멀티캐스트 그룹의 존재를 알려주는 것이다. 이를 위해 RP는 송신호스트에게 join 메시지를 보내는데 이 패킷이 결국은 RP와 R1 사이의 최단경로를 지나갈 것이므로 이 경로 상의 모든 라우터는 멀티캐스트 그룹의 존재를 알게 된다. 이렇게 하여 송신자에게 특화된 멀티캐스트 트리(source-specific multicast tree)가 생성되는데 이것을 간단히 송신자트리(source-specific tree)라고 부른다. 송신자트리가 생성된 후 R1에서 RP로의 패킷은 처음부터 멀티캐스트 패킷으로 인식된다.

그런데 이렇게 하여 터널링은 하지 않아도 되어서 패킷의 처리가 좀 간편해지기는 했지만 이 패킷이 지나가는 경로를 보면 R2에서 R3로 바로 갈 수도 있는데 굳이 RP의 역할을 하는 R4를 거쳐갈 필요가 있는지 의문이 든다.

이 문제를 해결하기 위해서 R5와 R6이 송신자가 연결되어 있는 라우터(R1)에게 join 메시지를 보내면 그 패킷은 기존의 IP 라우팅 알고리즘인 최단경로 알고리즘을 따라서 전달되는데 이때 그 경로 상의 모든 라우터가 이 패킷을 인식하게 되므로 그 정보를 바탕으로 경로 상의 라우터에 새로운 멀티캐스트 트리를 나타내는 (S,G) 트리를 생성할 수 있다. 그 결과 이번에는 송신자가 루트(root)가 되는 새로운 트리, 즉 송신자트리가 생성된다. 다음 그림에서 R1과 R5/R6 사이의 이중점선으로 나타낸 것이 새로이 생성된 송신자트리이다.

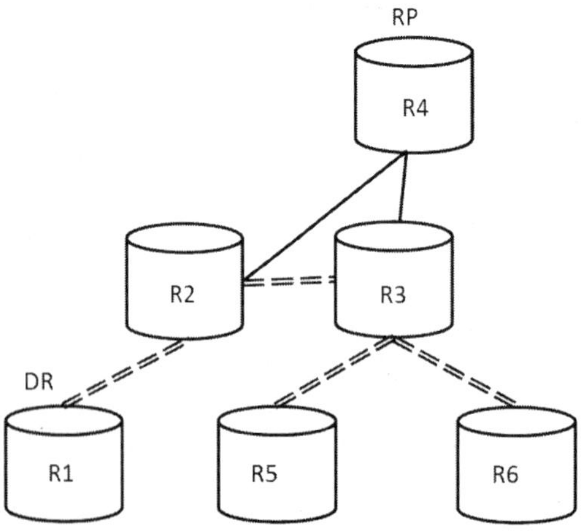

[그림 18.3] 송신자트리의 구성

이 경우에 이전에 생성된 공유트리는 나중에 또 누군가가 멀티캐스트 그룹에게 패킷을 멀티캐스트하고자 하는 일을 대비해서 트리의 구성 상태를 계속 간직해 둔다.

멀티캐스트 응용서비스의 예: IPTV

지금까지 이야기한 PIM방식의 멀티캐스트를 응용하는 서비스로서 IPTV가 있다. 먼저 아래의 그림은 공유트리에 의한 IPTV 의 멀티캐스트의 개념을 보인 것이다.

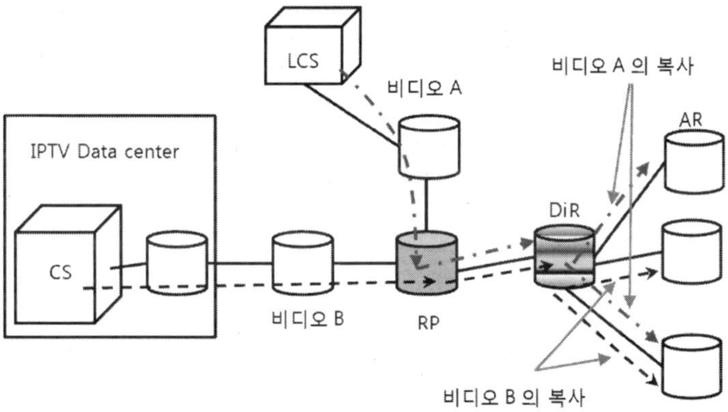

[그림 18.4] 공유트리에 의한 멀티캐스트

위의 그림에서도 볼 수 있듯이 이 경우는 RP가 멀티캐스트 트리의 루트 역할을 하고 있다. 이 경우에 RP는 IPTV 데이터 센터(data center)에 위치한 콘텐츠 서버(contents server, 이하 CS)나 지역에 있는 콘텐츠 서버(local content s server, 이하 LCS)로부터 비디오를 받아서 자신의 하위 계층에 있는 라우터에게 멀티캐스트를 하는데 자신이 전달받은 비디오 데이터그램에 멀티캐스트 그룹의 주소를 입력하여 공유트리에 연결된 라우터들에게 패킷을 전송한다.

위의 그림에서는 RP의 오른쪽에 있는 라우터(그림에서는 DiR-distribution router, 분배 라우터)가 패킷을 받아서 더 하위의 라우터(그림에서는 AR-access router, 액세스 라우터)쪽으로 멀티캐스트한다. 이 방식의 장점은 네트워크 전체적으로 링크, 버퍼, 라우터의 프로세서 등 하드웨어 자원을 적게 소모한다는 것이다.

한편, 이 방식에서는 모든 멀티캐스트 트래픽이 RP로 모여드는 이유로 RP의 트래픽 부하가 과중해질 우려가 있고 라우팅 경로 중에서 일부분에서 지연이 발생할 수 있다는 것이 단점이다.

다음은 송신자트리에 의한 IPTV의 멀티캐스트 방법을 알아보자. 이 방법은 멀티캐스드 패킷을 보낼 호스트가 데이터 센터 내부에 있는 경우이다. IPTV 데이터 센터에 있는 송신호스트가 멀티캐스트 그룹에게 패킷을 보낼 때 사전에 생성된 사용자트리에 따라서 정해진 경로를 따라서 패킷이 전달되므로 RP의 역할을 하는 라우터를 의식할 필요없이 송신호스트에서 수신자 그룹까지의 최단경로를 따라서 패킷이 전달된다. 그래서 이 방식은 최단경로 트리(shortest path tree)라고도 부르는데 송신자에서 수신자까지의 네트워크 상의 최단경로를 지정한 후 수신자에서 가까운 분기점(DiR)까지는 하나의 패킷을 유니캐스트로 보내고 분기점에서 여러 개의 패킷으로 복사하여 마지막에 고객의 라우터(access router, AR)에게 멀티캐스트로 전송하는 방식이다.

이 방식은 최단경로를 택해서 패킷이 전송되므로 패킷의 전달 지연을 최소화할 수 있지만 그 대신에 트리를 관리하기 위해서 송신자측에 고성능의 프로세서와 메모리를 필요로 한다.

송신자트리를 사용하는 경우 새로운 서버가 추가되면 그에 따라서 새로운 스패닝 트리가 구성되며 스패닝 트리의 구조는 고객이 멀티캐스트그룹으로 가입하거나 탈퇴할 때마다 갱신된다. 아래의 그림은 송신자트리에 의한 멀티캐스트의 개념을 나타내고 있다.

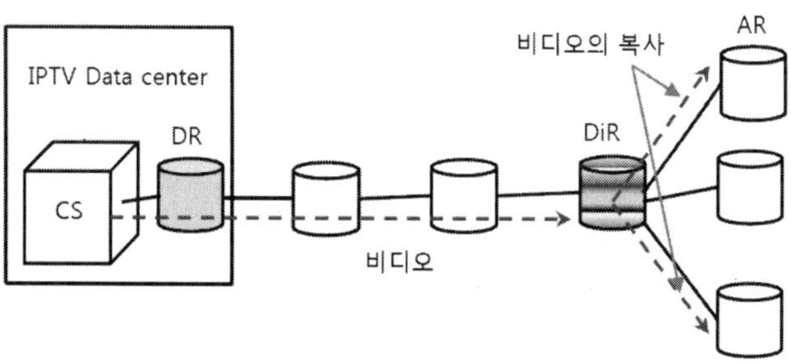

[그림 18.5] 송신자트리를 이용한 멀티캐스트

18.3 고찰 문제

1. 유니캐스트와 멀티캐스트 라우팅의 차이점은 무엇인가?

2. 멀티캐스트의 동작 원리를 세 가지 다른 계층(응용계층, 네트워크계층, 물리계층)에서 정의해보자.

3. PIM-SM의 두 가지 방식에 대해서 각각 동작 원리를 정의하고 각 방식의 특징을 기술해보자.

제19장 전송계층 프로토콜

앞에서 우리는 IP네트워크 상에서 데이터를 전송하기 위해서 상호 연결된 시스템 간에 정해진 규약이 있고 그 규약을 프로토콜이라고 정의하였다. 그 중에서 IP 계층에서 수행되는 주소 할당과 라우팅으로 패킷이 전송되는 경우에 패킷이 송신자로부터 수신자로까지 제대로 전달되는지를 알 길이 없다. 또한 IP네트워크에는 기존의 공중전화네트워크(PSTN, public switched telephone network)에 있던 망관리센터 등과 같은 중앙집중식 제어기가 없기 때문에 네트워크가 처한 상황에 따라서 데이터 전송 성능에 불확실성이 존재한다. 이와 같은 문제를 해결하는 일환으로서 호스트가 네트워크 상황에 따라 데이터를 보내는 속도를 제어할 필요성이 있다.

이와 같은 배경에서 데이터의 신뢰성 있는 전송(transport)을 제어하는 보다 더 정교한 규약이 필요한데 이 기능을 정의한 계층이 OSI 7계층의 기능 중에서 제4계층인 전송계층(transport layer)이다. 이 장에서는 전송계층의 프로토콜에 대해서 알아본다.

OSI 7계층의 제4계층에서 데이터의 전송을 위한 규약을 정의한 프로토콜로서 UDP(user datagram protocol)와 TCP(transport control protocol)가 있는데 UDP는 IP 프로토콜의 초기 개발단계에 고안된 전송프로토콜로서 사용자의 데이터그램을 단순 전송하는 프로토콜이다. 다시 말하면 UDP에서는 상위계층에서 만든 데이터를 네트워크로 내보낼 때 사전에 연결의 설정을 하지 않고 바로 패킷 단위로 전송하며 데이터의 전송이 끝나고 난 뒤 연결을 해제하는 절차도 없는데 그래서 UDP는 비연결지향형(connectionless) 프로토콜이다. 이와 같은 이유로 UDP는 네트워크의 상황과 무관하게 동작하여 데이터의 전송 속도를 제어하거나 신뢰성 있는 전송을 위한 어떠한 조치도 없는 단순한 전달 프로토콜이다.

한편 TCP는 이름이 의미하는 대로 데이터의 전송을 제어하는 프로토콜로서 네트워크가 처한 상황에 따라서 적응적으로 고객의 호스트로부터 네트워크로 데이터를 보내는 속도를 제어하는 프로토콜이다. 이를 위해서 TCP에서는 데이터를 네트워크로 전송하기 전에 송수신 호스트 간에 연결 설정-데이터 전송-연결 해제의 절차를 거치는데, 그래서 TCP를 연결지향형(connection-oriented) 프로토콜이라고 부른다. 연결지향형 프로토콜은 송수신 호스트 사이에서 데이터의 전송을 연결(flow 또는 connection)이라는 단위를 기본으로 동작하는 프로토콜이다.

아래에서 UDP와 TCP의 두 가지 프로토콜에 대해서 소개하고 TCP와 UDP 의 차세대 버전인 SCTP에 대해서 간단히 소개한다.

19.1 UDP

먼저 UDP에 대해서 알아본다. UDP는 사용자 데이터 프로토콜(User datagram protocol)의 준말로서 오로지 IP에 기반하여 단순한 사용자 데이터그램의 전송을 담당하는 프로토콜이다. 따라서 TCP와 같은 흐름 제어나 신뢰성 있는 전송을 제어하는 기능이 없는 그저 IP에만 의존하는 단순한 데이터그램 전송 프로토콜이다.

UDP는 연결 설정 및 해제와 같은 연결형 모드의 서비스를 제공하지 않으며 정확한 라우팅의 보장이나 전송되는 데이터의 순서 보장과 같은 기능도 없다. 물론 수신자는 송신자에게 패킷을 잘 받았다는 확인 메시지(ACK)도 보낼 필요가 없다. 따라서 네트워크 상에 오류가 나도 검지할 방법이 없고 데이터가 도중에 오류를 만나도 알 수 없다. UDP의 유일한 장점은 프로토콜이 단순하다는 점이다.

이처럼 UDP는 아주 간단한 동작으로 인해서 TCP처럼 데이터를 완결하게 받기 위하여 신뢰성 있는 전송을 요구하는 응용 서비스가 아니라 인터넷 전화(VoIP)나 비디오 스트림(streaming video)의 전송 등과 같이 데이터가 실시간으로 생성되어서 수신자에게 실시간으로 전송되고 소모되는 경우에 주로 사용되는 프로토콜이다.

UDP의 메시지 구조는 다음과 같다.

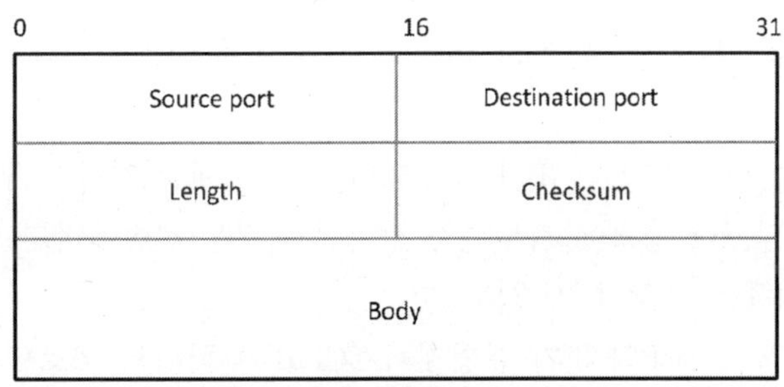

[그림 19.1] UDP 메시지의 구조

위의 그림에서 보듯이 UDP의 메시지 구조는 아주 단순하다. 송/수신 포트의 번호, UDP 데이터그램(헤더를 포함한)의 길이(16비트이므로 데이터그램의 최대 길이는 6만5535바이트), UDP 메시지 자체의 완결성(혹은 오류) 검지, 그리고 데이터 몸통(최대 길이=6만5527바이트)이다.

한편, 네트워크 내에서 UDP를 사용하는 프로토콜은 네트워크 제어프로토콜로서 NTP(network time protocol), LMP(link management protocol), LDP(label distribution protocol) 등이 있고 응용계층의 서비스로는 실시간성을 필요로 하는 서비스(예: 오디오/비디오 등)이 있다.

19.2 TCP

일반적으로 인터넷 네트워크 프로토콜을 일컬을 때 TCP/IP 프로토콜이라는 말을 흔히 사용하는데 엄격히 말하면 TCP의 P와 IP의 P에 이미 프로토콜(protocol)이 들어 있으므로 그것은 적절하지 않는 표현이다. 그래서 이 책에서는 그냥 TCP/IP라고 부른다.

한편 TCP/IP(transport control protocol/internet protocol)는 인터넷의 개발 초기인 1970년대의 냉전시대 상황에서 비롯되었다. 당시 미국은 자국의 방대한 영토에 분산 배치된 컴퓨터 자원을 이용해서 군사 목적의 다양한 연구를 수행하고 있었는데 소비에트 연방(Soviet union, 구 소련)에서는 장거리 전술 핵무기 등 다양한 무기를 개발하면서 호시탐탐 미국을 공격하려는 의도를 보여서 미국으로서는 여간 골칫거리가 아닐 수 없었다. 그래서 미국은 자국의 중요한 군사기술 자원이 소련을 비롯한 공산권 국가의 핵 공격으로부터 피해를 입지 않을 방법을 강구하면서 컴퓨터 네트워크에서도 이에 대비하는 목적으로 TCP/IP라는 프로토콜이 개발되었다.

한편, 앞에서도 이미 언급한 바 있지만 인터넷은 네트워크의 어느 한 쪽이 적의 공격으로부터 파괴되더라도 적의 공격을 받지 않은 다른 쪽으로 데이터를 우회시킬 수 있도록 강건(robust, 다른 말로는 fault tolerant)하게 구축되어야 했다. 그래서 데이터 전송 경로도 복수로 준비하고 라우팅 프로토콜도 오류 발생을 염두에 두고 재구성을 빠른 시간 내에 할 수 있도록 먼저 IP가 개발되었다. 그런데 강건하게 구축한 인터넷에서도 데이터의 양이 많거나 링크에 과부하가 걸리면 패킷은 전송에 실패할 수 있다. 이 문제를 해결하기 위해서 TCP가 개발되었다.

이와 같은 이유로 TCP와 IP가 합쳐져서 TCP/IP가 하나의 프로토콜처럼 여겨지게 되었는데 엄밀히 말하면 두 프로토콜은 전혀 다른 프로토콜이며 IP에 대해서는 이미 자세히 알아보았으므로 지금부터는 TCP에 대해서 알아본다.

TCP는 생각보다 오랜 역사를 가지고 있는데 아래에 TCP의 변천사를 간단히 소개한다.

- 1974년: 빈튼 서프(Vinton Cerf, 애칭으로 빈 서프라고 부름)와 밥 칸(Bob Kahn)이 “A protocol for packet network interconnection”이라는 논문에서 TCP의 개념을 처음으로 제안하였다.

- 1978년: TCP/IP가 탄생하였다.
- 1982년: TCP/IP가 그 동안 사용되어 오던 네트워크 제어 프로토콜인 NCP(network control protocol)를 대체하였다.
- 1983년: ARPAnet이 TCP/IP를 채용하였다.
- 1990년: ARPAnet이 없어지고 상용 인터넷으로 발전하면서 TCP/IP 라는 이름으로 불리게 되었다.

TCP의 동작 원리

TCP/IP의 설계 요구조건으로 다섯 가지가 있는데 다음과 같다.

① 하드웨어 기기와 무관하여야 하고 소프트웨어와도 독립이어야 한다.
② 자동으로 고장으로부터 복구하는 기능을 가져야 한다.
③ 패킷의 오버헤드가 작아야 한다.
④ 새로운 네트워크를 추가할 때 서비스의 중단이 없어야 한다.
⑤ 데이터가 확실히 도달되는 것을 보장하여야 한다.

TCP의 동작 원리를 이야기하기 전에 먼저 IP 네트워크의 동작 특성을 다시 한 번 고찰함으로써 TCP가 필요하게 된 배경을 알아본다. IP 라우터는 고객이나 자신보다 앞쪽(라우터가 볼 때 송신자 쪽)에 있는 라우터로부터 메시지를 받아서 뒤쪽(라우터가 볼 때 수신자 쪽)으로 전송할 때 자신의 주변에 정상적으로 작동하는 라우터가 존재하는지 탐색하여 그 메시지를 수신자가 있는 방향으로 보내는데 가장 적합한 라우터로 전송한다.

그러나 IP네트워크는 동작 원리가 비연결형(connectionless), 비신뢰적인(nonreliable) 최선형(best effort) 서비스 모델임을 앞에서 설명한 바 있다. 따라서 IP 데이터그램은 하나의 연결에 대해서 비연결형 모드(connectionless mode)로 동작하므로 사전에 연결 설정 없이 상위 계층에서 만들어진 데이터(이를 패킷이라고 부름)를 단위로 하여 네트워크 내의 노드를 통과한다. 그런데 전송 도중에 라우터 내의 버퍼에서 다른 패킷과 충돌이 일어나거나 라우팅의 오류로 패킷의 수명(TTL)이 만료되는 등 다양한 이유로 인하여 패킷 손실(packet loss)이 일어날 수 있는데 이때 호스트는 처음부터 다시 패킷을 재전송해야 되고 이런 일이 자주 일어나면 네트워크의 성능이 저하되고 고객에게는 체감 서비스품질(quality of experience, QoE)이 떨어지는 결과를 가져온다.

그리고 IP네트워크에서는 데이터 자체가 변형(corruption)이 일어나거나 패킷이 제대로 전송되었음에도 불구하고 전송되지 않은 것으로 오판하여 다시 보내는 경우(duplication) 등 전송에 있어서 여러 가지 오류가 일어날 수 있다. 또 각 패킷은 다른 패킷과는 독립적으로 네트워크를 통과한다. 그 결과 같은 메시지를 여러 개의 패킷(이를 세그먼트라고 부름)으로 분리해서 송신하였을 때 수신자에게 순서대로 도착하지 않을 가능성이 있다. 따라서 비연결성 전송은 각 연결에 대해서 패킷이 제대로 전송되는지 확실히 보장할 수 없다.

TCP는 이와 같은 문제를 해결하기 위해서 송신하는 메시지(이를 세그먼트라고 하기도 하고 그냥 패킷이라고 부르기도 함)에 순서번호(sequence number)와 수신 확인(ACK) 메시지(이 메시지는 수신호스트가 송신호스트에게 보내는 것인데 ACK 패킷에도 송신호스트가 보내 온 패킷에서와 같은 순서번호를 붙임)를 사용하여 전송 도중에 일어날 수 있는 오류를 제어함으로써 송수신자 간의 오류 없는 완전한 전송을 보장하려고 하는 프로토콜이다. 좀 더 구체적으로 이야기하면 TCP로 동작하는 송신자는 상위 프로토콜로부터 전달받은 데이터를 순서번호로 식별되는 세그먼트로 포장하여서 전송하고 수신자는 세그먼트를 받을 때마다 순서번호의 값을 기록한 ACK 메시지를 송신자에게 전송한다.

한편, 송신자가 세그먼트를 보낼 때 마다 그 메시지의 복사본을 재전송 버퍼(retransmission queue)에 보관하고 바로 계수기(timer)를 작동시켜서 만약 그 세그먼트에 대한 ACK가 타임아웃(time out) 시간 이내에 도착하면 그 세그먼트는 버린다. 그러나, 계수기의 시간이 끝나도 ACK가 도착하지 않으면 그 세그먼트는 정상적으로 도착하지 못했다고 판단하고 재전송한다.

그리고 전송 오류가 날 경우를 가정해서 TCP는 16비트의 오류정정 부호(checksum)를 헤더에 적어서 보내는데 수신자가 그 오류정정 부호를 계산해서 데이터가 손상되었다고 판단하면 그 세그먼트는 역시 폐기한다. 그러면 송신자에게는 타임아웃이 되어도 ACK가 도착하지 않을 것이므로 송신자는 그 세그먼트를 재전송한다.

한편, 혹시 세그먼트가 두 번 이상 재전송되면(IP 네트워크에서는 앞에서 설명한 것처럼 수신자로부터 ACK가 제때에 도착하지 않을 수도 있으므로 이런 일도 가능함) 수신자는 세그먼트의 순서번호를 보고 그냥 삭제한다.

마지막으로 패킷이 순서가 바뀌어서 전송되면 수신자는 순서번호를 보고 자신의 버퍼에서 순서를 바로 고쳐서 재조립한다.

TCP로 동작하는 라우터는 아래와 같은 7단계의 순서로 인접 라우터와 정보를 교환한다.

① 라우터는 자신이 수신한 메시지에 대해서 수신자로의 적절한 경로를 찾는다.
② 경로 상에 있는 수신자 방향의 인접 라우터에게 메시지를 받을 수 있는지(동작 중인지) 여부를 알아보기 위해 ping 메시지를 보낸다.
③ 인접 라우터가 정상적으로 동작 중이면 ping 메시지가 되돌아올 것이다.
④ 이번에는 인접 라우터에게 메시지를 받을 준비가 되어있는지 물어본다.

⑤ 인접한 라우터가 메시지를 받을 준비가 되어있다면 '그렇다'는 답을 보낸다.
⑥ '그렇다'는 메시지를 받은 라우터는 인접한 라우터에게 메시지를 보낸다.
⑦ 수신자는 메시지가 제대로 전달되었는지 아닌지(ACK/NACK)를 알려준다.

한편, TCP는 송신호스트(source host)의 프로그램을 수신호스트(destination host)의 프로그램에 연결하는 기능도 수행한다. 즉, 호스트 컴퓨터에 있는 소프트웨어(응용 서비스)에 대해서 고유의 포트를 제공한다. 이 때 특히 중요한 것이 수신호스트의 포트번호인데 대표적인 응용서비스에 할당되는 포트번호는 아래의 표와 같다.

[표 19.1] 대표적인 응용 서비스의 수신호스트 포트번호

포트번호	20	23	25	53	80	110	111	138	161
응용 서비스	FTP	Telnet	SMTP	DNS	HTTP	POP3	RPC	NETBIOS	SNMP

한편, 송신호스트의 포트번호는 운영체제나 응용 프로그램에 따라서 다른데 일반적으로 1025번부터 6만5535번 사이에서 사용되지 않는 번호를 임의로 할당한다.

TCP의 메시지 구조

TCP의 메시지는 헤더와 몸통으로 구성되어 있는데 헤더의 길이는 20바이트를 기본으로 약간의 길이가 추가되는 가변 길이이며 몸통은 가변이다. TCP의 메시지는 아래의 그림과 같이 구성된다.

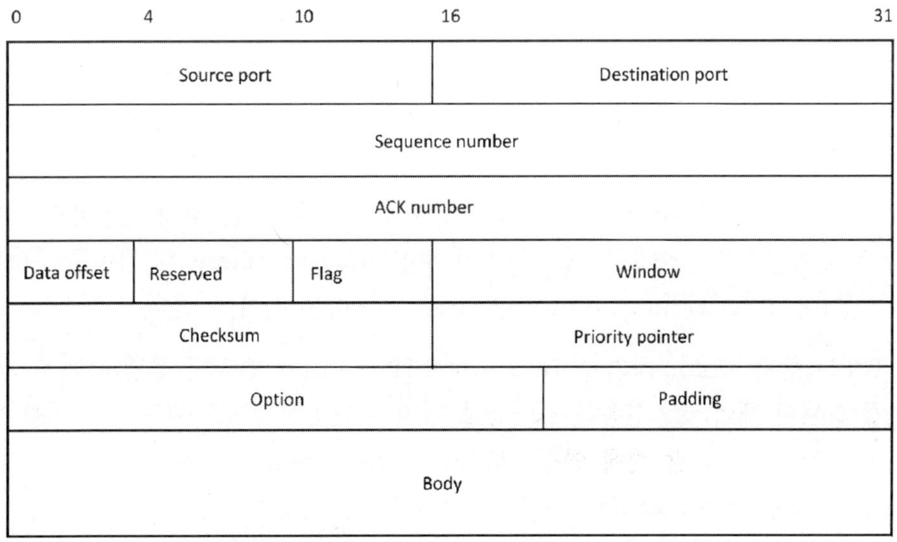

[그림 19.2] TCP 프레임의 구조

그림에서 보는 바와 같이 TCP의 메시지는 가로 32비트(4바이트)를 하나의 워드(word) 단위로 하여 매트릭스 구조로 정보를 기입하는데 각 워드의 내용은 다음과 같다.

① 첫 번째 워드는 송수신자 포트(source/destination port) 주소를 기입한다. 송수신자 포트는 TCP 연결을 쓰는 응용 프로그램을 식별한다(IP 주소와 다름에 유의).
② 두 번째 워드에는 TCP 메시지의 첫 바이트의 순서번호(sequence number)를 기입한다.
③ 세 번째 워드에는 응답 메시지의 번호(ACK number)를 기입한다. ACK 번호는 이전에 받은 모든 바이트의 수신을 확인하기 위한 것으로서 다음 번에 위치하는 바이트의 시퀀스 번호를 나타낸다.
④ 네 번째 워드에는 다양한 정보가 들어가는데 data offset, reserved, flag, window의 네 가지 영역으로 나누어져 있다. Data offset은 TCP 메시지의 실제 헤드 길이를 나타내며 Flag는 데이터의 우선 처리/ 연결 설정의 감시(Urgent, ACK, Push, Reset, SYN, FIN 등)를 위한 것인데 SYN/FIN은 각각 연결 설정/해제용으로 사용하고, Reset은 수신자 측에서 기대하지 않은 메시지가 도착할 경우에 강제로 연결을 종료시키기 위해 사용하고, Push는 송신자가 Push를 Invoke할 경우 수신자에게 그 사실을 환기시키기 위해 사용하고, Urgent는 긴급 데이터를 표시하기 위해서 사용한다. 그리고 Window는 ACK 메시지용으로 사용되며 수신자가 받을 수 있는 바이트의 수(최대 6만5535바이트)를 나타낸다.
⑤ 다섯 번째 워드에는 오류정정용(checksum) 정보와 패킷의 우선처리 순위(priority pointer) 정보를 기입한다.
⑥ 여섯 번째 워드에는 option과 padding 정보가 들어간다. Option은 TCP 메시지의 최대 길이 등 연결 설정 중에 필요한 자원 등을 기술하고 padding은 길이 정합용으로 사용한다.
⑦ 일곱 번째 워드에는 데이터(body)가 기입된다. Body는 실제 전송하려는 메시지의 내용으로서 이 데이터의 크기가 수신창(receive window)의 길이를 나타내는데 최대 창의 크기(maximum window size) 보다는 작아야 한다.

TCP는 응용 프로그램(가령 Telnet이나 FTP 등) 간에 연결의 설정과 해제 기능 및 연결 상에서 데이터를 전송하는 기능을 가지는 인터페이스를 제공한다. 이를 위하여 TCP는 송수신자 단말 간에 연결형모드(connection-oriented mode)로 동작하는데 호스트 간에 가상회선(virtual circuit)이라는 통신채널을 설정하고 IP 데이터 플로우의 흐름제어(flow control), 폭주제어(congestion control) 및 다중화(multiplexing) 등으로 데이터의 전송을 관리하며 패킷의 순서 조립, 유효성 보장 및 재전송 관리를 통하여 송수신자

간에(end-to-end) 신뢰성 있는 전송(reliable transfer)을 보장하는 기능을 담당하는 프로토콜이다.

TCP가 데이터를 전송하는 과정은 크게 세 단계로 이루어져 있는데 연결 설정(connection establishment), 데이터 전송(data transfer), 그리고 연결 해제(connection release)이다. 아래에 이들 세 단계의 연속적인 동작 과정을 요약하였다.

① 고객(client)이 서버(server)에게 연결을 요구하는 메시지(connection request message)를 보낸다. 이 메시지에는 (SYN=1, ACK=0)이라는 정보가 들어 있는데 편의상 SYN 메시지라고 나타낸다.

② 서버가 연결 요청 메시지를 받으면 그 요청을 수락하는 메시지(연결 동의 메시지라고도 부름)인 ACK(사실은 <SYN=1, ACK=1>의 내용)를 고객에게 보낸다.

③ 메시지를 받은 고객은 그 메시지를 잘 받았다는 확인용 메시지 ACK(SYN=0, ACK=1)를 서버에게 보냄으로써 고객과 서버 간의 연결 설정이 완성된다. 이처럼 연결 설정은 세 가지 단계를 통해서 이루어지는데 이것을 3단악수(three-way handshake)라고 부른다.

④ 연결이 설정된 뒤에는 고객과 서버 간에 데이터를 주고받는(데이터 전송) 과정이 진행된다.

⑤ 고객과 서버 간의 데이터 송수신이 완료되면 먼저 전송을 완료한 측에서 연결 해제를 요구하는 메시지인 FIN(FIN=1)을 보낸다.

⑥ 이 메시지를 받은 서버는 응답 메시지 ACK를 보냄으로써 고객으로부터 서버로의 연결 해제는 종료된다.

⑦ 서버가 더 이상 보낼 데이터가 없다면 고객에게 FIN 메시지를 보내고 그 메시지를 받은 고객은 잘 받았다는 ACK 메시지를 보냄으로써 둘 사이의 연결은 완전히 종료된다. 이 과정은 연결 설정보다 조금 간단한데 FIN과 ACK의 교환으로 이루어진다고 하여 2단악수(two-way handshake)라고 부르며(어떤 사람들은 메시지가 실제로는 모두 네 번 오간다고 하여 4단 악수라고도 함) 서로 예의 바르게 연결을 해제한다는 의미에서 연결의 우아한 이별(graceful close of connection)이라고 부르기도 한다.

아래의 그림은 두 단말이 TCP를 사용하여 연결 설정, 데이터 전송 및 연결 해제를 수행하는 일련의 과정을 나타낸 것이다. 그림에서 두 개의 수직으로 뻗은 선이 각 단말에 대한 시간의 흐름이다.

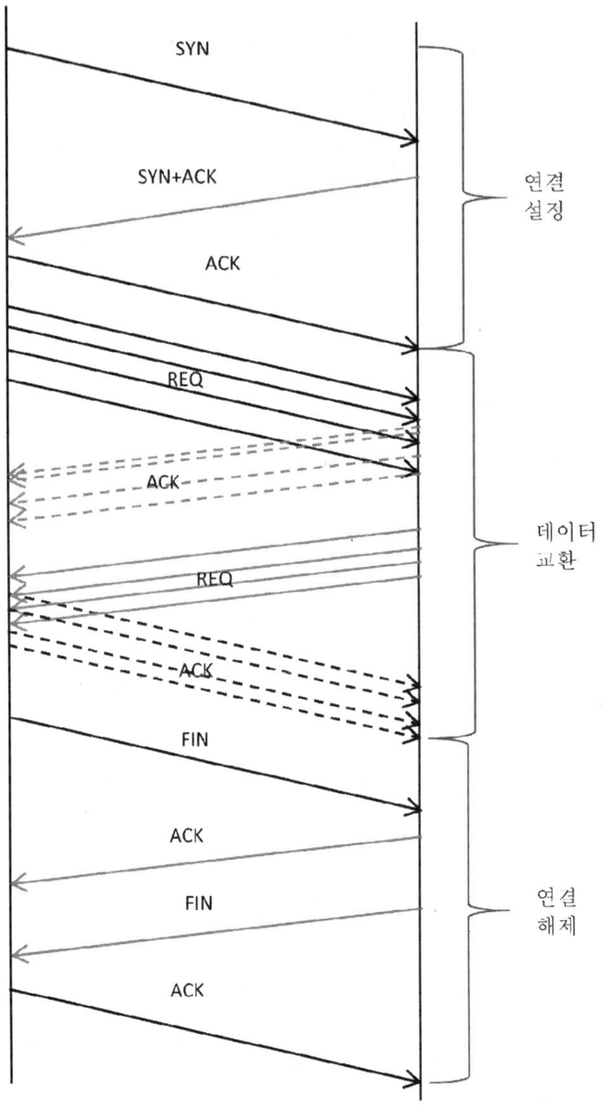

[그림 19.3] TCP 연결의 데이터 전송 과정

지금까지 우리는 TCP를 이용해서 데이터가 전송되기 위해서 연결이 설정되고 데이터를 전송하면 그 전송이 제대로 수행된 것을 확인하는 일련의 과정을 보였다. 그런데 IP네트워크의 특성상 네트워크에 접속되는 고객의 수나 전송되는 데이터의 양이 시간에 따라서 예측이 불가능할 정도로 변화가 심해서 네트워크의 노드나 링크에 부과되는 트래픽 부하가 변동이 심하다. 그래서 어떤 때는 데이터의 전송이 원활하다가도 또 어떤 때는 네트워크에 패킷이 아주 많이 몰리는 등 네트워크 자원의 가용성(availability)의 상황이 좋지 않을 경우가 있다.

이 경우 고객이 아무리 데이터를 많이 보내고 싶어도 네트워크가 받아들일 여력이 없다면 결국 패킷의 손실이나 지연이 일어날 수밖에 없다. IP 네트워크가 분산 시스템과 같이 동작하므로 이러한 문제는 사실 일어난 뒤에는 네트워크에서 해결하기가 어려운데 이러한 일이 자주 발생하지 않도록 예방하는 것이 바람직하다. 이를 위해서 TCP에서는 흐름 제어 및 폭주 제어 기능을 가지게 되었는데 지금부터는 이들 두 가지 기능에 대해서 알아보자.

TCP의 흐름 제어와 폭주 제어

먼저 TCP의 흐름 제어(flow control)에 대해서 알아보자. 여기서 흐름 제어란 네트워크에서 트래픽(traffic)이 전달되는 속도를 제어한다는 개념이다. 그리고 트래픽이란 도로 상을 달리는 자동차의 수나 수도관을 흐르는 물의 양처럼 네트워크 상을 지나가는 데이터의 양(단위는 바이트, 비트, 또는 패킷)을 의미한다. 따라서 영어 traffic은 불가산명사(uncountable noun)로서 복수형이 없다. 그런데 많은 사람들은 'traffics'라고 쓰는데 이건 틀린 표현이다.

한편 인터넷 상에 연결된 수 많은 단말은 처리 능력, 메모리의 크기, 인터페이스의 속도, 연결하는 링크의 대역폭 크기 등 서로 성능이 다르므로 고객마다 네트워크로 흘려 보내는 데이터의 속도가 다르다. 그 결과 호스트에 대해서 데이터의 흐름 제어를 하지 않을 경우에는 컴퓨터의 처리 속도나 링크의 속도가 빠른 고객이 속도가 느린 고객보다 늘 앞질러서 그리고 더 많은 양의 데이터를 전송하는 기회 불균형의 문제가 생길 수 있다.

그러나 인터넷에서 대역 자원은 특정인에게 독점적으로 점유되어서는 안되는 공공재(public utility)이기 때문에 특정인이 한정된 네트워크 자원을 과하게 점유하면 결국 다른 사람이 네트워크 자원을 사용하는 것을 방해하게 되므로 이러한 행위를 방치하는 것은 공평하지 못한데 이를 위해서 개발된 것이 TCP 흐름 제어 기술이다.

흐름 제어란 네트워크 상을 통해서 흘러가는 트래픽의 양을 제어하는 기술인데 특히 고객이나 서버의 호스트에서 네트워크로 흘러 들어가는 트래픽의 양을 제어하는 기술이다. TCP에서는 송신창의 크기(송신자가 수신자로부터 ACK 메시지를 받지 않고 계속해서 보낼 수 있는 세그먼트의 수)를 지정하여 호스트가 네트워크로 세그먼트를 보낼 때 그 이상의 데이터를 흘려 보내지 못하도록 규제한다. 송신창을 다른 말로 폭주창(congestion window, 이하 cwnd)이라고도 부르는데 정확한 표현은 아니며 그 이유는 나중에 이야기하기로 한다.

그런데 TCP에서는 송수신자가 데이터를 주고받을 때 수신자의 사정(패킷을 받는 속도나 패킷을 저장할 수 있는 메모리의 크기 등)도 고려를 해야 패킷이 손실이 일어나지 않고 전송될 수 있으므로 수신자가 자신이 하나의 RTT 동안 받을 수 있는 최대 수신창의 크기(이를 receiver advertised window, 이하 rwnd)를 송신자에게 가르쳐 주는데, 송신창의 크기의 상한(최대 송신창의 크기)은 이 값과 송신호스트가 가지고 있는 버퍼의 물리적 크기 등으로 지정된다. 이와 같이 함으로써 송신자가 하나의 송신창 동안 위에서 지정한 속도로 데이터를 보내면 송수신자 사이에는 적당한 속도로 데이터를 주고받을 수 있다.

송신창의 크기는 아래의 식과 같이 정해진다. 단, 아래의 식에서 sender buffer size는 송신호스트가 패킷을 전송하기 전에 임시로 보관하는 버퍼의 크기를 말하는데 송신창의 크기는 이 값을 초과할 수 없다.

송신창의 크기 = min{rwnd, cwnd, sender buffer size}

즉, 송신창의 크기는 수신자에게서 통보 받은 수신창의 크기(rwnd)보다는 일단 작아야 하며 그 다음에 송신자의 버퍼 크기와 cwnd의 크기와 rwnd를 비교해서 가장 작은 값으로 결정된다.

한편 요즘은 네트워크의 대역폭이 수백 메가 bps에서 수 기가 bps까지 아주 크지만 불과 10년 전만 해도 대역폭이 수 메가 bps에 불과했고 전화회선으로 데이터를 주고받았던 1980년대 중반까지는 대역폭이 불과 64kbps였다. 인터넷의 규모가 그다지 크지 않았던 1980년대에도 인터넷 상에서 폭주(congestion collapse)가 발생했다는 보고가 있다(참고문헌의 [Jacobson] 참조). 그래서 가입자 단말과 네트워크에 대해서 사용 상의 규제가 필요하다는 판단 하에 폭주 제어(congestion control) 알고리즘을 개발하게 되었다. TCP의 폭주 제어는 세 단계로 구성되는데 아래에 각 단계에 대해서 설명한다.

(1) 저속 출발 단계(slow start phase)

송신호스트는 처음에는 네트워크 내의 트래픽 상황을 모르기 때문에 너무 공격적이지 않고 신중한 태도로 데이터를 보내야 한다. 그래서 새로운 연결에 대한 최초의 세그먼트 전송에서는 cwnd=1[단위: 세그먼트]로 전송한다. 그 다음에 수신호스트로부터 도착하는 ACK를 기다려 보고 자신이 조금 전에 보낸 세그먼트가 성공적으로 전송된 것을 확인하면 네트워크의 사정이 좋다(가용 대역폭이 충분히 있다)고 판단하고 cwnd의 크기를 매 왕복지연시간(RTT)마다 지수적(예: 2배)으로 증가시킨다. 단 이와 같은 동작은 cwnd의 크기가 저속 출발 임계치(slowstart threshold, 이하 ssthresh, 단, 이 값은 rwnd의 값과 같음)에 도달할 때까지 계속해서 수행한다.

(2) 폭주 회피 단계(congestion avoidance phase)

송신호스트의 cwnd의 값이 ssthresh에 도달하면 이제 전송 속도가 수신자가 지정한 rwnd에 근접했다는 신호이고 또 이 속도로 세그먼트를 보낼 때 잘못하면 수신측에서 패킷 손실이 일어날 수 있으므로 지금부터는 송신 속도를 조금 줄여서 네트워크가 폭주상태에 빠지는 것을 막아야 할 때가 되었다. 그래서 송신호스트는 매 RTT마다 cwnd의 값을 이전의 값보다 1세그먼트 크기만큼만 증가시킨다. 이와 같은 동작은 폭주가 일어날 때까지 계속된다.

(3) 폭주 및 복구 단계(congestion collapse and recovery phase)

일반적으로 이동창 알고리즘에서 송신호스트는 송신창의 크기 동안 패킷을 계속해서 수신호스트에게 보낸다. 그러면 왕복지연시간이 지난 뒤 그동안 보낸 패킷에 대해서 패킷의 순서번호에 맞게 번호가 붙여진 ACK 메시지를 받는다.

그런데 송신호스트가 보낸 각 패킷에 대해서 수신자로부터 타임아웃이 지나도록 ACK가 오지 않으면 송신호스트는 그 패킷이 폭주로 인하여 손실되었다고 판단한다. 이 경우에 폭주 단계에서 TCP가 대처하는 방법은 성공하지 못한 패킷을 다시 보내고 ssthresh의 값을 현재의 cwnd의 값의 반으로 낮추고 cwnd의 값을 초기치인 1세그먼트 값으로 설정하고 저속 출발 모드로 들어간다. 그런데 이 방법의 문제는 TCP가 각 패킷에 대해서 타임아웃을 기반으로 네트워크의 혼잡 상황을 판단하는데 RTT만큼의 시간이 걸린다는 것이다.

한편, 타임아웃의 크기를 터무니 없이 짧게 설정해 둔 경우에는 패킷이 성공적으로 전송되었음에도 불구하고 수시로 ACK가 타임아웃을 지나서 도착할 수도 있다. 그래서 이 문제를 해결하기 위해서 TCP에 나중에 추가한 기능으로 빠른 재전송이라는 것이 있다.

TCP의 이동창 알고리즘에서 송신호스트에 의해서 만들어진 패킷은 교번순서번호(alternating sequence number, 즉 0과 1이 교차하는 번호)를 가지고 있는데 패킷이 수신호스트에 순서대로(0,1,0,1 …과 같이) 도착하면 문제가 없는데 가끔은 특정 패킷에 과도한 지연이 발생하여 순서가 어긋나서 도착하기도 한다. 이 경우 수신호스트는 번호가 빠진 패킷(가령 0번 패킷)이 도중에서 손실된 것으로 생각하고 그 이후에 성공적으로 받은 패킷(1번 패킷)에 대해서 ACK를 보낼 때 문제가 발생하기 이전에 가장 마지막으로 받은 패킷의 번호(1번)와 같은 번호를 가진 ACK번호를 기입하여 송신자에게로 보낸다. 이것을 이중응답(duplicated ACK, 이하 DA)이라고 부른다.

한편, 송신호스트가 교번순서번호로 보낸 패킷에 대해서 네트워크 내에서 실제로 손실이 발생하는 경우에 수신호스트는 자신이 기다리던 패킷(가령 0번)이 도착하지 않으면 그 이후에 전송된 패킷(1번패킷)에 대해서 그에 맞는 번호의 ACK를 보내지 않고 받지 못한 패킷의 바로 앞에 받은 패킷에 대한 ACK와 같은 번호(1번)를 적어서 보낸다. 가령 패킷 0과 패킷1은 성공적으로 수신호스트에 도착하고 수신호스트가 ACK 0, ACK 1을 보냈다고 하자. 그런데 패킷 2(0번)가 도착하지 않고 패킷 3(1번), 4(0번), 5(1번)가 계속 도착해도 수신호스트는 계속해서 ACK 1만 세 개 보낸다. 이것을 삼중응답(triple duplicated ACK, 이하 TDA)라고 부른다. TDA를 받은 송신호스트는 세 개의 패킷(ACK1에 해당하는 3개의 패킷)은 정상적으로 전송되었지만 ACK1 패킷의 바로 앞의 ACK0번호에 해당하는 패킷이 손실되었다고 판단한다. 따라서 자신과 수신호스트 간에 설정된 패킷 전달 경로가 그다지 심각한 폭주상태는 아닌데 우연히 패킷2가 손실되었다고 판단하고 패킷2를 재전송한다. 이것을 빠른 재전송(fast retransmit)이라고 부른다.

TCP의 초기 버전에서는 패킷 전송 실패가 발생하면 그 패킷은 타임아웃에 걸리게 되고 이 경우에는 호스트는 네트워크가 폭주에 빠졌다고 판단하여 바로 저속 출발 모드로 들어가도록 했지만 나중에 추가된 빠른 재전송에서는 폭주에서 빠져나오는 방법도 추가하여 알고리즘이 더욱 정교하게 되었다. 즉 TDA가 발생한 경우는 패킷이 수신호스트로 전달은 제대로 되었는데 ACK가 늦게 도착할 가능성이 있어서 이 경우에 송신자에게서 수신자로 향하는 네트워크 링크가 반드시 혼잡하다고 단정할 수 없다. 그래서 타임아웃이 지난 경우에 발생하는 폭주보다 네트워크의 상황이 그다지 나쁘지는 않으므로 송신호스트에게 전송 속도를 과도하게 낮추게 하는 것은 너무 가혹하다는 생각을 하게 되었다. 그래서 이 경우에 TCP는 빠른 복구(fast recovery)에 돌입한다. 빠른 복구는 아래의 단계를 따른다.

① ssthresh의 값을 현재의 cwnd값의 반으로 줄인다.
② cwnd=ssthresh(혹은 ssthresh+3)로 바꾼다(주: 타임아웃의 경우에는 cwnd의 값을 1세그먼트로 했었음).
③ 전송 실패한 패킷을 재전송한다.
④ 재전송에 성공하면 해당 패킷의 번호에 해당하는 ACK가 송신호스트에 도착할 것이고 이어서 패킷의 전송이 성공할 때마다 송신호스트의 cwnd를 선형적으로 증가시킨다(즉 폭주 회피 모드로 동작한다).

아래의 그림은 시간 축 상에서 위에서 정의한 세 가지 단계의 사건이 일어나는 경우에 송신창(cwnd)의 크기 변화를 나타내고 있다.

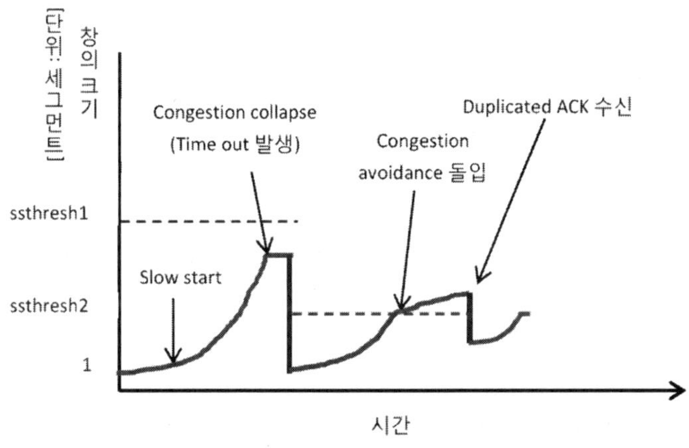

[그림 19.4] TCP에서 송신 창 크기의 변화

지금까지 우리는 TCP에서 흐름 제어와 폭주 제어에 대해서 알아보았다. 엄격히 구분하자면 흐름 제어는 송신창의 크기에 기반하여 한 번의 전송에 단말이 네트워크쪽으로 보내는 패킷의 크기를 정하는 것이고 폭주 제어는 네트워크의 상황에 따라서 송신창의 크기를 조절하는 것이므로 두 방법은 서로 다르다. 그런데 사실 폭주 제어도 흐름 제어의 일종이므로 어떤 사람들은 이들 둘을 혼용하기도 한다.

마지막으로 ssthresh의 값은 네트워크가 폭주상태에서 해제되면 다시 초기값으로 복귀한다.

TCP의 진화

위에서 우리는 TCP가 패킷의 성공적인 전달 여부에 따라서 송신창의 크기를 조절함으로써 결국은 네트워크의 폭주를 제어하는 방법을 취함을 알았는데 이와 같은 방법에는 몇 가지 문제점이 있다. TCP의 가장 큰 문제는 데이터를 전송하기 시작하는 초기 단계에는 비록 네트워크에 패킷을 전송할 수 있는 여력이 있더라도 많은 양의 데이터를 네트워크로 흘려 보낼 수 없다(slow start mode 동작)는 점이다.

TCP의 또 다른 문제는 호스트가 네트워크로 흘려 보내는 데이터의 양이 네트워크의 상태에 따라서 기복(up & down)이 심해서(이것을 톱니바퀴 파형-sawtooth wave-라고 부름) 네트워크가 늘 출렁거리는 상태로 동작한다(이것을 oscillation-진동-이라고도 부름)는 것이다. 그리고 동시에 네트워크에 접속한 호스트의 수가 많을 경우에 폭주는 자명한 일일 것이고 이 경우에는 모든 호스트에게 성능저하를 가져올 뿐 근본적인 해결책이 없다는 것이다.

이를 해결하기 위하여 TCP/IP가 개발된 1980년부터 지금까지 지속적으로 프로토콜이 진화해 왔는데 아래에 대표적인 몇 가지 진화된 버전인 TCP Tahoe, Reno, Vegas,

그리고 New Reno에 대해서 설명한다. 참고로 Tahoe, Reno, Vegas는 모두 미국 Nevada 주에 있는 카지노로 유명한 지명의 이름이다.

(1) TCP Tahoe

이 프로토콜은 1988년 반 자콥슨(Van Jacobson)에 의해서 제안된 것인데 폭주 제어를 송신자의 패킷 손실에 대한 예측을 바탕으로 수행한다. cwnd의 크기는 두 단계로 제어되는데 저속 출발과 폭주 회피 단계이다. 저속 출발에서는 처음에 1세그먼트 크기로부터 시작하여 패킷이 정상적으로 전달되면 폭주창이 매 RTT마다 사전에 정해진 임계치 ssthresh에 도달할 때까지 두 배씩 지수적으로 증가한다. 만약 창의 크기가 임계치에 도달하면 바로 폭주 회피 단계로 돌입하여 매 RTT마다 1세그먼트 크기만 증가한다. 그리고 TDA를 수신하거나 타임아웃이 발생하면 Tahoe 는 빠른 재전송을 수행하며 폭주창의 크기를 1 세그먼트 크기로 줄이고 저속 출발 모드로 돌아간다.

이 방법은 몇 가지 문제가 있는데 먼저 손실의 검지와 복구에 대한 문제이다. 즉, 패킷의 손실 여부를 전송되는 매 패킷에 대해서 계수기를 동작시켜서 판단하고 수신자로부터의 수신 확인 메시지의 도달 여부에 따라서 검지한다. 따라서 패킷의 손실을 검지하기 위해서는 하나의 타임아웃 동안을 완전히 기다려봐야 한다. 그런데 실제로는 타임아웃의 크기를 나타내는 단위가 엉성하여(coarse grain) 손실 검지에 시간이 훨씬 더 걸린다. 두 번째로 Tahoe에서 수신자는 패킷을 받고도 바로 ACK를 보내지 않고 여러 개의 ACK를 모아서 송신자로 보낸다. 즉 Tahoe는 집단 오류 복구(Go-back-N error-recovery) 문제를 가지고 있다. 이 문제는 BDP가 큰 링크에서는 아주 불리한 요소이다.

만약 손실이 검지되면 이 프로토콜은 저속 출발의 단계로 되돌아가서 처음 시작하는 방법과 같이 전송한다. 이는 송신자에게 전송 속도를 지나치게 떨어뜨리는 문제를 가져올 뿐만 아니라 네트워크의 폭주 정도에 따라 전송 속도의 변화가 심하게 요동칠 가능성이 크므로 일정한 전송 속도를 지속적으로 보장해야 할 응용 프로그램에 대해서는 심각한 전송 성능 저하를 초래한다.

(2) TCP Reno

이 프로토콜도 1992년 반 자콥슨에 의해서 제안된 것인데 Tahoe의 문제를 해결하려는 의도로 개발되었다. 이 프로토콜은 저속 출발의 시작은 Tahoe와 같은 방법으로 한다. 즉, 패킷의 손실이 발생하지 않는 한 매 RTT마다 창의 크기는 1씩 증가한다. Tahoe와 Reno 의 차이는 패킷의 손실이 일어났을 때 대처하는 방법에 있다. Reno는 TDA 수신 때마다 cwnd를 Tahoe와 같이 1세그먼트의 크기로 낮추는 것이 아니라 이전 cwnd의 크기의 반으로 낮추고 ssthresh의 값도 반으로 줄인 후 빠른 재전송을 수행하고 빠른 복구 모드로 돌입한다. TCP Reno에서 만약에 타임아웃이 발생하면 Tahoe와 마찬가지로 저속 출발 모드로 들어간다.

Reno의 문제점은 창의 크기를 지속적으로 갱신함으로 인해 창의 크기가 주기적으로 진동한다는 것이다. 이는 결과적으로 RTT의 진동을 초래하고 이는 다시 패킷 전달 지연의 변이(delay jitter)의 증가를 초래한다. 패킷의 전달 지연이 크게 변하면 패킷이 비록 정상적으로 전달된다고 하더라도 수신단말이 보내는 ACK패킷의 전달이 늦게 되고 그로 인하여 타임아웃 이내에 송신단말에게 도착하지 못하게 되는데 그로 인하여 패킷의 재전송이 빈번하게 되어서 결과적으로 대역의 사용효율이 떨어진다.

(3) TCP Vegas

TCP Vegas는 1995년 애리조나 대학교(University of Arizona)의 래리 피터슨(Larry Peterson)과 로렌스 브라크모(Lawrence Brakmo)에 의해서 개발되었는데 폭주의 검지 및 회피 단계에서의 대역폭 예측에 대해서 기존의 버전과는 다른 새로운 알고리즘을 제안하였다.

네트워크의 폭주 상태를 검지하기 위하여 전송 버퍼에 들어있는 패킷에 대해서 타임아웃을 설정하고 패킷을 전송할 때마다 RTT를 측정한다. 이때 측정한 여러 개의 RTT 값 중에서 최소값을 기본 RTT(Base_RTT)로 정의하고 cwnd의 크기를 Base_RTT로 나눈 값을 전송 속도의 기대치(Expected_Rate, ER=cwnd/ Base_RTT)라고 정의한다. 그리고 송신자는 매 패킷의 전송시 측정한 RTT(Actual_Rate)의 값을 이용해서 실제 전송속도(Actual_Rate, AR = cwnd/ Actual_Rate)를 계산한다. 그 후 매 RTT마다 송신호스트는 자신의 버퍼에 쌓여 있는 패킷의 양(Diff=(ER-AR) Base_RTT)을 계산한다. 만약 네트워크에 폭주가 발생하면 이 값은 양의 값을 취할 것이고 그렇지 않으면 거의 0에 근접할 것이다.

TCP Vegas는 다음과 같은 알고리즘에 기반하여 폭주창의 크기($cwnd$)를 갱신한다. 단, α와 β는 망 관리자가 사전에 설정하는 임계치이다.

$$cwnd = \begin{cases} cwnd+1, Diff < \alpha \\ cwnd-1, Diff > \beta \\ cwnd,\ otherwise \end{cases}$$

그러나 이 버전은 규모의 문제(scalability problem, 매 패킷의 전송마다 RTT를 측정하고 전송 속도를 계산하여야 하는데, 연결의 수가 아주 많을 경우 네트워크 장비는 이것을 계산하는 것이 큰 부담이 됨) 및 동작의 안정성(stability) 문제로 인하여 실제로 현장에서는 사용되지 못하고 개발자의 연구실 레벨에서 머물고 말았다.

(4) TCP New Reno

TCP New Reno는 2004년 샐리 플로이드[6](Sally Floyd)에 의해서 고안된 프로토콜인데 Reno의 단점을 보완한 프로토콜이다. 특히 TCP Reno에서 동일 창 내에서 여러 개의 패킷 손실이 일어났을 때 TCP Reno의 빠른 복구 단계에서의 재전송의 성능을 향상시킨 점이 주목된다. New Reno는 Reno와 마찬가지로 TDA 패킷을 받으면 빠른 복구 단계로 들어간다. 다만 New Reno가 Reno와 다른 점은 빠른 복구로 들어가서 패킷의 전송 후 수신자로부터 ACK가 도착하기를 기다리고 있던 모든 패킷에 대해서 ACK를 성공적으로 받을 때까지 빠른 복구 단계로부터 벗어나지 않는다는 것이다. 따라서 Reno에 있어서 cwnd의 크기를 여러 번 줄인 문제를 해결하게 되었다.

TCP New Reno에게도 문제는 있다. 즉, 패킷의 손실을 검지하기 위해서 최소한 RTT 만큼은 소요된다는 것이다. 즉 처음에 재전송된 세그먼트에 대한 ACK를 받아봐야만 다른 세그먼트가 손실이 일어났는지의 여부를 알 수 있다. 하여간 TCP New Reno는 현재 가장 널리 보급된 프로토콜이다.

ICMP와 오류 제어

지금까지 우리는 TCP 를 이용하여 데이터를 신뢰성 있게 전달하는 방법을 알아보았다. 그런데 아무리 신뢰성 있게 데이터를 전송하려고 노력하더라도 피치 못하게 데이터가 수신자에게 성공적으로 전달되지 못할 때는 있다.

라우터가 IP 데이터그램을 성공적으로 전달하지 못하였을 때 송신호스트에게 오류 발생 메시지를 송신하는데 이때 ICMP(internet control message protocol)를 사용한다. 오류의 종류로는 목적지 호스트에 도달할 수 없음(destination host unreachable), 파라미터 오류(parameter error), 소스 억제(source quench), 재라우팅(redirect), 시계동기화 요구응답(timestamp request/reply), 재조립 실패(reassembly process failed), 패킷 수명 도달(TTL had reached 0), IP 헤더 오류 정정 실패(IP header checksum failed) 등이 있다. 아래에 각 메시지의 의미를 요약하였다.

- 데이터그램이 목적지 호스트에 도달할 수 없다는 메시지는 목적지 호스트의 주소가 잘못된 경우나 목적지 호스트가 고장난 경우에 발생하며 가끔은 'not to be fragmented(프레임을 분리하지 말 것)'라고 표시된 데이터그램이 그보다 작은 크기의 블록만 받을 수 있는 서브네트워크(subnetwork)을 만나는 경우에도 발생한

[6] 샐리 프로이드는 1997년 미국 뉴욕에서 열린 IWQoS'97라는 세계적 수준의 인터넷 서비스품질 관련 학회에서 필자와 만난 적이 있다. 당시 학회의 공식 저녁 만찬을 허드슨 강의 선상에서 해서 함께 와인을 마시며 담소를 나눈 적이 있었는데 필자는 그 당시 샐리가 그렇게 유명한 사람인 줄은 몰랐었다. ^^

다. 그리고 수신자가 IP헤더에 표시된 프로토콜을 가지고 있지 않거나 소스에 의해서 제공된 경로가 잘못된 경우에도 발생한다.

- 파라미터 오류는 헤더 영역에 유효하지 않은 프로토콜 식별자가 기입된 경우에 발생한다.
- 소스 억제는 경로 중간에 있는 노드(transit node)에 저장 용량이 부족하거나 목적지 노드가 데이터그램을 처리할 수 없을 경우에 있어서 소스의 전송 속도를 줄이고자 할 때 전송된다.
- 재라우팅 메시지는 트랜짓 노드(transit node, 네트워크 크라우드 내부에 있는 중계 노드)가 봤을 때 자신 보다는 다른 노드를 통하면 라우팅이 더욱 효율적이라고 판단할 때 발생한다.
- 시계동기화 요구응답 메시지는 노드의 시계를 동기화시킬 때 사용한다.
- 재조립 실패 메시지는 패킷이 수신자에 성공적으로 도달은 했으나 어떠한 이유에 의하여 수신자가 패킷의 재조립에 실패한 경우에 발생한다.
- 패킷 수명 도달 메시지는 라우팅의 오류나 패킷의 전달 오류로 인하여 패킷 내에 기록된 TTL이 0에 도달한 경우에 발생한다.

이상과 같은 경우 어느 메시지에 대해서든 패킷은 수신자에게 성공적으로 전달되지 못한 것을 의미하므로 송신자는 재전송 등의 방법을 통하여 패킷을 다시 보내야 한다.

지금까지 우리는 TCP와 UDP에 대해서 알아보았다. 일반적으로 인터넷 프로토콜을 TCP/IP 라고 부를 만큼 TCP가 차지하는 비중이 큰 것은 사실이지만 최근에 와서는 다양한 실시간 응용 서비스가 등장함에 따라서 UDP의 비율도 늘어가는 추세이다. 실제로 인터넷 상에 전송되는 패킷 중에서 TCP와 UDP가 차지하는 비율을 필자가 직접 조사해 보았는데 비율은 아래와 같다.

[표 19.2] 패킷에서 TCP와 UDP가 차지하는 비율(%)

연도	2006년	2012년
TCP	91.85	84.35
UDP	8.15	13.92

위의 표에서 보듯이 2012년 말을 기준으로 TCP: UDP의 비율은 84:14로 TCP가 UDP보다 6배 많다. 그러나 2006년의 비율에 비하면 6년만에 UDP의 비중이 많이 커졌다고 할 수 있다. 이처럼 UDP의 비율이 증가한 이유는 최근 들어서 멀티미디어 응용 서비스가 증가한 것이 가장 큰 이유인데 앞으로도 UDP의 증가 추세가 계속될 것으로 생각된다.

19.3 SCTP

앞 절에서 우리는 TCP와 UDP에 대해서 공부했다. 그런데 이들 두 프로토콜은 사실 텍스트나 파일 전송 등 비실시간 계열의 데이터 서비스를 염두에 두고 개발한 프로토콜인데 최근에는 전화, 오디오, 비디오 등 실시간(real-time) 스트리밍(streaming) 서비스가 인터넷 상에 공존하고 있다. 따라서 이들 스트리밍 서비스를 데이터계열의 응용 서비스를 염두에 두고 개발한 TCP나 UDP로 전송하는 것은 적합하지 않다.

이와 같은 이유로 IETF에서는 2000년 10월에 SCTP(stream control transmission protocol)를 제정하기 시작했으며 SCTP는 IP 패킷의 프로토콜 식별번호로서 132번을 부여받았다(참고: TCP는 17번, UDP는 6번임). SCTP는 UDP의 메시지지향(message-oriented) 특성과 TCP의 신뢰성 있는(reliable) 연결지향(connection-oriented) 특성을 하나로 합친 프로토콜이다. 그래서 SCTP는 VoIP, 실시간 다중 미디어 전송용 웹 응용, AAA(authentication, authorization, accounting) 등 실시간성과 고도의 신뢰성을 요구하는 응용프로그램의 전송에 사용된다. 아울러 SCTP를 이용하면 all-IP 기반의 이동통신 네트워크에도 실시간 처리가 요구되는 핸드오버 기능을 제공할 수 있다.

아래에서는 SCTP의 프로토콜 동작 방식에 대해서 알아본다.

19.3.1 SCTP의 프로토콜 동작

SCTP는 기본적으로 TCP와 같은 기능을 담당하는 만큼 OSI 7계층의 응용계층과 네트워크계층 사이에 위치한다. 특히 SCTP는 SCTP peer간에 응용데이터를 API(application programming interface)로 전달받아 IP네트워크를 통해서 전송하는 기능을 담당한다.

두 SCTP 지점간의 SCTP 연결을 SCTP association(영어로는 session이라고도 부르고, 우리나라 말로는 '연결'이라고 부름)이라고 하는데, 두 연결 간의 데이터 전송절차는 연결설정(connection initiation), 데이터 전송(data transfer), 연결 해제(connection shutdown)의 3단계로 이루어져서 우리가 앞에서 공부한 VC의 기능과 같다.

먼저 연결 설정에 대해서 알아본다. 연결 설정은 TCP에서의 3단악수와는 다르게 4단악수(4-way handshake)를 사용한다. 먼저 아래의 그림을 보자. SCTP-A는 SCTP-B에게 자기가 사용할 IP주소 목록을 포함하는 INIT 메시지를 전송하여 연결 설정을 시도한다. 그러면 SCTP-B는 자신이 사용할 IP주소 목록을 포함하는 INIT-ACK메시지를 SCTP-A에게 보낸다. 그 뒤 COOKIE-ECHO와 COOKIE-ACK 메시지를 서로 교환하는데 이로써 연결 설정이 완성된다.

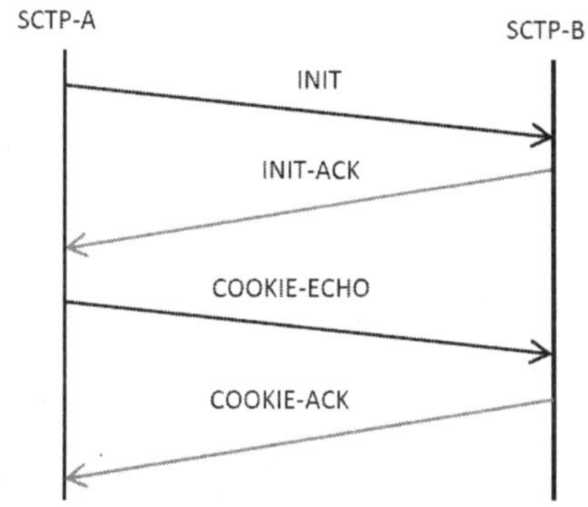

[그림 19.5] SCTP의 연결 설정 과정

데이터의 전송은 다음과 같은 절차로 수행된다. SCTP에서는 오류 제어를 위해서 SACK방식을 채용한다. 즉, 전송되는 데이터 chunk에 대해서 수신자는 수신된 데이터 chunk의 목록을 SACK을 통해서 송신자에게 알려준다. 이때 흐름 제어를 위하여 최소한 2개의 데이터마다 하나의 SACK를 보내야 하고 경우에 따라 SACK와 데이터 chunk는 동시에 전송될 수 있다.

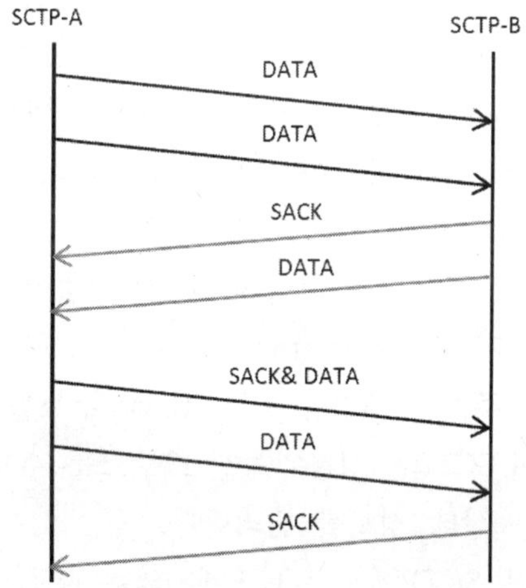

[그림 19.6] SCTP의 데이터 전송 과정

SCTP에서는 각 데이터 chunk(제어정보와 응용데이터 부분)에게 TSN(tx sequence number) 및 SSN(stream sequence number) 값이 부여되는데 TSN은 연결에 대한 흐름 제어와 오류의 복구를 위해 사용되며 SSN은 스트림 간의 순서화에 사용된다.

마지막으로 연결 종료는 아래와 같이 SHUTDOWN + SHUTDOWN-ACK + SHUTDOWN-COMPLETE의 3단계의 절차를 사용하여 송수신 단말 간의 데이터 전송 종료가 함께 이루어지도록 한다(참고: TCP에서는 FIN-ACK-FIN-ACK의 4단종료).

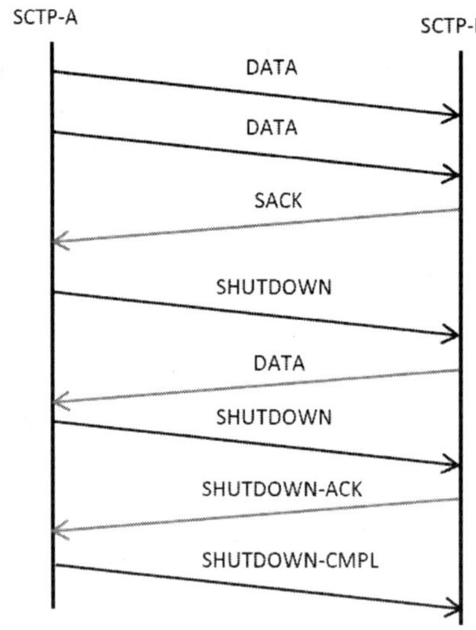

[그림 19.7] SCTP의 연결 해제 과정

SCTP에는 다음과 같은 특징이 있다.

① 세션 인증과 SACK: SCTP 연결 설정 단계에서 두 단말 간에 COOKIE를 사용하여 인증을 위한 key정보를 교환한다. 이때 COOKIE정보는 MAC(message authentication code)을 통해 생성되며 이것은 DoS 공격 방지를 위해 사용된다. 그리고 연결 도중에 데이터의 수신 여부 확인이나 재전송 요구 등을 나타내기 위하여 수신자는 송신자에게 SACK(selective ACK) chunk를 보낸다.

② 경로 선정 및 감시: 사용자는 하나의 SCTP 연결에 여러 개의 IP주소를 사용할 수 있는데 연결의 지속 중에는 primary주소가 지정되어 데이터의 전송에 사용되며 나머지 alternate주소는 재전송 또는 primary주소를 쓸 수 없게 된 경우에 사용된다. 이를 위하여 SCTP는 사용가능한 IP주소를 주기적으로 모니터링하여 IP주소의 active/inactive상태 정보를 관리한다.

③ 흐름 및 폭주 제어: SCTP에서는 TCP에서와는 다르게 흐름 제어는 association별로 수행되고 폭주 제어는 전송경로별로 실시한다. SCTP단말은 수신창의 크기를 송신자에게 알려줌으로써 흐름 제어를 수행하고 송신창의 크기를 조절하여 폭주 제어를 수행한다.

④ 멀티호밍: SCTP에서는 하나의 연결이 여러 개의 IP주소를 사용할 수 있으므로 연결의 도중에 네트워크 경로 상에서 장애가 발생하더라도 대체경로(또는 대체 IP주소)를 이용하여 연결이 계속 유지되도록 할 수 있다. 이를 위해서 연결설정 단계에서 각 SCTP peer는 가용한 IP주소 목록을 교환하고 그 중에서 primary주소를

지정해준다. 그리고 상대쪽 SCTP는 그 주소를 수신주소로 지정하여 데이터를 전송한다. 데이터 전송 도중에 위에서 소개한 경로의 감시기능을 이용하여 primary IP 주소에 이상이 있다고 판단되면 SCTP는 다른 대체 IP주소로 데이터의 전송을 계속한다.

⑤ 멀티스트리밍: 멀티스트리밍은 하나의 연결을 통해서 다양한 종류의 응용 데이터를 전송할 수 있는 기능이다. 이를 위해서 연결설정 단계에서 송신자가 자신이 전송할 스트림의 개수를 수신자에게 통보하고 전송 단계에서는 각 스트림별로 패킷의 순서화가 독립적으로 수행된다. 그리고 데이터의 오류 발생시 복구와 재전송이 스트림별로 수행되어서 기존의 TCP에서 문제가 되었던 HoL(head of line)브로킹 문제가 해결된다.

19.3.2 SCTP의 패킷 구조

위에서 소개한 특징이 적용되기 위해서는 패킷에도 새로운 정보가 기입되어야 하는데 아래의 그림은 SCTP의 패킷 구조를 나타낸 것이다.

Source port	Destination port
Verification tag	
Checksum	
Chunk-1	
Chunk-2	
...	
Chunk-n	

[그림 19.8] SCTP의 패킷 구조

위의 그림에서 하나의 워드 길이는 32비트인데, 송/수신자 포트 번호는 각각 16비트, verification tag(각 association별로 할당되어 연결식별자로 사용함)는 32비트, checksum은 32비트이다.

한편 위의 그림에서 보는 바와 같이 하나의 SCTP 패킷 안에는 여러 개의 chunk가 들어있는데 아래의 그림은 하나의 chunk의 세부 구조를 나타낸 것이다.

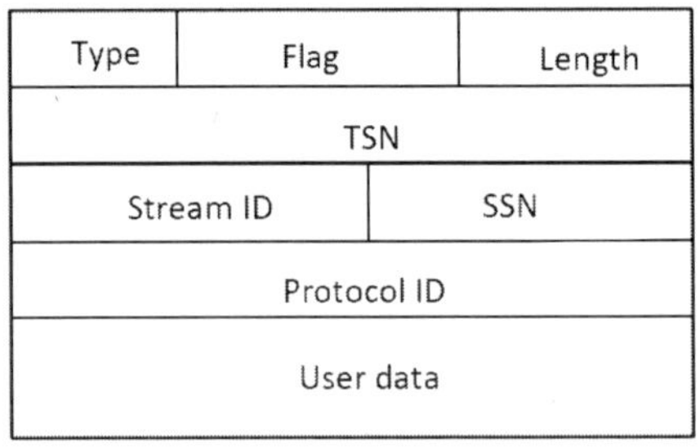

[그림 19.9] chunk의 구조

19.4 고찰 문제

1. TCP 의 등장 배경과 변천사를 정리해보자.

2. TCP/IP의 설계 요구 조건에 대해서 요약해보자.

3. TCP의 프레임 구조와 각 영역의 정보가 의미하는 바를 설명해보자.

4. TCP가 데이터를 전송하는 과정을 크게 세 단계로 나누어서 설명해보자.

5. TCP의 흐름 제어는 왜 필요하며 어떻게 흐름을 제어하는지 설명해보자.

6. TCP에서 네트워크의 상황에 따른 송신창의 크기의 변화 과정에 대해서 설명해보자.

7. TCP의 버전별 변천사를 요약 정리해보자.

8. 전송오류의 종류를 열거하고 각 경우는 어떤 경우에 해당하는지 설명해보자.

9. UDP의 특징을 설명해보자.

10. UDP의 프레임 구조를 그리고 각 영역의 의미를 설명해보자.

11. SCTP의 등장 배경과 동작 원리를 요약해보자.

제5부

인터넷 서비스

제20장 인터넷 네트워크 서비스

인터넷 서비스에는 두 가지 종류가 있는데 하나는 인터넷 네트워크 서비스이고 다른 하나는 인터넷 응용 서비스이다. 전자는 ISP가 고객에게 인터넷에 접속하도록 네트워크를 제공해주는 서비스이고 후자는 고객이 ISP가 제공하는 네트워크를 이용해서 오디오, 데이터, 비디오 등 실제로 데이터를 주고받는 응용 서비스이다.

이 장에서는 인터넷 네트워크 서비스에 대해서 알아보고 인터넷 응용 서비스는 다음 장에서 알아본다.

고객이 인터넷에 접속(access)하는 방법에는 두 가지가 있다. 하나는 유선 액세스 네트워크(wired access network)를 통하여 접속하는 것이고 다른 하나는 무선 액세스 네트워크(wireless access network)를 통하여 접속하는 것이다. 앞의 경우를 유선 인터넷(wired Internet)이라고 하고 뒤의 경우를 무선 인터넷(wireless Internet)이라고 부른다.

유선 인터넷을 기반으로 하는 네트워크 서비스는 크게 네 가지인데 ADSL, VDSL, HFC, PON이다. 무선 인터넷을 기반으로 하는 네트워크 서비스는 크게 두 가지인데 WiFi와 LTE이다.

이들 기술 중에서 WiFi에 대해서는 이미 앞에서 기술하였고 LTE는 이 책이 다루고자 하는 내용과 거리가 있으므로 생략하고 아래에서는 유선 인터넷과 관련하여 각 기술의 특징을 기술한다.

한편, 네트워크 서비스를 고객에게 제공할 경우에 개인(individual customer)을 대상으로 할 때와 기업(business customer)을 대상으로 할 때 네트워크 플랫폼(platform)을 다르게 적용한다. 먼저 개인 고객에게는 주로 공유 네트워크(shared network)를 제공하는데 그 예로서 ADSL, HFC, PON 등이 있다. 그리고 기업 고객을 대상으로 네트워크 서비스를 제공하는 경우에는 위의 방식과는 다른 전용 네트워크(private network)를 제공하는데 주로 VDSL이나 IP-VPN을 사용한다.

아래에서 이들 네트워크 서비스에 대해서 소개한다.

20.1 ADSL

ADSL(asymmetric digital subscriber line)은 '비대칭적 디지털 가입자 회선'이다. 여기서 '비대칭적'이라는 이름이 붙은 이유는 조금 뒤에 설명하기로 한다. ADSL은 당초 인터넷을 통한 데이터의 송수신을 목적으로 고객에게 회선을 제공하도록 개발된 기술인데 그래서 'subscriber line'이라는 이름이 붙었다. ADSL은 기존에는 없었던 완전히 새로운 기술은 아니고 기존의 전화망의 회선을 사용하여 인터넷 서비스를 제공하기 위해 개발되었다.

ADSL이 인터넷 접속을 위한 가입자 회선 기술로 등장한 배경에는 여러 가지 이유가 있는데, 그 중에서 대표적인 이유 두 가지를 들겠다. 1995년 ㈜Microsoft의 Windows 95 발매를 계기로 고객의 PC 사용이 획기적으로 쉬워진 뒤 웹 사이트 접속, 파일 다운로드 및 공유, 비디오 파일의 다운로드 등 멀티미디어 응용 서비스의 확산과 함께 대역폭의 요구가 커지는 서비스에 대한 수요가 급증하였는데 기존의 전화선을 이용한 기술로는 도저히 이들 요구하는 대역을 제공할 수 없게 되었다.

한편, 기존의 음성 서비스용으로 이미 가정마다 설치되어 있는 전화 회선에서 실제로 전화 서비스로 사용하는 주파수대역은 저주파수의 아주 작은 영역에 불과하고 나머지 주파수 영역은 그냥 놀리고 있는 상황이었다. 그러다가 반도체 기술의 발달로 인해 높은 주파수 대역에도 신호를 실어나를 수 있게 되었는데 인터넷 서비스 사업자가 전화 서비스용으로 사용하지 않는 주파수대역을 이용해서 데이터 정보를 전송하려고 개발한 것이 ADSL이다.

ADSL은 우리나라에서 1998년에 상용화되어 거의 대부분의 가정에서 초고속 인터넷(high speed Internet)을 접속하는 기술로 정착되었다. ADSL의 제공속도는 사용하는 주파수대역의 크기에 따라서 정해지므로 딱히 정해진 것은 없는데 보통 가입자 단말(subscriber premises)에서 네트워크(central office)로 향하는 상향링크(uplink)에 대해서 16~640kbps의 속도를 제공하고, 하향링크(downlink, 네트워크에서 가입자로 향하는 링크)에 대해서 최고 속도 1.5Mbps~8.448Mbps를 제공한다. 이때 제공되는 속도는 인터넷 서비스 사업자가 정할 수 있다.

ADSL의 네트워크 구조

아래의 그림은 가정에서 통신 사업자(일명 전화국)까지 ADSL 연결이 구성되는 모습을 나타낸 것이다.

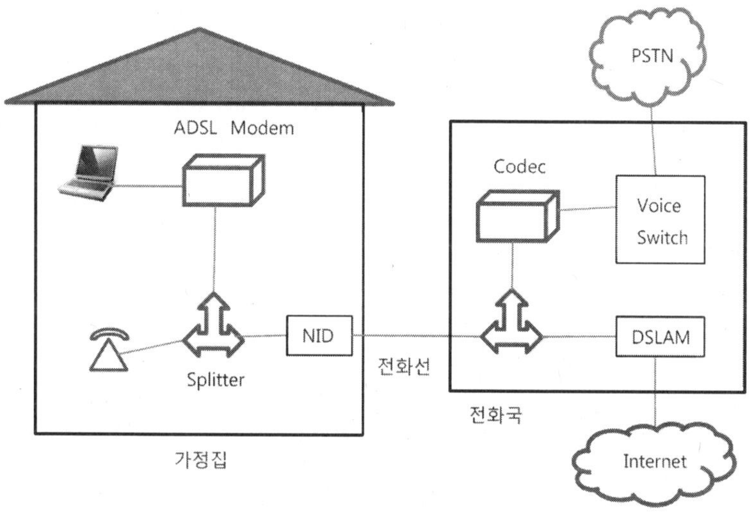

[그림 20.1] ADSL의 물리적 접속 구성도

ADSL은 가입자와 통신 사업자 사이를 연결하는 통신 회선인데 이것을 가입자 회선(subscriber line)이라고 부르나 통신 사업자에서 가입자에 이르는 마지막 거리라는 의미에서 라스트마일(last mile)이라고도 부른다. 가입자와 통신 사업자 사이에서 ADSL이 제공 가능한 최대 거리는 5.5km인데 그 이유는 금속으로 된 전화회선의 물리적 특성상 그 이상 거리가 떨어지면 신호의 감쇠가 심해서 원래의 신호가 제대로 전달되지 않기 때문이다.

가입자가 ADSL 서비스를 사용하기 위해서는 가정의 댁내에 ADSL 모뎀(modem)이 필요하다. 보통 가정에서는 벽에 있는 전화 단자에 주파수 분리기(splitter)를 설치하여 하나는 전화기에 연결하고 다른 하나는 모뎀(ADSL modem)을 통하여 PC에 연결하여 전화와 데이터 서비스를 동시에 사용할 수 있다. 이때 모뎀에서는 음성(음성은 4kHz 이하의 주파수를 사용)이 사용하지 않는 고주파수 영역(24kHz 이상)에 PC에서 만들어지는 데이터 정보를 실어서 바깥의 네트워크로 내보내고 또 반대로 바깥에서 들어오는 정보를 받아서 PC로 전달한다.

ADSL의 구현 방식

ADSL를 구현하는 방법에는 두 가지 방식이 있는데 가벼운 ADSL과 표준 ADSL이 있다. 가벼운 ADSL(ADSL Lite) 또는 범용(universal) ADSL이라고 불리는 기술은 전화국에서 주파수를 분리하므로 앞의 그림에서 보인 가정 내의 주파수 분리기(splitter)가 필요 없다. 반면에 표준 ADSL은 가정 내에 주파수 분리기가 필요하다. 표준 ADSL에는 두 가지 방식이 있는데 아날로그 기술을 이용한 것이 CAP(carrier amplitude/phase) 방식이고 디지털 기술을 이용한 것이 DMT(discrete multitone) 방식이다.

CAP의 특징은 다음과 같다. 우선 전화 회선의 주파수대역을 서로 다른 신호를 전달할 수 있는 3개의 주파수 대역으로 구분한다.

① 전화 신호의 송수신에는 0~4kHz의 주파수대역을 사용한다.
② 데이터 전송용 상향 채널은 25~160kHz의 주파수대역을 사용한다.
③ 데이터 전송용 하향 채널은 240kHz~1.5MHz의 주파수대역을 사용한다.

아래의 그림은 ADSL에서 사용하는 주파수대역의 분포를 나타낸 것이다(단, 각 채널별 주파수대역은 네트워크의 사정에 따라 약간씩 다를 수 있음).

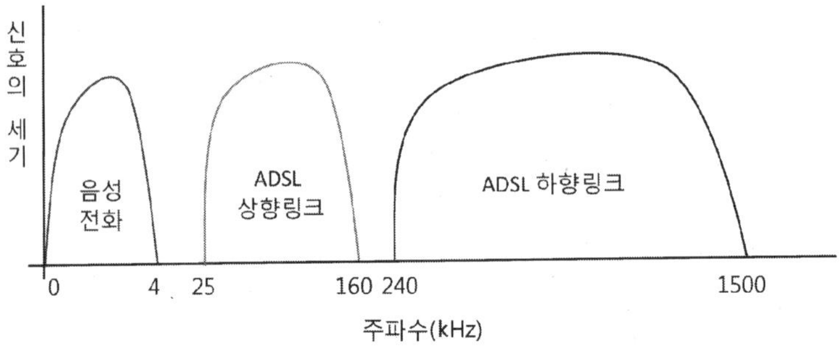

[그림 20.2] ADSL의 주파수대역 사용 범위

한편 DMT 방식은 전화 회선의 주파수대역을 4kHz를 하나의 단위로 하는 247개의 채널로 나누어서 이 주파수를 상향과 하향 전송에 사용하는 방식이다. 이 경우에 주파수를 할당하는 방법은 CAP에서와 같은 방법으로 음성전화, ADSL 상하향링크에 통신망 운용자의 재량으로 할당할 수 있다. 요즘은 현장에서 대부분의 경우 DMT방식을 많이 사용한다.

ADSL의 도입 초기에는 대부분의 가입자가 이전부터 통신 회사에 전화 서비스를 가입한 상태였기 때문에 모뎀을 추가하여 음성 전화와 초고속 인터넷을 사용하였는데 최근에는 무선 전화의 보급과 함께 유선 전화 서비스는 사용하지 않고 초고속 인터넷만 ADSL을 통해서 사용하는 가입자가 늘고 있다. 이처럼 전화기는 사용하지 않고 데이터만 사용하는 ADSL 회선을 '건조한 루프(dry-loop) DSL' 혹은 '벌거벗은(naked) DSL'이라고 부른다.

20.2 VDSL

VDSL(very high-data rate digital subscriber line)은 ADSL보다 회선의 속도가 훨씬 빠르다는 의미에서 붙여진 이름으로서 가입자 단말(subscriber premises)과 통신사업자(central office, 이하 CO) 사이에 광 네트워크 장치(optical network unit, 이하 ONU)를 두고 가입자 단말과 ONU 사이에는 구리선으로 연결하여 데이터 전송 속도를 12.96~55.2Mbps까지 제공하고 ONU와 CO 사이에는 광케이블로 연결하여 기가급(giga bit per second)까지 가입자당 전송 속도를 높인 기술이다.

VDSL은 통신 사업자에서 가입자에 이르는 가입자 회선 중에서 가입자의 집까지 광케이블을 포설하지 않고 가입자의 집 근처에 있는 ONU까지 광케이블을 포설하는 이유로 이 기술을 FTTN(fiber to the neighborhood)으로 부르기도 한다. 아래의 그림은 VDSL의 접속 개념도이다.

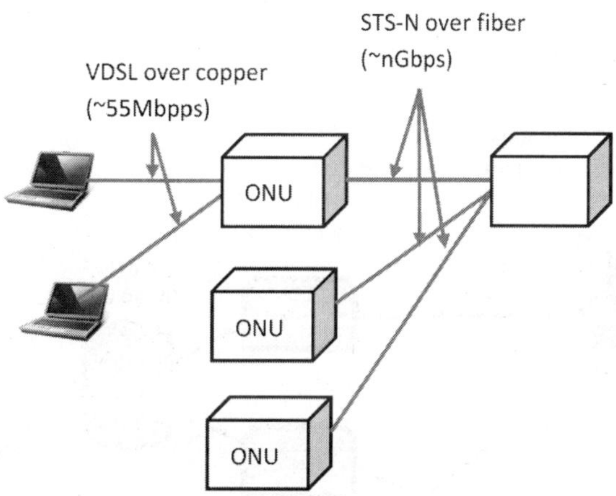

[그림 20.3] VDSL의 접속 개념도

VDSL은 ADSL에 비해서 전송 속도가 상대적으로 빠른 관계로 처음에는 개인 고객보다는 SOHO(small office home office) 등 기업 가입자를 중심으로 제공하였으나 가입자 회선의 속도가 점점 빨라짐에 따라 지금은 개인이나 기업 등을 가리지 않고 모든 고객을 대상으로 하고 있다.

20.3 HFC

HFC(hybrid fiber coaxial)는 광(fiber) 케이블과 동축(coaxial) 케이블의 조합(hybrid)으로 구성된 인터넷 접속 기술이다. HFC를 처음에는 케이블방송을 위해서 사용해왔던 이유로 일명 CATV(community antenna television) 네트워크라고도 하는데, 엄밀히 말하면 HFC는 기술을 지칭하는 용어이지 네트워크를 나타내는 용어는 아니고 CATV는 서비스를 지칭하는 용어이나 기술을 지칭하는 말은 아닌데 일반적으로 이들 두 용어를 혼용해서 사용하곤 한다.

하여간 HFC는 ADSL과 마찬가지로 기존의 TV프로그램을 유선으로 전송하기 위하여 설치한 동축케이블 회선을 사용하여 고속의 인터넷 서비스를 제공하려는 의도에서 개발되었다. 다시 말하면 ADSL은 전화 회선을 이용하여 고속 인터넷 서비스를 제공하는데 반하여 HFC는 가정에 케이블 TV 서비스를 제공하기 위하여 포설된 동축 회선에서 TV 송신용 주파수가 아닌 다른 주파수 영역을 이용하여 인터넷 서비스를 제공하는 기술이다. 아래의 그림은 CATV를 이용한 인터넷 접속망의 개념도이다.

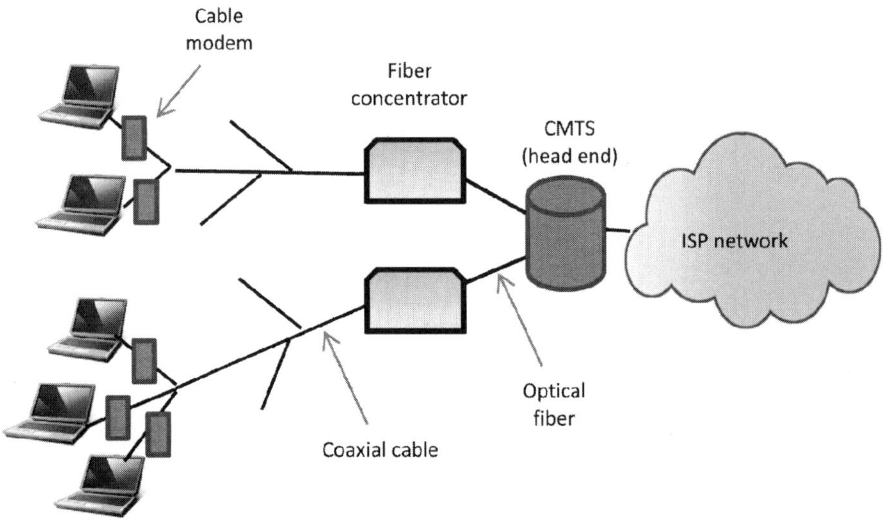

[그림 20.4] CATV 네트워크의 개념도

CATV 네트워크는 네트워크 토폴러지로서 버스(bus) 또는 나무와 가지(tree & branch) 구조를 취하는데 후자의 경우에 위의 그림에서 보는 바와 같이 트리(tree)의 루트(root)에 케이블 모뎀 종단 장치(cable modem termination system, 이하 CMTS)가 위치하며 나무의 맨 끝에 있는 리프(leaf)에는 고객의 단말이 위치한다.

그림에서 각 장치의 역할은 다음과 같다.

먼저 CM(cable modem-다른 말로 station이라고도 부름)은 고객 단말에서 생성된 디지털신호를 라디오 주파수(radio frequency, 이하 RF) 신호로 바꾸어서 네트워크로 내보내거나 네트워크로부터 들어오는 RF 신호를 디지털신호로 변환하는 장치이다.

CMTS(다른 말로 헤드엔드-headend-라고도 부름)는 HFC의 두뇌 역할을 하는 장비인데, CM으로부터의 대역 요구 메시지를 받아서 선착순 혹은 우선순위에 따라 정렬 한 후 각 CM에게 적절한 타임 슬롯을 할당하는 역할을 한다. CMTS는 수 천개의 CM을 수용할 수 있고 커버리지(coverage)도 100km에 이르는데 이를 위하여 CMTS는 주기적으로 주파수자원을 할당하는 맵(map) 메시지(이 메시지는 경합 요구 타임 슬롯과 CM에게 할당된 타임 슬롯 정보를 포함함)를 브로드캐스트하여 상향 스트림의 전송을 위한 패킷 스케줄링을 수행한다. 패킷 스케줄링을 위하여 CMTS는 각 CM에 대해서 데이터 슬롯(data slot)과 경쟁 슬롯(contention slot)의 수를 설정함으로써 프레임의 포맷을 결정한다. 그리고 그 정보는 할당메시지(allocation message)로서 CM에 전달된다. 데이터 슬롯의 크기는 데이터의 PDU(packet data unit)의 수에 minislot의 크기로 결정되고 경쟁슬롯은 대역요구용 PDU인데 크기는 1minislot이다.

마지막으로 광 집선 장치(fiber concentrator, 혹은 fiber node라고도 불림)는 물리 계층의 장비로서 광신호와 전기신호를 상호 변환하는 역할을 담당한다.

CMTS와 광 집선 장치라고 표시된 광 노드(fiber node, 이하 FN) 간이 광케이블로 연결되고 FN과 고객 단말은 동축케이블로 연결된다. 이때 동축케이블에서는 탭(tap)이라고 하는 수동소자를 사용하여 동축케이블을 분할(split)하는데 이 기술을 이용하여 여러 대의 고객 단말을 수용할 수 있게 되었다. 이처럼 동축케이블을 탭으로 분할하는 이유는 당초 이 기술이 단순히 케이블 TV 프로그램을 고객에게 일방적으로 전송만 하는 용도로 개발된 것이어서 주로 하향 트래픽의 전송에 중점을 두고 개발하였기 때문이다.

그러나 최근에 들어와서 이 기술을 이용해서 상향으로 인터넷 서비스를 제공하려고 하는데 있어서 미처 예상하지 못했던 단점이 발견되었는데, 동축케이블을 이용해서 고객에서 네트워크(상향)로 데이터를 전송할 때 다른 기기로부터의 잡음(noise)과 간섭(interference) 등이 발생하게 된다. 이와 같은 현상을 잡음굴뚝(noise funneling) 효과라고 한다. 즉 리프(가입자 단말)로부터 발생한 잡음이 루트(네트워크 장치)쪽으로 점점 모여서 더욱 큰 잡음이 발생하는 것이다. CATV 네트워크에서는 양방향으로 통신을 수행하여야 하므로 양방향에 대해서 각기 별도의 광케이블을 포설하여 전이중(full duplex) 진송방식을 채택하고 있다.

CATV 네트워크에서 라디오 주파수 스펙트럼의 할당은 북미를 기준으로 할 때 상향(고객에서 네트워크 방향)에 대해서 5~42MHz를 사용하고 하향(네트워크에서 고객 방향)에 대해서 54~870MHz를 사용한다. 상향의 주파수대역이 하향보다 훨씬 작은 이유는 이 기술의 주된 용도가 케이블 TV 프로그램의 전송에 있기 때문인데 위에서 소개한 상향의 주파수대역은 일반 개인 고객에게는 인터넷 서비스를 이용하기에 충분히 사용할만한 대역폭이다.

다만, 최근에는 기업 고객도 CATV 네트워크를 이용하는 경우가 많은데 만약 이들 기업이 웹/오디오/비디오 서버를 설치하여 일반 고객을 수용하려는 경우에는 위에서 할당한 크기의 상향대역에 문제가 발생할 수 있다. 이를 해결하기 위하여 상향대역에 대해서 여러 개의 채널을 하나로 묶는 기술인 채널 결합(channel bonding)기술을 사용할 수 있다.

이번에는 HFC를 이용한 인터넷 접속 방법에 대해서 좀 더 구체적으로 알아보자. 위에서도 이야기하였듯이 CATV를 이용한 인터넷 접속은 하나의 CATV 채널에 할당된 6MHz의 주파수대역이 제공하는 약 40Mbps의 대역을 이용하여 기존의 TV 프로그램의 시청뿐만 아니라 PC를 이용한 인터넷의 접속도 가능하게 하는 기술이다. 이를 위해서 PC에 케이블 모뎀(cable modem, CM)을 연결하고 케이블 모뎀과 TV 단말을 주파수 분배기에 연결하여 PC와 TV에 서로 다른 주파수대역을 할당하여 가입자가 동시에 TV 시청과 PC를 통한 인터넷 접속을 가능하게 하는 기술이다.

이때 케이블 모뎀과 분배기 사이, 그리고 분배기와 ONU(그림에서 FN) 사이는 동축케이블로 연결하고 ONU와 케이블 TV 방송국(그림에서 CMTS) 사이에는 광케이블로 연결하여 빠른 속도의 인터넷 접속을 가능하게 하였다. 따라서 이 기술을 동축케이블과 광케이블을 섞어서 만들었다고 하여 HFC(hybrid fiber coaxial, 이하 HFC)라고 하고 이와 같은 서비스 환경을 TV와 인터넷을 동시에 제공한다고 하여 DPS(dual play service)라고 부른다. 아래의 그림은 HFC의 물리적 접속 구성도이다.

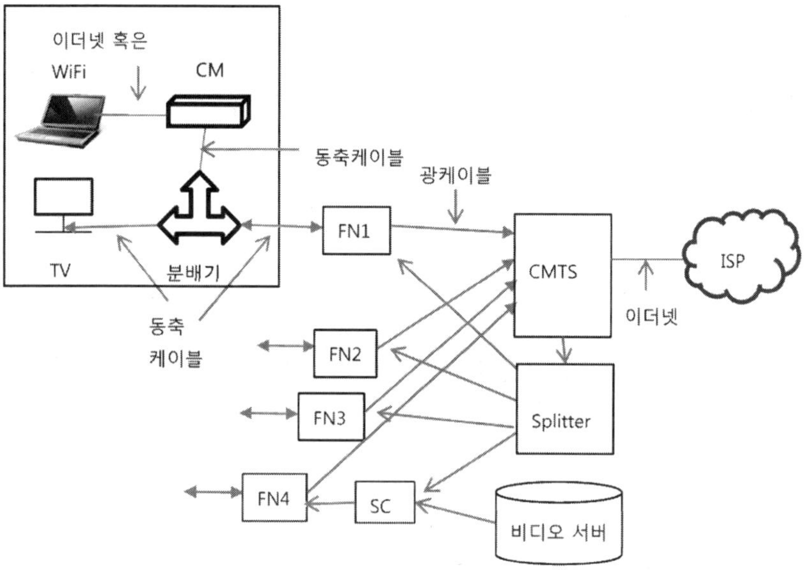

[그림 20.5] HFC의 물리적 접속도

위의 그림에서 가정의 고객이 인터넷 서비스를 사용한다고 할 때 상향과 하향으로 데이터가 전달되는 과정을 알아보자.

상향(station에서 headend 방향)에 대해서는 여러 개의 단말이 한정된 타임슬롯(time slot)을 나누어서 사용해야 하므로 다중화 방식으로 TDMA를 사용하며 고객의 PC가 보내는 디지털 신호가 분배기를 통하여 FN(fiber node)으로 전달된다. 그러면 FN에서는 그 신호를 광신호로 바꾸어서 네트워크 쪽으로 내보내게 되는데 이 광신호가 CMTS의 입력 포트로 들어간다. 그 후 광신호는 CMTS에 의해서 다시 전기적 신호로 바뀌어서 이더넷을 통해서 인터넷으로 전달된다.

이번에는 하향(headend에서 station 방향)에 대해서 알아보자. 하향의 경우에는 FN까지 도달한 프레임이 동축케이블을 따라서 각각의 목적지로 하는 단말로 향하기만 하면 되므로 역다중화로서 브로드캐스팅 방식을 사용한다. 인터넷 상의 데이터는 위에서 설명한 과정과 반대 방향으로 고객에게 전달되고 케이블 TV 서비스 사업자가 제공하는 비디오 프로그램이 첨가되어서 가정의 고객으로 전달되는데 비디오 서버에 있는 비디오 데이터는 신호 합성기(signal combiner, SC)를 통해서 합쳐진 후 FN으로 들어간다. 그 후 광 신호는 전기적 신호로 변환된 후 동축케이블을 통해서 가정으로 들어가며 가정에서는 주파수 분리기를 통해서 TV신호는 TV로 전달되고 PC의 데이터는 CM을 통해서 PC로 전달된다.

HFC에서 하나의 FN이 수용하는 가입자의 수는 500가구이며 이를 하나의 서비스 그룹(service group)이라고 부른다. 그리고 하나의 CMTS는 4대의 FN을 수용하는데 결국 하나의 CMTS가 수용하는 가구의 수는 2000가구이다.

HFC의 최대 도달 가능 거리는 약 160km이며 HFC에서의 주파수 할당은 다음과 같다(단, 서비스에 할당되는 주파수대역은 네트워크별로 다를 수 있음).

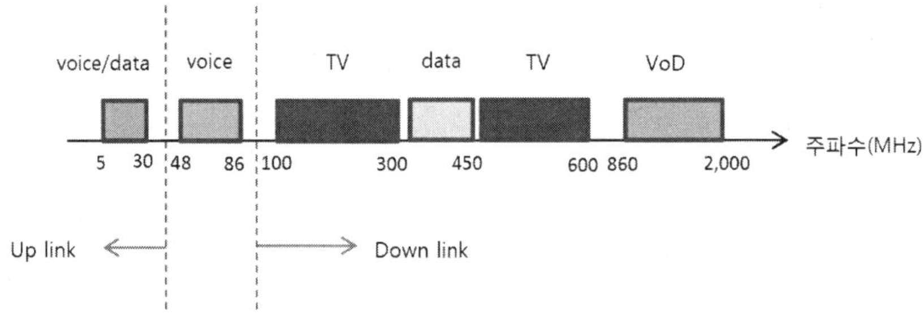

[그림 20.6] HFC의 주파수자원 할당

위의 그림에서 볼 수 있는 것처럼 HFC에서도 음성 서비스를 위한 주파수 영역은 준비되어 있다. 이처럼 음성, 데이터, 그리고 비디오의 세 가지 응용 서비스를 모두 제공할 수 있는 서비스 패키지(service package)를 TPS(triple play service)라고 부른다.

DOCSIS 프로토콜

HFC는 DOCSIS(data over cable service interface specification)라는 이름으로 국제 표준이 되었는데 이 프로토콜은 HFC 상에서 물리 계층과 데이터 링크 계층의 기능을 규정한다. DOCSIS는 1997년 3월에 MCNS(multimedia cable network system) partners에 의해서 발표되었으며 1998년 3월에 ITU-T에 의해서 승인되었다.

DOCSIS 는 설계의 기본 개념이 가변 길이의 IP 패킷을 저비용으로 구현하려는 것이어서 데이터 전송을 위한 프로토콜로서 기본적으로 IEEE 802.2(이더넷의 프로그래밍과 관련한 표준)의 논리적 링크 제어 프로토콜과 802.3(이더넷 프로토콜 표준)의 MAC 주소 및 프레임화 기술을 사용하나 그 이외의 MAC 기능은 이더넷과는 다르게 HFC의 물리적 장치(cable plant)에 맞게 설계되었다.

DOCSIS 프로토콜은 네 가지 버전으로 발전하였는데 요약하면 다음과 같다.

- V1.0은 DOCSIS의 초기 버전으로서 설계 당시 북미(north America)의 케이블 TV 서비스를 제공하는 것을 주된 목적으로 한 이유로 다양한 기기 사업자의 상호 운용성에 초점이 맞추어져 있었고 서비스도 단순한 최선형(best effort) 서비스를 가정하였다. 따라서 실시간 응용 서비스를 제공하는 능력은 없었다.

- V1.1은 실시간 서비스를 제공하는 기능을 추가하기 위하여 패킷 전달 서비스를 차별화하는 서비스품질 보장 기능을 첨가하였다. 이로써 HFC에서도 전화 서비스 등과 같은 실시간 응용 서비스를 제공할 수 있게 되었다.
- V2.0은 V1.1에 대해서 상향 링크의 전송 능력을 30.7Mbps로 향상시킨 것인데, 고객들로부터 네트워크로 향하는 트래픽의 전송 요구가 더욱 강화됨에 따라 이에 대처하기 위한 것이었다.
- V3.0에서는 기업 고객 등 더욱 더 큰 상향 및 하향 전송 능력을 요구하는 고객을 위한 채널 묶음(channel bonding) 기술을 추가하여 채널의 전송 속도를 필요에 따라 신축성 있게 늘릴 수 있게 하였고 IPv6 기능도 첨가하였으며 멀티캐스트 기능도 추가하였다.

아래의 표는 DOCSIS의 버전별 사양을 비교한 것이다.

[표 20.1] DOCSIS의 버전별 사양

버전	최대 상향링크 데이터 속도(Mbps)	최대 하향링크 데이터 속도(Mbps) (ITU-T 기준 채널 6MHz 가정)
1.0	5.12(최대 채널 대역 3.2MHz 가정)	38.8
1.1	10.24(최대 채널 대역 6.4MHz 가정)	38.8
2.0	30.72(최대 채널 대역 6.4MHz 사용)	38.8
3.0	N×30.72(N=4~13)	M×38.3(M=4~80)

마지막으로 DOCSIS에서의 MAC 프로토콜에 대해서 간단히 설명한다. 하향링크는 하나의 CMTS 혹은 FN에서 여러 가정으로 데이터가 분배되는 P2MP(point-to-multipoint)의 구조이므로 브로드캐스트로 충분하다. 상향에 대해서는 그와는 반대로 MP2P (multipoint-to-point) 구조이므로 데이터를 보내고자 하는 다수의 고객에 대해서 다중 접속 제어(multiple access control, 이하 MAC)가 필요하다.

DOCSIS에서는 기본적으로는 이더넷에서와 같이 경합에 의한 MAC기법을 사용하지만 경합은 어디까지나 대역을 확보하기 위해서만 사용될 뿐 실제로 대역을 할당하는 방법은 예약에 기반(reservation-based)을 둔 다중화 기법을 사용하는데 버전 1.0/1.1에서는 TDMA 기법을 사용하고 버전 2.0과 3.0에서는 TDMA와 S-CDMA를 사용한다.

사용자에 의해서 생성된 이더넷 프레임이 CM에 도착하면 CM은 패킷의 크기를 조사한 후 그 패킷을 네트워크로 전송하기에 적당한 크기의 타임 슬롯을 예약하기 위해서 CMTS에게 데이터 전송 예약 요구 메시지를 보낸다. 그러면 이 메시지는 다른 고객들로부터 도착된 다른 메시지와 경합 모드(competition mode)로 들어가게 되는데 다행히 그 순간에 다른 고객의 요구가 없을 경우에는 요구 메시지가 바로 처리되나 만약에 경합에 들어가면(즉 충돌이 발생하면) 이더넷에서와 마찬가지로 이진 지수(binary exponential)에 의한 백오프(back-off) 단계로 들어간다.

한편, 예약 요구 메시지를 받은 CMTS는 기본적으로는 도착순에 의거하여(first-come-first-served) 요구 메시지를 처리하지만 경우에 따라서는 우선순위에 기반한 차별화된 서비스도 제공한다. 이렇게 요구 메시지를 정렬한 후 CMTS는 각 CM에게 타임 슬롯을 할당하게 된다. CMTS는 경합 요구 타임 슬롯과 CM에게 할당될 타임 슬롯 정보를 담은 메시지(이를 map message라고 부름)를 모든 CM에게 주기적으로 브로드캐스팅하여 복수의 고객에 대해서 상향 트래픽의 전송을 제어한다.

20.4 PON

인터넷이 보급되기 시작하던 초기에는 대부분 ADSL이 가입자 단말과 네트워크를 연결하는 주류였다. 그러나 지금은 ADSL의 자리를 PON이 빠르게 대체하고 있다. 특히 집집마다 광네트워크 회선(fiber to the home, FTTH)을 공급하게 되면서 PON의 중요성은 더욱 커지게 되었다.

PON(passive optical network)은 수동형 소자(passive device, 전원의 공급이 없이 물리적 장치들로만 구성된 통신 장비를 수동 소자라고 부름)만을 사용한 광 네트워크 기술인데, ISP의 건물에서 고객의 건물 사이를 완전히 광케이블로 구축하는 가입자 접속 기술이다.

PON은 고객의 데이터를 이더넷 프레임으로 포장(encapsulation)해서 PON(passive optical network)을 이용해서 전송하는 기술이다. 그래서 PON을 EPON(Ethernet passive optical network)이라고 부르기도 하는데 여기서는 그냥 PON이라고 부른다.

PON의 개요

PON은 위에서도 소개한 것처럼 ISP의 건물(central office, 이하 CO)과 고객(개인 혹은 기업)의 건물 사이에 OLT(optical line terminal), PSC(passive splitter and combiner), ONU(optical network unit)의 세 가지 수동 장비를 사용해서 구성한 광네트워크이다. 이들 중 OLT는 ISP의 건물인 CO에 위치하고 ONU는 고객의 건물에 위치하며 PSC는 이들 두 건물 사이에 원격 노드(remote node)로서 위치한다. PON의 확산 배경에는 장비의 비용이 저렴한 것이 큰 역할을 하게 되었는데 PON의 개념이 등장한 뒤 약 20년 동안 여러 명의 가입자가 공유하는 OLT의 성능이 향상되고 가입자측에 제공되는 ONU의 가격이 저렴하게 되면서 망 구축 비용을 크게 줄일 수 있된 것이 주된 이유이다.

PON의 동작 원리

먼저 PON을 구성하는 장비에 대해서 간단히 소개한다. PON의 구성요소인 PLT, PSC, ONU 중에서 중간에 위치하는 PSC(이것을 광 splitter라고도 부름)는 하나의 광섬유를 여러 개의 광섬유로 분기시키는 역할을 담당하는 수동적 소자이다. PSC는 주로 OLT의 하나의 포트를 여러 개의 ONU와 접속시키는데 사용한다. 가령 4분기 splitter의 경우(즉, 하나의 광섬유가 4개의 광섬유로 분기되는 경우) OLT로 들어온 빛이 4분기 광 splitter를 통과하면 각 ONU에 들어갈 때는 빛의 세기가 1/4의 강도로 출력된다. 그리고 ONU로부터 들어오는 빛은 OLT에게만 출력되는데 이 때도 빛의 세기가 분기수만큼 감쇠된다. 결국 빛은 상하향 모두 감쇠가 일어난다. 이렇게 되는 이유는 광 splitter가 2입력-2출력 소자를 다단으로 연결한 하드웨어 스위치 구조를 가지기 때문이다.

여기서 PSC의 중요성을 알 필요가 있는데 만약 PON에서 PSC가 없다면 OLT와 ONU 사이를 각기 별개의 광섬유로 연결(point-to-point, p2p)해야 하는데 반해서 PSC를 이용하면 OLT와 ONU 사이에 하나의 PSC를 둠으로써 ISP와 고객 사이의 광섬유의 길이를 획기적으로 줄일 수 있다.

한편 OLT와 ONU의 동작은 상하향 신호에 대해서 설명하기로 한다.

먼저 하향신호에 대해서 PON에서는 OLT가 송신한 광신호가 광 splitter에서 분기수만큼 빛의 세기가 분할된 뒤 ONU에 같은 신호가 브로드캐스트된다. 이때 ONU는 신호에 부여된 식별자(수신자 주소)를 읽어보고 자신의 주소에 해당하는 신호만 수신하고 나머지 신호는 무시한다. 이를 위해서 OLT는 ONU마다 인증을 수행하고 하향신호는 암호화하여 부정 접속이나 도청을 방지한다.

한편 상향 신호에 대해서는 하향과는 반대로 다중점대점(multipoint-to-point) 통신을 하게 되는데 여러 대의 ONU가 동시에 하나의 OLT에게 신호를 송신하는 경우 신호간에 충돌이 일어난다. 이를 피하기 위해서 다중 접속 제어 프로토콜(multiple access control protocol)이 필요하다. PON에서는 다중 접속방식으로서 TDMA를 사용하여 각 ONU에게 주기적으로 전송 가능한 최대 시간 길이(time slot)를 할당한다.

그러나 ONU는 앞에서도 이야기하였듯이 단순한 수동 소자여서 OLT에서 발생하는 데이터의 충돌을 검지할 능력이 없다. 그래서 PON에서는 다중점 제어 프로토콜(multipoint control protocol, 이하 MPCP)을 정의하여 OLT로 하여금 이 프로토콜을 사용하여 ONU로부터 올라오는 데이터를 적절한 알고리즘에 의거한 폴링(polling)방식을 사용하도록 하고 있다. 단, 폴링방식의 구현은 표준으로 정해질 수 없는 문제이므로 이에 대해서는 각자 운용자의 정책에 의존한다.

한편 인터넷에서는 가입자별로 필요로 하는 대역이 다를 수 밖에 없으므로 각 가입자에게 대역을 고정적으로 할당하지 않고 다른 사람이 사용하지 않는 대역은 필요한 사람이 충분히 사용할 수 있도록 하는데(다중화 방식 중 통계적 다중화 방식과 가장 가까움) PON에서도 이와 같은 방식에 기초하고 있다. 즉, ONU는 자신이 관리하고 있는 모든 가입자 단말로부터 수신한 데이터의 양을 OLT에게 알려줌으로써 대역할당 요구를 하고 OLT는 모든 ONU로부터 받은 대역할당 요구치를 기반으로 각 ONU에게 공평하게 대역을 사용할 수 있도록 할당한다. 이것을 동적대역할당(dynamic bandwidth allocation, DBA)이라고 한다.

MPCP의 역할은 이와 같은 여러 개의 ONU들에 대한 탐색(discovery) 및 등록(registration)을 비롯하여 각 ONU에게 얼마만큼의 전송 기회(transmission opportunity)를 할당하는지를 결정하는 것이다. 이를 위하여 MPCP는 REPORT와 GATE라는 메시지를 사용하여 REPORT 메시지를 통해서 각 ONU가 OLT에게 자신이 필요한 대역폭의 요구(bandwidth requirement)를 하도록 하고 GATE 메시지를 통하여 OLT가 각 ONU에게 전송 허가(하나의 ONU에 대해서 최대 4개까지 허용)를 보낸다. 그리고 GATE 메시지 안에는 ONU가 데이터를 보낼 수 있는 상향 스트림 전송 창(upstream transmission window)의 시작 시각과 길이를 지정한다.

그런데 실제로 네트워크의 상황이 그리 단순한 게 아니어서 ONU는 각기 OLT와 떨어진 거리가 다를 수 밖에 없고 그에 따라서 광신호의 속도가 아무리 빠르다고 하더라도 각 ONU에서 OLT로 도달하는 시간에는 무시할 수 없는 만큼의 차이가 있다. 그래서 서로 다른 고객 사이에 신호의 충돌을 방지하기 위해서 OLT는 ONU가 네트워크에 접속할 때 자신과 ONU와의 거리를 측정한다. 그 뒤 OLT가 ONU와 시각(clock)을 동기화해서 ONU별로 신호의 송신시간을 다르게 한다. 즉, 모든 ONU의 송신기의 발광시간을 다르게 통지해서 OLT로 모두 다른 시간대에 신호가 들어오도록 제어해야 한다. 이렇게 함으로써 각 ONU가 보내는 신호가 시간축 상에서 잘 정렬되어서 도달하도록 한다.

PON의 네트워크 구성

PON은 기본적인 토폴러지로서 나무 구조(tree topology)를 취하지만 경우에 따라서는 버스(bus)나 링(ring) 구조도 취할 수 있다. 아래의 그림에서 이들 세 가지 구조를 나타내었다.

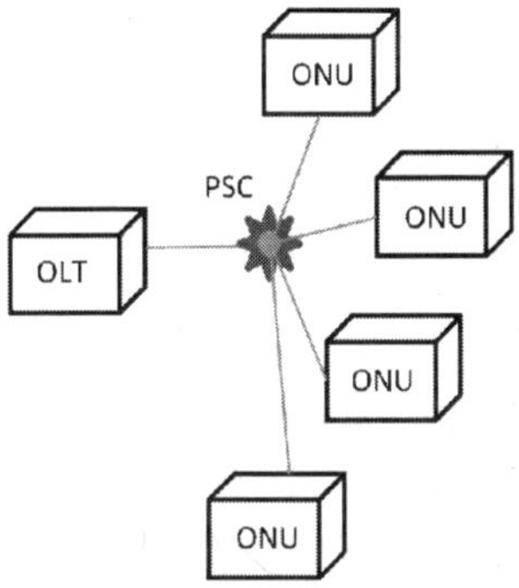

(가) 나무 구조

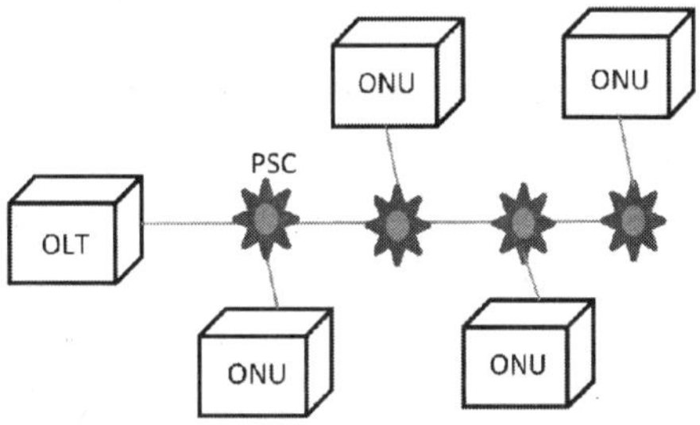

(나) 버스 구조

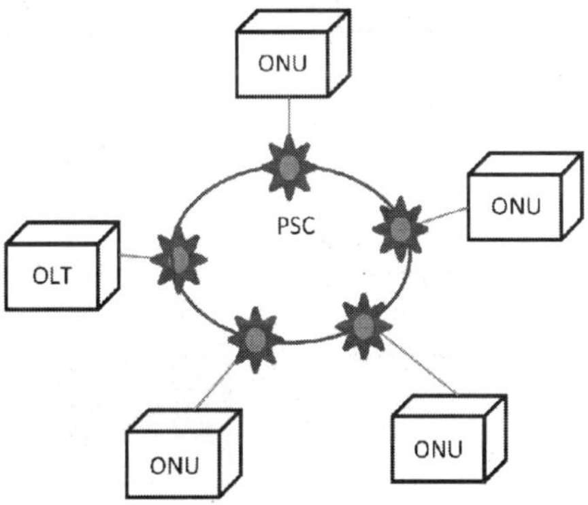

(다) 링 구조

[그림 20.7] PON의 토폴러지

위의 그림에서 OLT와 PSC사이의 링크를 급선(feeder line)이라고 부르고 PSC와 ONU 사이의 링크를 추락선(drop line)이라고 부른다. 즉, 먼저 OLT에서 고객이 있는 곳 근처의 RN(Remote Node, 즉, PSC)까지 회선을 공급한 후 PSC에서 고객이 있는 곳에 위치한 ONU에 회선을 떨어뜨린다는 의미를 담고 있다. 이때 PSC는 하나의 OLT와 N개의 ONU를 연결하여 OLT에서 ONU로는 광신호를 분리(split)하고 그 반대 방향은 신호를 조합(combine)한다는 의미에서 1:N PSC라고 부른다(단, N은 4에서 64까지의 값을 가짐).

한편, 위의 그림에서 하나의 ONU는 하나 혹은 그 이상의 고객을 수용할 수 있다. 이때 고객을 어떻게 수용하느냐에 따라서 FTTH(fiber to the home), FTTB(fiber to the building), FTTC(fiber to the curb) 등의 이름을 붙이는데 아래의 그림이 이를 나타낸 것이다.

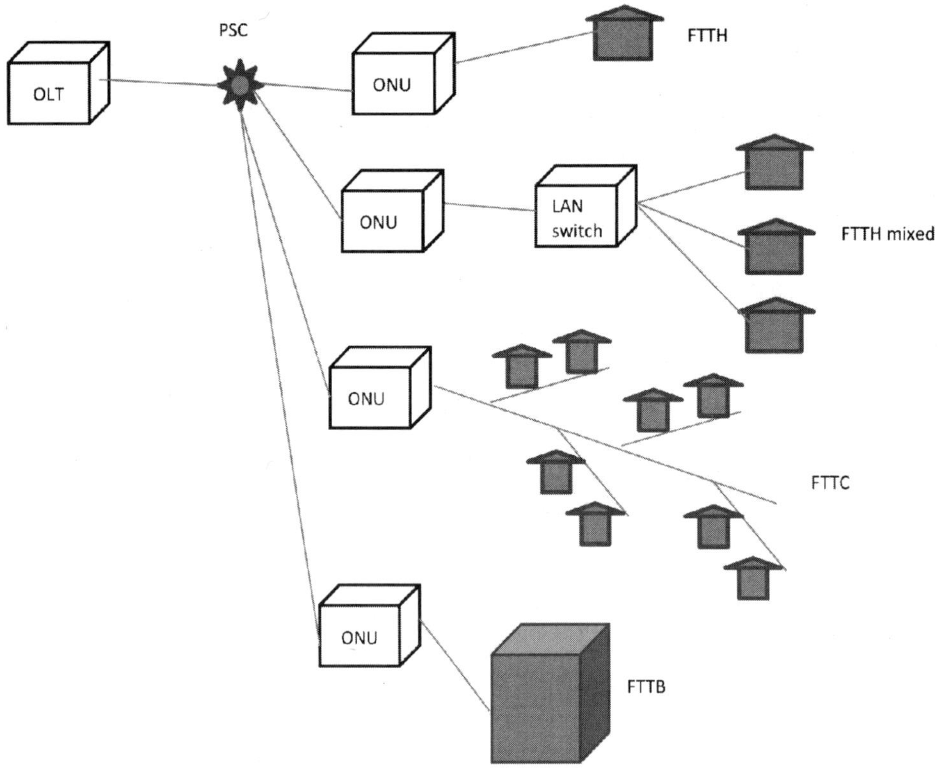

[그림 20.8] PON의 구현방식

위의 그림에서 각 방식에 대해서 특징을 간략한다.

- FTTH은 광케이블을 댁내(home)까지 포설하는 것을 말하며 ONU와 하나의 고객을 일대일로 연결한 구조이다.
- FTTH mixed는 기본적으로 FTTH와 같은 기술을 이용하나 여러 명의 가정 고객을 랜 스위치에 수용하여 ONU로 접속한다.
- FTTC에서는 광케이블을 고객의 가정 내까지가 아니라 고객이 위치한 곳의 근처에 있는 ONU까지 포설한 후 ONU에서 하나의 버스를 구성한 뒤 각 분기점에 여러 명의 고객을 수용하는 구조를 취한다.
- FTTB는 광케이블을 빌딩까지 포설하여 하나의 ONU에 빌딩 전체의 고객을 수용하는 구조인데 이 경우에 빌딩 안에는 랜 스위치가 있어서 이를 통하여 복수의 고객을 접속한다.

이처럼 다양한 구현방식 중에서 어느 구조를 취하는가의 문제는 고객의 구성상황이나 비용 등 다양한 요소를 고려하여야 하나 구체적인 논의는 이 책의 범위를 벗어나므로 자세한 사항은 참고문헌 [McGarry]를 참고하기 바란다.

위의 그림에서 OLT와 ONU 사이에 있는 PSC가 4~64까지의 분리기능이 있다고 하였는데 PSC는 하나 이상 연결될 수도 있다. 아래의 그림이 이것을 나타낸 것(N=32의 경우)이다.

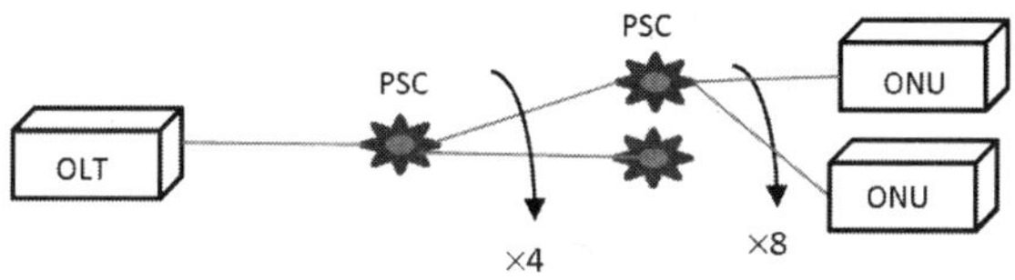

[그림 20.9] PON의 분기

위의 그림에서는 PSC가 2단으로 구성되고 좌측의 PSC는 4개의 PSC로 분기되고 우측의 PSC는 각기 8대의 ONU로 분기된다. 결국 OLT에서 가입자단말로 향하는 하나의 광케이블은 32개의 ONU(1ONU=1가입자)를 수용하게 된다. 따라서 1Gbps의 광케이블은 1Gbps/32 ONU=31.25Mbps/ONU의 속도를 제공할 수 있다.

그런데 하나의 ONU에는 각 가정에 있는 TV, PC, IP전화기 등 다양한 디바이스가 접속하게 되는데 31.25Mbps의 회선속도는 이들을 모두 수용하는데 문제가 없을까? 답은 '그렇다'이다. 왜냐하면 HDTV(high definition TV)는 대개 5~10Mbps의 속도이면 충분하고 IP Phone은 비디오전화라고 하더라도 2~8Mbps이면 충분한 화질을 보장할 수 있다. 따라서 나머지 13.25Mbps는 HSI(high speed Internet)를 쓰는데 문제가 없으므로 이들을 모두 제공하는데 31.25Mbps의 대역은 문제가 없다고 할 수 있다.

일반적으로 하나의 파장은 10Gbps의 대역을 제공할 수 있는데 위의 사실을 바탕으로 하나의 파장이 수용할 수 있는 고객의 수를 계산해 보면 다음과 같다.

10Gbps=31.25Mbps×N(고객의 수) ☞ N=320

결국 하나의 파장은 최대 320명의 고객을 수용할 수 있다.

한편, OLT와 ONU 사이의 회선은 속도의 효율성을 높이기 위하여 전이중(full-duplex)방식을 사용하며 상향(ONU에서 OLT 방향)과 하향(반대 방향)에 대해서 대칭적으로(symmetric) 각각 1Gbps의 대역을 제공할 수 있다.

PON의 최대 도달 거리는 20km이며 하향(OLT에서 ONU방향)으로는 OLT에 의한 브로드캐스트(broadcast)를 통하여 데이터를 전달하는데 해당 ONU는 MAC 주소와 논리링크 식별자(logical link identification)를 통해서 자신에게로 온 데이터를 걸러낸다(filtering). 물론 전송되어온 데이터와 관련이 없는 ONU는 그냥 데이터를 삭제한다. 따라서 하향 트래픽은 점대다중점(point-to-multipoint) 통신방식을 취한다.

한편, PON에서는 상/하향 스트림에 대해서 프레임을 기본 난위로 하는 버스드 모드(burst mode)로 동작하는데 인접 프레임 간에는 96나노초(nano second, 단, 1나노초는

10억분의 1초)의 프레임 간 간격(interframe gap)을 두어서 서로 다른 프레임을 분리시킨다. 단, PON에서는 하나의 프레임을 더욱 작게 분할하는 것을 허용하지 않는다.

20.5 IP-VPN

IP-VPN(Internet protocol - virtual private network)은 그 이름에서 볼 수 있듯이 엄격히 말하면 네트워크이지만 실제로는 IP 상에서 가상 사설망(virtual private network, 이하 VPN)을 구성하는 네트워킹 기술이다. 먼저 VPN에 대해서 알아본 후 IP-VPN에 대해서 설명하기로 한다.

VPN

인터넷의 이점은 언제 어디서든지 네트워크 접속이 가능하다는 것이다. 물론 이것은 외부인의 접속이 공개적으로 허용된 사이트에 대해서의 이야기이다. 그리고 우리가 데이터를 주고받는 네트워크는 우리 이외에도 다른 사람들도 사용할 수 있는 공유 네트워크이다.

그런데 한편으로는 멀리 떨어진 복수의 장소에 서버나 컴퓨팅 자원을 가진 조직이나 회사와 같은 경우에는 자신의 서버나 내부 네트워크(랜 등)에 자사의 직원 등 제한된 자격 내에서 필요할 때 언제 어디서나 접속하여 데이터를 공유하거나 전송할 수 있어야 한다. 그러나, 통신사업자가 아닌 일반 기업에서 멀리 떨어진 지점 간에 개별적으로 네트워크를 구축하여 운영할 수는 없는데 이와 같은 문제를 해결해 주는 기술로서 가상사설망(virtual private network, 이하 VPN)이 있다.

가상사설망은 그 이름이 내포하고 있듯이 이미 구축되어 있는 공중네트워크(public network) 자원(resource)을 특정인(회사 등의 단체)이 배타적으로 사용하도록 논리적으로 분리(logical separation)시키는 기술인데 그 결과 개인 소유의 네트워크(private network)는 아니면서 마치 개인의 네트워크처럼 가상적(virtually)으로 네트워크 환경을 만들어주는 기술을 말한다.

이 기술을 이용하면 개인은 둘 이상의 떨어진 지점 간을 자신이 직접 네트워크를 구축하지 않고도 공중망의 자원을 빌려서 자신이 필요한 만큼의 대역으로 상호 연결하여 그 자원을 자기만이 전적으로 사용하는 것과 같은 효과를 얻을 수 있는데, 이로 인해서 경제적으로 상당한 이익을 얻을 수 있다. 즉 VPN을 사용하는 가장 큰 목적은 네트워크의 구축 및 운용 비용을 줄일 수 있다는 것이다.

그리고 VPN은 두 지점 간에 설정되는 대역폭에 대해서 합법적으로 인정된 사용자에게 인증 기능을 부여하여 사용하게 하는데 이때 두 지점 간을 암호화된 데이터 채널로 연결하여 타인의 간섭 없이 자기만 사용할 수 있으므로 보안성이 높고 모든 사람이 제한 없이 자원을 공유하는 공중네트워크에 비해서 다른 트래픽과 완전히 분리된 대역을 사용할 수 있어서 보다 더 안정적으로 고품질의 서비스(high-quality service)를 받을 수 있다.

가령 서로 독립적인 두 회사(S 및 T사)가 있다고 하자. 그리고 S와 T사는 각각 A, B, C와 a, b, c의 세 곳에 사무실을 가지고 있고 우연히도 A와 a, B와 b, C와 c는 서로 그리 멀지 않은 곳에 위치하고 있다고 하자. 즉, 이런 식이다. S와 T사는 대구(A와 a)와 부산(B와 b)과 창원(C와 c)에 각각 한 곳씩 부서가 있다. 그리고 각 부서 사이에 다음 그림과 같은 연결을 필요로 한다고 하자.

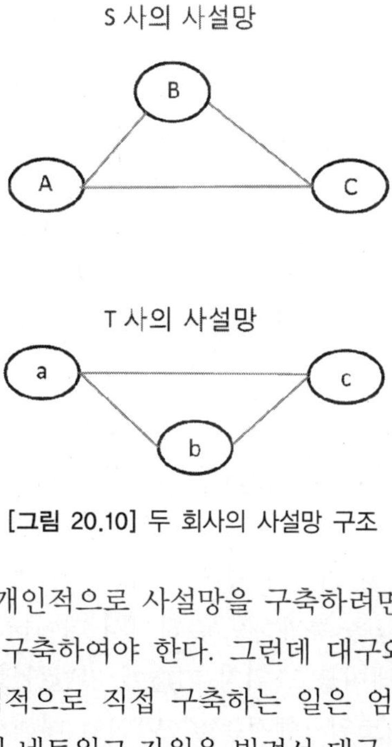

[그림 20.10] 두 회사의 사설망 구조

만약 이 두 회사가 각각 개인적으로 사설망을 구축하려면 위에서와 같은 구조로 네트워크를 각기 독립적으로 구축하여야 한다. 그런데 대구와 부산과 창원을 연결하는 네트워크를 각 회사가 독립적으로 직접 구축하는 일은 엄청난 비용을 필요로 한다.

이번에는 두 회사가 ISP의 네트워크 자원을 빌려서 대구, 부산, 창원의 세 곳을 아래와 같이 연결한다고 가정하자. 즉, 두 회사는 각각 같은 ISP를 찾아가서 자신의 네트워크의 구성 요구를 제시하고 VPN에 가입한 후 그 회사가 가지고 있는 네트워크 자원(노드와 링크)을 이용하여 대구와 부산과 창원의 노드에 아래와 같이 접속되었다고 하자.

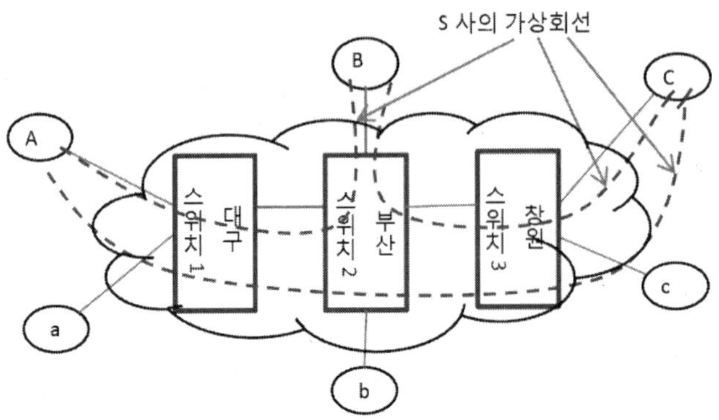

[그림 20.11] VPN을 이용한 네트워크의 구성

위의 그림을 보면 A와 a는 이 회사의 스위치 1에 접속되고 B와 b는 스위치 2에, 그리고 C와 c는 스위치 3에 접속되었으며 각 지점 간에는 그 회사의 VPN을 이용하여 논리적으로 연결되었다. 그림에서 실선은 각 지점 및 ISP의 노드 간의 물리적인 연결을 나타내고 점선은 서로 떨어진 지점 간의 논리적 연결을 의미한다. 위의 그림에서는 이해를 편하게 하기 위해서 S사의 VPN만 나타내었다.

IP-VPN

IP-VPN은 VPN을 IP 네트워크 상에서 구현한 것을 말한다. 즉, VPN이 IP 프로토콜 상에서 동작하는 것을 말한다. IP-VPN을 구현하는 기술은 두 가지가 있는데 하나는 우리가 앞에서 공부한 바 있는 명시적 라우팅 프로토콜인 레이블 스위칭(label switching) 기술을 이용하는 것이고 다른 하나는 IP 네트워크의 보안 프로토콜(security protocol)의 일종인 IP Sec(IP security)을 이용한 터널링 기술이다. 이들 두 기술 모두 IP 터널링(IP tunneling) 기술을 사용하는 것이 특징인데 서로 떨어진 두 지점 간을 연결하는 라우터 사이에 마치 터널과 같은 논리적으로 폐쇄된 경로를 만들어서 두 지점을 오가는 패킷은 이 터널을 통과하도록 하여서 데이터가 신뢰성 있게 전달되도록 하는 기술이다. 여기서는 레이블 스위칭 기술에 기반한 터널링 기술을 다루기로 한다.

IP 터널링을 위해서 네트워크에서는 각 VPN에 대해서 고유의(unique) 라우팅 식별자(routing identification, 이를 RD(route distinguisher)라고도 부름)를 부여하여 그 식별자를 단위로 라우팅을 수행한다. 이를 위하여 IP-VPN 사용자는 특정 물리 포트로 접속하거나 고유의 RD를 할당받아야 VPN에 포함될 수 있다. 이렇게 하여 VPN 고객의 트래픽(연결이나 패킷)에 대해서 종래의 전용선[7](leased line) 수준의 보안을 보장해 줄

---

[7] 전용선은 과거 전화네트워크를 사용하여 기업이나 공공기관에 통신회선을 전적으로 사용하도록 한 기술로서 현재의 VPN과 같은 개념임.

수 있고 외부 공격자(attacker)나 부정한 사용자(illegal user)로부터의 기만(spoofing) 공격을 예방한다.

IP-VPN에서 라우팅을 위해서 각 VPN은 네트워크의 에지(edge)에 위치한 라우터에 자신의 라우팅표(이를 virtual route forwarding table라고 함, 이하 VRFT)를 두고 특정 사이트로부터 들어오는 패킷을 두 개의 레이블에 매핑시킨다. 하나는 내부 레이블(inner label)이라고 하여 에지 라우터(edge router)가 정확한 인터페이스로 패킷을 내보내기 위하여 사용하고 다른 하나는 외부 레이블(outer label)이라고 하여 코어 라우터(core router)가 패킷을 정확한 에지 라우터로 전달하기 위해서 사용한다. 이 기술에 대해서는 앞에서 명시적 라우팅에서 다룬 바 있다. 그리고 네트워크의 코어 내에서는 OSPF 등 표준적인 IP라우팅 프로토콜을 사용하여 경로를 설정하는데 내부의 IP 전달표를 근거로 데이터를 전달한다.

한편, 고객은 하나 이상의 VPN에 속할 수 있어서 고객 간의 COIN(community of interest network)을 형성할 수 있다. 다음 그림은 IP-VPN 네트워크의 개념적 구조이다.

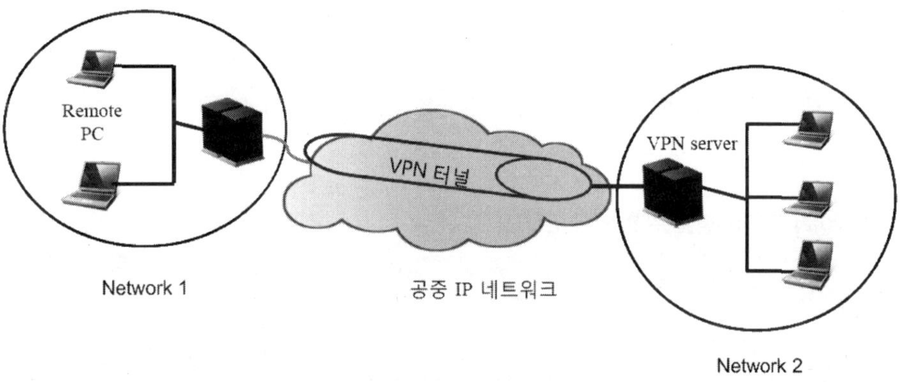

[그림 20.12] IP-VPN 네트워크의 접속 구조

위의 그림은 두 곳에 떨어진 곳에 사무실을 가진 회사의 네트워크 1에 있는 직원(Remote PC)이 원격 접속으로 같은 회사의 네트워크 2에 접속하는 상황을 가정하였다. 이를 위해서 각 PC에는 VPN 드라이버(driver)를 장착하고 이 원격 PC와 회사의 이더넷 바로 앞에 있는 원격 접속 서버(remote access server) 사이(공중 IP망)에는 VPN 을 위한 IP터널링 기술로 연결한다.

IP 터널링이란 인터넷 상에서 노드 간을 가상적인(virtual) 점대점(point-to-point) 링크로 연결하는 기술이다. 아래의 그림은 IP-VPN에 대해서 두 라우터 간의 IP 터널링의 개념을 나타낸 것이다.

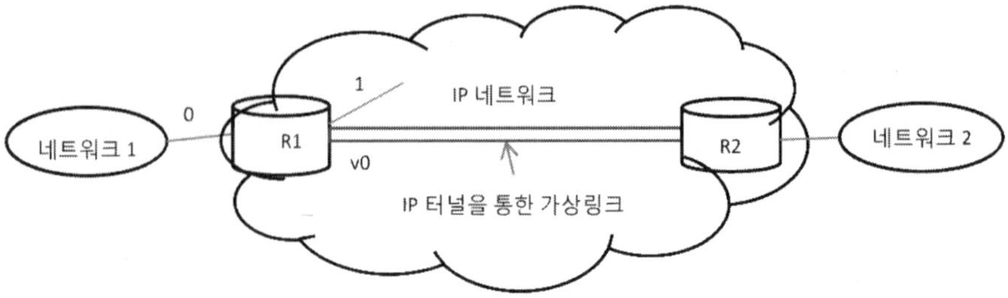

[그림 20.13] 두 라우터 간의 IP 터널링

한편, 가상링크(virtual link)란 IP 네트워크 내에서 터널을 구성하는 라우터 간의 논리적인 경로를 의미한다. 이때 터널 내에서 송신자의 주소는 라우터 1의 주소이고 수신자의 주소는 라우터 2의 주소로 지정된다. 즉, 네트워크 1에 접속된 고객이 네트워크 2에 있는 고객에게 데이터를 보내고자 할 때 처음에는 IP 헤더에 최종 목적지의 IP 주소가 기입되어 IP 네트워크의 입구에 있는 R1에 도착하는데 R1에서 이 패킷에 대해서 목적지의 주소를 R2의 주소로 바꾼 정보를 헤더에 덧붙여서 내보내면 그 패킷은 자동적으로 이 터널을 통하여 IP 네트워크의 출구에 있는 R2에 도착한다. 그러면 R2는 터널링으로 인해 첨가된 주소는 벗겨서 버리고 원래의 최종 목적지 주소를 보고 수신 노드에게 데이터를 보낸다. 이와 같은 동작을 하기 위해서 R1은 다음과 같은 전달표를 가진다.

[표 20.2] IP 터널링을 위한 R1의 전달표

네트워크번호	다음 홉
1	인터페이스 0번
2	가상 인터페이스 0번(편의상 v0으로 표기)
default	인터페이스 1번

한편 IP-VPN은 무선 접속으로도 구축할 수 있다. 이와 같은 예로서 외부 근무를 하는 사원(원격 PC)이 회사 내부의 서버와 VPN으로 접속하고자 하는 경우이다. 이 때 원격 PC(VPN driver 장착)는 가까운 위치의 액세스 장치(access point, 이하 AP)로 무선 네트워크를 통하여 접속하는데 원격 PC와 VPN 서버 사이에 IP 터널이 설정되어 고객과 서버 간의 링크를 보호한다. IP 터널은 일반적인 IP-VPN과 같은 방식으로 구성된다. 이 경우에 원격 PC와 AP 간의 VPN을 지역 VPN(local VPN)이라고 하고 원격 PC와 VPN 서버 간의 VPN을 확장된 VPN(extended VPN)이라고 한다. 아래의 그림이 이와 같은 상황을 나타낸 것이다.

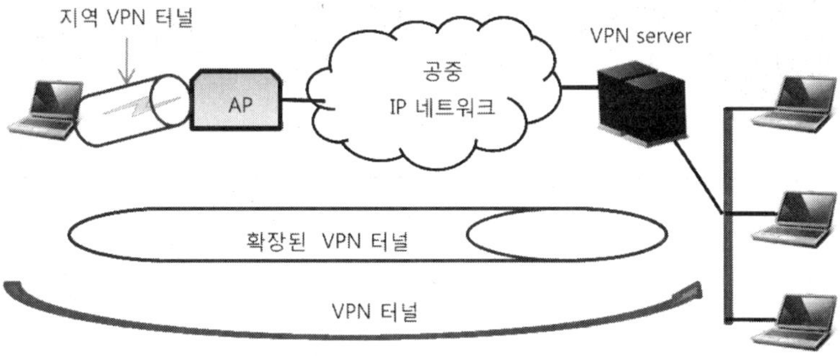

[그림 20.14] 무선 IP-VPN

20.6 고찰 문제

1. ADSL의 접속 구조를 그려보고 각 요소가 어떻게 동작하는지 정리해보자.

2. ADSL의 구현 방법 두 가지 방식에 대해서 간단히 요약해보자.

3. VDSL이 ADSL과 다른 점을 간단히 요약해보자.

4. HFC 네트워크의 접속 구조를 그려서 각 요소가 맡은 역할에 대해서 기술해보자.

5. HFC의 주파수 할당 내역을 설명해보자.

6. DOCSIS 프로토콜의 네 가지 버전에 대해서 각 버전의 특징(사양)을 비교 요약해보자.

7. EPON의 세 가지 접속 유형에 대해서 비교 요약해보자.

8. VPN을 사용하는 주된 목적에 대해서 요약해보자.

9. IP-VPN의 동작 원리에 대해서 요약해보자.

제21장 인터넷 응용 서비스

지금까지 우리는 근거리네트워크, 대도시네트워크, 그리고 광역네트워크 및 이들을 상호 연결한 인터넷에 대해서 공부했고 고객이 인터넷에 접속하는 기술에 대해서도 공부했다. 여러분은 이제 인터넷 상에서 다양한 서비스를 즐길 차례인데 고객이 다양한 어플리케이션을 사용하여 인터넷을 이용하는 것을 일반적으로 인터넷 응용 서비스(Internet application service)라고 부르기도 한다.

인터넷 응용 서비스는 서비스가 제공되는 시간의 민감성(time sensitivity)을 기준으로 크게 두 가지로 분류할 수 있는데 하나는 종래의 데이터 통신에서 제공되던 비실시간(nonreal-time) 응용 서비스이고 다른 하나는 실시간(real-time) 응용 서비스(다른 말로는 멀티미디어-multimedia- 서비스라고도 부름)이다. 아래에 이들 두 응용 서비스에 대해서 소개한다.

21.1 비실시간 응용 서비스

비실시간 응용 서비스(nonreal-time application service)는 송신호스트가 보내는 데이터가 수신호스트까지 전달될 때 정보를 구성하는 패킷이 전송 시간에 구애 받지 않고 전달되는 응용 서비스이다. 다시 말하면 송신자와 수신자 간에 데이터가 실시간으로 전달되어서 순간 순간에 의미 있는 정보 전달이 이루어질 필요가 없는 서비스를 말한다. 이와 같은 유형의 서비스에는 웹 검색, 파일 전송, 이메일 등이 있다. 아래에서 각 서비스에 대해서 간단히 알아보자.

21.1.1 웹 검색

웹 검색(web browsing)은 인터넷에서 가장 대표적인 서비스이다. 웹 검색을 위해서 네트워크가 제공하는 프로토콜이 HTTP(hypertext transfer protocol)인데 이 프로토콜은 고객이 웹 사이트(web site)에 접속하도록 하는 프로토콜이다. 웹 사이트는 고객이 찾고자 하는 정보뿐만 아니라 보안 및 인증 시스템도 보유하고 있어서 온라인 검색, 온라인 쇼핑 등 다양한 비즈니스 거래(business transaction)를 가능하게 한다.

HTTP는 고객의 호스트와 웹 서버 간의 데이터 교환을 지원하는 OSI 제7계층의 프로토콜이며 기본적으로 클라이언트-서버(client-server) 구조를 하고 있다. 즉, 고객은 웹 서버에게 정보를 요청하는 메시지(HTTP Request message)를 보내고 서버는 그에 따라 응답 메시지를 보낸다. 아래의 그림은 HTTP 프로토콜이 작동하는 구조를 나타낸 것이다.

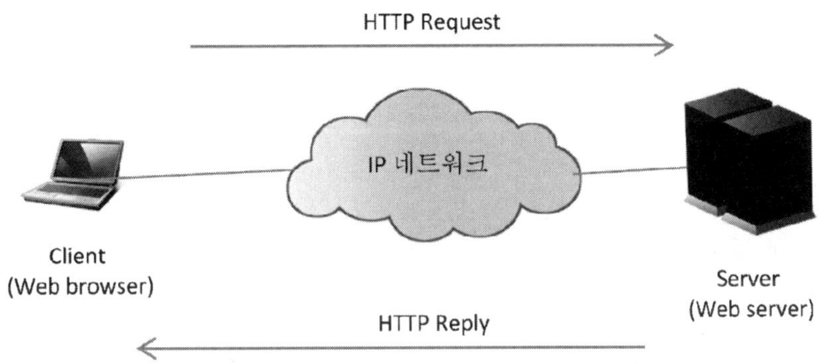

[그림 21.1] HTTP의 동작

HTTP는 OSI 제4계층에서 TCP프로토콜로 동작하며 따라서 인터넷 프로토콜 스택(stack)은 HTTP/TCP/IP의 구조를 따른다.

21.1.2 파일 전송

파일 전송(file transfer)은 고객이 작성한 파일을 다른 사람에게 보내거나 서버에 들어있는 파일을 고객이 다운로드 받는 등 파일을 다른 곳에 있는 컴퓨터로 옮기는 작업을 통칭한다. 이를 위해서 네트워크가 제공하는 프로토콜이 FTP(file transfer protocol)인데 이 프로토콜은 역시 TCP 상에서 동작하는 상호 거래(transaction) 기반의 응용 서비스이다.

파일 전송 서비스에서는 문자나 그림 등 파일 형태의 덩어리진(bulk) 데이터를 전송하며 이 서비스가 초기의 인터넷의 가장 중요한 응용 서비스였다. 이때 파일은 임의의 한 PC에 있는 데이터를 다른 곳에 있는 PC에 옮기는 형태인 만큼 명령어도 송수신자 간의 전달 경로와 파일명만 기입하면 전송이 가능하여 아주 간단한 프로토콜이다. 이 프로토콜 역시 클라이언트-서버 구조를 하고 있어서 연결 모형은 고객과 서버 간에 제어용 연결과 데이터 전달용 연결의 독립적인 2개의 연결을 유지한다. 따라서 제어용 연결과 데이터 전달용 연결에 대해서 독립적인 포트를 할당한다(그림 21.2참조). 이 프로토콜은 1985년에 IETF RFC 959로 제정되었다. 아래의 그림은 FTP의 동작을 나타내고 있다.

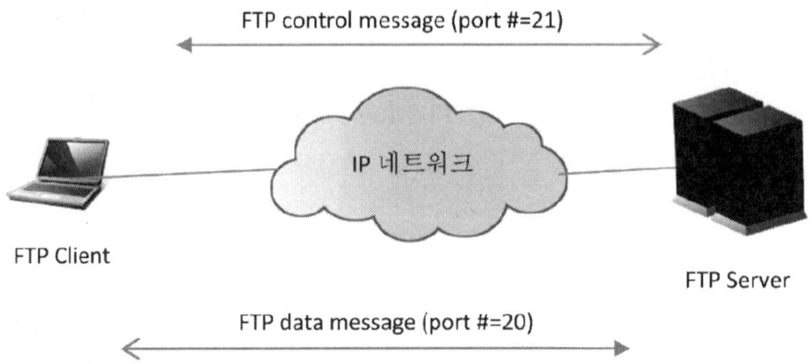

[그림 21.2] FTP의 동작

FTP는 TCP프로토콜로 동작하며 따라서 프로토콜 스택은 FTP/TCP/IP의 구조를 따른다.

21.1.3 이메일

이메일(electronic-mail)은 송신호스트에서 메일을 작성하여 보내고자 하는 목적지(수신호스트)로 보내는 서비스이다. 이 서비스를 가능하게 하는 프로토콜이 SMTP(simple mail transfer protocol)와 POP3(post office protocol version3), 그리고 IMAP(Internet mail access protocol)인데, 각 프로토콜은 다음과 같이 역할을 분담하고 있다.

- SMTP: IP 네트워크에서 이메일을 전송하는 프로토콜
- POP3: 지역(local)의 사용자 PC(user machine)에서 메일을 다운로드하도록 하는 프로토콜
- IMAP: 메일을 메일 서버로부터 다운로드하는데 필요한 프로토콜

아래의 그림은 이메일의 전달 구조이다.

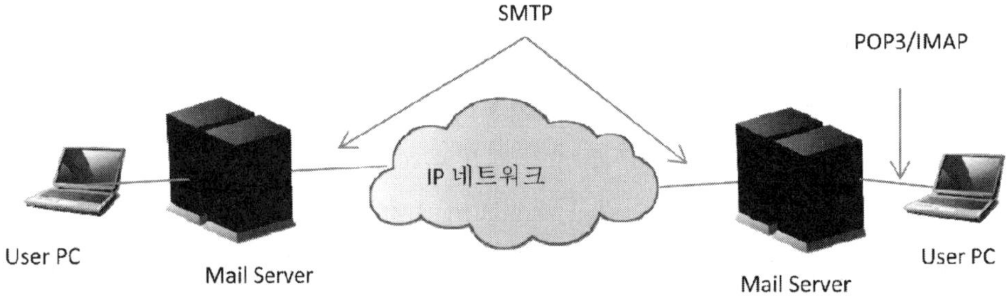

[그림 21.3] 이메일의 전달 구조

SMTP는 TCP프로토콜로 동작하며 따라서 프로토콜 스택은 SMTP/TCP/IP의 구조를 따른다.

21.2 실시간 응용 서비스

실시간 응용 서비스(real-time application service)는 송신호스트가 보내는 데이터가 실시간으로 수신호스트에게 전달되어 송수신 호스트 간에 실시간으로 상호 의미 있는 정보 전달이 이루어질 필요가 있는 서비스를 말하며 이와 같은 유형의 서비스에는 인터넷 전화(VoIP), 인터넷 TV(IPTV), 화상 회의(video conference) 등이 있다. 아래에서 각 서비스에 대해서 간단히 알아보자.

21.2.1 인터넷 전화

인터넷 전화(Voice over IP, VoIP)는 음성신호를 패킷화해서 IP네트워크를 통해서 전송하는 기술이다. 이를 위해서 먼저 아날로그 음성신호를 디지털신호로 바꾸어야 하는데 가장 널리 사용되는 코덱(codec)이 ITU-T에서 표준으로 제정한 G.723 codec이다.

디지털화한 신호는 그냥 전송하면 데이터의 양이 크므로 전송 지연이나 패킷의 손실이 클 우려가 있어서 보통 데이터를 압축해서 압축된 디지털신호를 IP 패킷으로 조립해서 전송한다. 그리고 난 뒤 실시간 전송을 가능하게 하는 프로토콜인 RTP(real-time transfer protocol)에 캡슐로 넣어서 하부 프로토콜로 전달되는데 하부 프로토콜로는 UDP/IP를 사용한다.

한편, RTP는 인터넷상에서 실시간(real-time) 전달을 중요시하는 응용 프로그램에 대해서 단대단(end-to-end) 전송 서비스를 제공하기 위한 가벼운(light-weight) 프로토콜이다. 즉, 음성 혹은 비디오 데이터를 실시간으로 전송하기 위해서 메시지의 구조를 아주 단순하게 만들어서(메시지의 헤더를 가볍게 만들어서) 오버헤드(overhead)를 최소화한 것이며 UDP 프로토콜 상에서 동작하도록 하는 프로토콜이다. RTP는 UDP 이외에도 다른 프로토콜 상에서도 동작은 가능하지만 굳이 다른 프로토콜을 가정할 필요는 없다.

RTP의 관리 프로토콜로서 RTCP(real-time transport control protocol)라는 것이 있는데 이것은 실시간 전송 제어용 프로토콜이라고 해서 연결의 설정이나 관리를 담당하는 신호 프로토콜(signaling protocol)은 아니고 실시간 응용 프로그램에 대해서 서비스품질을 모니터링하거나 관리하는 역할을 담당한다. 즉, 패킷이 순서에 맞게 전달되는지 그리고 패킷이 성공적으로 전달되는지 등을 감시하고 데이터의 전송률도 관리한다.

이와 같은 업무를 수행하기 위해서 네트워크는 각 패킷에 대해서 네트워크에 들어오는 시간과 네트워크 내의 장비에서 머무는 시간 등 패킷의 단대단(end-to-end) 체류시간(sojourn time)을 알 필요가 있는데 이를 위해서 RTP의 데이터 양식에 시간 기록(timestamp)을 정확히 하여 패킷의 전달에 참고할 필요가 있다. 참고로 RTP와 RTCP는 클라이언트-서버(client-server) 모델로 동작하며 RTP와 RTCP의 포트번호는 각각 5004와 500이다.

한편, 패킷이 수신호스트 근처에 도착하면 IP 음성 게이트웨이(voice gateway)로 보내져서 패킷의 조합, 압축의 해제, 그리고 수신자가 아날로그 전화 네트워크에 접속된 단말이면 디지털신호를 아날로그 음성신호로 변환하는 등의 과정을 거쳐서 수신호스트에 전달된다.

국제 표준화 기구인 ITU-T에서는 VoIP 서비스를 위한 제어용 프로토콜인 H.323에 대해서 RTP를 의무적으로 채용하도록 권고하고 있다. 그리고 이 프로토콜은 Microsoft의 Netmeeting(Microsoft Windows 시스템에서 동작하는 VoIP와 다자간 비디오 회의 서비스의 client)에서 도입하기도 하였다.

RTP의 데이터 구조는 다음과 같다.

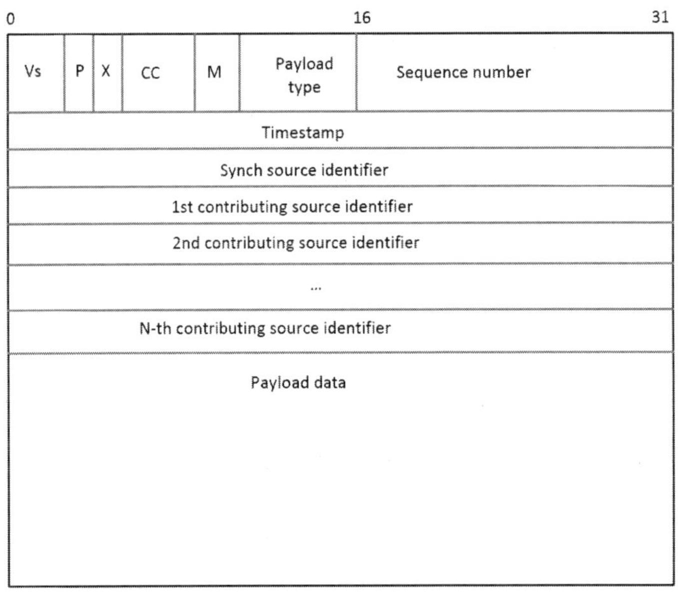

[그림 21.4] RTP의 데이터 구조

RTP의 헤더는 총 12바이트의 길이를 가지는데 각 영역의 길이와 그 영역이 의미하는 것은 다음과 같다.

- Vs(version): 2비트, 프로토콜의 버전을 나타냄.

- P(padding): 1비트, 패딩의 존재 유무를 나타냄.
- X(x-flag): 1비트, 헤더가 사적인 확장자(private extension)를 가지는지의 여부를 나타냄.
- CC(contributing source identifier count): 4비트, 헤더에 첨부되는 데이터의 송신에 관련되는 송신자의 식별자(contributing source identifier)의 수를 나타냄(헤더의 길이를 정의하는데 사용).
- M(M-flag): 1비트, 프레임 식별자(frame marker)의 끝을 나타냄.
- Payload type: 7비트, 오디오/비디오 등의 데이터 몸통(payload)의 유형을 나타냄.
- Sequence number: 16비트, 패킷의 순서번호를 나타냄(패킷 손실 탐지용).
- Timestamp: 32비트, payload 데이터의 첫 바이트의 생성 시간을 기록함(나중에 지연 변이(delay jitter)의 값을 표시하기에 충분한 크기로 지정함, 예: 오디오 데이터의 경우 오디오의 샘플링 주기와 같은 크기로 지정).
- SSRC(synch source identifier): 32비트, RTP 세션 내에서 데이터의 소스를 나타내는 고유한 주소 표시.
- CSRC(contributing source identifier): 32비트, 여러 개의 데이터 소스를 중첩해서 하나의 스트림(stream)을 만들 때 각 데이터의 소스를 정의함.

지금부터는 VoIP를 사용하는 고객을 기업과 개인의 두 경우로 나누어서 네트워크 접속 구조를 알아보자. 먼저 기업의 경우는 다음과 같은 네트워크 접속 구조를 취하는 것이 가장 일반적이다.

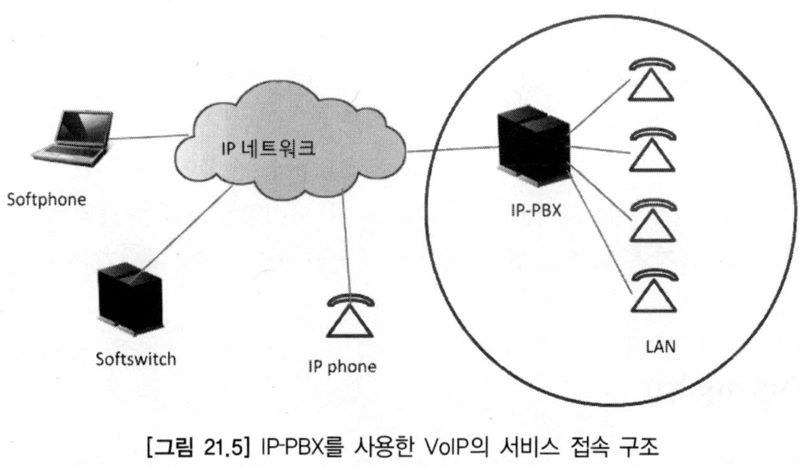

[그림 21.5] IP-PBX를 사용한 VoIP의 서비스 접속 구조

그림에서 IP-PBX는 랜 내에 산재해 있는 아날로그/디지털/IP-Phone 등 모든 전화 단말을 하나로 묶어서 외부의 네트워크와 연결하거나 외부로부터 들어오는 모든 전화 호를 랜 내부의 모든 종류의 단말에 연결해 주는 기능을 가지고 있다.

한편, 소프트 스위치(softswitch)는 H.323, SIP(session initiation protocol), MGCP(media gateway control protocol), 메가코/H.248 프로토콜 등으로 구현된 VoIP용 스위치로서 전화 호의 연결 제어 신호를 처리하는 시스템이다.

먼저 위의 그림에서 IP-PBX에 연결된 고객이 소프트폰(softphone)이라고 표시된 단말의 고객에게 전화를 거는 경우를 가정하자. 먼저 전화를 걸려고 한 고객의 연결 요구는 IP-PBX(이 장비는 소프트 스위치의 기능도 가지고 있음)에게 전달된다. 그러면 IP-PBX는 소프트폰과 가장 인접해 있는 소프트 스위치에게 소프트폰이 생성한 전화 호의 연결 요구 사항을 전달한다. 그러면 이 소프트 스위치는 소프트폰에게 연결 요구 메시지를 보내고 수락이 되면 두 단말 간에 전화 통화가 시작된다.

한편, 개인 고객이 VoIP 서비스에 접속하는 경우는 대부분의 개인 고객이 인터넷 액세스 네트워크인 ADSL을 통해서 연결되어 있기 때문에 앞에서 소개한 ADSL을 통해서 IP 네트워크에 접속된다.

최근에는 PC를 이용하여 VoIP 서비스를 이용하는 경우가 많이 있는데 대표적인 서비스가 스카이프(skype)이다. 스카이프는 무료로 제공되는 PC-PC 간의 전화 및 유료로 제공되는 PC-전화 단말(휴대전화 포함) 간의 서비스로 나누어지는데 기본적인 동작 원리는 p2p(peer-to-peer)통신 프로토콜을 따른다. 즉, 스카이프를 제공하기 위한 중앙 서버(central server)가 따로 있는 것이 아니고 어느 고객이 스카이프에 로그인하면 p2p 네트워크 상의 임의의 컴퓨터가 슈퍼 노드(super node)의 역할을 수행하여 로그인한 고객에게 자신의 호스트 캐시(host cache) 정보(자신의 IP 주소와 포트번호)를 보낸다. 그리고 슈퍼 노드가 스카이프 로그인 서버(login server)에 접속하여 고객의 컴퓨터가 스카이프 네트워크에 연결되도록 한다.

스카이프는 네트워크의 트래픽 상황에 따라 음성신호의 부호화 속도를 적응적으로 조절(adaptive coding)하고 p2p의 장점인 자율 분산 라우팅 기법을 사용하여 같은 정보에 대해서 여러 개의 패킷을 전송함으로써 패킷의 손실에 대비하는 방법을 채용하고 있다. 이와 같은 이유로 인하여 스카이프의 서비스품질이 예상외로 좋아서 ISP가 실시간 서비스품질의 보장을 위한 노력을 게을리 하는 것이 아닌가 하는 생각을 하게 한다.

21.2.2 인터넷 TV

인터넷 TV(Internet protocol TV, 이하 IPTV)는 인터넷 프로토콜(IP)을 이용해서 TV 프로그램을 시청하는 서비스이다. 인터넷 TV와 인터넷 상에서 제공되는 비디오 시청은 통신방식이 다른데 후자는 종래에 제공되던 방식으로서 누구나 인터넷 상에서 구축된 웹 사이트를 통해서 서버에 들어있는 비디오 프로그램을 선택해서 시청하는 것이고 전자(인터넷 TV)는 서비스 사업자가 사전에 IPTV 서비스 가입자를 등록하고 등록된 가입자들을 대상으로 비디오 콘텐츠를 멀티캐스트로 제공하는 서비스이다.

IPTV 서비스의 제공을 위해서 IPTV 서비스 사업자는 콘텐츠 제공자(contents provider)가 제작한 TV 프로그램을 담은 비디오 데이터를 IP 패킷으로 바꾸어서 UDP프로토콜을 통해서 사용자에게 멀티캐스트로 전송하는 것이다. 다음 그림은 IPTV 서비스를 위한 네트워크 구성도이다.

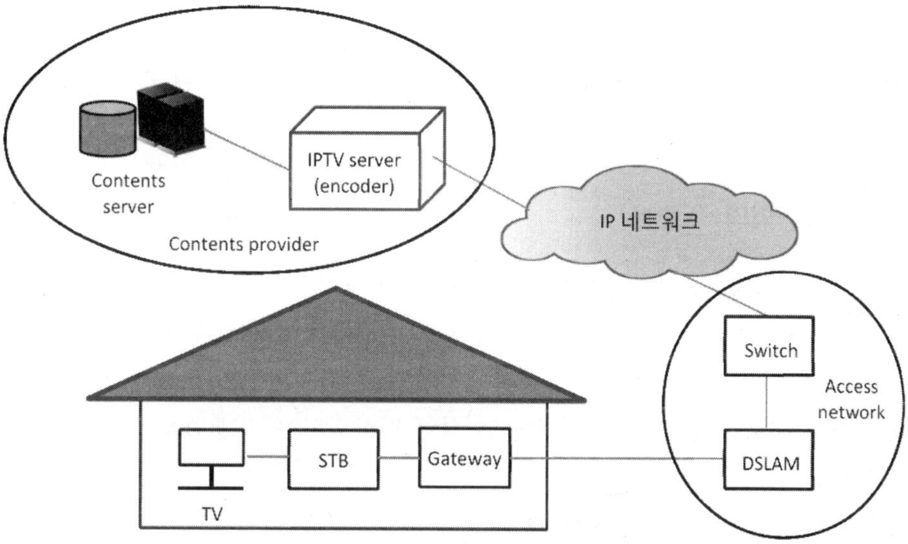

[그림 21.6] IPTV의 네트워크 구조

위 그림에서 보듯이 IPTV 서비스는 콘텐츠 제공자(contents provider), 네트워크 사업자(Internet service provider, ISP) 및 고객의 홈네트워크(home network)의 세 부분으로 나누어져 있다. 콘텐츠 사업자 부분은 컨텐츠를 보관하는 서버와 콘텐츠를 디지털 정보로 변환하는 IPTV 서버(주요 기능은 인코딩)로 구성된다. 물론 여기서 TV 프로그램뿐만 아니라 비디오 콘텐츠를 저장해 두고 고객에게 주문형 비디오(video on demand, 이하 VoD) 서비스를 제공하는 경우도 있는데 이 경우는 VoD 서비스 플랫폼이 된다. VoD의 경우에는 비실시간(off-line)으로 비디오를 다운로드할 수 있고 이 경우에는 수신자 측 장비에 버퍼를 설치하여 연속적으로 비디오를 다운로드받으면서(progressive download) 시청할 수도 있다.

한편, 네트워크 사업자는 콘텐츠 제공자와 고객 간을 연결하는 중추적인 네트워크(network infrastructure)를 말하며 데이터 전달네트워크(backbone network)와 고객을 네트워크로 접속하는 액세스네트워크(access network, 일명 가입자 접속네트워크)로 구성되는데 전달네트워크는 주로 IP 프로토콜에 기반한 백본네트워크(WAN)를 말하며 액세스네트워크는 유선네트워크와 무선네트워크로 나눌 수 있는데 유선의 경우에는 대개 ADSL로 구성되고 무선의 경우에는 LTE를 통하여 구성된다.

마지막으로 홈네트워크는 고객의 TV 기기와 액세스네트워크를 접속하기 위하여 홈게이트웨이로 연결되며 그 이후는 셋톱박스를 거쳐서 TV수신기에 연결된다. 홈네트워크의 구성은 이미 앞에서 설명한 바 있다.

IPTV 서비스의 경우에는 앞에서도 이야기한 것처럼 동시에 여러 명의 고객이 실시간으로 TV 프로그램을 시청할 수 있으므로 데이터의 전송에 멀티캐스트 프로토콜을 사용하기 때문에 콘텐츠 제공자로부터는 단 한 편의 프로그램만이 전송된 후 네트워크 사업자의 가장 경제적인 지점(랑데부 지점)에서 패킷을 복사하여 각기 다른 수신자로 전달한다.

21.2.3 화상회의

화상회의(video conference)는 멀리 떨어진 회사의 구성원끼리 업무를 위한 회의를 대면회의 대신 화상회의 시스템을 통하여 온라인으로 하는 것을 가능하게 해주는 서비스이다. 아래의 그림에서 보듯이 화상회의가 주로 회사에서 사용하는 서비스이기 때문에 회사의 서로 떨어진 곳에 위치한 랜 상에 화상회의 시스템(video conference system, 이하 VCS)을 설치하여 상호 화상회의를 진행하는데 통신방식은 일대일(one to one), 일대다(one to many), 다대일(many to one) 혹은 다대다(many to many)의 어떠한 형식도 가능하다.

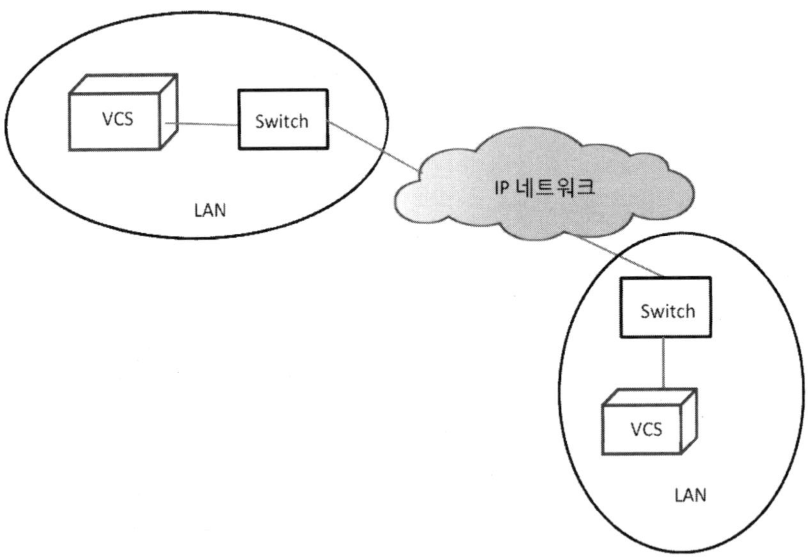

[그림 21.7] 화상회의의 네트워크 구조

다대다 통신을 위해서 IP 네트워크는 IP 멀티캐스트 프로토콜을 사용한다. 화상회의 서비스는 일반적으로 256kbps의 저속 서비스인데 그 이유는 회의의 특성이 고정된 비디오 카메라에 사람의 상반신만을 촬영하여 전송하기 때문이다. 물론 보다 더 정교한 비디오 화면을 촬영하여 전송할 수도 있는데 그런 경우에는 필요로 하는 대역폭의 크기는 화면의 해상도에 따라서 커질 수 있다.

21.3 고찰 문제

1. 비실시간 인터넷 응용 서비스의 종류를 들고 각 서비스의 동작 특성을 정리해보자.

2. 실시간 인터넷 응용 서비스의 종류를 들고 각 서비스의 동작 특성을 정리해보자.

3. RTP 프로토콜에 대해서 프레임의 구조를 그려서 각 영역이 의미하는 바를 요약해보자.

부록 1 10의 멱승(Power of ten, 10^n) 표기법

인터넷 데이터의 단위나 전송속도 또는 데이터의 손실율 등을 표기할 때 10의 멱승을 많이 사용하는데 아래에 그 단위를 정리해놓았다. 참고로 킬로(kilo, 10^3) 이하는 소문자로 표기하고 그 보다 큰 단위는 대문자로 표기함에 유의할 필요가 있다.

읽기	기호	10^n	10진수	영어 표기	사용시작연도
yotta	Y	10^{24}	1,000,000,000,000,000,000,000,000	septillion	1991
zetta	Z	10^{21}	1,000,000,000,000,000,000,000	sextillion	1991
exa	E	10^{18}	1,000,000,000,000,000,000	quintillion	1975
peta	P	10^{15}	1,000,000,000,000,000	quadrillion	1975
tera	T	10^{12}	1,000,000,000,000	trillion	1960
giga	G	10^{9}	1,000,000,000	billion	1960
mega	M	10^{6}	1,000,000	million	1960
kilo	k	10^{3}	1,000	thousand	1795
hecto	h	10^{2}	100	hundred	1795
deca	da	10^{1}	10	ten	1795
		10^{0}	1	one	-
deci	d	10^{-1}	0.1	tenth	1795
centi	c	10^{-2}	0.01	hundredth	1795
milli	m	10^{-3}	0.001	thousandth	1795
micro	μ	10^{-6}	0.000001	millionth	1960
nano	n	10^{-9}	0.000000001	billionth	1960
pico	p	10^{-12}	0.000000000001	trillionth	1960
femto	f	10^{-15}	0.000000000000001	quadrillionth	1964
atto	a	10^{-18}	0.000000000000000001	quintillionth	1964
zepto	z	10^{-21}	0.000000000000000000001	sextillionth	1991
yocto	y	10^{-24}	0.000000000000000000000001	septillionth	1991

부록 2 동양에서 수의 단위

우리나라를 비롯해서 동양에서 주로 사용하는 수의 단위는 서양과는 다르다. 서양에서는 천 배 단위로 증가하는데 반해서 동양에서는 만 배 단위로 증가한다. 아래에 동양에서 주로 사용하는 단위를 소개한다.

환산량	읽기	환산량	읽기
1	일	10^{-1}	분
10	십	10^{-2}	리
10^{2}	백	10^{-3}	모
10^{3}	천	10^{-4}	사
10^{4}	만	10^{-5}	홀
10^{8}	억	10^{-6}	미
10^{12}	조	10^{-7}	섬
10^{16}	경	10^{-8}	사
10^{20}	해	10^{-9}	진
10^{24}	서	10^{-10}	애
10^{28}	양	10^{-11}	묘
10^{32}	구	10^{-12}	막
10^{36}	간	10^{-13}	모호
10^{40}	정	10^{-14}	준순
10^{44}	재	10^{-15}	필수
10^{48}	극	10^{-16}	순식
10^{52}	항하사	10^{-17}	탄지
10^{56}	아승지	10^{-18}	찰나
10^{60}	나유타	10^{-19}	육덕
10^{64}	불가사의	10^{-20}	공허
10^{68}	무량대수	10^{-21}	청정

참고 문헌

[고석주] 고석주 외 3인, "SCTP 표준기술 분석 및 전망", 전자통신동향분석, 제18권, 제3호, 2003년 6월.

[기타무라] 기타무라 마사히코 외 3인, "廣域 L2/L3 망을 사용한 假想네트워크 構成法의 提案", 電子情報通信學會 信學技報 NS2014-211(2015-03).

[김봉기, 이기문], "'아, 시간이 없는데…', 한국 5G 앞에 닥친 5딜레마", 조선경제 2018년 9월 5일.

[김용규] 김용규, "'통화품질・데이터 속도가 돈'… 이통사, 주파수 전쟁: 주파수 경매에 투자하는 이유", 조선경제 , 2016년 4월 11일.

[김진영] 김진영 외 3인, *스마트그리드통신*, 홍릉과학출판사, 2015.

[김태훈] 김태훈, "토종 통신기술 '와이브로' 12년만에 역사속으로", 한국경제신문 2018년 7월30일.

[김현석] 김현석, "아마존, AI비서 앞세워 가전시장 진출", 한국경제신문 2018년 9월19일.

[니이미] 니이미타케오(新美竹男), "HIP: 네트워크를 넘나들어도 안전한 호스트 은폐 기술", NIKKEI COMMUNICATIONS, Jan. 2017.

[박재천] 박재천, "스마트홈을 장악하라", available at http://www.ifs.or.kr/bbs/

[사이토] 사이토 다카유키, "라우터 機能의 徹底理解", NIKKEI NETWORK, No.108, April 2009.

[소아베] 소아베마사시(曾我部ㅁ志), "次世代 홈 게이트웨이 프랫폼의 開發", 電子情報通信學會誌, vol.93, no.6, 2010.

[슈나이더] 딮 슈나이더, "次世代無線 LAN規格 IEEE 802.11ac(前篇)", NIKKEI COMMUNICATIONS, 2013년 1월.

[슈나이더] 딮 슈나이더, "次世代無線 LAN規格 IEEE 802.11ac(後篇)", NIKKEI COMMUNICATIONS, 2013년 3월.

[오츠] 오츠 시게키(大津繁樹), "HTTP/2의 最新 動向", 電子情報通信學會誌, Vol.97, No.8, pp.727-733, 2014년 8월.

[오타카] 오타카 아키히로(大高明浩), "브로드밴드 서비스를 위한 PON기술", 電子情報通信學會誌, Vol.100, No.10, 2017년 10월.

[왕성호] 왕성호 , "ZigBee의 기술 및 응용", 정보와 통신 2013년 6월호.

[이기문] 이기문, "5G 주파수, 역대 최고 낙찰가 3조6183억원", 조선일보 2018년 6월 19일.

[이토2015] 이토 료헤이(伊藤 僚平) 외 2인, "무선 LAN에 있어서 단말 밀집 환경을 고려한 Contention window 초기치 조정 방식의 제안", 信學技報 NS2015-40, IEICE Technical Report, 2015년 7월.

[이훈] 이훈, *대기행렬의 기초*, 범한서적, 2011.

[이훈] 이훈, *확률강의 2.0*, 홍릉과학출판사, 2014.

[장원준 외] 장원준, 박순찬, "TV, 세탁기, 냉장고… 거미줄처럼 IT로 연결", 조선일보 2012년 9월 1일.

[정찬수] 정찬수, *전력, 왜 지능망인가?*, 퍼스트북, 2015.

[최진식 외] 최진식, 이시샤, 임형석, "이더넷 스위치", 정보와 통신(한국통신학회 E-Magazine) 2015년 6월.

[한다] 한다지로(阪田史郎), “홈네트워크의 現狀과 今後의 展望”, 電子情報通信學會誌, vol.93, no.1, 2010.

[호리코시] 호리코시쯔토무(堀越 功), “모든 通信을 집어삼키는 無線 랜의 新常識 25”, NIKKEI COMMUNICATIONS, 2012년 7월.

[Ancillotti] E. Ancillotti et al., “The role of communication systems in smart grids: Architectures, technical solutions and research challenges”, Computer Communications 36(2013) 1665-1697.

[Babcock] Charles Babcock, *Management strategies for the cloud revolution*, McGraw Hill, 2010.

[Barreiros] Miguel Barreiros and Peter Lundqvist, *QoS-enabled networks, Tools and foundations*, Wiley, 2011.

[Black] Uyless Black, Advanced Internet technologies, Prentice Hall PTR, 1999.

[Blank] Andrew G. Blank, *TCP/IP Foundations*, Sybex, 2004.

[Boisseau] M. Boisseau, M. Demange, J-M. Munier, *High Speed Networks*, John Wiley & Sons, 1994.

[Brakmo] L.S. Brakmo and L.L. Peterson, “TCP Vegas: End to end congestion avoidance on a global Internet”, IEEE Jr. on Selected areas in communications, vol. 13, pp.1465-1480, 1995.

[Braun] T. Braun, M. Diaz, J.E. Gabeiras, and T. Staub, *End-to-end quality of service over heterogeneous networks*, Springer 2008.

[Cai] Lin Cai, Xuemin Shen, and Jon K. Mark, *Mutimedia services in wireless Internet*, Wiley 2009.

[Cerf] Vint Cerf and Bob Kahn, “A protocol for packet network interconnection”, IEEE Trans. on Comms, Vol. Com-22, No. 5, May 1974.

[Chuah] Mooi Choo Chuah et al., *Design and performance of 3G wireless networks and wireless LANs*, Springer, 2006.

[Clark] Martin P. Clark, *Data networks, IP and the Internet*, Wiley, 2003.

[Day83] John D. Day and H. Zimmermann, “The OSI reference model”, Proc. of the IEEE, vol.71(12), pp. 1334-1340, Dec. 1983.

[Day95] John D. Day, “The Unrevised OSI reference model”, SIGCOM Computer Communications Review, vol.25, no.5, pp. 39-55, Oct. 1995.

[Donoso] Yezid Donoso, *Network design for IP convergence*, CRC Press, 2009.

[Farrel] Adrian Farrel, *The Internet and its protocols*, Elsevier, Morgan Kaufmann, 2004.

[Feldman] Jonathan Feldman, *Network+ Exam guide*, Que, 2000.

[Floyd] S. Floyd, T. Henderson, and A. Gustov, “The newreno modification to tcp’s fast recovery algorithm”, IETF RFC 3782, Apr. 2004.

[Gallo] P. Gallo et al., “SDN@home: a method for controlling future wireless home networks”, IEEE Communications Magazine, May 2016.

[Gralla] Preston Gralla, *How the Internet works*, 8th edition, Que Publishing, 2007.

[Hallberg] Bruce A. Hallberg, *Networking: A Beginner’s Guide*, 5th, ed., McGraw Hill, 2010.

[Halsall] Fred Halsall, Computer networking and the Internet, Fifth Edition, Pearson Education Limited 2005.

[Harrington] Jan L. Harrington, *Ethernet Networking for the Small Office and Professional Home Office*, Morgan Kaufmann Publisher, 2007.

[HLND] Hoon Lee, *The art of network design*, Lecture note, 2012.

[Isaacson] Walter Isaacson, *Steve Jobs*, Simon & Schuster, 2011.

[Iwacz] G. Iwacz, A. Jajszczyk, and M. Zajaczkowski, *Multimedia broadcasting and multicasting in mobile networks*, Wiley, 2008.

[Jacobson] V. Jacobson and M. Karels, *Congestion avoidance and control*, Proceedings of ACM SIGCOMM, 1988.

[Jacobson88] V. Jacobson and R. Braden, "TCP extensions for long-delay paths", IETF, RFC 1072, Oct. 1988.

[Jacobson92] V. Jacobson, R. Braden, and D. Boram, "TCP extensions for high performance", IETF, RFC 1323, Oct. 1992.

[Kasim] A. Kasim, *Delivering carrier Ethernet*, McGrawhill, 2008.

[Kent] Christipher A. Kent and Jeffrey C. Mogul, "Fragmentation considered harmful", ACM SIGCOM 1987.

[Kocarev] Ljupco Kocarev and Gabor Vattay(Eds.), *Complex dynamics in communication networks*, Springer, 2005.

[Kruskal] Joseph Kruskal, "On the Shortest Spanning Subtree of a Graph and the Traveling Salesman Problem", Proc. Amer. Math. Soc., 7:1(February 1956).

[Lee09] Hoon Lee, "A Practical Network Design for VoD Services", Journal of KICS, Vol.34, No.3, March 2009, pp.225-234.

[Lee0612] Tae-Joon Lee and Hoon Lee, "Bandwidth dimensioning for high-speed Internet access networks", Journal of KICS, Vol. 31, No.12, December 2006.

[Lee0609] Hoon Lee, Yoon Kee Kim, and Kwang-Hui Lee, "Bandwidth management for smooth playback of video streaming services", LNCS(Lecture Note on Computer Sciences) 4238, Management of Convergence Networks and Services, Young-Tak Kim and Makoto Takano (Eds.), Springer, September 2006.

[Lee05] Hoon Lee, "Anatomy of delay performance for the strict priority scheduling scheme in multi-service Internet", Computer Communications, Vol.29, Issue 1, pp.69-76, December 1, 2005.

[Lee02] Hoon Lee and Yoon Uh, "Design of Statistical-QoS VPN in IP Networks", Journal of KICS, Vol. 27, No.5, May 2002.

[Lee0205] Hoon Lee, Yoon Uh, Min-Tae Hwang, Jong-Hoon Eom, Yong-Gi Lee, and Yoshiaki Nemoto, "Capacity design of guaranteed-QoS VPN", IEICE Tr. Communications, Vol.E85-B, No.5, May 2002.

[Lee12] Hoon Lee, "DiffServ-aware pricing for wireless Internet", Journal of KICS, Vol.37, No.7, July 2012.

[Lin] Y.-B. Lin and S.-I. Sou, *Charging for mobile all-IP telecommunications*, Wiley 2008.

[Lowe] Doug Lowe, *Networking for Dummies*, Wiley Publishing, Inc., 2007.

[McGarry] M. McGarry et al., "Ethernet passive optical network architectures and dynamic bandwidth allocation algorithms", IEEE Communication Survey and tutorials, vol.10, no.3, 3rd Quarter, 2008.

[Murray] David Murray and Terry Koziniec, "The state of enterprise network traffic in 2012", Proceeding of APCC 2012, Jeju, Oct. 2012.

[Peterson] Peterson and Davie, *Computer Networks, A systems approach, 4th ed.*, Morgan Kaufmann, 2007.

[Remi] J.G. Remi and C. Letamendia, *Home area networks and IPTV*, Wiley, 2011.

[Robertazzi] Thomas G. Robertazzi, *Computer networks and systems: Queueing theory and performance evaluation*, Third Edition, Springer, 2000.

[Ross] John Ross, *The book of wireless, 2nd ed.*, No Starch Press, 2008.

[Sanchez] F. Gordejuela-Sanchez et al., "Efficient mobile WiMAX capacity estimation in a multihop environment", ICCS 2008.

[Sauter] Martin Sauter, *Beyond 3G - Bringing networks, terminals and the web together*, Wiley 2009.

[Sesia] Stefania Sesia, Issam Toufik, Matthew Baker, *LTE, The UMTS long term evolution: From theory to practice*, Wiley Publishing, Inc., 2009.

[Shami] Abdallah Shami et al., *Broadband access networks, Technologies and deployments*, Springer, 2009.

[Sosinsky] Barrie Sosinsky, *Networking Bible*, Wiley Publishing, Inc., 2009.

[Stallings] William Stallings, Computer networking with Internet protocols and technology, Pearson Education, Inc. 2004.

[Sung] Y.-W. E. Sung et al., "Towards systematic design of enterprise networks", IEEE/ACM Tr. On Networking, vol.19, no.3, June 2011.

[Tanenbaum] Andrew S. Tanenbaum, Computer networks, 4th edition, 2003, Prentice Hall PTR.

[Vaidhyanathan] Siva Vaidhyanathan,*The Googlization of Everything*, University of California Press, 2011.

[Vicat-Blanc] P. Vicat-Blanc et al., *Computing networks: from cluster to cloud computing*, Wiley, 2011.

[Wang] Jianxin Wang, *Congestion control in computer networks: Theory, protocols and applications*, Nova science publishers, Inc., 2010.

[Willis] Peter Willis ed., *Carrier-scale IP networks: designing, operating Internet networks*, IEE, 2001.

[Wong] David Tung Chong Wong et al., *Wireless broadband networks*, Wiley, 2009.

[Woodward] Michael E. Woodward, *Communication and computer networks: Modeling with discrete-time queues*, IEEE Computer society press, 1994.

찾아보기

F

G

H

I

L

M

N

O

P

R

S

T

ㅈ

ㅊ

ㅋ

정가 25,000원

인터네트워콜로지 2.0

2019년 7월 22일 초판 인쇄
2019년 7월 30일 초판 발행
저 자 : 이 훈
발행자 : 송 준
발행처 : 홍릉과학출판사
주 소 : 서울시 강북구 인수봉로 50길 10
01093
등 록 : 1976년 10월 21일 제5-66호
전 화 : (02) 999-2274~5, 903-7037
팩 스 : (02) 905-6729
e-mail: hongpub@hongpub.co.kr
http://www.hongpub.co.kr
ISBN: 979-11-5600-688-6

저자와의 협의하에 인지생략